U0226690

# 中华茶道

主编 于立文

第一卷

茶道是以养生修心为宗旨的饮茶艺术，涵蕴饮茶之道、饮茶修道、饮茶即道三义。在中国茶道中，饮茶之道是基础，饮茶修道是过程，饮茶即道是终极。饮茶之道，重在审美艺术性；饮茶修道，重在道德实践性；饮茶即道，重在宗教哲理性。

辽海出版社

**图书在版编目(CIP)数据**

中华茶道/于立文主编一沈阳:辽海出版社,2010.11

ISBN 978-7-5451-1016-6

Ⅰ.①中… Ⅱ.①于… Ⅲ.①茶一文化一中国

Ⅳ.TS971

中国版本图书馆 CIP 数据核字(2010)第 200747 号

**责任编辑**:段扬华

**责任校对**:顾　季

**封面设计**:顾　季

---

**出 版 者**:辽海出版社

**社　　址**:沈阳市和平区十一纬路 25 号

**邮政编码**:110003

**电　　话**:024-23284469

**E-mail**:dyh550912@163.com

**印 刷 者**:北京德富泰印务有限公司印刷

**发 行 者**:辽海出版社

---

**幅面尺寸**:170mm×250mm

**印　　张**:96

**字　　数**:2800 千字

---

**出版时间**:2010 年 12 月第 1 版

**印刷时间**:2015 年 5 月第 3 印刷

**定　　价**:696.00 元(全四卷)

# 前　言

中国是世界茶叶和茶文化的发祥地，茶树资源丰富，栽培管理方法先进，茶叶制作技术精良。在众多的茶学典籍中，问世最早、内容最全面的首推唐代陆羽之《茶经》，它对茶的起源、分布、品种、制作、茶的冲泡技术、器皿及茶的逸闻趣事等均有论述，对我国乃至世界的茶业及其文化都产生了巨大影响。

“君不可一日无茶”。中华茶文化是以饮茶活动为载体的一座历史幽久、丰富多彩的艺术宝库，它博大精深，蕴涵丰富，说之不尽，书之无穷，是极其珍贵的文化遗产。新中国成立以来，我国的茶业茶学，发展到了一个崭新的阶段，茶叶品种之丰富、采制之精良、生产管理开发之先进，都是前人所无法比拟的。古代流传之典籍大多乃写花叙情，赏花玩物之作。近代虽有大批茶学著作和论文问世，大多也仅涉及茶学的一方面或一领域。因此，总结前人经验，反映当代我国茶学茶业最新成果的《中华茶道》应运而生。

《中华茶道》是专家学者们在自己多年的理论和实践的基础上，呕心沥血，精益求精，历时数年完成的。内容丰富、体系完整、语言流畅、结构严谨是本书的一大特色。它突出体现了人类茶文化的魅力，系统介绍了茶业历史、当代名茶以及名泉佳水、茶艺茶具、保健功效、茗事典故、趣事轶闻、种茶技术、制茶技术、品质检验等内容，涉及茶业茶学的各个方面，具有权威性、科学性、实用性、趣味性和可读性。

陆羽作《茶经》，“天下益知饮茶矣。”本书的出版，可望对当今世人饮茶、品茶、知茶产生积极的影响，更加注重茶的高品位和精神享受，增长知识，开拓视野，陶冶性情，提高审美情趣，“魂凝魄全，神旺充足”，把中华灿烂的茶文化推向新的颠峰。

编者

# 目　录

# 一、茶道史话

## （一）概述

茶叶，对于我们中国人来说是一种极为普通的饮料，是所谓“开门七件事”即“柴米油盐酱醋茶”之一，这说明了它与日常生活有须臾不离的关系。曾几何时，茶叶从七件事中凸现出来，开始走入“文化”之列，于是，它变得既俗又雅，既野又文，既能解渴疗疾，又可悦目赏心，受到了世人的青睐和欣赏。

恰恰就是介入了“欣赏”这一具有文化意义的行为，茶所具有的色、香、味、形，又被赋于了更浓厚的文化色彩。在文人们眼里口中，一杯清茶可见到大千世界的斑驳色彩，可品味短暂人生的辛酸欢愉，并为之歌颂吟唱，泼墨运毫——茶之艺文缘此产生。

我们在此所说的茶叶艺术，是借用了古已有之的“艺文”之名，以表示包括用文学、书画等反映茶叶各方面的种种艺术形式。

对于茶叶艺文的介绍、考察和阐述，当然是以作品和创作作品的艺术家为主。严格而论，一件茶叶艺术作品，应当是以茶为主题的，它反映茶、表现茶的各种形态和神韵。但因为茶叶艺文的产生、发展与某些现象一样，或因作者创作背景不甚清楚，或因受体裁制约和文化背景的影响，以上述标准来苛求有关作品，则难免会有遗珠之憾。所以，在一般情况下，我们更愿意将一些并非以茶为主题，但与茶有关的作品视为茶叶艺文雏形阶段的作品，或作为一种“零金碎玉”予以关注和宝爱。

在中国历史上，曾出现过的茶叶艺文形式包括诗词、曲赋、书画、楹联、金石篆刻、民间传说、工艺美术、歌舞、戏剧、小说、散文，乃至现、当代的电影、电视、录像等等。在这些艺术形式中，有些是交叉和相关联的，如诗词与楹联，楹联与书法，绘画与诗词……楹联多由诗句组成，或直接截取一首或两首诗中的句子构成，而楹联多处于名胜古迹中的亭台楼阁，所以又离不开书法艺术的二度创作。书法与诗文也同样，古代的诗人多用毛笔书写，而不少著名的诗人，同时又有一手好的书法，其诗文稿件就是一件书法作品，在书法家们的自觉创作中，也多喜欢写一些好的诗文，于是，以书法为载体，这些诗文得以流传下来，亦书亦文，两者合璧，已经绝难相分。还有许多绘画作品是根据已有的诗歌来创作的，如《卢仝煮茶图》是根据唐人卢仝《走笔谢孟谏议寄新茶》一诗的内容而创作的。有时，一件作品完成后，为了使画面的意蕴更加深邃而耐人寻味，便在上面题上诗文，收“画龙点睛”之效，如宋金时期冯璧的《东坡海南烹茗图诗》、元代袁桷的《煮茶图诗》等，画虽已绝迹而诗犹存，更增加了人们对绘画内容的兴趣，并能在欣赏中体会到一种“悬念”的意味。这些诗的创作都是缘画而生的。应该说，诗文题跋对绘画作品的意境及欣赏的影响是巨大的，同时，绘画作品对诗文的创作也有很大的激发力。

茶叶艺文的形式是众多的，几乎遍及所有的艺术门类，但各种形式的作品数量是不平衡的。根据现存的作品来分析，以抽象艺术为多，具象艺术为少；语言艺术为多，造型艺术为少。这种作品形式和门类的不平衡与茶这一被表现对象的特性极有关系。

茶叶的形象，从具象艺术和绘画等来考虑，就其外观而言，显得非常简单并缺乏出众的特征，如与其他树木生长于园中，在画面上简直难以表现出来，就茶树的芽叶来看，也缺少显著的特征，相似的树叶比比皆是。如制成成茶，是散茶，虽可以呈现千姿百态，但由于变化太细微，而且多以群体的形象出现，因群体间的密度和同一性，又抵消了茶叶个体的特殊性。于是，在画面上只能产生一堆绿油油的东西，欣赏者会感到不知所云；如果是饼茶，形状特殊性是明显了，如花瓣、方块、团饼、玉璧等等，但这样一来，茶叶的外形又与其他物品接近了距离，欣赏者极易发生认识上的偏差和误会。举个例子，如果我们将宋人《北苑贡茶录》中的插图抽取出来，并隐去图中的说明性文字，则很容易被认为是砖头或木块及玉石之类的什么东西。

所以，就茶叶的外观看，要作为一种具象性的题材来表现的话，将是十分的不讨好。因为对造型艺术来说，外表越简单，变化就越少，特征越是不明显，其神韵的表现难度也就越大。

所以，虽然历史上有以茶为题材的绘画作品，但绝少是直接画“茶叶”的，而是采用转弯抹角的办法，画“茶事”、画“茶具”。因而在直接表现茶的色、香、味、形上，具象艺术有一定的局限性，这种局限性，要通过一定的艺术手法或借助于语言艺术（如题跋）来得到完善。

茶叶外形简单但内涵丰富，内涵包括物质内涵和精神内涵。其物质内涵为茶叶外形、色泽，以及经冲泡后出现的滋味、香气、汤色等，每项因子中又包含着各种具体的差异，滋味有甘醇、苦涩之分，香气有浓烈、清郁之差，汤色又有青白黄红之别……其精神内涵则主要包括茶饮的象征意义，如茶学的老祖宗陆羽，有隐居不仕，遁迹江湖之事，茶便带上了一层“隐逸”的意趣；又如茶在佛寺庙宇中的特别地位，又产生了“茶禅一味”之说；再如“清廉、平和、冲淡、雅致……”等等，不一而足。此外，因作者的生活经历和社会背景等因素，物质内涵也能转化成精神内涵。茶之物质内涵和精神内涵，很难用具体的形象确切地表达出来。因此，作为语言艺术的诗词、文赋等文学形式，当仁不让地大显身手了。

文学是最充分、最多面地反映生活的一种多棱体艺术。历史过程和人的内心感受过程，及其一切细节均可直接进入艺术描绘的语言所固定下来的内容之中。语言带来的无限意义和细微差异，语言描绘的多种多样的手段（如修饰语、隐喻及语气的轻重等），可以随心所欲地表达作者对所描绘的现象之思想、情感的态度，但同时又不脱离生活真实。所以，用语言艺术作品来表达茶叶的文化特征和文化内涵是最为适宜的，它们通过语言构成意象来表现茶叶的方方面面，显得得心应手而游刃有余，这也就是茶叶艺文中，语言艺术作品大大多于造型艺术作品的重要原因。

艺术源于生活，反过来，艺术也反映了生活而又高于生活，表现了作者的审美理想，所以又具有强烈的文化性。茶叶艺文也不例外，它的价值也正是体现于史料性和文化性上。

茶叶艺文作品的形式繁多，内容丰赡，历数千年而积累下来的作品，已成为当今研究茶史的绝好材料。如早于陆羽《茶经》的一封唐人信札，可以毫不费劲地推翻“自陆羽著《茶经》，荼始减一画而成茶”的传统观点；再如汉代印章艺术中“茶”字的出现，可以证明“茶”字的简化，并非始于唐代；李太白的一首《答族侄僧中孚赠玉泉仙人掌茶并序》诗，为第一首咏名茶诗，有人认为是“晒青”的最早记录，通过诗中所描述的制法、品质、出处、功用，可以恢复唐代这一名茶的生产；刘禹锡的《西山兰若试茶歌》中“自傍芳丛摘鹰嘴”，“斯须炒成满室香”等句，成为“炒青”绿茶始于唐代的有力佐证。从一些“斗茶图”、“烹茶图”中，可以真切地看到当时的茶饮器具和方法等。因而，在茶史研究中，引用茶叶艺文中的有关内容作为论证观点的材料是一种普遍现象，这充分体现出茶叶艺文在茶史研究中的“资料库”作用及其重要的学术价值。

茶叶文化的发展，与历代艺术家的参与密不可分。单纯的茶叶生产和单一的品饮功能，并不能构成茶叶文化这一学科，只有赋予茶叶以审美上的意义，将茶饮从解渴疗疾的日常生活层面上升至精神寄托的高度，这样，茶叶文化才能得以产生和发展。茶叶艺文就是历代文人、艺术家们这种努力的结果和见证。这些艺文作者的身份包括官员、诗人、画家、作家、隐士、僧人乃至工匠。同样的茶，同样的饮法，在他们的作品中出现的形象则是千姿百态，各臻其妙。

茶叶文化因各社会阶层的不同而显示出不同的特点和表现方式，在整个历史过程中，又因各时代的大文化背景和政治、经济等背景的差异而不相同。这种背景的影响，折射在茶叶艺文作品中，也表现出它的时代性来。像唐代张萱、周昉的一些仕女画中，多描写茶饮的宫廷气氛，这是由于作者多为御用画家，接触到的多为上层阶级人物，不可能出现诸如后来元、明、清时代的画家们创作的“山林气”十足的“烹茶图”。在宋代文人们的诗词唱和与手札往来中，可以看到宋代团饼贡茶是一种深为士大夫阶层所珍爱的礼品，其中，皇帝下赐于大臣，官员以此敬奉双亲、赠于挚友，都体现出一种“敬”的意义来。艺术家的眼睛最善于发现美，他们在常人看来极其普通的茶叶制作、冲饮中发现了一系列美的内涵，并运用自己的艺术才能将这些美表现出来，于是就有“江水薄煎萍仿佛，越瓯新试雪交加”、“洁性不可污，为饮涤尘烦”、“凭君汲井试烹之，不是人间香味色”等佳句流传下来。除了对茶叶的色、香、味、形的描写，艺术家们更表现出一种品饮过程的审美感受的抒情性格，最为典型的如卢仝“七碗之饮”的吟颂，已成为一首千古绝唱，余音不息。

艺术家们对茶的各方面的表现，无一不体现着他们对茶叶之美的认同和鉴赏，每一件作品，都体现着一种特定的文化心理，包含着一种特定的文化意蕴。这些艺文作品既是历代茶文化的成果，也是后来茶文化的继续发展的参照和起点。茶叶艺文作品的整体，又犹如一座“信息库”，有纵向的，也有横向的，有单一的，也有综合的。在纵向方面，可以“检索”出中国茶文化的嬗变发展轨迹；从横向方面，可以博览茶文化的种种丰富的形式及其所包含的内容。在这个意义上说，茶叶艺文是中国茶文化的主要载体和表现形式并不为过。

从茶叶艺文的历史价值和文化价值出发，本书选取了自先秦至现代已故著名艺术家的百余件作品，以人系物，以事明艺，将艺文作品与作者及社会背景（包括茶业和文化发展状况）作尽可能紧密的联系，试图通过对一个个的艺术家的介绍，对一件件的艺文作品的欣赏，反映出中国茶文化对中国传统文化艺术的影响，也反映出历代文人、艺术家对茶叶文化发展的贡献。

艺术是情感的产物。从这些茶叶艺文作品中，人们不难了解先人们在茶的品饮、制作、观赏中产生的一系列审美愉悦，这些作品活生生地表露着他们对茶饮的理解和种种寄寓于茶中的复杂心境。整个茶叶艺文，交织着茶文化在各个历史时期、各种社会层次、各个方面斑斓的异彩，其中所积淀的丰厚精华，构成了中华民族茶文化中最为璀璨、最有声色的华章。

# （二）历史嬗变

## 唐代风采

地球上有茶树植物已有七八千万年的漫长历史，而茶被人类所发现和利用，相传起源于神农时代，仅有四五千年。至于有关茶的专著记载，要更晚些，只可追溯到公元8世纪。

中国历史悠久，区域辽阔，其汉语方言众多，汉字在早期出现过“语音异声，文字异形”的状况。代表茶名的汉字就有十多个，诸如荼、诧、荈、槚、苦荼、蔎、茗、榛和茶等。《诗经》提到“荼”字的近十处，虽然并不全部指茶，但“谁谓荼苦，有甘如荠”（《邶风·谷风》），“采荼薪樗，食我农夫”（《豳风·七月》）等，则被有些学者认为是关于茶事的最早记载。渊源于西周的古字书《尔雅》，其中也有“槚，苦荼”的解释；成书于战国时期的《晏子春秋》，亦有晏婴相齐景公时，“食脱粟之饭，炙三弋五卵茗菜而已”的记述。此外，汉以来如司马相如的《凡将篇》、扬雄的《方言》、东汉华佗的《食经》以及《桐君录》等书，均有茶事记载。随着饮茶越来越多，茶的作用越来越明显，记述茶事的文献也一代比一代增加。

早期有关茶的记载虽然较为简单，但留下了许多颇有价值的资料。像“茶生益州，三月三日采”（《神农本草》），就指出茶树原产地的益州是最早的茶区之一。“荆巴间采茶作饼，叶老者饼成，以米膏出之。欲煮茗饮，先炙令赤色，捣末置瓷器中，以汤浇覆之，用葱、姜、桔子芼之”（三国魏张揖《广雅》），则为最早记叙饼茶制法、泡茶的方法。关于公元前1000多年前的周初巴国境内已有人工茶园培植的茶叶，作为贡品非常珍重地献给周王室的记载则见于晋常璩《华阳国志·巴志》，这则记载说明当时的茶叶生产已达到一定的水平。当时城市中出现经营茶粥、茶饮的茶摊，“晋元帝时，有老姥每旦独提一器茗，往市鬻之，市人竞买”（《广陵耆老传》），反映了饮茶已在社会各阶层中普及。“芳茶冠六清，滋味播九区。人生苟安乐，兹土聊可娱”的诗句（西晋张载《登成都白兔楼》），不仅赞颂了茶的芳香宜人，也反映了蜀地茶叶生产和饮茶风气之盛。而在早期的记载中，许多文字都谈及茶叶的功能功效，说明了古人对茶叶作用的认识，如饮茶日久，精神爽快：“茶茗久服，令人有力悦志”（《神农食经》）；饮茶可以却睡：“巴东别有真茗茶，煎饮令人不眠。……又南方有瓜芦木，亦似茗，至苦涩，取为屑茶饮，亦可通夜不眠”（《桐君录》）；古人发现茶和中草药同样可以治病，于是茶便与乌喙、桔梗、贝母、苓草、芒硝等一起被列为中草药之一（见司马相如《凡将篇》）。“茶味苦，饮之使人益思、少卧、轻身、明目”（《神农本草经》）；至东汉时茶甚至被夸大为饮之能成仙得道的灵丹妙药：“茗菜轻身换骨，昔丹丘子黄山君服之”（陶弘景《名医别录》）。正是由于早期文献对茶叶效能的记载和赞誉，进一步推动了饮茶的风尚。

不过，饮茶风尚的普及是一个缓慢的过程。早期文献记载的许多趣闻轶事，反映了在饮茶方面由于南北地域的不同而产生的文化差异。西汉宣帝神爵三年（前59），官至谏议大夫的王褒所写的《僮约》中，在规定僮仆的任务中就有“烹荼尽具”和“武阳买荼”两条。“烹荼尽具”，是说烧茶、泡茶的茶具要准备齐备，并洗涤干净。“武阳买荼，”是说要到武阳去买茶叶，供居家饮用。在当时，自给自足的生产占主导地位，但茶叶要赶到集市上去购买，可见汉代巴蜀地区茶叶商品化已达到相当程度。至南北朝时，南齐永明十一年（493）齐武帝颁下遗诏，说自己逝世后，在灵前祭祀不必杀牲，只要供上糕、水果、茶、饭、酒和肉脯就可以了，还规定“天下贵贱，咸同此制”（《南齐书》）。可见，南朝朝野已普遍接受了茶饮。但北方贵族还不饮茶甚至鄙视饮茶。南齐秘书丞王肃投归北魏，刚北上时，不习惯北方饮食，“不食羊肉及酪浆等物”，吃饭时常以鲫鱼羹为菜，“渴饮茗汁”，并且“一饮一斗”，北朝士大夫讥笑他，称他是“漏卮”，意思是“永远装不满的容器”。几年后，王肃参加北魏孝文帝举行的朝宴，却“食羊肉、酪浆甚多”。孝文帝很奇怪，问道：“卿为南方口味，以卿之见，羊肉与鱼羹，茗饮与酪浆，何者为上?”王肃曲意逢迎，说：“羊是陆产之最，鱼为水族之长，都是珍品。以味而论，是有优劣的。羊肉好比是齐、鲁衣冠大国，鱼好比是邾、莒附庸小国。只是茗叶熬的汁不中喝，只好给酪浆作奴仆了。”孝文帝大笑。这话传开后，人们就把用茗熬的汤叫做“酪奴”，以至于北朝的士大夫们对饮茶者也讥讽嘲弄，“自是朝贵宴会，虽设茗饮，皆耻不复食。惟江表残民远来降者好之”（《洛阳伽蓝记》卷三）。然而，这种情况并不长久。及至隋统一南北之后，南北经济文化交流更加密切。由于隋文帝爱好饮茶，上行下效，“由是竞采，天下始知饮茶”（《隋书》）。当时流传着一首《茶赞》：“穷春秋，演河图，不如载茗一车。”饮茶风尚，终于在北方传播。

在历史发展的长河中，饮茶文化逐步由混沌向文明嬗变。这种嬗变，使记载茶的文献资料也不断增加和丰富。当茶的载录愈来愈丰富多彩之时，就必然不满足于以往附记于其他书籍的局面，从而出现了全面的、系统的茶书专著，这是历史已经造就的机遇。

这种历史的机遇，直到唐代才出现。规模空前的统一和强盛，气派空前的宽容和摄取，造就了唐人烈烈腾腾的生活情调以及丰富浓烈的社会风采。唐代的茶业充满活力，气象万千：茶产日兴，名品纷呈；饮茶之风，大行朝野；茶叶贸易，十分活跃；封建茶法，应运而生。时代呼唤着茶业的大发展、大提高，也呼唤着总结前人经验、导引茶业进一步发展的茶叶专著的尽快问世。唐代中叶，陆羽撰成了中国的、也是世界上第一部茶叶专著《茶经》，才从根本上改变了自西周初期以来茶的记载只是只言片语、简单零碎的状况。《茶经》的出现是茶史上最引人注目的事件，它开启了此后茶文化异彩焕发的局面。

《茶经》的成书时间众说纷纭，但多数学者认为刻印于唐建中元年（780）。它虽然只有7000多字，却全面系统地总结了唐代及其以前有关茶的知识与经验，生动具体地描述了茶的生产、品饮、茶事，言约意丰地深化和提高了饮茶的深层美学和文化层次。全书共三卷十章，展示出一个琳琅满目的茶的世界：

“一之源”，介绍茶树的起源、茶的性状、名称、品质和功效等。作者肯定茶树原产于我国南方，其中有高一尺、两尺的灌木型，也有高数十尺的乔木型，在巴山峡川，有两人合抱的大茶树。对于茶树的形状，书中予以形象的比喻，描述了从整体到各部位的特征：树如瓜芦，叶如栀子，花如白蔷薇，实如棕榈，茎如丁香，根如胡桃。茶的称呼多样，一是方言土语不同，二是由于采摘时间不同，茶叶质量不一样所产生的特殊称谓。茶树栽培的方法，“法如种瓜，三岁可以采”。茶树对土地的挑选很严格，烂石中生长的最好，砾壤中的较差，黄土地种植的最差。茶以野生的为上等，人工种植的则较差。生长在向阳山崖并有林木遮荫的茶树，芽叶呈紫色的为好，绿色的则差；形如春笋的最好，短小的芽则差；叶卷裹未展开的为佳，叶舒展的则差。背阴山坡谷地的茶树，不值得去采摘，如饮用则易生疾病。因茶性寒凉，用作饮料最为适宜。品行端正俭朴的人，如感觉体热、口渴、闷燥、头痛、眼睛倦涩、四肢无力或全身关节不舒服的时候，喝上四五口茶，与醍醐和甘露是可以媲美的。但采茶如不适时、制茶如不精细并混杂有其他杂草，这样的茶喝了是会生病的。最后，以人参为例，说明其功效因产地不同而有很大差别。

“二之具”，介绍各种采茶、制茶的用具。陆羽总结了唐时盛行的蒸青紧压茶的制作工艺，列举了制作过程中有关采、制、贮藏茶叶的十多种器具，并详述了每种器具的具体形状、要求和使用方法。这些器具是：籯，又叫篮、笼、筥，用竹子编制的盛茶工具；灶，制茶烘干用的工具；甑，蒸茶时用的屉；杵臼，又叫碓，捣具；规，用铁制成的模具；承，又叫台，或砧子，用石头做成，也有的用槐、桑木半埋在地下，不使其摇动；檐，又叫衣，用旧的绢、雨衫、单衣等制成，即苫布；芘莉，晾茶的屉状工具；棨，串茶叶的锥刀；朴，串茶的竹编绳子；焙，烘茶的坑灶；贯，竹子削成，长二尺五寸，用来穿茶烘焙；棚，晾茶的棚子，在焙上分两层，全干的升上棚，半干的在下棚；穿，团饼茶包装的器具，江南东部和淮南地区用剖开的竹子做，巴山、峡川一带用韧性大的构树皮做；育，用木做框，外围用蔑编织，并用纸糊起来，里面分隔的贮藏和养护工具，类似柜橱。如今，陆羽时代所用的这些器具基本上被其他半机械和机械化的器具所代替，但《茶经》的记载，对于我们了解制茶机械的演变、革新和发展是大有帮助的。

“三之造”，论述茶叶的种类以及采制方法。陆羽讲究采茶的时机，春茶当在旧历二、三、四月间晴天采之，雨天、阴天不能采。嫩叶刚出、几个枝节中颖拔的，并且要凌晨带露采摘。采茶之后，制作的工序是：蒸、捣、拍、焙、穿、封等程序。茶的形状有多种多样，鉴别茶的质量，只看外表、色气、言茶好或不好，就不会得出正确的答案。除了眼看、鼻嗅之外，还要用嘴品一品。陆羽还根据当时饮用习惯，对茶叶品质的要求等等辩证地提出茶叶外形、色泽产生的一些原因，对鉴评和提高茶叶的品质也很有价值。

以上三章为《茶经》的卷上。卷中只有一章，即“四之器”，专门介绍煮茶、饮茶的器皿，说明各地茶具的优劣、使用规则和器具对茶汤品质的影响。这一章详细列举了28种器皿，按用途大体可分为8类：生火的用具，包括炉、灰承、筥、炭挝和火筴等5种；煮茶用具有鍑、交床等；烤茶、碾茶和量茶的用具，有夹、纸囊、碾、拂末、罗合和则等6种；盛水、滤水和取水的用具，有水方、滤水囊、瓢和熟盂等4种；盛盐、取盐的用具，有鹾簋和揭；饮茶用具，有碗和札；盛器具和盛摆设的用具，有畚、具列和都篮；清洁用具，包括涤方（贮洗涤过的水）、滓方（盛茶渣用）和巾（用粗布制成的擦茶具用的洗巾）。最值得注意的是，用铜或铁铸成的风炉，形状像古代的鼎，三只脚之间开设的三个孔洞上，分别铸着“伊公”、“羹陆”、“氏茶”6个字，即所谓“伊公羹，陆氏茶”。伊公，就是传说中的商初大臣伊尹，曾辅佐商汤攻灭夏桀，治理国事凡三朝，又善烹饪，被陆羽誉为“伊公羹”，陆书敢于以“陆氏茶”与“伊公羹”相匹，足见他对自己于茶上作出的贡献充满自信心。

“五之煮”，介绍煮茶方法和水的品第。团饼茶在烹煮以前，先要经过烘烤和碾碎，使香气滋味能充分发挥。燃料最好用木炭，其次用硬杂木。好茶需用好水烹煮，水以山水为上，江水为中，井水为下。煮沸程度，如鱼目微有声，为一沸；边缘如涌泉连珠，为二沸；腾波鼓浪，为三沸。过了三沸，就水老不可食也。真正的好茶，应该“啜苦咽甘”。

“六之饮”，介绍饮茶风俗和饮茶方法。说茶之成为饮料，由神农氏开始，从鲁周公喝茶才为大家知道。茶有粗茶、散茶、末茶、饼茶。饮茶有九个难题要解决：一是制造，二是鉴别，三是器具，四是火工，五是用水，六是烘烤，七是碾末，八是烹煮，九是饮用。饮茶需要知识，需要文化，要知道喝的是什么茶，怎么喝，喝了会起什么作用等等。茶既起着生理和药理的作用，又是一种精神的享受，这些问题，直到《茶经》才详加论述。

“七之事”，引述古代有关饮茶的故事、药方等。这是《茶经》里最长的一章，字数约占全书的1/3。作者把唐代以前有关茶事的资料，按朝代先后汇集和排列，全面系统地介绍了古代的茶叶历史。首先列出“人物索引”，涉及饮茶的名人41位，然后，从《神农食经》到《枕中方》和《孺子方》等古代文献中摘录了48例有参考价值的内容，附于后。这些资料及所引证的书目，有的现已佚失，幸赖《茶经》才得以保存下来，虽是吉光片羽也弥足珍贵。

“八之出”，论述全国名茶产地和茶叶品质高低。据《茶经》所列，唐代产茶地共有山南、淮南、浙西、浙东、剑南、黔中、江南、岭南等8个道、43个州郡、44个县。作者对黔中、江南、岭南3个道产区没有详细介绍，只列产茶州名，统称“往往得之，其味极佳”。而对山南、淮南、浙西、浙东、剑南5个道，则列出产茶州名、县名或地名，还把茶叶品质分为上、次、下、又下4等。

“九之略”，论述在一定条件下怎样省略茶叶采制工具和饮茶用具。前面几节，讲采茶、制茶、饮茶用具的规范化，而这节170来字，则讲用茶具和茶器的灵活性。

“十之图”，教人用绢写《茶经》悬挂，以使全书一目了然。

我们之所以不厌其烦地复述《茶经》的主要内容，是希望有更多的人对这部茶书有更多更深地了解。陆羽的《茶经》堪称一部茶学的百科全书，也是第一部茶文化学著作，它系统全面地总结了中唐以前整个茶文化发展的历史经验，促使茶由药用、饮用变为品饮，由一种习惯、爱好、生理需要，升华为一种修养、一种文化，迈入新的境界。

与《茶经》的备受崇奉相反，其作者陆羽是在身后才被推到“崇高地位”的，生前却是历尽坎坷，很不得志。虽然《新唐书》有他的传记，《唐才子传》有他的史略，连美国人乌克斯著的《茶叶全书》也有他的介绍，但他的生平还是留下许多至今解不开的谜。

陆羽的生卒时间就缺乏有力的依据，一般认为：唐开元二十一年（733）他生于复州竟陵（今湖北天门），贞元末年（804）去世。相传，他是一个弃婴。龙盖寺（后改称西塔寺）的智积禅师早晨起来漫步，在竟陵城外的西湖之滨，听见群雁的喧闹声，前往发现三只大雁用翅膀护卫着一个婴儿，就把他抱回寺中收养。这孤儿的父母是谁，为何被弃，都不得而知。后来，孤儿长大后自己按《易》占封卜筮，得封辞“鸿渐于陆，其羽可用为仪”，便以陆为姓，羽为名，鸿渐为字。

9岁之时，智积法师要陆羽学习佛典，早慧而倔强的陆羽拒不从命，坚持要读儒家经典而被罚做劳役数年。但即使备受劳役折磨，陆羽也不改初衷，常常骑在牛背上吟文做诗。这样，他不免受到责难，以至挨打受骂。忍无可忍的陆羽，于13岁时逃离寺院，投身到一个杂戏班中，扮演丑角，以卖唱献艺为生。在这段时间中，他写了《谑谈》三篇，显示出非凡的才华，于是在“伶人”中很快出了名。

命运之神终于向陆羽露出了笑脸。不久，他的才华被竟陵太守李齐扬发现，赠送一些诗书给他，并介绍他去天门西北火门山邹夫子处就学。后来，他又得到新任司马崔国辅的赏识，与崔交游三年，“谑笑永日，又相与较定茶水”。在崔国辅的熏陶下，他文学造诣日深，茶事钻研日勤，20多岁时已成为学识广博、精通茶艺的士子了。

天宝十四年（755），“安史之乱”爆发，唐王朝结束了开元、天宝盛世，进入动荡不安的时期。陆羽随着蜂拥南下的难民渡江，遍历长江中下游和淮河流域各地，在颠沛流离中，他还考察搜集茶叶产制的资料，并结识了皎然、刘长卿等一批诗友。大约公元760年，在盛产名茶的湖州苕溪，陆羽结庐隐居，或与志同道合者畅谈茶事，研讨禅理，诗酒往来，谈宴永日；或山野之中单身独行，杖击林木，手弄流水，夷犹徘徊，自曙达暮。他把全部的时间和精力投入切磋学问，品茗斗茶，将茶艺与禅机结合起来，把饮茶提到美学、文化的高度，撰写出彪炳史册的《茶经》。此后，皇帝闻其名曾下诏征他为太子文学，迁太常寺太祝，但他不肯就职，宁愿过他的隐逸生活，与情趣相投的名僧、名士以及一些官员饮茗赋诗于优游岁月中，度过了晚年。贞元二十年（804）冬天，陆羽走完了他72年的生命历程，病逝于湖州，安葬于杼山。

纵观陆羽的一生，他从小就饱受着困苦生活的煎熬，但他是倔傲的，执著地追求着自己的志趣，他具有多方面的兴趣和才华、独到的思辨和不同凡响的见解，终于结出了丰硕的成果。除《茶经》外，据历代著述记载，陆羽还撰写过《茶记》二卷、《顾渚山记》一卷、《水品》一卷、《茶论》、《毁茶论》、《茶歌》等茶学著作与诗文，又有其他著作七种计六十二卷，可惜都没有流传下来。

陆羽又是一个有血性的人物，敏感而倔强。据说，朝廷御史李季卿到江南视察，召见陆羽，陆羽野服入见，李季卿喝了陆羽煎的茶后，命家奴子付钱给陆羽。陆羽感到自己蒙受了极大的羞辱，为此他又写了《毁茶论》。但是，陆羽又是一个诚实和极重感情的人。他与女诗人李季兰为友，与诗僧皎然结为莫逆之交，与大书法家、曾任湖州刺史的颜真卿相契，他和人约会，虽然冰雪千里，或虎狼当道也毅然前往。

陆羽曾写过一首《六羡歌》，诗曰：“不羡黄金罍，不羡白玉杯，不羡朝入省，不羡暮登台，千羡万羡西江水，曾向竟陵城下来。”表明自己不图高官厚禄，不爱荣华富贵，甘于淡泊，追求洒脱，专心致志于饮茶艺术和茶学的研究，这就是陆羽殚精竭虑的内心世界。

中唐以来，陆羽被奉为茶神，茶作坊、茶库、茶店、茶馆都有供奉，有的地方还以卢仝、裴汶为配神。陆羽的名字被写入额幛、楹联，如“陆羽谱经卢仝解渴，武夷选品顾渚分香”、“活火烹泉价增卢陆，春风啜茗谱品旗枪”等等，陆羽的神威在茶业经营者的心目中是足以保佐他们财运亨通的。至于陆羽的传说故事更是不胫而走，神乎其神。历千年而不衰的茶神陆羽崇拜，还溶入了当代茶文化热的汪洋大海。“一生为墨客，几世作茶仙。”（唐耿沣联句。）

陆羽以后，唐代茶书不断出现，编撰茶书蔚然成风，但没有出现像陆羽那样爱茶之深、见解之切的智者，也没有像《茶经》那样百科全书式的综合性著作，大多是某一专题性的论述，而且又多是个人的一得之见。

公元825年前后，张又新著《煎茶水记》一卷。又新字孔昭，深州陆泽（今河北深县）人，工部侍郎张荐之子。唐宪宗元和间及进士第，历官左补阙、汀州刺史、中州刺史，终左司郎中。《煎茶水记》的写作过程，张又新有一篇自述，自述说：元和九年（814）春季，他和朋友们相约到长安城的荐福寺聚会。他和李德垂先到，在西厢房的玄鉴室休息时，遇到一个江南和尚。和尚背囊中有几卷书。张抽出一卷浏览，见“文细密皆杂记”，卷末题为《煮茶记》。书中记载了一件轶事：唐代宗之时，湖州刺史李季卿路过扬州，遇见陆羽。李季卿认为，陆羽善于茶天下闻名，扬子南零水又殊绝，这是千载一遇的“二妙”归一。于是，命令军士到南岸去取南零水。取水回来后，陆羽舀水煮茶，发现不是南零水而是长江水。军士不承认，说：“我划小船去取水，看见的有上百人，哪里敢说假话呢？”陆羽不答话，把水倒掉一半，再用勺舀水，说：“这才是南零水！”军士跪地求饶说：“我取了南零水后，在归途中因小舟摇晃，到北岸时只剩下半缸，所以舀江水加满。不料被先生识破，先生真是神鉴也。”李与宾客数十人都非常惊讶，请陆羽谈对天下各处水质的看法。陆羽将天下水分为二十等，列“楚水第一，晋水最下”。李季卿让人把陆羽的话记录下来，称为《煮茶记》。张又新把陆羽的见解抄出，与“为学精博，颇有风鉴”的刘伯刍的的品水文学列在一起，再加上自己的体验，编撰成950余字的《煎茶水记》。

刘伯刍曾任刑部侍郎，生平事迹不详，约活动于陆羽同时。他列出适宜煎茶的水，分为七个等级：

> 扬子江南零水，第一；无锡惠山泉水，第二；苏州虎丘寺泉水，第三；丹阳县观音寺水，第四；扬州大明寺水，第五；吴松江水，第六；淮水最下，第七。

这七种水，张又新游历所到，都曾亲自品鉴比较，觉得确如刘伯刍所说。有熟悉两浙地区的人告诉又新，伯刍所言搜访未尽。于是，张又新到了刘伯刍未曾去过的两浙，在汉代严子陵钓鱼的桐庐严陵滩，见“溪色至清，水味至冷”，用溪水煎“陈黑坏茶”，“皆至芳香”，又煎佳茶，更是“不可名其鲜馥也”，这里的水远远超出刘伯刍视为第一的扬子江南零水。他到了永嘉，取仙岩瀑布煎茶，水质也在南零水之上。

据《煎茶水记》，陆羽则把天下的水分为二十等：

> 庐山康王谷水帘水，第一；无锡县惠山寺石泉水，第二；蕲州兰溪石上水，第三；峡州扇子山下，有石突然，泄水独清冷，状如龟形，俗云虾蟆口水，第四；苏州虎丘寺石泉水，第五；庐山招贤寺下方桥潭水，第六；扬子江南零水，第七；洪州西山西东瀑布水，第八；唐州柏岩县淮水源，第九；庐州龙池山岭水，第十；丹阳县观音寺水，第十一；扬州大明寺水，第十二；汉江金州上游中零水，第十三；归州玉虚洞下香溪水，第十四；商州武关西洛水，第十五；吴松江水，第十六；天台山西南峰千丈瀑布水，第十七；郴州圆泉水，第十八；桐庐严陵滩水，第十九；雪水，第二十。

比起刘伯刍来，陆羽品水的范围要广阔得多。除了长江中下游外，还西到商州，即今之陕西省商县；南到柳州，今属广西管辖；北到唐州柏岩县淮水发源处，即今之豫西桐柏山区。陆羽与刘伯刍对煎茶用水的具体看法和评定标准各不相同，两人对水的品评差异也很大。不过，据说两人评品的这些水，张又新都曾亲自品尝过，认为无疑当属佳品。

《煎茶水记》所载，人们广为传闻。但宋代大文豪欧阳修则在《大明水记》中指出，张又新所记陆羽品水次第，“皆与《茶经》相反”，恐为张又新信口开河，随意将二十等水的品评附加到陆羽头上。也有人认为，陆羽能明辨南零水，并以雪水居末，殊为怪诞，不符常情。今人万国鼎就提出不同意见：

> 天下水诚有美恶，以所含矿质不同也；然以天下之大，欲举而一一次第之，谈何容易。雨雪之水纯洁，虽不若著名山泉之甘厚，远胜普通井水之苦涩，而又新以雪水居末，宜陈氏《书录解题》斥为尤不可晓也。至又新所记陆羽辨南零水事，尤属怪诞。夫两水合置一器，未有不溶和者，而犹分上半为临岸之水，下半始为南零水，悖物之理矣。（《茶书二十九种题记》）

万国鼎的话确为至论。不过，《煎茶水记》依然有其独特的价值。一是对于品茶用水提出了一些高于旁人的看法。如书中提出，茶汤品质高低与泡水有关系，水的性质不同会影响茶汤的色香味。不过，烹茶用水不必过于拘泥名泉名水，茶产在什么地方就用什么地方的水来煎烹，得水土之宜，便能泡出好的茶味。再好的水运到远处，它的功效只能剩下一半。还指出茶汤品质高低又不完全受水影响，善烹洁器也是很重要的条件。善于烹茶，清洁器具，就能更好地发挥佳水的功效。书中并强调“显理鉴物”，即理论必须结合实际；不能迷信古人，因有古人所不知而今人能知者；学无止境，好学君子应该不断钻研，才不止于“见贤思齐”。这些至理名言，对后人启发很大。二是《煎茶水记》首开古人饮茶用水理论的先河。在唐代以前，煎茶用水还没有引起充分注意，自然也没有留下文字记载，是《煎茶水记》最早载录了宜茶用水，并以刘伯刍和陆羽的见解昭示后人，丰富和补充了《茶经》关于煮茶用水的内容。此后，人们对茶的色香味越来越讲究，对用水的要求越来越高，品评水质的文字越来越多，还出现了如明代田艺蘅《煮泉小品》之类的烹茶用水系统著作。

唐五代之际的茶书，现多半仅存残卷或辑佚本。晚唐诗人温庭筠于公元 860 年前后著《采茶录》一卷（一作三卷），大约于北宋时期已佚。《说郛》和《古今图书集成》虽收有《采茶录》，也仅存辨、嗜、易、苦、致五类六则，共计不足 400 字。所记为：陆羽辨临岸的南零水、李约汧性辨茶、陆龟蒙嗜茶荈、刘禹锡以茶醒酒、王蒙好茶、刘琨与弟书求真茶。苏廙（一作虞）撰《十六汤品》，大概作于公元 900 年前后，即唐末或五代十国之初。该书原为苏廙《仙芽传》第九卷中的一篇短文，其后，陶谷将其抽出收入《清异录》卷四中。所论与现在茶汤审评技术有关，内容包括：煎茶以老嫩言者凡三品、注茶以缓急言者凡三品、以茶器之分类言者凡五品、以薪材论者凡五品。“十六汤”的名目为：得一汤、婴儿汤、百寿汤、中汤、断脉汤、大壮汤、富贵汤、秀碧汤、压一汤、缠口汤、减价汤、法律汤、一面汤、宵人汤、贼汤、魔汤。斐汶撰有《茶述》，极力提倡饮茶，斥责“多饮令人体虚病风”的无稽之谈，论说茶性清，茶味洁，有涤烦、致和之功效，百服不厌，得之则安，不得则病，其功效至数十年而后显。可惜，《茶述》一书已佚，今仅清陆廷灿《续茶经》中收有《茶述》之序文。而毋煚不喜饮茶，乃作《代茶余序》，错误地认为饮茶有害人体，劝人少饮。此外，唐温从云、段碣之分撰《补茶事》十数节，皎然撰《茶诀》一篇，五代后蜀毛文锡撰有《茶谱》，亦均已亡佚。

饮茶习俗，由混沌向文明的嬗变，走过了数千年的曲折路程，终于在唐代演出了生动的“话剧”。唐代的茶书编撰，从草创走向理智，开启了随后千年来的宏大规模，从而成为中国茶书史上有声有色的序曲。

## 宋代意境

由相对开放、相对外倾、色调热烈的唐代文化向相对封闭、相对内倾、色调淡雅的宋代文化转型，有其复杂的政治、经济、文化动因。土地私有制的普遍发展，个体的主体价值意识和人格意识较为自觉与明朗，教育对象上打破严格的门阀贵族限制，显示出平民化和普及化趋向，整个社会构成比以往远为庞大和更有教养的阶层，促使宋代在思想文化领域展开多样化地全面开拓，创造出“郁郁乎文哉”的文化气象。面对历史提供的大好机遇，宋代茶业和茶文化自由伸展，形成昌盛的局面。

自从历仕后晋后汉、官至左仆射的和凝开始，其后的宰辅也都好饮茶，宋开国皇帝太祖赵匡胤也有饮茶癖好。宫廷兴起的饮茶风俗极大地推动了茶业发展，除了茶业发源地的巴蜀，东南地区的淮南、江南、两浙、荆湖、福建等路的茶叶栽培也非常普遍，产量不断增长。南宋绍兴末年东南十路就有 60 州、242 县产茶，实现了茶业重心由巴蜀逐步向东南的转移，出现了大量“以茶为业”的园户和兼农兼茶的半专业户，还有从事水磨茶经营的水硙户和焙户。当时，“茶之为民用，等于米盐，不可一日以无”（宋王安石语）。茶叶流通非常兴盛，大中城市茶坊林立，小市镇也有茶坊、茶铺，甚至在茶叶运输线上兴起若干商业都市。宋王朝还与周边政权及少数民族广泛进行茶叶贸易，如宋辽、宋金边界的榷场贸易和西北地区的茶马贸易，都规模大、影响广。茶的税赋收入已成国家财政的重要组成部分。据不完全统计，除贡茶之外，景德元年（1004）东南六路茶利收入高达569万贯，平常年份也在100万贯以上；四川茶利在未行榷禁前为30万贯，榷茶后的元丰五年（1082）高达100万贯，南宋建炎四年（1130）行卖引法后高达170万贯，绍兴十七年（1147）达200万贯。此外，官营水磨茶收入也很可观，如元丰中仅20万贯，政和四年（1114）高达400万贯。广袤的产茶地域、精湛的品质特色、高额的茶利收入，促使宋代茶业蓬勃地继续向前发展。

随着茶业的兴盛，饮茶风习深入到社会的各个阶层，渗透到日常生活的各个角落。从皇宫欢宴到友朋聚会，从迎来送往到人生喜庆，到处飘浮着茶的清香，到处洋溢着茶的清风。如果说，唐代是茶文化的自觉时代，那么，宋代就是朝着更高级阶段和艺术化的方向迈进了，如形式高雅、情趣无限的斗茶，就是宋人品茶艺术的集中体现。斗茶又称茗战，是以竞赛的形态品评茶质优劣的一种风俗。斗茶具有技巧性强、趣味性浓的特点。斗茶对于用料、器具及烹试方法都有严格的要求，以茶面汤花的色泽和均匀程度、盏的内沿与汤花相接处有没有水的痕迹来衡量斗茶的效果。要想斗茶夺魁，关键在于操作：一是“点”，即把茶瓶里煎好的水注入茶盏；一是“击拂”，即在点汤的同时用茶筅旋转击打和拂动茶盏中的茶汤，使之泛起汤花。而斗茶时所出现的白色汤花与黑色兔毫建盏争辉的外观景象，茶味的芳香随茶汤注入心头的内在感受，该给心态更为内省、细腻的宋代人士，带来多少的愉悦和慰藉啊！宋代杰出的政治家、文学家范仲淹曾以满腔的激情、夸张的手法、高绝的格韵、优美的文字，写下《和章岷从事斗茶歌》，描述了当时的斗茶风俗和茶的神奇功效。这首脍炙人口的茶诗，被人们认为可与卢仝的《走笔谢孟谏议寄新茶》诗相媲美。斗茶艺术至迟在南宋末年随着饮茶习俗和茶具等一起传入日本，形成了“体现禅道核心的修身养性的日本茶道。”现代日本茶道文化协会负责人森本司朗先生认为：中国的斗茶“哺育了日本的茶道文化”（《茶史漫话》）。

“诗因茶而诗兴更浓，茶因诗而茶名愈远。”随着茶风的兴盛，宋代有关茶的吟唱诗文也空前增多。宋代茶书的编撰也超过了唐代，已知的几近30来种。宋王朝建立于公元960年，而宋代的第一部茶书——陶谷撰写的《荈茗录》则写定于公元970年。陶谷历仕后晋、后汉、后周和宋，他以“强记嗜学，博通经史”著称。他一生好茶，痴迷于茶事。《荈茗录》约近1000字，分为18条，内容是有关茶的故事，对研究茶由五代至宋茶的演变、渊源有重要意义。

任何时代的风尚都与统治阶级的倡导有关，统治阶级的嗜好影响着社会风习的发展。由于宋代皇宫、官府对斗茶、茗战如痴如醉，乐此不疲，“倾身事茶不知劳”，使饮茶风习进一步普及各个阶层，渗透到日常社会生活的每个角落。茶税成为封建王朝的重要经济来源之一，又反过来促使最高统治者重视茶业。陆羽《茶经》如果说还只是不得志文人的潜心研究，那么，宋徽宗赵佶的《大观茶论》则是当朝天子的精心论述。茶书，也从低贱的地位升到尊显的祭坛。

宋徽宗赵佶（1082－1135）是北宋的第八个皇帝。当他 18 岁成为万乘之尊、一国之君时，还是想做一个有所作为、名标青史的皇帝的。但是，好景不长。在蔡京、童贯等奸佞们的蒙骗下，在所谓“丰亨豫大”和“唯王不会”的招牌下，宋徽宗过起耽于享乐、沉湎书画的风流生活，做起太平天子的美梦。大肆搜括，任意勒索，放肆挥霍，给北宋人民带来极大的灾难，以至于“官逼民反”。然而，方腊、宋江的农民起义战争并未唤醒他的迷梦，他仍荒于朝政、溺于玩乐。直到金国兵临城下，他才猛然惊醒，不过，迷梦警醒得太晚了！靖康元年（1126）冬天，金兵攻占汴京，宋徽宗成了金国的囚徒。第二年四月，金兵北归，掳走徽宗、钦宗、王室成员、在朝的大臣和数不胜数的金银财宝，北宋王朝灭亡了。

宋徽宗赵佶虽是一个无能的昏君，却是一个杰出的艺术家，他是北宋非常杰出的绘画大师之一，是旷古绝今的“瘦金体”书法大师，还是一位技艺不凡的品茶大师。他常与臣下品饮斗茶，亲自点汤击拂，能令“白乳浮盏面，如疏星朗月”，达到最佳效果。在所谓的“百废俱举，海边晏然”的大观年代（1107－1110），宋徽宗编撰了一部《茶论》，《说郛》刻本改称《大观茶论》。这部茶论虽然只有 2800 多字，内容却非常广泛，首为绪论，次分地产、天时、采择、蒸压、制造、鉴辨、白茶、罗碾、盏、筅、瓶、勺、水、点、味、香、色、藏焙、品名、外焙等 20 目，依据陆羽《茶经》为立论基点，结合宋代的变革，详述茶树的种植、茶叶的制作、茶品的鉴别。对于地宜、采制、烹试、品质等，讨论相当切实。如：“植茶之地，崖必阳，圃必阴”（《地产》）；“茶工作于惊蛰，尤以得天时为急，轻寒英华渐长，条达而不迫，茶工从容致力，故其色味两全”（《天时》）；“白合不去，害茶味，乌带不去，害茶色”（《采择》）；“不知茶之美恶，在于制造之工拙而已，岂冈地之虚名所能增减哉”（《品名》）等，都被现代茶学家视为“可供继续研究者”。

不过，《大观茶论》造诣最深、描述最精者，还是程序繁复、要求严格、技巧细腻的宋代斗茶。宋人斗茶，追求庄严肃穆、一丝不苟、澄心静虑，对于茶饼、茶具、程序和效果也都有具体规定，对此，《大观茶论》均作了明确而详细的介绍。鉴辨使用的茶饼质量，是斗茶的首要任务。但是，茶饼质量差异很大，“膏稀者，其肤蹙以文；豪稠者，其理敛以实。即日成者，其色则青紫；越缩制造者，其色则惨黑。有肥凝如赤蜡者，末虽白，受汤则黄；有缜密如苍玉者，末虽灰，受汤愈白。有光华外暴而中暗者，有明白内备而表质者，其首面之异同，难以概论”。这无疑增加了鉴辨的难度。那么，如何才能准确地鉴辨茶饼呢？宋徽宗提出了三条标准：一是以色辨，要求茶饼“色莹彻而不驳”；二是以质辨，要求茶饼“缜绎而不浮”、“举之凝结”，就是质地缜密而不松散，拿在手里有一定重量；三是以声辨，“碾之则铿然”，也就是唐人所说的“拒碾”，这种茶饼质地坚密和干燥。达到这三条标准的，“可验其为真品也”。而那些以“贪利”为目的，“假以制造”的赝品，“其肤理色泽”是逃不过鉴赏的。对于使用的器具，《大观茶论》认为，罗碾“以银为上，熟铁次之”。“盏色贵青黑，玉毫条达者为上”。“茶筅以筋竹老者为之，身欲厚重，筅欲疏劲，本欲壮而未必眇”。“瓶宜金银”，大小适宜。“勺之大小，当以可受一盏茶为量”。“水以清轻甘洁为美，轻甘乃水之自然，独为难得”。

斗茶的操作程序，调膏是第一个环节。调膏要看茶盏的大小，用勺挑上一定量的加工好的茶末放入茶盏，再注入瓶中沸水，调和茶末如浓膏油，以粘稠为度。调膏之前要先温盏，“盏惟热，则茶发立耐久”。成豪后，要及时点汤。“点汤”与“击拂”几乎是在同时间里同步进行的，都是关键环节。两相配合，操作得当，才能创造出斗茶的艺术美。《大观茶论》特别强调，点茶必须避免“静面点”和“一发点”。所谓“静面点”，指茶末和水还没十分交融就急急忙忙地注汤，手持茶筅拂击无力或茶筅过于轻巧，茶面没有蓬勃涌起足够的汤花。所谓“一发点”，就是击拂过猛，不懂得利用腕力，绕着圈使用茶筅，以致还没形成粥面而茶力已尽，虽然击拂时有汤花，但注水击拂一停，汤花即刻消退，出现水痕。总之，注意调膏，有节奏地注水，茶筅击拂要掌握轻重缓急，就能创造出斗茶的最佳效果。《大观茶论》对此有详细和生动的描述：

> 妙于此者，量茶受汤，调和融胶，环注盏畔，勿使侵茶。势不欲猛，先须搅动茶膏，渐加击拂，手轻筅重，指绕腕旋，上下透彻，如酵蘖之起面，疏星皎月，灿然而生，则茶之根本立矣。第二汤自茶面注之，周回一线，急注急上，茶面不动，击拂既力，色泽渐开，珠玑磊落。三汤多置如前，击拂渐贵轻匀，周环旋复，表里洞彻，粟文蟹眼，泛结杂起，茶之色十已得其六七。四汤尚啬，筅欲转稍宽而勿速，其清真华彩，既已焕发，云雾渐生。五汤乃可少纵，筅欲轻匀而透达，如发立未尽，则击以作之；发立已过，则拂以敛之，结浚霭，结凝雪，茶色尽矣。六汤以观立作，乳点勃结，则以筅著之，居缓绕拂动而已。七汤以分轻清重浊相，稀稠得中，可欲则止，乳雾汹涌，溢盏而起，周回旋而不动，谓之咬盏。宜匀其轻清浮合者饮之。《桐君录》曰：“茗有饽，饮之宜人，虽多不为过也。”

洋洋洒洒叙述的“七汤”点茶法，真是工序繁琐，细致入微。在实际操作中，时间也许不过一两分钟，只有思维敏捷、动作快捷，才能够抓住这短暂的瞬间。

最后，斗茶者还要品茶汤，只有味、香、色三者俱佳，才能大获全胜。味以“香甘重滑”为全，香以“入盏则馨香四达”为妙，而色“以纯白为上真，青白为次，灰白次之，黄白又次之。”当时普遍流行黑色兔毫建盏，主要就是为了便于辨别茶色。

事实上，《大观茶论》叙述的“七汤”点茶法，在那时也无法严格地做到，一般人只能比较讲究点罢了。更何况，如今又距离该书的写作有了800多年的历史，书中所论又为蒸青团茶，显然“照本宣科”或“照搬”、“照演”是现实意义不大的。但是，被收入《说郛》和《古今图书集成》的《大观茶论》，在茶文化史上的地位不容忽视。

宋代茶业区别于前代的一个显著的特点，就是东南茶叶经济超过四川，成为全国茶叶经济的中心，而且著名产区和新的名茶也很多，茶叶质量也超过了四川。北宋诗人梅尧臣曾赋诗评天下名茶：“陆羽旧茶经，一意重蒙顶。比来唯建溪，团片敌汤饼。顾渚与阳羡，又复下越茗。近来江国人，鹰爪夸双井。凡今天下品，外此不览省。蜀茶久无味，声名漫驰骋。”正因为如此，宋代茶书作者就更多地把目光注意到新的茶区和新的名茶上来。特别是“陆羽《茶经》尚未知之”的建州茶异军突起，其北苑茶更是煊赫一时，成为茶书论述的重点。

位于福建建安东北的北苑茶区，在唐末，张廷晖就曾在此开辟了方圆15千米的茶园，但北苑名冠天下，与宋代丁谓、蔡襄等人的刻意经营有关。丁谓字谓之，后改字公言，长洲（今江苏吴县）人，淳化三年（992）进士，累官同中书门下平章事，昭文馆大学士，封晋国公，后被贬。咸平年间（998——1003），丁谓任福建转运使，监造北苑贡茶，抓住早，快、新的特点，创龙茶、凤茶等10多个品种，使北苑茶誉满京师。40年后，大书法家蔡襄亦任福建转运使。蔡襄（1012－1067）字君谟，福建莆田人，能文能诗，其书法，为当时书家第一。他本是福建人，习知茶事，负责造茶进贡，把北苑茶的加工技术提高一大步，创制出小巧玲珑、饰面华美、品质精绝的小龙凤团。致使“龙团凤饼，名冠天下”。在他经营下，北苑茶园从25处增加到46处，产量达到30万斤以上，品种也多达40多个，岁贡朝廷的茶达到47100多斤。

由于丁谓、蔡襄都有茶业的实践，又都是能文善墨之人，故两人均写有茶书。丁谓曾于公元999年左右撰《北苑茶录》三卷，记载为北苑园焙之数和图绘器具以及叙述采制入贡法式。可惜，该书未能流传下来。而蔡襄有感于“陆羽《茶经》不第建安之品，丁谓《茶图》独论采造之本，至于烹试，曾未有闻”，遂于皇祐（1049－1053）中撰写《茶录》二卷，并于治平元年（1064）刻石。《茶录》全文不足800字，上篇论茶汤品质和烹饮方法，分色、香、味、藏茶、炙茶、碾茶、罗茶、候汤、熁盏、点茶10条；下篇论烹茶所用器具，分茶焙、茶笼、砧椎、茶铃、茶碾、茶罗、茶盏、茶匙、汤瓶9条。《茶录》所论均围绕斗茶过程，以色香味观照各环节，将民间与宫廷的不同方法及用器进行对比，提出了斗茶胜负的评判标准，追求整合技巧和审美内涵的统一。其论述的重点，上篇提出茶需色、香、味俱佳，指出饼茶以珍膏油面，于色不利；饼茶入龙脑，夺其真香；茶无好水则好茶亦难得正味。下篇专讲煮水、点茶的器皿、特别强调茶碗色泽应与茶汤色泽协调。追求色真、香真、味真、推崇建安民间试茶的功夫，这正是蔡襄与众不同的锐利眼光。从一定的意义上来说，《茶录》当是一部很有特色的茶艺专著，标志着茶饮提升到了更为艺术化的程度。

宋代茶书虽以写北苑为多，但并不全写建安茶，而是全景式地勾勒当时的茶界，如叶清臣的《述煮茶小品》（1040年前后）、王端礼的《茶谱》（1100年前后）、蔡宗颜的《茶山节对》和《茶谱遗事》（1150年以前）、曾伉的《茶苑总录》（1150年以前）、不知编者是谁的《茶杂文》（1151年以前，集古今诗文及茶者名录）以及不知作者的《茶苑杂录》（1279年以前）等等，唯多已亡佚，无法一一知道详尽的内容。

有宋一代值得注意的茶书，还有几部。黄儒撰《品茶要录》（1075年前后），全书近2000字。黄儒字道儒，建安（今福建建瓯）人，熙宁六年（1073）进士，曾办北苑贡茶，在“阅收之暇”了解建安茶“采造之得失”，特著书分辨建安茶的弊病。书的前后各有总论一篇，中分采造过时、白合盗叶、入杂、蒸不熟、过熟、焦釜、压黄、渍膏、伤焙、辨壑源沙溪等十目，记载了茶叶品质与气候、鲜叶质量、制作工艺的关系及其原因。如：“初造曰试焙，又曰一火，其次曰二火，二火之茶已次一火矣”，说明当时已认识第一轮采摘的茶叶品质要优于后轮次。再如：茶叶采造“尤善薄寒气候，阴不至冻”，记述了茶叶加工质量与气候的关系。《品茶要录》还详细记载了茶叶掺杂掺假的情况及分辨，表明其时茶的制造和评饮已有相当深入的研究。庄茹芝撰有《续茶谱》（1223年以前），原书虽已佚，但宋嘉定十六年（1223）《赤城志》、明万历《天台山方外志》、清康熙《天台全志》、乾隆《天台山方外志要》、陆廷灿《续茶经》等都摘录其文章。该书称“天台茶有三品，紫凝为上，魏岭次之，小溪又次之”，并对此有详细的分析，当是一部记叙天台茶的专著。还有审安老人撰《茶具图赞》（1269年）为第一部茶具专著，配有12种茶具图，并别出心裁给茶具加以职官名号，即：韦鸿胪、木待制、金法曹、石转运、胡员外、罗枢密、宗从事、漆雕秘阁、陶宝文、汤提点、竺副帅、司职方。其中有铁碾槽、石磨、罗筛等，只有宋代制造团茶才用得着，明代已不用这些器具，却藉可考见古代茶具的形制。书后有明野航道人长洲朱存理题的数语，并表示：“愿与十二先生周旋，尝山泉极品，以终身此闲富贵也。”唐庚于政和二年（1112）撰写的

《斗茶记》，只是一篇402字的短文，清陶珽重编印的《说郛》，把这篇短文当作一书收入，实在不能算作一部书的。不过，该文细致地描述了和二三友人烹茶评比的情景，可谓一篇难能可贵的宋代斗茶亲历记。

真正实现“零的突破”的，还是茶法专著在宋代首先出现。茶法是指历代封建政府为控制茶叶的生产和运销，加强对茶叶生产者、交换者、消费者的剥削，以垄断茶利的“以茶治边”而实施的有关法令、政策和制度，大体包括茶叶的岁贡、课税、禁榷、茶马互市以及与此相关的茶禁政策等方面的内容。由于盛唐以后茶叶生产的发展、饮茶风俗的普及和茶叶贸易的活跃，中唐之际茶法就已经出现，但尚无专门的茶法专著的问世。最早出现的茶法专著是沈立于宋仁宗嘉祐二年（1057）左右撰写的《茶法易览》，这是目前所知的第一部。沈立字立之，历阳（今安徽和县）人，进士，迁两浙转运使时，因见“茶禁害民”，山场榷场多在部内，岁抵罪者辄数万，而官仅得钱四万”（《宋史·沈立传》），故撰《茶法易览》十卷，乞行通商法，后罢榷法如所请。另外，还有未注作者姓名的《茶法总则》（1150年以前）。但是，这两部书均已亡佚。

至今流传下来的茶法专著，只有沈括撰于1091年左右的《本朝茶法》。此篇原是《梦溪笔谈》卷十二中的一段，约共1100多字，论述宋代茶税和茶叶专卖事。《说郛》和《五朝小说》录出作为一书，即用该段首四字题名为《本朝茶法》。沈括（1031－1095），北宋科学家、政治家。字存中，钱塘（今浙江杭州）人，嘉祐进士，累官翰林学士、龙图阁待制、光禄寺少卿。他博学善文，精研科学，用功极勤，对天文、方志、律历、音乐、医药、卜算，无所不通。《梦溪笔谈》是沈括晚年居润州时，举平生见闻撰写的笔记体著作。全书二十六卷，又《补笔谈》三卷，《续笔谈》一卷，内容非常丰富，其中有关自然科学和历史资料部分，数量最多，价值也最高。源出于该书的《本朝茶法》，依照时间顺序，详细记载了宋代茶税和专卖事项，有许多统计数字和资料，较为难得和可贵。《补笔谈》等也有茶事记载。

除茶书外，宋代还有大量的其他著作记述了茶事，如乐史的《太平寰宇记》、彭乘的《墨客挥犀》、欧阳修的《归田录》、王存的《元丰九域志》、高承的《事物纪原》、庞元荣的《文昌杂录》、张舜民的《画墁录》、刘龠的《龙云集》、陈承的《别说》、葛常之的《葛常之文》、王巩的《闻见近录》、叶梦得的《避暑录话》、《石林燕语》、蔡修的《铁围山丛谈》、吴曾的《能改斋漫录》、王十朋的《会稽风俗赋》、葛立才的《韵语阳秋》、胡仔的《苕溪渔隐丛话》、周密的《武林旧事》、姚宽的《西溪丛语》、陆游的《入蜀记》、曾敏行的《独醒杂志》、周去非的《岭外代答》、关名的《锦绣万花谷》、周辉的《清波杂志》、程大昌的《演繁露续集》、罗大经的《鹤林玉露》、李心传的《建炎以来朝野杂记》、赵彦卫的《云麓漫钞》、孟元老的《东京梦华录》以及大量的诗文，都从不同侧面、不同程度对宋代茶文化进行了记载和总结。

## 明代思潮

元移宋鼎，中原传统的文化精神受到严重打击，茶文化也面临逆境。

与宋代茶艺崇尚奢华、繁琐的形式相反，北方少数民族虽嗜茶如命，但主要出于生活的需要，对品茶煮茗没多大的兴趣，对繁琐的茶艺更不耐烦。原有的文化人希冀以茗事表现风流倜傥，也因故国残破把这种心境一扫而光，转而由茶表现清节，磨砺意志。元代制作精细、成本昂贵的团茶数量大减，而制作简易的末茶和直接饮用的青茗与毛茶已大为流行，以致于深受中原文化影响的辽皇族后裔、元初名相耶律楚材（1190－1244），居然也好几年喝不到好茶叶。他在西域从王君玉处获得一点好茶叶，情不自禁地一气呵成数首诗，现录两首如下：

长笑刘伶不设茶，胡为买锸漫随车。
萧萧暮雨云千顷，隐隐春雷玉一芽。
建郡深瓯吴地运，金山佳水楚江赊。
红炉石鼎烹团月，一碗和香吸碧霞。
积年不啜建溪茶，心窍黄尘塞五车。
碧玉瓯中思雪浪，黄金碾畔忆雷芽。
卢仝七碗诗难得，谂老三瓯梦亦赊。
敢乞君侯分数饼，暂教清兴绕烟霞。

地位如耶律楚材者也难得到好茶，足见元代的茶业之衰落了。

在元代饮茶简约之风的影响下，元代茶书也难得见到。连当时司农司撰的《农桑揖要》、王祯《农书》和鲁明善《农桑衣食撮要》等书中，有关茶叶栽培和制作的记载，也几乎全是采录之词。元代专门的茶书数量极少，有待发现。元末举乡荐的朱升（1341 前后）就曾为茶书《茗理》题过一首诗：

一抑重教又一扬，能从草质发花香。
神奇共诧天工妙，易简无令物性伤。

诗前有序，云："茗之带草气者，茗之气质之性也。茗之带花香者，茗之天理之性也。抑之则实，实则热，热则柔，柔则草气渐除。然恐花香因而太泄也，于是复扬之。迭抑迭扬，草气消融，花香氤氲，茗之气质变化，天理浑然之时也。"

不过，在元代的诗文之中，仍有不少写茶的作品，如马臻（1290 年前后）的《竹窗》："竹窗西日晚来明，桂子香中鹤梦清。侍立小童闲不动，萧萧石鼎煮茶声。"萨都剌（约 1300－？）元统三年（1335）写有一诗，自注说："除闽宪知事，未行，立春十日参政许可用惠茶，寄诗以谢。"其诗曰："春到人间才十日，东风先过玉川家。紫徽书寄钭封印，黄阁香分上赐茶。秋露有声浮薤叶，夜窗无梦到梅花。清风两腋归何处，直上三山看海霞”。洪希文（1282－1366）的《浣溪沙·试茶》词，则另有一番情趣：“独坐书斋日正中，平生三昧试茶功，起看水火自争雄。热挟怒涛翻急雪，韵胜甘露透香风，晚凉月色照孤松。”这些诗词，展现了一种茶道古风的要义，拓落出尘的心境。而最能体现茶人走向自然，发扬道家冥合万物思想的，则是杨维桢（1296－1370）撰写的《煮茶梦记》：

铁龙道人卧石床，移二更，月微明及纸帐，梅影亦及半窗，鹤孤立不鸣。命小芸童，汲白莲泉，燃槁湘竹，授以凌霄芽为饮供。道人乃游心太虚，雍雍凉凉，若鸿蒙，若皇芒，会天地之未生，适阴阳之若亡，恍兮不知入梦。

遂坐清真银辉之堂，堂上香云帘拂地，中著紫桂榻，绿璚几。看太初《易》一集，集内悉星斗示，焕煜爚熠，金流玉错，莫别爻画，若烟云日月，交丽乎中天。欻玉露凉，月冷如冰，入齿者易刻。因作《太虚吟》，吟曰：“道无形兮兆无声，妙无心兮一以贞，百象斯融兮太虚以清”。歌已，光飙起林末，激华氛，郁郁霏霏，绚烂淫艳。乃有扈绿衣，若仙子者，从容来谒。云：名淡香，小字绿花。乃捧太元盃，酌太清神明之醴以寿。予侑以词曰：“心不行，神不行，无而为，万化清。”寿毕，纾徐而退。复令小玉环侍笔牍，遂书歌遗之曰：“道可受兮不可传，天无形兮四时以言，妙乎天兮天天之先，天天之先复何仙。”

移间，白云微消，绿衣化烟，月反明予内间，予亦悟矣。遂冥神合元，月光尚隐隐于梅花间，小芸呼曰：“凌霄芽熟矣！”

在这短短的400多字中，作者描绘出了一幅倾听自然的音律的图景：在夜移二更之时，月照梅影之际，命令童仆汲来清冷的泉水，点燃枯槁的湘竹，烹煮清香的茶叶。于是，作者心游缥缈无际的天空，飘入纯净明洁的月宫。阅读文采华丽的《易》集，眼观变化莫测的爻画，吟咏空灵虚静的诗章，接受绿衣仙子的祝酒，于是，作者的胸中涌动起创作的激情，挥写下心中的一首歌：道可以意会，而难以言传；天没有行迹，而四季变化就是语言。无所不包在自然之道，存在运行于后天之先；掌握了“天天之先”的妙道，又何必再求什么神仙？收合神思，才知是在梦中。读着这篇文字，不禁使人想起了庄子。他梦见自己变成一只蝴蝶，在宇宙大花园里无拘无束地飞舞。茶人则是由茶釜中滚沸的沫饽，想到以明月为伴，太空为友，人、茶、环境浑然一气，感受到空灵虚静的茶道精神。

《煮茶梦记》可以说是元代硕果仅存的奇思妙想，体现出追求质朴、自然、清静、平和的特质，又伴随着浪漫精神和浩然之气的内涵。在宋、明两代不同的茶书潮流中，这篇文章成为横亘其间的桥梁。

尽管元代茶书的撰写掉到了历史的最低谷，但茶文化精神并未从中国大地消亡，一遇合适的时机，它又会萌发、开花、结果。当农民出身的朱元璋登上大明开国皇帝的宝座，执行了与民生息的政策，社会初安，经济发展，饮茶雅事于是又再度兴起。在整个明代，编撰茶书蔚然成风，各种见解异彩纷呈。据不完全统计，现在已知的明代茶书达50多部，相当于从唐至清时期茶书的一半。

但对于明代众多的茶叶著作，有的专家学者评价并不高，认为内容大都围绕《茶经》而写，且多互相重复，没有多大意义。其实，这需要具体辨析。

一方面，明代的确很重视对前人成果的继承和资料的搜集。朱祐槟撰《茶谱》（1529年前后）系“采辑论茶之作”；朱曰藩、盛时泰撰《茶事汇辑》（1550年前后）；孙大绶辑张又新《煎茶水记》、欧阳修的《大明水记》及《浮槎山水记》等3篇而成《茶经水辨》，又辑陆羽《六羡歌》、卢仝《茶歌》等诗歌8首而成《茶经外集》，还辑吴正仪《茶赋》、黄庭坚《煎茶赋》等而成《茶谱外集》（均为1588年）；屠本畯摘录陆羽《茶经》、蔡襄《茶录》等10多种书文字编成《茗笈》（1610年），颇似茶书资料分类汇编；夏树芸“杂录南北朝至宋金茶事”而成《茶董》（1610年前后）；陈继儒摘录笔记杂考及其他书籍，编《茶董补》（1612前后）；龙膺撰《蒙史》（1612年），系杂抄成书；徐𤊹从20多种书上辑录有关蔡襄和建茶的文字，汇编成《蔡端明别记》；喻政辑古人及当时人所写有关茶的诗文编成《茶集》，又取古人谈茶之作26种合为《茶书全集》（均为1613年）；万邦宁多从类书撮录而成《茗史》（1630年前后）。这些茶书确实是汇集或重刊前人的著作，但正因此保留了一些珍贵的资料，有利于茶学著作的传播和扩大其影响，并为后人校勘、整理、研究带来了便利，其功是不可没的。而且，有的茶书虽然搜集前人著述，却力争有新的突破和提高。如张谦德撰《茶经》（1596年）虽折衷陆羽、蔡襄诸书，但又“附益新意”，对“年不能尽与时合”者进行辨析。何彬然撰的《茶约》（1619年），只是“略仿陆羽《茶经》之例，分种法、审侯、采撷、就制、收贮、择水、候汤、器具、酾饮九则，后又附茶九难一则”，内容也有很大不同。

另一方面，明代的许多茶学著作又是另辟蹊径、标新立异的。朱权撰《茶谱》（1440年前后）凡2000字，除绪论外，下分品茶、收茶、点茶、薰香茶法、茶炉、茶灶、茶磨、茶碾、茶罗、茶架、茶匙、茶筅、茶瓯、茶瓶、煎汤法、品水等16则。他反对蒸青团茶杂以诸香。独倡蒸青叶茶烹饮法，就是缘自自己心得体会的独到见解。作者在绪论中说：“盖羽多尚奇古，制之为末，以膏为饼。至仁宗时，而立龙团、凤团、月团之名，杂以诸香，饰以金彩，不无夺其真味。然天地万物，各遂其性，莫若叶茶烹而啜之，以遂其自然之性也。予故取烹茶之法，末茶之具，崇新改易，自成一家。”立足于“崇新改易，自成一家”的，在朱权之后，还有很多的继者。田艺蘅的《煮泉小品》（1554年），虽汇集历代论茶与水的诗文，却分类归纳为9种水性，既有评论又有考据，有些持论还相当切实。徐献忠撰《水品》

(1554 年)，品评宜于烹茶的水，虽有一时兴到之言，但《四库全书总目提要》称其“亦自有见”。陆树声与终南山僧明亮同试天池茶，撰写《茶寮记》（1570 年前后），讲述烹茶方法和饮茶的人品、伴侣及兴致，反映高人隐士的生活情趣。陈师撰《茶考》（1593 年），略有所见。虽是随笔记下古今烹茶法的变迁，但有些却是独家新意，故卫承芳跋赞其“晚有兹编，愈出愈奇”。张源撰《茶录》（1595 年前后）仅有 1500 来字，却是长期钻研的心得体会。他“隐于山谷间，无所事事，日习诵诸子百家言。每博览之暇，汲泉煮茗，以自愉快，无间寒暑，历三十年，疲精殚思，不究茶之指归不已”（顾大典序）。许次纾对茶理最精，他总结累积的经验撰写《茶疏》（1597 年），论述产茶品第和采制、收贮、烹点等方法颇有心得。罗廪自幼喜茶，后“乃周游产茶之地，采其法制，参互考订，深有所会。遂于中隐山阳，栽植培灌，兹且十年。春夏之交，手为摘制。”他取得丰富实践经验后，撰成《茶解》(1609 年)，故其中论断和描述大都很切实。熊明遇撰《罗岭茶记》（1608 年前后），闻龙撰《茶笺》(1630 年前后)、周高起撰《洞山岭茶系》和《阳羡茗壶系》(1640 年前后)、冯可宾撰《岭茶笺》(1642 年前后)，均有亲身经验，所叙也各具特色。实践出真知，明代茶书的创新是与作者积极参与茶事密不可分的。

假如明代茶书也要像《水浒传》写的梁山好汉一样需要排座次的话，毫无疑问，朱权的《茶谱》当之无愧该坐第一把交椅。这并不是由于朱权为一位王爷，而是其以茶雅茶，别有一番怀抱，并且大胆改革传统的品饮方法和茶具，为形成一套简单新颖的烹饮法打下了坚实的基础。

朱权（1378－1448）为明太祖朱元璋第十七子，慧心敏悟，精于史学，旁通释老。洪武二十四年（1391），年仅 14 岁的朱权被封为宁王，就藩大宁（今内蒙古喀喇沁旗南大宁故城）。后被其兄燕王朱棣逮到北平软禁。朱棣政变成功，君临天下之后，才把朱权释放，改封南昌。此后，朱权构筑精庐，深自韬晦，鼓琴读书，不问世事，专门从事著述。他曾以茶明志，用其所著《茶谱》中的话说：“予尝举白眼而望青天，汲清泉而烹活火。自谓与天语以扩心志之大，符水火以副内炼之功。得非游心于茶灶，又将有裨于修养之道矣。”“凡鸾俦鹤侣，骚人羽客，皆能去绝尘境，栖神物外，不伍于世流，不污于时俗，或会于泉石之间，或处于松竹之下，或对皓月清风，或坐明窗净牖，乃与客清谈款话，探虚玄而参造化，清心神而出尘表。”可见，其饮茶并非只在茶本身，而是“以扩心志之大”，“以副内炼之功”，“有裨于修养之道”，“栖神物外”，“探虚玄而参造化，清心神而出尘表”，表达志向和修身养性的一种方式。

与以茶明志相适应的，朱权对品饮从简行事，开清饮风气之先，摆脱了延续千余年之久的繁琐程序，以具有时代特色的方式享受饮茶的乐趣。这就得改进茶品、茶器、茶具及有关物品和掌握各种技巧，对此，朱权《茶谱》都一一提出了具体明确的要求：采用的茶以“味清甘而香，久而回味，能爽神者为上”。茶如果“杂以诸香”，必然“失其自然之性，夺其真味”。收茶有一定的方法，“非法则不宜”。以“不夺茶味”，“香味愈佳”为度。点茶“先须熁盏”，“以一匕投盏内，先注汤少许调匀，旋添入。环回击拂，汤上盏可七分则止。着盏无水痕为妙”。提倡以梅、桂、茉莉三花点茶，求其“香气盈鼻”。熏香茶法，“百花有香者皆可”，“其茶自有香味可爱”。茶炉“与炼丹神鼎同制”，以“泻铜为之，近世罕得”；“以泻银坩锅瓷为之，尤妙”。茶灶“古无此制”，朱权置之，“每令炊灶以供茶，其清致倍宜”。茶磨“以青礞石为之”，“其他石则无益于茶”。茶碾“古以金银铜铁为之，皆能生锈，今以青礞石最佳”。茶罗“以纱为之”。茶架“今人多用木，雕镂藻饰，尚于华丽”，而朱权制作的“以斑竹紫竹为之，最清”。茶匙“古人以黄金为上，今人以银铜为之”，朱权则“以椰壳为之，最佳”。后来，他见到一位双目失明者，善于以竹为匙，“凡数百枚，其大小则一，可以为奇。特取其异于凡匙，虽黄金亦不为贵也”。茶筅“截竹为之，广赣制作最佳”。茶瓯古人多用建安所出，“取其松纹兔毫为奇，今淦窑所出者与建盏同，但注茶色不清亮。莫若饶瓷为上，注茶则清白可爱”。茶瓶“要小者易候汤，又点茶注汤有准”，茶瓶制作的材料，“古人多用铁”，“宋人恶其生锈，以黄金为上，以银次之”。而朱权主张“以瓷石为之”。对于煎汤的“三沸之法”，朱权认为“当使汤无妄沸，初如鱼眼散布，中如泉涌连珠，终则腾波鼓浪，水气全消”。而要得“三沸之法”，必“用炭之有焰者”，不用则“活火不能成也”。对于“品水”，朱权提出：“青城山老人村杞泉水第一，钟山八功德水第二，洪崖丹潭水第三，竹根泉水第四。”并引述了前人的意见：“山水上，江水次，井水下”，以及刘伯刍、陆羽对天下水的排定顺序。

通观朱权《茶谱》的这些具体要求，我们可以把握他基本的思想脉络：一、品茶、点茶、煎汤法、品水等称谓，大多沿袭前人的说法。所采用的器具，都古已有之，只自己创造了“古无此制”的茶灶。二、对于点茶、煎汤的具体要求，比起宋人繁琐的程序来，要简单得多，容易掌握得多。所使用的器具，比起陆羽提倡的“二十四器”及宋人的制作，也大大减少，只保留了必不可少的物件。三、对于茶，讲求“自然之性”和“真味”，即使是花茶，也求茶的“香味可爱”。所用器具，反对“雕镂藻饰，尚于华丽”，与前人爱用金银制器不同，他主张用石、瓷、竹、椰壳等制器，追求“清白可爱”。也就是说，把古人的优点继承下来，把自身的特色发扬光大，求真、求美、求自然，贯穿于《茶谱》的分论之中。

《茶谱》论述最精彩的是关于品饮情况的介绍。品饮的参加人员，都是“鸾俦鹤侣，骚人墨客”的高雅之士。品饮的周围环境，“或会于泉石之间，或处于松竹之下，或对皓月清风，或坐明窗净牖”。而与客人清谈款话的内容，又是“探虚玄而参造化，清心神而出尘表”。就在这样超凡脱俗的氛围中，开始愉悦、闲适、舒坦、清静的品茶——

> 命一童子设香案携茶炉于前，一童子出茶具，以飘汲清泉注于瓶而炊之。然后碾茶为末，置于磨令细，以罗罗之。候汤将如蟹眼，量客从寡，投数匙入于巨瓯。候茶出相宜，以茶筅摔令沫不浮，乃成云头雨脚，分于啜瓯，置之竹架。童子捧献于前，主起，举瓯奉客曰："为君以泻清臆。"客起接，举瓯曰："非此不足以破孤闷。"乃复坐，饮毕，童子接瓯而退。话久情长，礼陈再三，遂出琴棋。

主客长坐久谈，童役烧水煎水，山之清幽，泉之清泠，茶之清淡，人之清谈，四者很自然地融为一体，具有一种内在的和谐感。在宁静和淡泊中，寻求出绵绵的悠长。

《茶谱》的描述，不禁使人们想到唐代遗风的返朴归真。唐诗人、"大历十才子"之一的钱起，曾以诗记载了唐代茶饮的欢乐场面："竹下忘言对紫茶，全胜羽客醉流霞。尘心洗尽兴难尽，一树蝉声片影斜"。(《与赵莒茶宴。》)

《茶谱》的描述，还使我们想起了明代的茶画，如山水画宗师文徵明的《惠山茶会记》、《陆羽烹茶图》、《品茶图》以及著名大画家唐伯虎的传世之作《烹茶画卷》、《品茶图》、《琴士图卷》、《事茗图》等。

品茗讲究情景交融，并不仅仅反映出在朱权的《茶谱》里，如明末的文震亨在所著《长物志》中也这样说："构一斗室，相傍山斋，内设茶具，教一童专主茶役，以供长日清淡，寒窗兀坐，幽为首务不可废者。"朱权的高明之处就在于，他在团茶淘汰后提出新的品饮方法，对茶具都进行了改造，形成了一套简易新颖的烹饮方法：备器、煮水、碾茶、点泡、以茶筅打击、又加入茉莉蓓蕾，并设果品佐茶。烹茶食果，得其味，嗅其香，观其美，得其佳趣，破体郁闷，乐在其中。品饮前设案焚香，表示通灵天地，融入超凡的理想，成为情感的载体。诚如《茶谱》所说："茶之为物，可以助诗兴而云山顿色，可以伏睡魔而天地忘形，可以倍清谈而万象惊寒，茶之功大矣。"

《茶谱》所论的清饮之说流传下来并不断改进，《茶谱》所叙的美学追求也为后人一脉相承。

在中国人的观念中，"喝茶"与"品茶"是大有区别的。喝茶者，消食解渴；品茶者，品评鉴赏。众多明代的茶书，都从不同的角度，运用不同的眼光，共同指向中国品茶艺术，对精细鉴赏功夫、艺术操作手段和品茗美好意境进行了比前人更广、更深、更精的论述。

选茗艺茶，是品茶的第一要素。明代的名茶品目繁多，最为人们称道的六品，即：虎丘茶、天池茶、罗岕茶、六安茶、龙井茶、天目茶，其中又最崇尚罗岕茶。罗岕茶产地在今浙江省长兴县境，"介于山中谓之岕，罗氏隐焉故名罗"（许次纾《茶疏》；"罗岕去宜兴而南逾八九十里，浙宜分界，只一山冈，冈南即长兴山，两峰相阻，介就夷旷者，人呼为岕云”（周高起《洞山岕茶系》）。此山的明月峡，吴人姚绍宪自辟小园，植茶自判品第，由童年而至白首，始得其玄诣。据姚说，许次纾著《茶疏》，便是因姚将终生试茶秘诀都告知许氏，方有此著。许氏逝世，又“托梦”给姚，令其将《茶疏》传布，故姚为书作序。罗岕生长茶的地方共有88处，而以洞山顶老庙后所生最为上乘。罗岕茶制法特别，采来的茶叶不炒，而是“甑中蒸熟，然后烘焙”，但有一种采择极为精细的茶却用炒法制成，“采嫩叶，除尖、蒂，抽细筋炒之，亦曰片茶，炒而复焙，燥如叶状，曰摊茶，并难多得。”

刻意追求茶原有的特质香气和滋味，是明人的特色之一。对于前人的制作和饮法使茶香失去天然、纯直，他们提出了激烈的批评：“即茶之一节，唐宋间研膏、蜡面、京铤、龙团，或至把握纤微，直钱数十万，亦珍重哉！而碾造愈工，茶性愈失，矧杂以香物乎？曾不若今人止精于炒焙，不损本真。故桑苎《茶经》第可想其风致，奉为开山，其舂、碾、罗、则诸法，殊不足仿。”批评到“茶圣”陆羽的头上，话已经说得够尖锐了。那么，如何才能“精于炒焙，不损本真”呢？这就是明人在蒸青基础上改进而成的、更臻完美的炒青法。记述炒青法比较详细的，是许次纾的《茶疏》，其文曰：

> 生茶初摘，香气未透，必借火力以发其香。然性不耐劳，炒不宜久。多取入铛，则手力不匀；久于铛中，过熟而香散矣，甚至枯焦，不堪烹点。炒茶之器，最嫌新铁，铁腥一入，不复有香；尤忌脂腻，害甚于铁，须预取一铛，专供炊饮，无得别作他用。炒茶之薪，仅可树枝，不用干叶，干则火力猛烧，叶则易焰易灭。铛必磨莹，旋摘旋炒。一铛之内，仅容四两，先用文火焙软，次加武火催之，手加木指，急急炒转，以半熟为度。微俟香发，是其候矣，急用小扇，炒置被笼。纯棉大纸衬底燥焙，积多候冷，入瓶收藏。人力若多，数铛数笼；人力即少，仅一铛二铛，亦须四、五竹笼，盖炒速而焙迟。燥湿不可相混，混则大减香力。一叶稍焦，全铛无用。然火虽忌猛，尤嫌铛冷，则枝叶不柔。

罗廪《茶解》还进一步说明，茶初次炒过后，“出箕上，薄摊，用扇扇冷，略加揉按，再略炒，入文火铛焙干”，这时的茶“色如翡翠”。闻龙《茶笺》记载：“炒时须一人从旁扇之，以祛热气，否则色香味俱减。”他亲自做了试验，“扇者色翠，不扇色黄。炒起出铛时，置大瓷盘中，仍须急扇，令热气稍退。”这样，便大大增进了茶的色、香、味，“点时香味易出”。此外，明人中还有的倡导把采摘来的茶叶放在太阳下曝晒：“芽茶以火作为次，生晒者为上，亦更近自然，且断烟火气耳。况作人手器不洁，火候失宜，皆能损其香色也。生晒茶瀹之瓯中，则旗枪舒畅，清翠鲜明，尤为可爱”（田艺蘅《煮泉小品》）。他们认为日晒的茶色、香、味均超出炒制的茶。不过，炒青茶仍然是明人主要的品饮对象。

花茶的发明虽在宋代，但到明代时，花茶已从文人隐士别出心裁的雅玩逐渐普及到民间，成为普通人品茶的又一新天地。如前所叙，明初朱权《茶谱》记录“熏香茶法”，还比较原始，带有宋人添加龙脑香的痕迹。到了明代中叶，钱椿年编、顾元庆删校的《茶谱》，所载花茶制法就大有进展。花色品种也比较多，“木樨、茉莉、玫瑰、蔷薇、兰蕙、桔花、栀子、木香、梅花皆可作茶”。当时花茶制作的基本方法是，“诸花开时，摘其半含半放蕊之香气全者，量其茶叶多少，摘花为茶”。放花的比例是“三停茶叶一停花始称”，因为“花多则太香而脱茶韵，花少则不香而不尽美”。作者还举木樨花为例，采摘的花先去掉枝蒂和沾在花上的灰尘与虫子，“用瓷罐一层茶一层花投间至满”，用竹叶或纸扎牢，“入锅重汤煮之，取出待冷，用纸封裹，置火上焙干收用”。制其他型的花茶也是一样，大致与现在大规模生产的单一型花茶相同。当时流行的还有“橙茶”，“将橙皮切作细丝，一斤以好茶五斤焙干，入橙丝间和。用密麻布衬垫火箱，置茶于上烘热，净棉被罨之。三两时随用建连纸袋封裹，仍以被罨焙干收用”。另有一种“莲花茶”，“于日未出时，将半含莲花拨开，放细茶一撮，纳满蕊中，以麻皮略絷，令其经宿。次早摘花，倾出茶叶，用建纸包茶烘干。再如前法，又将茶叶入别蕊中，如此者数次，取其焙干收用，不胜香美”。《茶谱》的记载，为后人留下了明代制作花茶详细具体的资料。

水质评鉴，是品茶的又一要素，也是明代茶书论述的又一重点。前人一贯对水的鉴别十分重视，明代也有专著，如田艺蘅撰的《煮泉小品》（1554 年），全书 5000 余字，分为源泉、石流、清寒、甘香、宜茶、灵水、异泉、江水、井水、绪谈十类，议论夹杂考据，洋洋洒洒地阐述了各类水的具体状况，虽然不乏可议之处，但仍不失为一本系统的烹茶用水著作。徐献忠撰的《水品》（1554 年），全书约 6000 字，上卷总论，分源、清、流、甘、寒、品、杂说等目，下编论述诸水，自上池水至金山寒穴泉等目，都是品评宜于烹茶的水。至于散见于其他茶书与笔记杂著中的有关水的论述，那就更为广泛。

精茶、真水的融合，才是至高的享受。“茶者，水之神；水者，茶之体。非真水莫显其神，非精茶曷窥其体。”（张源《茶录》）茶的品质有好有坏，“茗不得其水，且煮之不得其宜，虽佳弗佳也”（田艺蘅《煮泉小品》）。“精茗蕴香，借水而发，无水不可与论茶也。”（许次纾《茶疏》）有的甚至把水品放在茶品之上，“茶性必发于水，八分之茶，遇十分之水，茶亦十分矣；八分之水，试十分之茶，茶只八分耳”（张大复《梅花草堂笔谈》）。明代这些著作的论述，都是从实践中得来的宝贵经验。但对具体情况的认识，又有很大差异。一派继承前人衣钵，把水排出等次。如朱权《茶谱》不顾传统看法，标新立异，把水分为四等，具体已见前述，明代张谦德虽然无法品尝天下之水，却“据已尝者言之，定以惠山寺石泉为第一”，将《煎茶水记》中原居第二把交椅的惠山泉升为第一。而田艺蘅《煮泉小品》、钱椿年、顾元庆《茶谱》、孙大绶《茶谱外集》、张源《茶录》等大部分茶书作者，都不强调品水排次第。甚至许次纾的《茶疏》，对陆羽“山水上，江水中”的结论提出了挑战，书中谈到自己的亲身经历：

今时品水，必首惠泉，甘鲜膏腴，至足贵也。往日渡黄河，始忧其浊。舟人以法澄过，饮而甘之，尤宜煮茶，不下惠泉。黄河之水，来自天上，浊者土色也，澄之既净，香味自发。余尝言，有名山则有佳茶。兹又言，有名山必有佳泉。相提而论，恐非臆说。余所经行吾两浙、两都、齐、鲁、楚、奥、豫、章、滇、黔，皆尝稍涉其山川，味其水泉，发源长远。而潭沚澈者，水必甘美。即江湖溪涧之水，遇澄潭大泽，味咸甘洌。唯波涛湍急，瀑布飞泉，或舟楫多处，则苦浊不堪。盖云伤劳，岂其恒性。凡春夏水涨则减，秋冬水落则美。

许氏途经黄河，想泡茶喝，又怕水浊茶味不佳。船夫设法沉淀河水，使之澄洁，结果“饮而甘之，尤宜煮茶，不下惠泉”，“澄之既净，香味自发”。由此，他受到启发：“有名山必有佳泉。”而且，水也四季变化不定，“凡春夏水涨则减，秋冬水落则美”。既然如此，又怎么能够准确地评定等次呢？

不评定等次，不等于没有标准。明代茶书中对宜茶用水提出了一系列准则；一是水质要清。水之清是“朗也，静也，澄水貌”，那种“清明不淆”的水则为“灵水”（田艺蘅《煮泉小品》）。辨别水清浊的办法，是“水置白磁器中，向日下令日光正射水，视日光中若有尘埃𬘡缊如游气者，此水质恶也。水之良者，其澄澈底”（无名氏《茗芨》附泰西熊三拔“试水法”）。水质清洁透明，才能显出茶色。二是水质要活。“泉不活者，食之有害。”不过，激流瀑布之类的活水，也不宜煎茶。“泉悬出为沃，暴溜曰瀑，皆不可食。”（田艺蘅《煮泉小品》）“山水乳泉漫流者为上，瀑涌湍激勿食。”（钱椿年、顾元庆《茶谱》）三是水轻为佳。“第四称试，各种水欲辨美恶，以一器更酌而秤之，轻者为上。”（明末无名氏《茗芨》附泰西熊三拔“试水法”）现代科学证明，每升水含钙镁离子 8 毫克以下的为软水，反之则为硬水。用软水泡茶，色香味俱佳；用硬水泡茶，汤色变，香味减。软水轻于硬水，含矿物质成分多的水也重，泡茶会使汤味变涩。明人还指出：“山顶泉清而轻，山下泉清而重。”（张源《茶录》）四要水泉味甘，“甘，美也；香，芬也。”“味美者曰甘泉，气芬者曰香泉。”“泉惟甘香，故能养人。”（田艺蘅《煮泉小品》）水味的甘，对饮茶用水很重要，“凡水泉不甘，能损茶味”（钱椿年、顾元庆《茶谱》）。甘甜之水，以江南梅雨为最，“梅雨如膏，万物赖以滋养，其味独甘，梅后便不堪饮”（罗禀《茶解》）。当然，也有的人以无味为至味，泰西熊就认为：“水无行也，无行无味，无味者真水。凡味皆从外合之，矿试水以淡为主，味甘者次之，味恶为下。”（无名氏《茗芨》引三拔“试水法”）但这种以淡而无味的水为上等的看法，并不为一般人所接受。五是水要冷冽。古人认为：“冽则茶味独全。”“泉不难于清而难于寒。”“梁溪之惠山泉为最胜，取清寒者。”寒冷的水，尤其是冰火，雪水，滋味最佳。因为“雪为五谷之精，取以煎茶，幽人情况”。不过，对清寒冷冽的水也要具体分析，“濑峻流驶而清、岩奥阴积而寒者，亦非佳品”（均见屠隆《茶说》）。还有的提出：“雪水虽清，性感重阴，寒人脾胃，不宜多积。”明代茶书对水清、活、轻、甘、冽的品评，均为经验之谈和感官体验，却较为准确地、全面地从总体上把握了饮茶用水的要求，有些论断已为现代科学所证明。

虽然明人对品茶用水提出了具体要求，但在实际生活中，却很难得到完全符合标准的用水。“贫人不易致茶，尤难得水。”（张大复《梅花草堂笔谈》）名茶固然难得，好水更为不易。这种情况即使士人、官员也是如此。为此，明代茶书载录了一些解决和变通的办法。例如，主张品茶用水要因地制宜。“鸿渐有云：‘烹茶于所产处，无不佳，盖水土之宜也。’此诚妙论。况旋摘旋瀹，两及其新邪。故《茶谱》亦云：‘蒙之中顶茶，若获一两，以本处水煎服，即能祛宿疾是也。’今武林诸泉，惟龙泓入品，而茶亦惟龙泓山为最。盖兹山深厚高大，佳丽秀越，为两山之主，故其泉清寒甘香，雅宜煮茶。”（田艺蘅《煮泉小品》）又如，主张妥善保存储藏之水。“贮水瓮须置阴庭中，复以纱帛，使承星露之气，则英灵不散，神气常存。假令压以木石，封以纸箬，曝于日下，则外耗其神，内闭其气，水神敝矣。饮茶惟贵乎茶鲜水灵，茶失其鲜，水失其灵，则与沟渠水何异。”（张源《茶录》）再如，提出提高水质的办法。办法也是多种多样的，如“移水取石子置瓶中，虽养水味，亦可澄水，令之不淆”。既能养水味，又能澄清水中杂质，真是一举两得。特别是“择水中洁净白石，带泉煮之，尤妙！尤妙！”（田艺蘅《煮泉小品》）熊明遇也说：“养水预置石子于瓮，不惟益水，而白石清泉，会心亦不在远。”（《罗岕茶记》）白石清泉，相得益彰。其意不仅在养水味和去杂质，还可以获得美的视觉效果和心理感受，提高审美情趣，则又更胜一筹。以上是沉淀法。还有过滤法：“移水以石洗之，亦可以去其摇荡之浊滓。”（田艺蘅《煮泉小品》）还有的在存水瓮中放入烧硬的灶土，“大瓷翁满贮，投伏龙肝一块（即灶中心干土也），趁热投之”（罗廪《茶解》），据说可以防止水中生孑孓之类的水虫。明人为了保存和改良水质，真是千方百计，费尽了苦心。

继承前人，超越前人，是明代茶书的追求。如果说，明代茶著中关于选茗艺茶、名水评鉴的载录，更多地是在前人基础上的扩展，那么，它们的茶具艺术和烹茶技术的载录，则更多地表现出明人创新的精神。

茶具发展是艺术化、文人化的过程，大体依照由粗趋精，由大趋小，由简趋繁，再向返朴归真、从简行事的方向运行。唐代茶具以古朴典雅为特点，宋代茶具以富丽堂皇为上等，明代茶具又返朴归真，转为推崇陶质、瓷质，但又比唐代的更为精致灵巧。明代茶书，记载了由宋至明茶具的变迁。“蔡君谟《茶录》云：茶色白，宜黑盏。建安所造者绀黑，纹如兔毫，其坯微厚，熁之久热难冷，最为要用。出他处者，或薄或色紫，皆不及也。其青白盏，斗试家自不用。此语就彼时言耳。今烹点之法，与君谟不同，取色莫如宣定，取久热难冷，莫如官、哥。”（张谦德《茶经》）“宣庙时有茶盏，料精式雅，质厚难冷，莹白如玉，可试茶色，最为要用。蔡君谟取建盏，其色绀黑，似不宜用。”（屠隆《茶说》）“茶壶，窑器为上，锡次之。茶杯汝、官、哥、定如未可多得，则适意者为佳耳。”（冯可宾《岕茶笺》）由于明代“斗茶”已不时兴，蔡襄时期的黑釉茶盏已很少使用。明代散茶流行，故“其在今日，纯白为佳”（许次纾《茶疏》），“盏以雪白者为上，蓝白者不损茶色，次之”（张源《茶录》）。绿色的茶汤，雪白的瓷具，清新雅致，赏心悦目，故明代瓷器胎白纹密，釉色光润，后来发展到“薄如纸，白如玉，声如磬，明如镜”，成为十分精美的艺术品。

但是，明代茶具最为后人称道的，不是艺术成就很高的白瓷，而是至今依然身价未减的江苏宜兴紫砂陶制茶壶、茶盏。紫砂壶最迟在宋代就已出现，当时胎质较粗，重在实用，多作煮茶或煮水。到了明代，由于发酵、半发酵茶的出现，特别是自然古朴的崇尚回归，唯美情绪的大力觅求，从一壶一饮中寻找寄托，使紫砂壶得到殊荣。“阳羡名壶，自明季始盛，上者与金玉同价。”（《桃溪客话》）“吴中较茶者，必言宜兴壶。”（周宕《宜都壶记》）历史学家王玲先生曾指出：一把好的紫砂壶，往往可集哲学思想、茶人精神、自然韵律、书画艺术于一身。紫砂的自然色泽加上艺术家的创造，给人以平淡、闲雅、端庄、稳重、自然、质朴、内敛、简易、蕴藉、温和、敦厚、静穆、苍老等种种心灵感受，所以，紫砂壶长期为茶具中冠冕之作便不足为奇了。

明代周高起的《阳羡茗壶系》，是记载宜兴紫砂壶的最早文献。周高起字伯高，江阴（今属江苏）人，邑诸生，博闻强识，工古文词。明末，因抗声呵斥清兵的“肆加箠掠”而被杀害。他著有《阳羡茗壶系》和《洞山岕茶系》，两书常被合印在一起。《阳羡茗壶系》分为序、创始、正始、大家、名家、雅流、神品、别派，最后是有关泥土等杂记，还有周法高的诗二首、林茂之以及俞彦的诗各一首，作为附录。阳羡是宜兴一带的古名。书的开头说：“茶至明代，不复碾屑、和香药、制团饼，此已远过古人。近百年中，壶黜银锡及闽豫瓷而尚宜兴陶，又近人远过前人处也。陶曷取诸？取诸其制以本山土砂，能发真茶之色香味。”紫砂壶体小壁厚，有助于保持茶香，“发真茶之色香味”，故受到欢迎。“至名手所作，一壶重不数两，价重每一二十金，能使土与黄金争价。”当时，宜兴紫砂壶就被珍视宝爱。

据《阳羡茗壶系》记载，宜兴壶“创始”于当地金沙寺里的一个和尚，但他的名字已经失传。“僧闲静有致，习与陶缸瓮者处，抟其细土，加以澄练，捏筑为胎，规而圆之，刳使中空，踵傅口柄盖的，附陶穴烧成，人遂传用。”而促使紫砂陶制茶具这项发明走向艺术化的，也是一个无名小辈，他是学使吴颐山的书僮，只留下主人起的名字“供春”。吴颐山在金沙寺读书时，供春随往侍奉主人。劳役之暇，他偷偷仿效老和尚做茶壶的技艺，“亦淘细土抟坯，茶匙穴中，指掠内外，指螺文隐起可按，胎必累按，故腹半尚现节腠”。这种腹上留有指节纹理的茗壶，周高起亲眼目睹后，慨然赞叹：“传世者粟色，闇闇然如古金铁，敦庞周正，允称神明垂则矣！”供春制的茗壶，流传于世的不多，号称“供春壶”。后来，他的子孙即以制陶为业，取“供”的谐音，以“龚”为姓。与供春一样被尊称为“正始”，即陶壶开创人的，有所谓“四名家”：董翰、赵梁（亦名赵良）、袁锡（或作元锡、元畅）、时朋（一作时鹏），均为明万历年间制壶高手。董翰“文巧”，其他三家“多古拙”。和“四大家”同时列入“正始”的另一名家李茂林，制小圆式，妍在朴致中，他还“另作瓦囊，闭入陶穴”，使烧火温度均匀，壶身颜色一致，壶面整洁干净，这一发明沿用至今。被《阳羡茗壶系》称为“大家”的，是时朋的儿子时大彬。他的创作发展过程，该书有较详细的介绍：

> 初自仿供春得手，喜作大壶。后游娄东，闻眉公与琅琊太原诸公品茶施茶之论，乃作小壶。

时大彬如果只是一味模仿“供春壶”，仅仅在做工精良上下功夫，那是不可能被誉为惟一“大家”陶壶大师的，他的高明之处，是在聆听陈继儒等品茗论茶后，悟性极强，豁然开窍，创制了小型陶壶。他的制作，“或陶土，或杂硇砂土，诸款俱足，诸土色亦俱足，不务妍媚，而朴雅坚栗，妙不可思”。以致于当时人认为：“几案有一具，生人闲远之思。前后诸名家并不能及，遂于陶人标大雅之遗，擅空群之目矣。”虽然，时大彬之后没有出现空前绝后的大师，但“陶肆谣曰：‘壶家妙手称三大’，谓时大彬、李大仲芳、徐大友泉也”。因为三人排行都是老大。李仲芳以“文巧”著称。徐友泉以“毕智穷工，移人心目”见长。他们两人都是时大彬的高足，被周高起列为“名家”。此外“精妍”的欧正春，“坚致不俗”的蒋时英，“式尚工致”的陈用卿，“坚瘦工整”的陈信卿，以及由仿制入手，渐入佳境的闵鲁生、陈光甫，均列为“雅流”。“重锼叠刻，细极鬼工”的陈仲美，善于造型、“妍巧悉敌”的沈君用，被列为“神品”。至于其他成就稍差的数人，则另为“别派”。周高起凭自己的识见，给明代的紫砂茶具制陶高手排出了座次。《阳羡茗壶系》不仅成为研究紫砂茶具史的珍贵资料，也成为茗壶收藏家、品茗爱好者的极为重要的参考书。

明人对紫砂壶评价极高，视能够得到一把名壶为终身大幸。“往时龚春茶壶，近日时彬所制，大为时人宝惜。”（许次纾《茶疏》）有个名叫周文甫的，藏有“供春壶”，“摩挲宝爱，不啻掌珠，用之既久，外类紫玉，内如碧玉，真奇物也。”周文甫死后，有遗嘱将壶随葬（见闻龙《茶笺》）。生生死死，不愿分离，其爱壶之深，可见一斑。

饮茶风尚的变更，促进了茶具制作的变化；而茶具艺术的变革，又影响着品饮方式的变迁。对于明代的烹茶技术，我们已在谈朱权《茶谱》时作了一些介绍。而明代茶书的记载中，还有几点特别值得令人注意：

一是品茗用的茶壶，由宋代的较大型演变成明代小巧玲珑式。推崇集实用性和欣赏性为一体的茶壶，这是明代茶书的共识。“壶宜小不宜大，宜浅不宜深，壶盖宜盎不宜砥，汤力茗香，俾得团结氤氲。”（周高起《阳羡茗壶系》）“茶性狭，壶过大则香不聚。”（张谦德《茶经》）“茶壶以小为贵，每一客，壶一把，任其自斟自饮，方为得趣。何也，壶小则香不涣散，味不耽阁。”（冯可宾《岕茶笺》）此后，一直为小壶流传。

二是品饮之前先用水淋洗茶叶，始见于明代人的茶著。钱椿年编（1539 年）、顾元庆删校（1541 年）的《茶谱》，特在“煎茶四要”列入“洗茶”：“凡烹茶，先以热汤洗茶叶，去其尘垢、冷气，烹之则美。”洗茶的作用是洗去混入茶叶的灰尘杂质和贮藏后渗入茶叶的阴冷之气。张谦德也接受了这种见解，他在《茶经》中写道：“凡烹蒸熟茶，先以热汤洗两次，去其尘垢冷气而烹之则美。”他还介绍了洗茶的器具“茶洗”：“茶洗以银为之，制如碗式而底穿数孔，用洗茶叶。凡沙垢皆从孔中流出，亦烹试家不可缺者。”后来，茶洗多为陶制。周高起《阳羡茗壶系》就记有紫砂陶茶洗，形为扁壶，中间有箪子似的隔层。冯可宾的《岕茶笺》记载洗茶较为详细：首先，“先以上品泉水涤烹器，务鲜务洁”。然后，“次以热水涤茶叶，水不可太滚，滚则一涤无余味矣。”同时，“以手筯夹茶于涤器中，反复涤荡，去尘土黄叶老梗净，”于是，“以手搦干置涤器内盖定”。“少刻开视，色青香烈”，就可以“急取沸水泼之”，瀹而饮之。许次纾《茶疏》也认为：“烹时不洗沙土，最能败茶。”他提倡的洗茶方式是：“必先盥手令洁，次用半沸水，扇扬稍和，洗之。水不沸则水气不尽，反能败茶。毋得过劳，以损其力。沙土既去，急于手中挤令极干，另以深口瓷盒贮之，抖散待用。”他特别强调，洗茶要亲自动手，“洗必躬亲，非可摄代。凡汤之冷热，茶之燥湿，缓急之节，顿置之宜，以意消息，他人未必解事。”看来，洗茶也有许多技巧。这些茶书反复论述洗茶，足见当时颇受重视。

三是煎水的要求不同于前人。“相传煎茶只煎水，茶性仍存偏有味。”（宋苏辙诗）只有水煎得好，才能保存茶性，煎出滋味。煎水，唐人有“三沸”之说，宋人有听声之法，明人则提出“三大辨十五小辨”之论：

> 汤有三大辨十五小辨。一曰形辨，二曰声辨，三曰气辨。形为内辨，声为外辨，气为捷辨。如虾眼、蟹眼、鱼眼、连珠皆为萌汤；直至涌沸如腾波鼓浪，水气全消，方是纯熟。如初声、转声、振声、骤声皆为萌汤；直至无声，方是纯熟。如气浮一缕、二缕、三四缕及缕乱不分，氤氲乱绕，皆为萌汤；直至气

直冲贯，方是纯熟。

张源《茶录》的这段话，说明当时对煎水有更细致的观察和讲究。针对明代采用散茶的实际，他还进一步提出：古人把茶碾磨作饼“则见汤而茶神便浮，此用嫩而不用老也。今时制茶，不假罗磨，全具元体，此汤须纯熟，元神始发也。故曰：汤须五讲，茶奏三奇”。时代不同，茶时不同，煎水的要求也应随着改变。

中国人把品茗看成艺术，既讲究饮茶的方法，又追求环境的和谐，这种美学意境是“天人合一”哲学观的曲折体现。

陆羽《茶经》虽未提及品饮环境，但有“九日山僧院，东篱菊也黄”（皎然诗）的经历。唐代文人雅士也留下了许多关于饮茶环境的诗句，如“落日平台上，春风啜茗时”（杜甫），“竹下忘言对紫茶”、“一片蝉声片影斜”（钱起），大多以清幽为主。宋代对饮茶环境的要求多极发展。宫廷官府重奢侈讲礼仪，民间茶肆突出欢快气氛，文人墨客要求回归自然。不过，对品饮环境最为讲究的，是明代的文人墨客；对品茗环境记叙最为详尽的，则是明代的茶书。

朱权《茶谱》认为品饮“本是林下一家生活，故品饮者应该是“鸾俦鹤侣，骚人羽客，皆能志绝尘境、栖神物外”者，自然环境是“或会于泉石之间，或处于松竹之下，或对皓月清风，或坐明窗静牖”，才能“不伍于世流，不污于时俗”。罗廪《茶解》津津乐道的是：“山堂夜坐，手烹香茗。至水火相战，俨听松涛，倾泻入杯，云光滟潋。此时幽趣，故难与俗人言矣”。徐渭《煎茶七类》主张：“凉台净室，曲几明窗，僧寮道院，松风竹月，晏坐行吟，清谈把卷。”所以屠本畯《茗芨》说：“煎茶非漫浪，要须人品与茶相得，故其法往往传于高流隐逸，有烟霞泉石磊块胸次者。”他们所论，都把品茶看成风雅而高尚的事情，认为自然环境、人员素质是品饮的基本条件。而给品茶定下严格要求和苛刻条件的，是“自判童而白首，始得臻其玄诣”的许次纾，他撰写的《茶疏》，提出品饮时应当是：

心手闲适，披咏疲倦。
意绪纷乱，听歌拍曲。
歌罢曲终，杜门避事。
鼓琴看画，夜深共语。
明窗净几，洞房阿阁。
宾主款狎，佳客小姬。
访友初归，风日晴和。
轻阴微雨，小桥画舫。
茂林修竹，课花责鸟。
荷亭避暑，小院焚香。
酒阑人散，儿辈斋馆。

清幽寺观，名泉怪石。

《茶疏》还提出“宜缀”，即应停止品茶的情况：

作字，观剧，发书柬，大雨雪，长筵大席，翻阅卷帙，人事忙迫，及与上宜饮时相反事。

品饮“不宜用”的是：

恶水，敝器，铜匙，铜铫，木桶，紫薪，麸炭，粗童，恶婢，不洁巾帨，各色果实香药。

品饮“不宜近”的是：

阴室，厨房，市喧，小儿啼，野性人，童奴相哄，酷热斋舍。

对于来客，也很有讲究：

宾朋杂沓，止堪交错觥筹。乍会泛交，仅须常品酬酢。惜素心同调，彼此畅适，清言雄辩，脱略形骸，始可呼童篝火，酌水点汤。

许次纾所论，不仅指自然环境，还包括社会环境。作为品茗首要条件的，是“心手闲适”，而品茶又能解除疲劳，当“披咏疲倦”时，品茶的意趣和实用，就能统一在其中了。许次纾所强调的，包括品茶的心态、最佳时机、最好地点、助兴伴侣、天气选择等众多方面，使普通的饮茶提升到品饮艺术和审美情趣，使人们获得最大的愉悦。当然，品茗因对象不同，条件不同，要求也不同，《茶疏》就介绍了“士人登山临水”和“出游远地”的“权宜”之计。

40 多年之后，冯可宾又在《岕茶笺》中谈到“茶宜”的 13 个条件。一是“无事”，神怡务闲，悠然自得，有品茶的工夫；二是“佳客”，有志同道合、审美趣味高尚的茶客；三是“幽坐”，心地安适，自得其乐，有幽雅的环境；四是“吟咏”，以诗助茶兴，以茶发诗思；五是“挥翰”、濡毫染翰，泼墨挥洒，以茶相辅，更尽清兴；六是“徜徉”，小园香径，闲庭信步，时啜佳茗，幽趣无穷；七是“睡起”，酣睡初起，大梦归来，品饮香茗，又入佳境；八是“宿醒”，宿醉难消，茶可涤除；九是“清供”，鲜清瓜果，佐茶爽口；十是“精舍”，茶室雅致，气氛沉静；十一“会心”，心有灵犀，启迪性灵；十二“赏鉴”，精于茶道，仔细品赏，色香味形，沁入肺腑；十三“文僮”，僮仆文静伶俐，以供茶役。《岕茶笺》还提出“禁忌”，即不利于饮茶的七个方面：一是“不如法”，煎水瀹茶不得法；二是“恶具”，茶具粗恶不堪；三是“主客不韵”，主人、客人举止粗俗，无风流雅韵之态；四是“冠裳苛礼”，官场往来，繁文缛礼，勉强应酬，使人拘束；五是“荤肴杂陈”，腥膻大荤，与茶杂陈，莫辨茶味，有失茶清；六是“忙冗”，忙于俗务，无暇品赏；七是“壁间案头多恶趣”，环境俗不可耐，难有品茶兴致。

许次纾和冯可宾提出的宜茶条件和禁忌，具体内容虽然有所不同，但核心都在于“品”。饮茶意在解渴，品茶重在情趣。当然，品茶还有其他讲究，如“以客少为贵，客众则喧，喧则雅趣乏矣。独啜曰神，二客曰胜，三四曰趣，五六曰泛，七八曰施”（张源《茶录》）。饮啜之时，“一壶之茶，只堪再巡。初巡鲜美，再则甘醇，三巡意欲尽矣”（许次纾《茶疏》）。明代茶书反映的由饮茶到品茶的推移，从茶文化的整体发展来说是一种进步和发展的趋势。但是，当把这种追求导向极致，也就由明初的以茶雅志，单纯地走向了物趣，走上了玩风赏月的狭路，故晚明的茶文化呈现出玩物丧志和格调纤弱的倾向。

我们之所以不厌其烦地叙述明代茶书的内容，是由于这一时期的茶书数量居多，内容庞杂，并且长期以来被人们所误解，得不到应有的评价。详细地叙说，也许可以为读者进行一番导读，还可以拨去其蒙上的一些迷雾。总之，明代的茶书反映了茶艺的简约化和茶文化精神与自然的契合；明人撰写的茶书闪现着隽思妙寓的智慧，也是留给后人的宝贵遗产。

## 清代兴衰

清代随着封建农业、手工业的发展，商品经济也较明代有显著提高，茶叶产量也较明代有大幅度提高，茶叶贸易相当发达，不仅大量投放国内市场，还远销海外。饮茶风气进一步从文人雅士刻意追求、创造和欣赏的小圈里走出来，真正踏进寻常巷陌，走入万户千家，成为社会普遍的需求。

但是，清代茶书的编撰并没有随着茶业的发展与转型、品饮艺术与茶馆文化的深入民间而崛起，反而明显地缺乏生命力。迄今所知的茶著只有10多种，其中有的还有目无书。究其原因，最主要是道光末年以来，中国饱受帝国主义侵略，雅玩消闲之举、玩物丧志之思不为广大士人所取，有志者大多胸怀忧国忧民之心，变法图强之志，投身到关心实业、抵御外侮、挽救国家、解救民众的实际活动之中。从学术思想上来看，也许由于源自清初的考据学勃兴，“学士侈于闻见之富，别为风气”（陈登原语），私人购书、藏书、抄书、校书、刻书、编书蔚为风气，茶书的编撰者们也难免受考据学风的影响，沉湎于故纸堆中，很少深入和了解当时生动活泼的民间饮茶风尚，这样就不免使清代茶书大多为整理、编撰、摘录前人之作。只要随手翻翻清代的茶书，就不难看到这种现象。例如：

陈鉴撰《虎丘茶经注补》（1655年），全书约3600字，是专为很早就有名气的虎丘茶写下的专著。该书依照陆羽《茶经》分为十目，每目摘录有关的陆氏原文，在其下把有关虎丘茶的资料搜集在一起。性质类似或超出陆氏原文范围的，就作为“补”接续在各该目陆氏原文的后面。体例虽然别致，但循规蹈矩于《茶经》，少有新意，内容也很芜杂。

刘源长撰的《茶史》（1669年前后），洋洋洒洒33000字，虽有一些好资料，却大抵杂引古书。全书共分子目 30，编首有各著述家及陆羽事迹。卷一分茶之原始、茶之名产、茶之分产、茶之近品、陆鸿渐品茶之出、唐宋诸名家品茶、袁宏道龙井记、采茶、焙茶、藏茶、制茶，卷二分品水、名泉、古今名家品水、欧阳修大明水记、浮槎山水记、叶清臣述煮茶小品、贮水（附滤水、惜水）、汤候、苏廙十六汤品、茶具、茶事、茶之隽赏、茶之辨论、茶之高致、茶癖、茶效、古今名家茶咏、杂录、志地等，内容颇为芜杂。

余怀撰《茶史补》（1677 年左右），全书共 2000 多字。据说，余怀爱好品茶，原撰有《茶苑》一书，稿子被人窃去。后来看到刘源长《茶史》，因删《茶苑》为《茶史补》。余怀虽颇负时名，但《茶史补》却大抵杂引古书，无甚精彩。

江南才子冒襄（辟疆）与金陵名妓董小宛，通过饮茶品茗而引出动人爱情故事。董青春早逝，冒作《影梅庵忆语》哀悼，其中记述他们品茶共茗、小鼎长泉、柔情似水、静试对尝的儿女情怀。但冒氏撰写《岕茶汇钞》（1683 年前后），仅仅 1500 多字，却有一半是抄来的。

陆廷灿撰有《续茶经》（1734 年）一书。据自述，他曾在福建崇安任知县，县内有武夷山，出产举世闻名的武夷花，“值制府满公，郑重进献。究悉源流，每以茶事下询。查阅诸书，于武夷之外，每多见闻，因思采集为《续花经》之举。曩以簿书鞅掌，有志未遑。及蒙量移，奉文赴部，以多病家居，翻阅旧稿，不忍委弃，爰为序次。”全书长达 7 万字，此书将陆羽《茶经》另列卷目，其体例均按照《茶经》分上、中、下三卷共十目；又因陆羽《茶经》未列“茶法”之目，另以历代茶法作为附录。自唐至清，茶的产地、采制、烹饮方法及用具，均有发展，情况大不相同，《续茶经》则把多种古书资料摘要分录。此书虽百非自撰的系统著作，却因征引繁富，便于聚观，颇切实用。

此外，署名“醉茶消客”辑的《茶书》，系南京图书馆馆藏的一册旧抄本，内容全部是有关茶的诗文辑录。因首页已失，又没有序跋，茶书之名也是馆藏编目时所题，原来的书名也不得而知。程雨亭撰的《整饬皖茶文牍》（1897 年），是辑选他在皖南茶厘局任职时的禀牍文告编成。至于鲍承荫的《茶马政要》（1644 年前后）、蔡方炳的《历代茶榷志》（1680 年前后）、潘思齐的《续茶经》、陈元辅的《枕山楼茶略》，因这些著述早已杳无音信，也就无法知道其内容。

另外，与被称为“东方文化金字塔”的《四库全书》相配套的《四库全书总目提要》（1781 年），其卷一百十六，子部谱录类介绍了 18 部历代的茶书，即《茶经》三卷、《茶录》二卷、《品茶要录》一卷、《宣和北苑贡茶录》一卷及附《北苑别录》一卷、《东溪试茶录》一卷、《续茶经》三卷及附录一卷、《煎茶水记》一卷、《茶寮记》一卷、《茶约》一卷、《别本茶经》三卷、《茶董》二卷、《茗芨》二卷、《茗史》二卷、《茶疏》一卷、《茶史》二卷、《水品》二卷、《煮泉小品》一卷、《汤品》无卷数。对各部茶书所作的提要，大体包括作者情况、内容简介、版本源流、价值影响，这些是当时编纂四库全书学者评判历代茶著的珍贵资料。

然而，清代的痴茶、爱茶、醉茶之士，并非完全在传统中作茧自缚，他们也有鲜活的思想和勃发的创造。只是他们茶学的真知灼见，大多融会到诗歌、小说、笔记小品和其他著述之中。

清代茶诗数量众多，也有许多著名诗篇。如高鹗的《茶》诗："瓦铫煮春雪，淡香生古瓷。晴窗分乳后，寒夜客来时。漱齿浓消酒，浇胸清入诗。樵青与孤鹤，风味尔偏宜。"边寿民的《好事近·茶壶茶瓶》词："石鼎煮名泉，一缕回廊烟细。绝爱漱香轻碧，是头纲风味。素瓷浅蓝紫泥壶，亦复当人意，聊淬辩锋词锷，濯诗魂书气。"两首诗词都在淡雅之中，透出无限韵味。

清代最善写茶诗的可能还是乾隆皇帝。茶在这位"康乾盛世"主宰者之一的生活中，是具有重要地位的。相传，当他85岁要退位时，一位大臣谄媚地说："国不可一日无君啊。"乾隆皇帝则回答说："君不可一日无茶啊。"就是这位皇帝，撰写过几百首茶诗。他曾命制三清茶，并赋诗纪之。他六次南巡，游历杭州，踏赏龙井，题有多首龙井茶诗。如为后人传诵的《观采茶作歌》云：

火前嫩，火后老，惟有骑火品最好。
西湖龙井旧擅名，适来试一观其道。
村男接踵下层椒，倾筐雀舌还鹰爪。
地炉文火续续添，乾釜柔风旋旋炒。
慢炒细焙有次第，辛苦工夫殊不少。
王肃酪奴惜不知，陆羽茶经太精讨。
我虽贡茗未求佳，防微犹恐开奇巧。
防微有恐开奇巧，采茶竭览民艰晓。

从采摘到制作，从古代到当今，全诗一气呵成，掌故信手拈来。乾隆对龙井茶推崇备至，"龙井新茶龙井泉，一家风味称烹煎。……何必凤团夸御茗，聊因雀舌润心莲"。《再游龙井作》更是直抒胸臆："入日景光真迅尔，问人花木似依然。斯诚佳矣予无梦，天姥那希李谪仙。"真是何等快意。清代龙井茶风行天下，实在与乾隆褒扬密切相关。

清代小说也有大量的茶事描写，蒲松龄的《聊斋志异》、李汝珍的《镜花缘》、吴敬梓的《儒林外史》、刘鹗的《老残游记》、李绿园的《歧路灯》、文康的《儿女英雄传》、西周生的《醒世姻缘传》等著名作品，无一例外地写到"以茶待客"、"以茶祭礼"、"以茶为聘"、"以茶赠友"等茶风俗。尤其是曹雪芹的《红楼梦》，谈及茶事的就有近300处，描写的细腻、生动和审美价值的丰富，都是其他作品无法企及的。

《红楼梦》全书极力描写的荣、宁两府的兴衰，开卷就以“香销茶尽”埋下伏笔。红楼吃茶，既有妙玉请宝玉、黛玉、宝钗的细饮慢品，又有家常吃茶；既有礼貌应酬茶，又有饮宴招待茶；既有风月调笑茶，又有官场形式场。茶的功用既有消暑、解渴、去味、提神，又有应酬、艺术欣赏；既有一般的物质需要，又有高雅的精神享受。全书提到的茶有枫露茶、六安茶、老君眉、普洱茶、女儿茶、龙井茶、漱口茶、茶面子；沏茶的水有旧年蠲的雨水、梅花雪水；还有茶诗、茶赋与茶联等。书中第四十一回，妙玉论茶道的一段文字最为精彩：

> 妙玉听如此说，十分欢喜，遂又寻出一只九曲十环一百二十节蟠虬整雕竹根的一个大盒出来，笑道：“就剩了这一个，你可吃的了这一海？”宝玉喜的忙道：“吃的了。”妙玉笑道：“你虽吃的了，也没这些茶糟踏。岂不闻‘一杯为品，二杯即是解渴的蠢物，三杯便是饮牛饮驴了’。你吃这一海便成什么？”说得宝钗、黛玉、宝玉都笑了。妙玉执壶，只向海内斟了约有一杯。宝玉细细吃了，果觉轻浮无比，赏赞不绝。妙玉正色道：“你这遭吃茶，是托他两个的福，独你来了，我是不能给你吃的”。宝玉笑道：“我深知道的，我也不领你的情，只谢他二人便了。”妙玉听了，方说：“这话明白。”黛玉因问：“这也是旧年的雨水？”妙玉冷笑道：“你这么个人，竟是大俗人，连水也尝不出来，这是五年前我在玄墓蟠香寺住着，收的梅花上的雪，共得了那一鬼脸青的花瓮一瓮，总舍不得吃，埋在地下，今年夏天才开了。我只吃过一回，这是第二回了。你怎么尝不出来？隔年蠲的雨水，那有这样清浮，如何吃得。”

才华横溢的曹雪芹，以生花妙笔把妙玉品茶写得绚丽多姿，使读者犹如身入其境。

当然，《红楼梦》写的茶和饮茶活动，都是为塑造人物、刻画人物性格、表达人物的内心世界和对人生的认识而服务的。著名红学家胡文彬先生曾在《茶香四溢满红楼——《红楼梦》与中国茶文化》的长篇论文中，归纳为：以饮茶表现人物的不同地位和身分，以饮茶表现人物的心理活动和性格，以茶为媒介表现了人物之间的复杂关系，字里行间渗透的强烈的对比，从饮茶、喝茶中看人物的知识和修养。通观全书，真是“一部《红楼梦》，满纸茶叶香。”。

茶诗和小说中的茶事描写，虽然极有韵味，但是，全面展现清代品茗概况，最能留下关于茶文化的思想闪光的，还是清代笔记小品和其他著述中的资料，这类资料，起码有数百种之多。这里，我们只想举两个例子。

在清代诗人、美食家袁枚所著《随园食单》一书的“茶酒单”中，对清代的部分名茶的特色、风味、烹茶方法等均有精彩论述，涉及的名茶有武夷茶、六安银针、毛尖、梅片等。书中许多形象、生动的描述，是作者饮茶实践的总结。他最称道龙井茶：“杭州山茶处处皆清，不过以龙井为最耳。每还乡上冢，见管坟人家送一杯茶，水表茶绿，富贵人所不能吃者也。”还将其他茶与龙井比较：“阳羡茶深碧色，形如雀舌，又如巨米，味较龙井略浓。”“洞庭君山出茶，色味与龙井相同，叶微宽而绿过之，采掇最少。方毓川抚军曾惠两瓶，果然佳绝，后有送者，俱非真君山物矣。”对于烹饮之法，他主张龙井茶须用“穿心罐”煎水，以“武火”使之沸，“一滚便泡”，才能吃到好茶。对武夷茶，则以小香橼壶、小胡桃杯频频遽饮，先嗅其香，再试其味，徐咀嚼而体贴之，才能“清芬扑鼻，舌有余甘”。如果不掌握正确的冲泡品饮方法，就会废坏茶味。像龙井茶不“一滚便泡”，“滚久则水味变矣，停滚再泡则叶浮矣。一泡便饮，用盖掩之则味又变矣。此中消息，间不容发也”。但只要方法得当，就会有另一种结果。他“向不喜武夷茶，嫌其浓苦如饮药”。而丙午秋（即乾隆五十一年，1786）游武夷，到曼亭峰天游寺诸处，以小杯、小壶徐咽，却“令人释躁平矜怡情悦性”。并且改变了对武夷茶的看法：“始觉龙井虽清，而味薄矣；阳羡虽佳，而韵逊矣。颇有玉与水晶，品格不同之故。故武夷享天下盛名，真乃不忝，且可以谕至三次。”《随园食单》的这些经验之谈，可以考见清代名茶的变异、品饮方法的多样。

丰富地载录清代茶事的书，当首推《清稗类钞》。这部书由清末民初人徐珂采录数百种清人笔记，并参考报章记载而辑成，大都是反映清人的思想和日常生活的。该书中关于清代的茶事记载比比皆是，如“京师饮水”、“吴我鸥喜雪水茶”、“烹茶须先验水”、“以花点茶”、“祝斗巖咏煮茶”、“杨道士善煮茶”、“以松柴活火煎茶”、“邱子明嗜工夫茶”、“叶仰之嗜茶酒”、“顾石公好茗饮”、“李客山与客啜茗”、“明泉饮普洱茶”、“宋燕生饮猴茶”、“茶癖”、“静参品茶”、“某富翁嗜工夫茶”、“茶肆品茶”、“茗饮时食肴”等等，成为清代茶道与清人“茶癖”的全景观照。

陆羽《茶经》提倡煎饮之法后，唐代有煎茶法，宋代有“斗茶”，明代有瀹茶法，至清代，煎水烹茶发展到一个新阶段，其集大成和最具特色者，是流行于闽粤一带的工夫茶。清代工夫茶“烹治之法本诸陆羽《茶经》，而器具更精”。最基本的茶具组合为潮汕洪炉（茶炉）、玉书碨（煎水壶）、孟臣罐（茶壶）、若深瓯（茶盏）。所用茶炉以细白泥制成，壶以宜兴紫砂为最佳，杯、盘多为花瓷，杯、盘、壶典雅精巧，十分可爱。《清稗类钞》记载了清代工夫茶的烹治过程：“先将泉水贮之铛，用细炭煎至初沸，投茶于壶而冲之，盖定，复遍浇其上，然后斟而细呷之。”以茶“饷客”时，“先取凉水漂去茶叶尘滓，乃撮茶叶置之壶，注满沸水”。盖好后，再取煎好的沸水，“徐淋壶上”，壶在盘中，俟水将满盘为止。再在壶上“覆以巾”，“久之，始去巾”，主人再“注茶杯中”，以为奉客。“客必衔杯玩味”，拿起茶杯，由远及近，由近再远，先闻其香，然后细细品味，并盛赞主人烹治技艺。如果客人“若饮稍急”，主人就会“怒其不韵也”（《邱子明嗜工夫茶》）。

《清稗类钞》还多方面记载了不同阶层的品饮活动。茶肆饮啜，“有盛以壶者，有盛以碗者。有坐而饮者，有卧而啜”。进入茶肆者，“终日勤苦，偶于暇日一至茶肆，与二三知己瀹茗深谈”者有之，“日夕流连，乐而忘返，不以废时失业为可惜者”亦有之。清代京师茶馆，“茶叶与水之资，须分计之。有提壶以往者，可自备茶叶，出钱买水而已”。平日，茶馆中“汉人小涉足，八旗人士虽官至三四品，亦侧身其间，并提鸟笼，曳长裾，就广坐，作茗憩，与圉人走卒杂坐谈话，不以为忤也。然亦绝无权要中人之踪迹”（《茶肆品茶》）。该书对皇宫中以品茗为雅事、乐事，也有记载：清高宗乾隆皇帝“命制三清茶，以梅花、佛手、松子瀹茶，有诗纪之。茶宴日即赐此茶，茶碗亦摹御制诗于上”（《高宗饮龙井新茶》）。清德宗光绪皇帝平日亦“嗜茶，晨兴，必尽一巨瓯，雨足云茶，最工选择”（《德宗嗜茶烟》）。慈禧太后“宫中茗碗，以黄金为托，白玉为碗”，非常精美。每饮茶，“喜以金银花少许入之，甚香”（《孝钦后饮茶》）。皇宫贵族品茗，无论茶叶和茶具，都是与众不同的。

如果说，上述著作所载仅是残金屑玉，那么，震钧所撰《天咫偶闻》一书卷八的《茶说》，虽是一家之言，即既有理论，又有实践经验，同时颇有系统。全文1800多字，前有导语，后分五节：一是“择器”，论烹茶与饮茶的器具；二是“择茶”，论茶的品第及贮藏方法；三是“择水”，谈煎茶用水的鉴别；四是“煎法”，主张唐代的煎茶法，对煎水记述尤为详尽；五是“饮法”，讲品饮之雅趣。震钧是满族人，生于清咸丰七年（1857），死于民国7年（1918）。《茶说》是清代最后、最系统的品茶之作。作为一个时代总结性的文字，我们不妨把《茶说》全文照录在下面：

煎茶之法，失传久矣，士夫风雅自命者，固多嗜茶，然止于水瀹生茗而饮之，未有解煎茶如《茶经》、《茶录》所云者。屠纬真《茶笺》论茶甚详，亦瀹茶而非煎茶。余少好攻杂艺，而性尤嗜茶，每阅《茶经》，未尝不三复求之，久之若有所悟。时正侍先君于维扬，因精茶所集也，乃购茶具依法煎之，然后知古人煎茶，为得茶之正味，后人之瀹茗，何异带皮食哀家梨者乎。闲居多暇，撰为一编，用贻同嗜。

一择器　器之要者，以铫居首，然最难得佳者。古人用石铫，今不可得，且亦不适用。盖铫以薄为贵，所以速其沸也，石铫必不能薄；今人用铜铫，腥涩难耐，盖铫以洁为主，所以全其味也，铜铫必不能洁；瓷铫又不禁火；而砂铫尚焉。今粤东白泥铫，小口瓮腹极佳。盖口不宜宽，恐泄茶味，北方砂铫，病正坐此，故以白泥铫为茶之上佐。凡用新铫，以饭汁煮一二次，以去土气，愈久愈佳。次则风炉，京师之石灰木小炉，三角，如画上者，最佳。然不可过巨，以烧炭足供一铫之用者为合宜。次则茗盏，以质厚为良，厚则难冷，今江西有仿郎窑及青田窑者佳。次茶匙，用以量水，瓷者不经久，以椰瓢为之，竹与铜皆不宜。次水罂，约受水二三升者，贮水置炉旁，备酌取，宜有盖。次风扇，以蒲葵为佳，或羽扇，取其多风。

二择茶　茶以苏州碧螺春为上，不易得，则杭之天池，次则龙井，岕茶稍粗，或有佳者，未之见也。次六安之青者，若武夷、君山、蒙顶，亦止闻名。古人茶皆碾，为团，如今之普洱，然失茶之真；今人但焙而不碾，胜古人。然亦须采焙得宜，方见茶味。若欲久藏，则可再焙，然不能隔年。佳茶自有其香，非煎之不能见。今人多以花果点之，茶味全失。且煎之得法，茶不苦反甘，世人所未尝知。若不得佳茶，即中品而得好水，亦能发香。凡收茶必须极密之器，锡为上，焊口宜严，瓶口封以纸，盛以木箧，置之高处。

三择水　昔陆羽品泉，以山泉为上，此言非真知味者不能道。余游纵南北，所尝南则惠泉、中泠、雨花台、灵谷寺、法静寺、六一、虎跑；北则玉泉、房山孔水洞、潭柘、龙池。大抵山泉实美于平地，而惠山及玉泉为最，惠泉甘而芳，玉泉则甘而冽，正未易轩轾。山泉未必恒有，则天泉次之。必贮之风露之下，数月之久，俟瓮中澄澈见底，始可饮。然清则有之，冽犹未也。雪水味清，然有土气，以洁瓮储之，经年始可饮。大抵泉水虽一源，而出地以后，流逾远是味逾变。余尝从玉泉取水，归来沿途试之，至西直门外，几有淄渑之别。古有劳薪水之变，亦劳之故耳，况杂以尘污耶。凡水，以甘而芳、甘而冽为上；清而甘、清而冽次之；未有冽而不清者，亦未有甘而不清者，然必泉水始能如此。若井水，佳则止于能清，而后味终涩。凡贮水之罂，宜极洁，否则损水味。

四煎法　东坡诗云“蟹眼已过鱼眼生，飕飕欲作松风鸣”，此言真得煎茶妙诀。大抵煎茶之要，全在候汤。酌水入铫，炙炭于炉，惟恃鞴鞴之力，此时挥扇不可少停。俟细沫徐起，是为蟹眼；少顷巨沫跳珠，是为鱼眼；时则微响初闻，则松风鸣也。自蟹眼时即出水一二匙，至松风鸣时复入之，以止其沸，即下茶叶。大约铫水半升，受叶二钱。少顷水再沸，如奔涛溅沫，而茶成矣。然此际最难候，太过则老，老则茶香已去，而水亦重浊；不及则嫩，嫩则茶香未发，水尚薄弱；二者皆为失饪。一失饪则此炉皆废弃，不可复救。煎茶虽细事，而其微妙难以口舌传，若以轻心掉之，未有能济者也。惟日长人暇，心静手闲，幽兴忽来，开炉爇火，徐挥羽扇，缓听瓶笙，此茶必佳。凡茶叶欲煎时，先用温水略洗，以去尘垢。取茶入铫宜有制，其制也，匙实司之，约准每匙受茶若干，用时一取即足。煎茶最忌烟炭，陆羽谓之“茶魔”。杉木炭之去皮者最佳。入炉之后，始终不可停扇，若时扇时止，味必不全。

五饮法　古人饮茶，熁盏令热，然后注之，此极有精意。盖盏热则茶难冷，难冷则味不变。茶之妙处，全在火候，熁盏者，所以保全此火候耳。茶盏宜小，宁饮毕再注，则不致冷。陆羽论汤有老、嫩之分，人多未信，不知谷菜尚有火候，茶亦有形之物，夫岂无之？水之嫩也，入口即觉其质轻而不实；水之老也，下喉始觉其质重而难咽，二者均不堪饮。惟三沸已过，水味正妙，入口而沉著，下咽而轻扬，挢舌试之，空如无物，火候至此，至矣！煎茶水候既得，其味至甘而香，令饮者不忍下咽。今人瀹茗全是苦涩，尚夸茶味之佳，真堪绝倒！

凡煎茶止可自怡，如果良辰胜日，知己二三，心暇手闲，清淡未厌，则可出而效支，以助佳兴。若俗见相缠，众言嚣杂既无清致，宁俟它辰。

《茶说》文字浅显易懂，方法简便易行，皆是会心之言，为清代两三百年的茶文化著作划上了圆满的句号。

## （三）茶业科技

数千年来，中国人的勤劳智慧造就了丰富的茶类和众多的花色，积累了卓有成效的茶叶生产经验，也有一批茶业著作流芳于世。但是，由于封建社会的封闭，中国茶业科技长期处于“经验茶学”状态。自鸦片战争后，中国的许多有识之士接受了新思想，学习了新文化，并随着西方的农业科技的传入，特别是引进国外的先进设备及其技术，派遣留学生出国深造，仿效建立改良场、试验站，设置茶叶专门科研机构等，才深刻地改变了我国茶业科技的落后状况，使茶业科技走出低谷，进入到一个新的时期。

### 近代茶业科技的建立

1896 年清政府两江总督刘坤一，明令以机器制造外销茶叶，倍受各界注目，但因茶商的反对，终未成事业。

1905 年，清政府南洋大臣、两江总督周馥，派浙江慈溪人郑世璜、翻译沈鉴少、书记陆濚、茶司吴文岩、茶工苏致孝、陈逢丙赴印度、锡兰（今斯里兰卡）考察茶业，著有《乙巳考察印锡茶土日记》，曰：“……中国红茶如不改良，将来决无出口之日，其故由印锡之茶味厚价廉，西人业经习惯，……且印锡茶半由机制便捷，半由天时地利。近观我国制造墨守旧法，厂号则奇零不整，商情则涣散如故，运路则崎岖艰滞，合种种之原因，致有一消一长之效果。”1907 年，江南商务局在江苏南京紫金山麓的霹雷涧设立江南植茶公所。植茶公所是一个茶叶试验与生产相结合的国家经营机构，创办人就是郑世璜，该机构在辛亥革命后停业。1909 年，在湖北省羊楼洞设茶业示范场，场下设讲习所，培养人才。1910 年，在江西设宁州茶叶改良公司。此外，还在四川省灌县设通商茶务讲习所。

1914 年农商部商业司将湖北羊楼洞示范场改办为试验场，有茶园 50 余亩，茶厂一座，采制加工青茶及老青茶。1915 年，北洋政府农商部在安徽祁门南乡平里村建立农商部安徽示范种植场，1917 年又改名为农业部茶业改良场，在皖赣两省协助下，在其红茶重要产区设县总场及分处。

由于当时缺少大量的专门人才、足够的试验经费和先进的必需设备，又受当时的政局影响，不少示范场、改良场或试验场被改组或停歇。尽管如此，19 世纪的一些茶业科技的改革，毕竟给我国茶叶科技灌注了活力，带来了希望。

## 近代茶业科技的奠基人

清末民初，我国近代最早公费出国学习农业科技的一批留学生，回国以后，极大多数发挥了积极的作用，为我国近代农业的发展、人才的培养诸方面作出了显著的贡献，不少人取得了重大科技成果，成为我国的著名农业科学家。

在茶业界，被派往国外的留学生也不乏其人。1914 年云南朱文精赴日本学习茶技；1919 年浙江吴觉农等亦被派往日本，在农林水产省茶业试验场学习；1920 年安徽派胡浩川等去日本留学。在 19 世纪 30～40 年代，还派遣李联标等留学生横渡太平洋去美国等学习茶业科技，收集有关资料，成绩斐然。此外，有一批非茶学留学生，例如王泽农等人，在国外攻读其它学科，回国后从事茶业，大大增强了茶业科学技术力量。

中国在派遣留学生的同时，各省还组织有关专业人员去产茶国进行短期考察，以学他人之长。1934 年以后，吴觉农、张天福等人分别考察了日本、印度、锡兰、苏联、印尼、英国等地，写出了专门报告。吴觉农的三篇考察报告，鼎力宣传他国茶业之利，要求改革中国茶业之弊，特别与胡浩川合著《中国茶业复兴计划》一书，在充分调查的基础上，指出我国发展茶业的重要性，切中当时中国茶业上的陈弊，提出了中国茶业的复兴计划。其中，明确要求建立茶业研究机关，并对试验机关的分布、研究工作的分配作了概述。

1922 年，吴觉农自筹资金，在浙江上虞试办茶场，搞茶叶机械加工，后因资金不足，力不从心，机械制茶试验夭折。为了实现华茶加工机械化，吴觉农等人又参考中外成规，悉心改案，于 1933 年设计出蒸、炒、揉、干四种工序的机械样图，并由上海环球铁工厂制成，安放在皖、湘、赣等产茶省茶业试验（改良）场试用。实践证明，机械加工成的茶叶，不论是红茶抑或绿茶，品质均有所提高。

我国近代许多茶叶科学家，他们不仅在言论上大力呼吁加强茶业科学研究，而且身体力行，深入产地，实地试验，悉心指导，为我中国近代茶叶科学技术的发展作出了卓越贡献。

## 近代茶业科技的发展

为实现用科技振兴华茶的设想，湖南省于1917年在安化办了试验茶场，开始用机械制茶，制成的改良绿茶色香味都有改进，实业部国际贸易局与中央农业实验所汉口商检局租赁宁州种植公司旧址，筹设合办茶业改良场作研究试验场所，利用机械，仿制印度红茶，使红茶色香味有所提高。

接着，为适应茶业科技发展的需要，对改良场或试验场又进行了改组。1932年安徽省建设厅改组祁门农商部茶业试验场，聘吴觉农兼任安徽省立祁门茶业改良场场长，以谋茶业改革实施及学术研究之工作。由于原祁门茶业试验场“以前成绩报告，一无仅存，莫由知其梗概之故”，所以，吴觉农、冯绍裘、胡浩川等人兴调查，重实验，从茶树栽培、茶树品种、茶叶加工、茶树病虫防治以及茶业经济等诸方面提出了报告，集中显示在《祁门之茶业》一书中。1934年该场改由全国经济委员会、实业部、安徽省政府合立，更名为祁门茶业改良场，由湖浩川担任场长、吴觉农任秘书主任。冯绍裘、庄晚芳等人均先后在祁门茶业改良场工作过。在20世纪30到40年代中，祁门茶业改良场虽几经变制易名，但在留场技术人员的努力下，在研究、产制、推广上做了大量工作：对茶树育种、栽培管理、鲜叶分析、红绿茶采制等作了研究，对茶叶成分的分析及加工过程中主要成分的变化与品质的关系作了探讨，研究成果发表在有关杂志上，并编成《茶树栽培》、《茶树育种》、《茶树虫害》、《茶叶制造》、《红茶发酵初步研究》、《东北红茶烘焙法》等单行本。此外，还向各茶区大力推广新技术，开辟梯地条植茶园，建立机制茶厂，帮助茶农推行合作社。在1941年，组织茶叶产销合作社71个，社员3100人，制茶13200箱，占祁门县箱茶总数的21.9%。为普及茶叶科技知识，印发了数千册如《怎样采茶》、《祁门红毛茶制法》等6种小册子，赠送给茶农的良种茶苗达20余万株。

1932年，湖南省建立了“湖南茶事试验场高桥分场”。差不多同时代建立的还有江西修水实验茶场。1935年张天福在福建建立福建省第一个茶叶研究机构——福安茶叶改良场，在李联标、庄晚芳等人支持和帮助下开展了科学实验，特别是1936年从日本引起全套红茶加工机械，对福建的机制红茶有深刻的影响。改良场还自己设计了918木质揉捻机，为当地茶户服务。

各地茶叶试验场或改良场在20世纪30~40年代，研究的重点是提高茶叶品质，试验机制茶叶。修水茶业试验场茶厂设备较先进，利用机器加工红茶，提高了茶叶品质，并将机械加工的方法，推向民间。据1937年《市场新闻》报导，宁红机制茶打破历史最高售价。祁门茶业改良场引进德国克虏伯厂新茶机，经冯绍裘技师试验，不仅加工的红茶品质良好，还能节省劳力和时间。随着改良场试验工作的进展，影响了周围茶区的茶农，纷纷要求实行机制。1937 年，实业部会同湖北省政府在五峰设立宜红茶业改进指导所，由汉口商检局主持，主要开展如下工作：①促进茶农嫩采；②改良制茶方法；③取缔毛茶过度水分；……。浙江省外销茶产区之一的平阳，系温绿主产地，平阳旅永（嘉）同乡会电请实业部及建设厅，要求设立浙江省茶业改良场平阳茶业改良分场；在安徽省六安、霍山等地，皖建设厅为改进茶业，在立煌成立茶业试验所，负责指导当地制茶改良事宜。

茶业试验场（所）和改良场，在茶业科学交流和宣传上，也做了大量工作。许多学者在《中华农学会报》、《国际贸易导报》、《中国实业杂志》、《茶业杂志》发表了论文。1937 年，实业部国产检验委员会茶叶产地监理处编辑发行了“茶报”，宣传茶叶科技知识，指导茶叶生产，报告国内外茶业情况，提出华茶改善途径。当时的商务印书馆等出版单位，还为吴觉农等人出版了《中国茶业问题》、《种茶法》等专著，翻译出版了《东北印度红茶制焙学》、《锡兰红茶制法及其理论》、《爪哇苏门答腊之茶业》、《印度锡兰之茶业》、《印度锡兰茶业推广计划》等等。

抗日战争爆发后，茶业科研受到很大大影响。1938 年安徽省祁门茶业改良场被迫迁入平里分场办公，靠以茶养场，才使事业未断，还力所能及地开展了试验和推广工作。冯绍裘于抗战始被疏散离开祁门茶叶改良场后，应中国茶叶公司吴觉农等人之邀，去汉口该公司任技术员。1938 年又抵凤庆了解云茶情况，经过试验，制成两个茶样，经香港试销，认为堪称中国红绿茶中之上品。翌年建立顺宁（凤庆）实验茶厂，试制 500 担新滇红。1940 年后生产规模有所发展，遂使滇红名誉全球，连英国女王也视滇红为珍品。1939 ~ 1940 年期间，农林部中央农业实验所贵州湄潭实验茶场的李联标等人，先后赴部分茶区考察，在婺川县发现高 6 ~ 7 米，叶大 13 ~ 16 厘米 ×7 ~ 9 厘米的野生乔木大茶树。

1941 年珍珠港事变后，海上交通阻塞，茶叶产销停滞，为给战后茶业恢复和发展积蓄力量，吴觉农等人组织了蒋芸生、王泽农等一批茶叶科技人员，在浙江衢县的万川成立东南茶业改良总场筹备处，1942 年迁址福建崇安武夷山麓的原示范茶厂，正式更名为财政部贸易委员会茶叶研究所。虽然当时战事紧张、条件艰苦、经费短缺，但茶叶研究所全体员工同心同德，进行了不少研究试验和技术推广工作：

①栽培方面

育种试验　有品种观察，单株选择，武夷名丛观察，茶树开花习性观察，茶树遗传因子观察及茶树交配方法试验等。

繁殖试验　有茶籽贮藏试验，茶籽播种时期试验，茶树压条试验，茶树扦插试验等。

生理试验　有茶树日照试验，茶树抗寒性与制茶品质关系研究等。

修剪试验　有水仙树型剪定试验，茶树剪枝时期试验，茶树摘花摘果试验，茶树台刈试验等。

病虫害试验研究　有武夷山茶树煤病初步调查及探究，茶蚕及茶毛虫生态观察，闽、皖、赣三省茶树病虫调查。

②制造方面

品种比较试验　有各品种制造红茶比较试验，各品种制造绿茶比较试验，各品种制造青茶比较试验。

制造方法试验　有红茶制造方法试验，绿茶制造方法试验，青茶制造方法试验。

红茶分级及碎切试验　有红茶分级试验，红茶碎切制造试验。

包装贮藏试验　有茶叶水分与贮藏方法之影响试验，利用石灰贮藏试验，密封脱氧法贮藏试验。

制茶机械之设计与试验　有青茶做青机之设计，机械应用试验。

③化验方面

化学研究　有茶叶分级化学标准之探讨，岩茶制造过程中水分变迁研究。

工业研究　有茶叶中咖啡碱升华提取试验，茶叶染料试验，茶叶鞣革试验，茶鞣酸铁墨水制造试验。

肥料试验　有厩肥比较试验，树叶肥田比较试验，天然肥料比较试验。

土壤研究　有土壤盐基饱和度试验，武夷茶岩土调查，企山茶场土壤详测。

④推广方面

办理茶树更新工作，包括决定推行区域及建立省区指导机构，宣传更新要义及实施方法等等；调查统计，包括对崇安县桐木关、武夷山、八角亭各茶区概况的调查；对皖、浙、赣、闽四省内销茶产销概况的调查；对历年华茶对外贸易输出进行统计；编译刊物，将三日刊《万川通讯》改为《武夷通讯》（半月刊）及《茶叶研究》（月刊）。此外还编印不定期丛刊 6 种、研究报告 7 种、调查报告 12 种、译著 1 种、单行本 3 种及宣传小册子 6 种。

茶叶研究所于 1945 年 8 月停办，时间虽短，但进行了众多项目的试验，有一定的深度和广度，有的至今仍有很大的学术价值。同时，试验结合生产，意义深远。

抗日战争胜利后，中国经历了内战，茶叶生产再度衰落，试验机构或改良场又陷于重重困难之中。在绝境中，我国的茶业科技工作者，不畏艰难，仍做了不少工作，特别在吴觉农领导下，组织一班志士仁人，翻译出版《茶业全书》（威尔·乌克斯著），有系统地介绍世界各国茶叶生产、科研和文化，书中虽有错误观点，但使人们增加了知识，受到了启迪，扩大了视野，仍不失为一本有价值的参考资料。

# 现代茶业科技的成就

20 世纪 50 年代起，茶业科技始得以复苏和发展，不少茶叶研究机构相继恢复，特别是 1958 年中国农业科学院茶叶研究所的建立，标志着中国茶业科学研究进入一个新时期。

这个时期，大体经历了复苏、起步以至取得众多成就的几个阶段。

## 1. 茶业科技的复苏

1950～1957 年期间，茶业科技试验工作主要由设有茶业专修科的大专院校、农林部所属的有关部门、中国茶叶总公司、部分茶业试验场及有关单位分别进行。

当时，我国茶业科技的首要任务是恢复和发展茶叶生产，所以着重做了以下工作：首先是推广适用技术，垦复荒芜茶园，提高制茶技术和传授改制技术，发动能工巧匠，努力使炒茶实现工具化和半机械化，降低劳动强度，提高生产效率，改变落后的生产面貌；第二，广泛开展培训工作。组织技术人员下乡下厂，宣传和传授科技知识；第三，围绕提高茶叶质量，改变茶园低产面貌进行研究工作；第四，恢复和新建试验机构。

1950 年，安徽省祁门茶业改良场改名为“祁门茶叶实验改良场”，场址设在祁门平里，以试验、示范为宗旨，属中国茶叶公司皖南分公司领导。1952 年划归安徽省农业厅领导，场部迁到县内城区，重新规划，添置图书，增加设备，逐步开展了研究工作。1955 年又改名为“祁门茶叶试验场”，成为专业茶业科研机构，贯彻以科研为主，科研与生产示范相结合的方针。1951 年 2 月四川省农业厅灌县茶叶改良场改为“四川省灌县茶叶试验场”。同时，云南省成立“云南省农业厅佛海茶叶试验场”，1953 年又改名“云南思茅专署茶叶科学研究所”。1952 年湖南省将原“湖南茶事试验场高桥分场”定名为“湖南省农林厅高桥分场”，至 1955 年又改名为“湖南省农林厅高桥茶叶试验站”。1952 年 7 月福建省安茶叶改良场改建为“福建省福安茶叶试验站”。1953 年，贵州省将湄潭实验茶场改建为“贵州省茶叶试验站”，归属省农业厅领导。同年，江西省成立了“修水茶叶试验站”。在 1956 年前后，不少产茶区也成立茶叶试验场，如浙江余杭茶叶试验场，江西省婺源县茶叶实验场，浙江三界茶叶试验场，四川省雅安茶叶试验站等等。这些研究机构的恢复和新建，促进了中国茶业科技事业：使中国有了一批茶叶科研机构，建立了一支科技骨干队伍；开展了科学实验，取得了一批成果；编纂出版了《中国茶讯》、《茶叶导报》等刊物和小册子，宣传和推广了技术；培训了一批基层技术力量，为中国的茶业科技发展打下了基础。

2. 现代茶业科技的起步

1957年，经国家批准，由蒋芸生、李联标、庄晚芳等人筹建中国农业科学院茶叶研究所。1958年10月6日中国农业科学院茶叶研究所正式成立。新中国第一个全国性茶叶研究机构的成立，标志着中国的茶业科学发展到一个新时期，使中国茶叶科技进入有组织、有计划的发展阶段。中国农业科学院茶叶研究所与各省茶研所及有关研究茶叶的单位一起，共同迎接现代化时代的挑战。

1959年4月，中国农业科学院茶叶研究所首次在杭州召开了全国茶叶科学研究工作会议。会议提出了“高产、优质、机械化”为茶叶科学的研究重点，同时明确了中国农业科学院茶叶研究所与各省所（站）的业务指导关系。1960年3月，中国农业科学院茶叶研究所根据国家长远规划，召开了第二次全国茶叶科学工作会议，会同各省所（站）制订了全国茶叶科学研究十所发展规划，进一步制订了茶叶科技方针，规定把改造老茶园，有计划建立新茶园，扩大面积，提高品质和提高劳动生产率作为茶叶科学研究重点。1962年又召开了第三次全国茶叶科学研究工作会议，主要研究讨论茶叶科学的长远发展规划。中国茶叶科学研究走上扎扎实实的发展道路。

随着全国性茶叶研究所的建立，各产茶省加强了对茶叶科技工作的领导，对茶业科技机构又进一步作了调整和充实。1959年广东省成立了“广东省英德茶叶试验场”；1960年“安徽省祁门茶叶试验站”改为“安徽省祁门茶叶科学研究所”，1962年又改为“安徽省农业科学院祁门茶叶研究所”；1962年四川省灌县茶叶试验站迁址川东永川，改名为“四川省农业科学院茶叶试验站”，同时，贵州省茶叶试验站改名为“湄潭茶场茶叶研究所”；1963年云南省将“云南省思茅专署茶叶科学研究所”改名为“云南省勐海茶叶试验站”，从而形成了全国茶业研究机构网络，开始实行有计划、有组织的茶叶科研工作。不少研究单位还开展了应用基础研究，将我国茶叶科学研究的深度大大推进一步。由于科技人员坚持面向生产、科研与生产相结合的方针，取得了一大批成果，有力地促进了茶叶生产。

此外，随着茶叶科学的发展，学术空气的高涨，各省有关茶叶的科研、教学、生产、贸易部门纷纷联合起来，还建立了全国及地方性的群众学术团体——茶叶学会，开展学术交流。

3. 现代茶业科技的发展与成就

进入70年代以后，中国的茶业科技又进入到一个新的发展时期。

首先，湖南、四川、云南等省茶叶研究机构都改为茶叶研究所，统属省级农业科学院领导。此外，江西省成立了“江西省农科院蚕茶研究所”（1976年），湖北省成立了“湖北省农科院果茶研究所”，广西也成立了“广西壮族自治区桂林茶叶研究所”。1978 年全国供销合作社在浙江省杭州市成立“杭州茶叶蚕茧加工研究所”，1982 年改为“商业部杭州茶叶加工研究所”。1989 年 10 月，中国茶叶进出口公司在杭州成立“中国茶叶进出口公司茶叶研究所”，形成了中国茶叶科研的新体制。

其次，中国茶叶学会和各产茶省学会相继恢复。1978 年，中国茶叶学会在山西太原中国农学会学术讨论会上宣布复会，同年 10 月在云南昆明召开了中国茶叶学会学术讨论会，进行学术讨论和换届改选。福建、浙江、湖南等省茶叶学会也恢复活动。1978 年期间，四川、贵州、广东、广西、江苏、湖南等省成立了茶叶学会，1979 年河南成立蚕茶学会，1983 年上海市成立茶叶学会，1980 年北京市成立茶叶学会。至 1989 年，全国已有 15 个省级茶叶学会。据统计，中国茶叶学会已成为拥有 3800 余名个人、40 余个团体会员的大型学会。

科学技术的发展促进了科研机构和学术团体的发展，而科研机构和学术团体的发展也促进了科学研究的进步。据不完全统计，自 1978 年至 1989 年期间，全国茶叶科研获得 200 余项成果，目前有高级科研人员 100 余名、中初级科技人员 400 余名活跃在茶叶科研、推广战线上，有力地促进了茶叶生产，繁荣了茶叶科技，取得了一大批成果，主要的有：

第一，建立了种质资源库，选育了一批茶树良种。开展了对云南、海南、湖北神农架以及有关省茶树资源考察，收集了大量材料，为此，国家在西南边陲的勐海和华东沿海的杭州分别建成二个茶树种质资源库，活体保存材料达 660 份，输入数据库的数据近 20000 个。在 1981 ~ 1984 年，农业部委托中国农业科学院和云南省农业科学院茶叶研究所联合组织茶树资源考察队，在云南省发现了 17 个新种和 1 个变种。在被收集的材料中，经过农艺性状、加工品质、生化特性、形态特征、细胞结构诸方面的研究和鉴定，将对品种亲缘关系，种的起源和演化，以及资源的利用等提供科学依据。目前，全国各省登记在编的农家品种、育成品种、单株、野生茶树、引入品种、近缘植物等有 1238 份，还将有一大批材料要登记编入名录。目前，我国经认定和审定的茶树良种已达 52 个，正在全国区域试验圃中的参试良种达 40 余个。

第二，提供了一批适用技术。茶树采摘从一把捋改为分批、多次、及时按标准采，从稀植改为条栽适度密植，从不施肥到科学施肥，从不修剪到修剪，以及土、水、保、垦等综合治理，初步改变了我国茶园的面貌。使茶叶产量提高，品质改善。在诸项适用技术中，肥料和种植密度在提高茶叶产量中起主要作用。茶园从不施肥进入到施有机肥，从施有机肥进入结合施化肥（追肥），跨了一大步。目前，我国茶园已开始进入施用茶园专用复合肥阶段。不少茶叶专家认为，“这是中国茶园的第三代肥料”。随着复合肥的施用，测土施肥，加强微量元素的补充等措施也相继采用。我国50年代以前种植的茶园，多系丛式茶园，单位面积株数少，提倡条栽后，密度提高。贵州湄潭茶叶研究所、浙江农业大学等提出的多条栽密植法，有利于早开园、早高产和早收效益。实践证明，在我国管理水平不高的条件下，大面积茶园适度密植，是实现长短期结合的高产、稳产的途径之一。茶园灌溉在我国是50年代末才开始的，它对改善茶园生态环境，提高茶叶产量和品质，特别是对提高夏、秋茶的产量和品质有着明显的作用。

在茶树植保研究上，初步探明了我国茶树病虫害的种类与分布，提出了中国茶树害虫种群演替规律，明确了主要害虫和病害的生活史，提出了综合防治措施。而短、中期的茶树病虫害预测预报，较有效地控制了病虫害的发生、发展。在化学防治上，已提出近20种农药的安全使用间隔期。农药降解、稀释规律的研究，将对及时、简化、有效地筛选新农药提供依据。新一代农药拟除虫菊酯类农药的使用，使农药使用量大为降低。防治技术上，超低量吹雾法的应用，大大降低了农药用水量，节省了防治成本。与此同时，生物防治技术的应用研究也取得成果，农抗101、苏云杆菌、白僵菌防治鳞翅目害虫效果良好，核型多角体病毒和颗粒病毒也已大面积推广使用。为了识别真假和伪劣农药，中国农业科学院茶叶研究所还研制成农药速测器，保证了植保工作顺利进行。

制茶工艺进行了工艺改革，大宗茶类已采用机械加工，红碎茶、速溶茶等工艺也已基本探明，极大地丰富了制茶学。恢复和挖掘历史名茶，开发地方名茶，繁荣了茶类花色。与工艺相匹配的制茶机械发展更快。中国农业科学院茶叶研究所研制成功萎凋槽，大大节省了厂房，降低了劳动强度，保证了红茶品质。绿茶初精制成套机械的研制成功，使得我国绿茶生产基本实现机械化，而且我国的绿茶机械还漂洋过海，远销国外。红碎茶机具研究速度更快，从盘式揉切到卧式转子再到锤击式茶机，经历了三代，消除了我国轧制红碎茶的落后状况。采、剪、刈及耕作机械已研制成功。特别是具有中国特色的由浙江嵊县和浙江农业大学共同发明的珠茶炒干机实用有效，荣获国家发明奖。全国45万台茶机在茶叶加工中发挥了巨大作用。目前，计算机被应用在茶机上的试验也获成功，使我国的茶机跨上一个新台阶。

茶树的综合利用进展迅速。从70年代开始至今，短短十余年中，已初显威力。中国农业科学院茶叶研究所的茶籽油的利用研究，茶叶饼渣的利用研究，在世界上占有一定的地位。茶皂素TS－80乳化剂应用在纤维板行业上效果显著，荣获国家发明奖。从茶叶中提取抗氧化剂已获成功，茶叶抗氧化剂成为1989年度国家级新产品，并在四川成都举办的全国专利展览会上被评为金奖。茶叶抗氧化剂的应用，目前在世界占领先地位。浙江、云南、湖南等省研究成功的茶叶汽水、茶可乐等开创了茶叶制品的新用途。

第三，基础性研究工作取得一大批成果。50年代中期，各大专院校或科研单位开展了一些茶叶基础性的研究工作。在茶树生物化学、茶树生理学等方面的研究，使人们认识了茶叶中的生化成分，特别是茶多酚合成与分解、茶叶生长过程和茶叶加工过程中的动态变化规律。茶树的光合作用和呼吸作用机制的研究，以及营养物质的吸收与运转的研究，为茶树产高优质提供了理论基础。茶树育种研究法、茶树田间试验方法、茶树生理生化研究方法、茶叶成分分析法等一批试验方法的提出，深化了茶叶科学。生物工程的应用，产生了组织培养的幼苗，并长成茶树。福建农学院的花药培养成功的世界第一株幼苗，中国农业科学院茶叶研究所培养的未成熟胚幼苗，湖南农学院培养成功的子叶幼苗，为今后实现良种工厂化生产，提供了理论和实践经验。茶树细胞悬浮培养成功，为研究茶树细胞次生物质代谢提供了方法。总之，许多先导性的研究，将把茶叶科学引向深入。

第四，宏观战略的研究为生产发展提供决策依据。近几年来，还对茶叶科学的宏观战略进行了研究，“2000 年中国农作物科学技术和生产发展预测”、“茶叶科学技术和生产发展预测研究”等，获得了有关部门的重视，并得到了嘉奖。《发展茶业科技的战略思想》、《国际茶叶市场现状、趋势和标准化研究》、《中国茶叶科学的战略》等论文的发表，为发展茶叶科学的决策，提供了依据。茶叶科技情报研究也取得了不少成果。

我国现代茶叶科学的发展归纳起来，有如下几个主要特点：

第一，科学技术促进了茶叶生产的发展。50 年代初期，针对我国生产实际，研究总结了老茶园改造技术，对当时中国茶叶生产的恢复和发展起了积极的推动作用。在科学实验和调查总结的基础上，70 年代又提出改变园相、深耕翻土、增施肥料、选用良种为中心的高产栽培技术措施，对茶叶的增产有明显效果。而茶树良种的选育和推广，对改善我国茶叶品质、提高茶叶产量有着不可磨灭的作用。至于加工技术的改革、初精制机械的研制与推广，大大节约了劳动力，提高了生产效率，降低了生产成本，对促进茶叶生产起了很大作用。

第二，茶叶科学向广度和深度发展。茶叶科学在广度和深度上随着科学的发展有着明显的变化，其主要特点是：由实用性技术向实用与应用基础相结合的研究发展，由措施性向机理性研究发展，由单项性措施向综合性研究发展，由局限于种植业和传统加工业的研究延伸至宏观战略、产前产后研究。

50 年代初，萎缩的茶叶科学在恢复中开始起步，但研究工作局限于栽培、加工两个方面，研究方法也较简单。现在的茶叶科学研究领域已扩大到遗传育种、生理、土壤农化、品种资源、病理、昆虫、农药、生化、制茶工艺、加工和管理机械、计算机、综合利用、茶药、市场信息、包装贮藏以及宏观发展战略等十余个专业，研究方法和手段大有改进，采取现代精密大型设备进行气相、扫描、液相等分析已屡见不鲜。计算统计手段变化也很大，统计方法及计算机技术已开始普及，计算数据速度和精确度大大提高。从深度而言，许多内容已深入到机理、本质的范畴，不仅具有定性意义，而且具有定量的性质。如栽培和茶叶加工的研究，已从产量的记载和感官的评价，深入到生理特性和内质成分的变化上；茶树病虫防治已从单纯的化学防治，发展到农业防治、化学防治、生物防治相结合的综合治理。茶叶也不仅仅是利用鲜叶原料进行各种茶类的简单加工，而已深入到提取其有效成分，应用于工业如食品业、饮料业、医药业。茶叶机械研究也不限于单机的研制，而且开始进行连续化或自动化的研究，涉及到物理学、材料学、计算机控制等领域。

第三，茶叶科学与多学科的结合和渗透。茶叶科学的发展与其它学科的发展紧密相关，其它学科的发展也促进了茶叶科学的发展。60 年代茶叶生物化学的发展，70 年代在理化审评和茶叶品质化学方面的进展，以及 80 年代茶叶中有效成分的综合利用和茶药学方面的进展，都是由于化学和茶叶科学相结合的结果。茶树品种资源的收集和利用，在 80 年代取得了很大的进展，对它们的农艺性状、生化特性、形态学特征有了深刻的了解，这是由于运用了生物化学、形态学、组织化学、细胞学、解剖学等学科的技术成果。茶树病虫防治从 70 年代以来，已经和生态学、生态化学紧密结合。茶叶和茶籽综合利用的发展，也是由于医学、食品化学、化学工程学等学科交叉渗透的结果。

# 二、高雅文化

## （一）茶文化概述

文化有广义、狭义之分。从广义说，一切由人类所创造的物质和精神现象均可称文化。狭义而言，则专指意识形态以及与之相适应的社会组织与制度等等。目前，人们爱谈精神文明与物质文明，常把二者截然分开。但很少有人注意，有不少介乎物质与精神之间的文明。它既不像思想、观念、文学、艺术、法律、制度等全属于精神范畴，也不像物质生产那样完全以物质形式来出现，而是以物质为载体，或在物质生活中渗透着明显的精神内容。我们可以把这种文明称之为“中介文明”或“中介文化”。中国的茶文化，就是一种典型的“中介文化”。茶，对于人来说，首先是以物质形式出现，并以其实用价值发生作用的。但在中国，当它发展到一定时期便注入深刻的文化内容，产生精神和社会功用。饮茶艺术化，使人得到精神享受，产生一种美妙的境界，是为茶艺。茶艺中贯彻着儒、道、佛诸家的深刻哲理和高深的思想，不仅是人们相互交往的手段，而且是增进修养，助人内省，使人明心见性的功夫。当此之时，茶之为用，其解渴醒脑的作用已被放到次要地位。这就是我们所说的茶文化。大千世界，被人类利用的物质已无可计数，但并非均能介入精神领域而称之为文化。稻粱瓜蔬，兽肉禽卵，皆人类生存所用，却不见有人说“菠菜文化”、“牛肉文化”。在中国人常说的“开门七件事”中，亦仅仅是茶受到格外的青睐而被纳入“文化”行列。在中国，类似的中介文化还有不少，但也并非处处可以滥用。即以饮食而言，除了茶文化之外，最能享受此誉的莫过于酒文化与菜肴文化体系。然而，若论其高雅深沉，形神兼备以及体现中国传统文化精神的深度，皆不及茶。有人说，酒是火的性格，更接近西方文化的率直；茶是水的性格，更适于东方文化的柔韧幽深。这很有一些道理。

不过，茶文化既然是一种中介文化，当然仍离不开其自然属性。所以，我们仍要从它的一般状况谈起，从其自然发展入手，探讨其如何从物质到精神。

中国能形成茶文化，有自然条件和社会条件。关于后者，以下有专章论述，在此先谈自然条件。

中国是茶之故乡，无论原产地、最早发现茶的用途、饮茶、人工种茶和制茶，都是从中国开始。本来，这已是世界早有定论的问题。不过，人若倒了霉，是你的，人家也会说不是你的。关于茶的原产地之争论便是如此。

某种树木原产地的确定，一般说有三条根据，一是文献记载何地最早；二是原生树的发现；三是语音学的源流考证。从这三条看，茶的原产地在中国无可争议。

然而，在世界进入近代以来，中国的古老文明在现代科学面前已明显地相形见绌，什么物种原理，语音学等等，很晚才为知识界所了解。不知原理，自然无从论证。西方人正想贬低中国，有的西方学者甚至把伏羲、神农、女祸都说成是古埃及、巴比伦或印度的部落酋长。中国人的祖宗都被说成了外国人，一叶茶，一棵树何足道哉！但中国的茶毕竟在世界上名声太大了，这不能不引起西方人的注意，想说茶不是中国原产毕竟要找点根据。1824 年，英国军人勃鲁氏在印度东北的阿萨姆发现了大茶树，从此，便有人以此孤证为据，说茶的原产地不在中国。如英国植物学家勃来克、勃朗、叶卜生和日本加藤繁等人皆追随此说。他们说判断原产地的惟一标准是大茶树，中国没有大茶树的报告，印度发现了大茶树，原产地惟一可能在印度。茶学界称这种观点叫“原产地印度一元论”。可是，当中国早已知茶、用茶时，印度尚不知茶为何物。中国用茶已几千年，印度却是从 18 世纪 80 年代以后才开始输入中国茶种。不考虑中国毕竟难以服人。于是，又出现了“原产地二元说”，其代表是荷兰的科恩司徒。他认为，大叶茶原种在印度，小叶茶原种在中国。然而，不论印度和中国都是东方，对一向傲气十足的西方人来说可能还不满足，于是又出现一种“多元说”。其代表是美国的威廉·乌克斯，他主张“凡自然条件有利于茶树生长的地区都是原产地”。这种说法，好比说有条件生孩子的女人都生过孩子一样可笑。理由呢，还是说中国没有大茶树的报告。

作为现代科学意义上的原生茶树报告，中国的确出现很晚。但中国古籍中关于大茶树的记载却很早就有。《神异记》说：东汉永嘉年间余姚人卢洪进山采茶，遇到传说中的神仙丹丘子，指示给他一棵大茶树。唐人陆羽在《茶经》中则记载：“茶者南方之嘉木也，一尺、二尺乃至数十尺，其巴山陕川有两人合抱者，伐而掇之。”如果说，丹丘子指示大茶树还是传说，被称为“茶圣”的陆羽，则是长期对各地产茶情况进行过许多调查研究的，他的记述，应该说也属于“报告”之类了。宋人所著《东溪试茶录》也曾说，建茶皆乔木，树高丈余。此类记述在其他古籍中还多的很。

本世纪以来，关于我国大茶树的正式调查报告便更多了。不仅南方有大茶树，甚至北方也有发现。30 年代，孟安俊在河北晋县发现二十多株大茶树，同时期山西浮山县也发现大茶树。1940 年，日本人在北纬 36°的胶济铁路附近发现一棵大茶树，粗达三抱，当地人称为“茶树爷”。新中国建立后，在云南、贵州、四川等地更发现许多更大的茶树。云南勐海大茶树有高达 32 米的，一般也在 10 米以上。贵州大茶树最高者达 13 米，10 米以下的更常见。四川大茶树四、五米者为多。其他如广西、广东、湖南、福建、江西等省均有发现。据此，植物学家又结合地质变迁，考古论证，确定我国云贵高原为茶的原产地无疑。

中国不仅最早发现茶，而且最早使用。

中国浩繁的古籍中，茶的记载不可胜数。当中国人发现茶并开始使用时，西方许多国家尚无史册可谈。《神农本草经》载，“神农尝百草，日遇七十二毒，得荼而解之”。古代“荼”与“茶”字通，是说神农氏为考查对人有用的植物亲尝百草，以致多次中毒，得到茶方自解救。传说的时代固不可当作信史，但它说明我国发现茶确实很早。《神农本草经》从战国开始写作，到汉代正式成书。这则记载说明，起码在战国之前人们已对茶相当熟悉。《尔雅》载：“槚，苦荼”。《尔雅》据说为周武王之辅臣周公旦所作，果如此，周初便正式用茶了。《华阳国志》亦载，周初巴蜀给武王的贡品中有“芳蒻、香茗”，也是把中原用茶时间定于周初。茶原产于以大娄山为中心的云贵高原，后随江河交通流入四川。武王伐纣，西南诸夷从征，其中有蜀，蜀人将茶带入中原，周公知茶，当有所据。以此而论，川蜀知茶当上推至商。此时，茶主要是作药用。有人根据《晏子春秋》记载，说晏婴为齐相时生活简朴，每餐不过吃些米饭，最多有“三弋五卵，茗菜而已”。由此而认为战国时曾有过以茶为菜用的阶段。但有人考证，此处之“茗菜”非指茶，而是另一种野菜。所以，“菜用”说暂可置而不论。

茶的最大实用价值是作为饮料。我国饮茶最早起于西南产茶盛地。周初巴蜀向武王贡茶作何用途无可稽考，从道理上说，滇川之地饮茶当然应早于中原。饮茶的正式记载见于汉代。《华阳国志》载：“自西汉至晋，二百年间，涪陵、什邡、南安（今剑阁）、武阳（今彭山）皆出名茶”。茶在这一时期被大量饮用有两个条件。第一，是由于秦统一全国，随着交通发展，滇蜀之茶已北向秦岭，东入两湖之地，从西南而走向中原。这一点首先由考古发现得到证明。众所周知，著名的湖南长沙马王堆汉墓中曾有一箱茶叶被发现。另外，湖北江陵之马山曾发现西汉墓群，在 168 号汉墓中，曾出土一具古尸，同时也发现一箱茶叶。墓主人为西汉文帝时人，比马王堆汉墓又早了许多年。由此证明，西汉初贵族中就有以茶为随葬品的风气。倘若江汉之地不产茶，便不可能大量随葬。第二，此时茶已从由原生树采摘发展到大量人工种植。我国自何时开始人工植茶尚有争议。庄晚芳先生根据《华阳国志》中的《巴志》：“园有方蒻、香茗”的记载，认为周武王封宗室于巴，巴王苑囿中已有茶，说明人工植茶可始于周初，据今已有2700多年的历史。对此，有人认为尚可商榷。但到汉代许多地方已开始人工种茶则已为茶学界所公认。宋人王象之《舆地纪胜》说："西汉有僧从表岭来，以茶实蒙山"。《四川通志》载，蒙山茶为"汉代甘露祖师姓吴名理真者手植，至今不长不灭，共八小株"。这都是说的蒙山自西汉植茶。不过还不是大面积种植。而到东汉，便有了汉王至茗岭"课僮艺茶"的记述，同时有了汉朝名士葛玄在天台山设"茶之圃"的记载，种植想必不少。

汉代，茶已开始买卖，汉人王褒写的《僮约》即有"武阳买茶"、"烹茶尽具"的记载。至于卓文君与司马相如的故事，更是人所共知。文君当炉，卖的是茶是酒众说不一。不过，司马相如的《凡将篇》确实已把茶列入药品。

从语音学考察，更说明茶原产于中国。世界各国对茶的读音，基本由我国广东语、福建厦门语和现代普通话的"茶"字三种语音所构成。这也证明茶是由中国向其他国家传播的。

谈茶的自然发展史已很多，好像离开了"中国茶文化"这个本题。其实，这只是想说明：在茶的故乡，最早发现茶、使用茶、制茶、饮茶，所以有形成茶文化的自然条件。

然而这还不够。中国的特产很多，为什么只有茶形成这样独特的文化形式？我想其中有个重要奥秘，就是茶的自然功能与中国传统文化中的"天人合一"，"师法自然"，"五行协调"，以及儒家的"情景合一"、中庸、内省的大道理相吻合了。茶生于名山秀水之间，其性中平而味苦。茶能醒恼，且对益智精神，升清降浊，疏通经络有特殊作用。于是，文人用以激发文思，道家用以修神养性，佛家用以解睡助禅。中国最早的"茶癖"，不是文人，便是道士、隐士，或释家弟子。人们从饮茶中与山水自然结为一体，接受天地雨露的恩惠，调和人间的纷解，浇开胸中的块垒，求得明心见性，回归自然的特殊情趣。这样一来，茶的自然属性便与中国古老文化的精华相结合了。所以，中国人一开始饮茶便把它提到很高的品位。

在中国，茶之为用，决不像西方人喝咖啡、吃罐头那样简单，不了解东方文化的特点，不了解中国文明的真谛，就不可能了解中国茶文化的精髓，而只能求得形式和皮毛。茶与中国的人文精神一旦结合，它的功用便远远超出其自然使用价值。只有从这个立足点出发，我们才可能深入到中国茶文化的内部。因此，在我们正式研究中国茶文化的具体内容之前，便要开宗明义，直接切入这种文化的本质。

## （二）茶文化特征

中国茶文化的产生有特殊的环境与土壤。它不仅有悠久的历史，完美的形式，而且渗透着中华民族传统文化的精华，是中国人的一种特殊创造。

谈起茶文化，有人把中国茶叶发展史等同于茶文化史，以为加上了人文的历史条件，茶叶学便变成茶文化。有的则以为，凡是与茶沾边的文化凑到一起，便可称为茶文化。比如，吟茶诗，作茶画，唱茶歌，一个采茶扑蝶的舞踏，一幅各种变体的“茶”字书法作品，这些东西加到一起，便称为“茶文化”。顶多再加上些饮茶的习俗和方法，便认为是“文化学”了。不可否认，以上内容与茶文化关系很大，甚至也可以包含在“中国茶文化”这个概念之内，但它们并不是中国茶文化的全体，甚至可以说还没有接触到茶文化的核心内容。所以产生这种片面性，主要由于近代以来中国传统的茶艺、茶道形式失传太多，至于渗入民间的茶文化精神，又未来得及作一翻“钩沉”、“拾遗”和研究的工作。加之目前以“文化”标榜者又太多，尤其是在商品经济的冲击下，每一件商品都恨不得插上文化的翅膀，以便十倍、百倍地提高自己的身价。服装上加几个外国字便说：“这是学习西方文化”；加一条龙纹，又说：“这表示东方文化”；至于古老的中国竹编、漆器、陶瓷等当然更理所当然地被加以“文化”的冠冕。于是，人们很自然地把“茶文化”也归入此类。其实，哪一种人类的物质创造能说没有一点人文精神的痕迹？都称为“文化”，便有浮泛之弊了。

我们所说的中国茶文化完全不同于以上的各种理解。在中国的历史上，茶不仅是以其历史悠久，文人爱好，诗人吟咏而与文化“结亲”，而是它本身就存在一种从形式到内容，从物态到精神，从人与物的直接关系到茶成为人际关系的媒介，这样一整套道道地地的“文化”。所以，研究茶文化，不是研究茶的生长、培植、制作、化学成分、药学原理、卫生保健作用等自然现象，这是自然科学家的工作。也不是简单把茶叶学加上茶叶考古和茶的发展史。我们的任务，是研究茶在被应用过程中所产生的文化和社会现象。

在当代的大多数中国人看来，饮茶主要是为消食、解渴、提神。或冲，或泡，或煮；一壶、一杯，一碗；一气饮下，确实体会不出有别于咖啡、可乐之类的“文化味道”。难怪有位日本先生公然宣称：“日本饮茶讲精神，中国人饮茶是功利主义的”。我不想怪罪这位日本朋友对中国历史知识的贫乏，我们中国人自己都忘掉了自己的茶文化和茶道精神，怎能去苛求别人?！但是，当我们作为科学研究来对待这个问题时，就必然应以严谨的态度慎重对待“中国茶文化”这几个字了。

历史上中国人饮茶并不像现在这样简单。我们的祖先用他们的智慧创造了一套完整的茶文化体系，饮茶有道，艺茶有术，中国人是最讲精神的。尤其是中国茶文化中所体现的儒、道、佛各家的思想精髓，物质形式与意念、情操、道德、礼仪结合之巧妙，确实让人叹为观止。我们研究茶文化，就是要重新发掘这古老的文化传统，而且加以科学的阐释与概括。中国人不喜欢把人与自然、精神与物质截然分开。

白天把自己变成一架机器，晚间再寻找纯精神的享受；韭菜、肉馅、面包，半生不熟吃进肚去了事；讲营养而不论品味，中国人是不习惯的。在中国传统中，物质生活中渗透文化精神是很经常的事。但是，像茶文化如此完整而又深沉的内容与形式，也并非很多。所以说，中国茶文化是一支奇葩，它是中国人民的宝贵财富，也是世界人民的财富。

具体来说，中国茶文化包括哪些内容呢?

首先，是要研究中国的茶艺。所谓茶艺，不仅仅指是点茶技法，而包括整个饮茶过程的美学意境。中国历史上，真的“茶人”是很懂品饮艺术的，讲究选茗、蓄水、备具、烹煮、品饮，整个过程不是简单的程式，而包含着艺术精神。茶，要求名山之茶，清明前茶。茶芽不仅要鲜嫩，而且根据形状起上许多美妙的名称，引起人美的想象。一芽为“莲蕊”，二芽称“旗枪”，三芽叫“雀舌”。其中，既包含有自然科学的道理，又有人们对天地、山水等大自然的情感和美学的意境。水，讲泉水、江水、井水，甚至直接取天然雨露，称“无根水”，同样要求自然与精神的和谐一致。茶具，不仅工艺化，而且包含有许多文化含义。烹茶的过程也被艺术化了，人们观其色，嗅其味，从水火相济，物质变换中体味五行协调，相互转化的微妙玄机。至于品饮过程，便更有讲究，如何点茶，行何礼仪，宾主之情，茶朋之谊，要尽在其中玩味。因此，对饮茶环境，是十分注意的，或是江畔松石之下，或是清幽茶寮之中，或是朝廷文事茶宴，或是市中茶坊，路旁茶肆，……等等，不同环境饮茶会产生不同的意境和效果。这个过程，被称之为“茶艺”。也就是说，要从美学观点上来对待饮茶。

中国人饮茶，不仅要追求美的享受，还要以茶培养、修炼自己的精神道德。在各种饮茶活动中去协调人际关系，求得自己思想的自洁、自省，也沟通彼此的情感。以茶雅志，以茶交友，以茶敬宾等，便都属于这个范畴。通过饮茶，佛家的禅机，道家的清寂，儒家的中庸与和谐，都能逐渐渗透在其中。通过长期实践，人们把这些思悟过程用一定仪式来表现，这便是茶仪、茶礼。

茶艺与饮茶的精神内容、礼仪形式交融结合，使茶人得其道，悟其理，求得主观与客观，精神与物质，个人与群体，人类与自然、宇宙和谐统一的大道，这便是中国人所说的“茶道”了。中国人不轻易言道，饮茶而称之为“道”，这就是说，已悟到它的机理、真谛。读至此，也许人们会说：“你把茶说玄了，哪有这样高深的东西?”但如果你能认真读下这本书去，真正领会中国历史上的茶文化精神，就会感到笔者此论并不为过。

茶道既行，便又深入到各阶层人民的生活之中。于是产生宫廷茶文化、文人士大夫茶文化、道家茶文化、佛家茶文化、市民茶文化、民间各种茶的礼俗、习惯。表现形式尽管不同，但都包括着中国茶道的基本精神。

茶又与其他文化相结合，派生出许多与茶相关的文化。茶的交易中出现茶法、茶榷、茶马互市，既包括法律，又涉及经济。文人饮茶，吟诗、作画；民间采茶出现茶歌、茶舞；茶的故事、传说也应运而出。于是茶又与文学、艺术相结合，出现茶文学、茶艺术。随着各种茶肆、茶坊、茶楼、茶馆的出现，茶建筑也成为一门特殊的学问。而在各种茶仪、茶礼中，又与礼制，甚至政治相联系。茶，成为中国人社会交往的重要手段，你又可以从心理学、社会学角度去看待饮茶。茶走向世界，又是国际经济、文化交流中的重要内容。

综合以上各种内容，这才是中国茶文化。它包括茶艺、茶道、茶的礼仪、精神以及在各阶层人民中的表现和与茶相关的众多文化的现象。从这些内容中，我们可以看出，中国茶文化与一般意义上的文化门类不同，它有自己鲜明的特点：

第一，它不是单纯的物质文化，也不是单纯的精神文化，而是二者巧妙的结合。比如，中国人讲“天人合一”、“五行相生相克”。这种高深的道理，在哲学家那里，是靠纯粹的思辩，在道家而言，要通过练功、静坐中用头脑的“意念”来体会。但到茶圣陆羽那里，却是用一只风炉，一只茶釜。不仅在炉上筑了代表水、火、风的坎（☵）、离（☲）、巽（☴）八卦图样，而且通过炉中的火，地下的风，釜中的水，和整个煮茶过程让你感受五行相生、相互协调的道理。并细致地观察茶在烹煮过程中的微妙变化，通过那饽沫的形状，茶与水的交溶，以及茶的波滚浪涌与升华蒸腾，体会天地宇宙的自然变化和那神奇的造化之功。又如，文学家、政治家，是通过读书、作诗、思想斗争来增进自己的修养，而茶人们则要求在饮茶过程中，通过茶对精神的作用，求得内心的沉静。即使在民间，亲朋至，献上一杯好茶，也比说无数恭维的话语更显得真诚。所以，中国茶文化，是以物质为媒介来达到精神目的。

第二，中国茶文化是一定社会条件下的产物，又随着历史发展不断变化着内容，它是一门不断发展的科学。两晋南北朝时，茶人把这种文化当作对抗奢靡之风的手段，以茶养廉。盛唐之世，朝廷科举送茶叫作“麒麟草”，用以助文兴，发文思。宋代城市市民阶层进一步兴起，又出现反映市民精神的市民茶文化。明清封建制度走向衰落，文人士夫夫的茶风也走向狭小的茶寮、书室。而当封建社会彻底瓦解之后，中国茶文化又广泛走向民间，走向人民大众之中。因此，中国茶文化研究不应该是简单的“翻古董”，而应该在吸取传统茶文化精华的基础上推陈出新，不断有所创造。近年来，无论大陆、台湾或海外华人，茶事频兴，这是好兆头。中国茶文化应该与时代的脉搏、世界的潮流相合相应，使老树开出新花。这才符合这门学科固有的特征。

由于中国茶文化的特殊内容，决定了它特殊的研究方法。

茶文化是典型的物质文明与精神文明相结的产物。现在人们爱谈“边缘科学”，是说一些新型学科常常是不同门类科学的结合，或各学科之间相互搭界。茶文化学还不仅是“搭界”问题，而且使许多看来相距很远的学问真正交融为一体。中国历史文化的重要特点之一，是强调物质与精神的统一。但儒学发展到后来，过份强调伦理、道德，对人和自然的客观属性经常忽略。而近代西方科学又更造成精神与物质的分离或对立。研究中国茶文化学或许可以使我们得到一些启示，使我们能正确地理解人与自然、物质与精神的关系。因此，在研究方法上，既不能离开茶的物态形式，又不能仅仅停留在物态之中，而要经常注意在茶的使用过程中所产生的精神作用。唐代自陆羽著《茶经》开始，为后人提供了很好的范例。他在这部著作中，不仅从自然现象方面讲茶之源、之出、之造、之具，而且总结了历史上的茶事活动和文化现象，在谈茶的生长、烹煮时又溶进辩证思维，提出许多哲理。故唐人关于茶的学术论著多效其法，注重饮茶之道。卢仝描写饮茶的诗句，曾生动地叙述茶对人体发生作用后，人在精神上的不断升华和微妙的变化。著名宦官刘贞亮总结茶的“十德”，既包括养生、健身的功能，又特别强调“以茶可雅志”，“以茶可修身”，“以茶可交友”等精神力量和社会功能。所以，中国历史上许多茶学著作，尤其是关于饮茶的著述，既给我们许多具体知识，又可以看作进行思想修养的教材。但它不是理学家空洞说教的，而是通过优美的茶艺，茶人的心得给你许多启发。研究中国茶文化，首先要继承这种优良传统，要从物质与精神的结合上多下功夫，要从多学科的结合中去研究。

中国茶文化又是一门实践的科学。人们常说，不吃梨子，不知梨子味道。饮茶更是如此。研究茶文化，就要有茶文化的实践。从这个意义上说，各种茶展、茶节、茶会和茶楼、茶坊的兴起，是茶文化学的重要组成部分。中国的文人爱坐在书斋里作学问。书斋固然必要，但仅从书中是无论如何也体味不到中国茶道的真实意境的。陆羽一生致力于茶学，他不仅终日攀登重山峻岭，与茶农为友，而且亲自创制烹茶的鼎，完善“二十四具”，当一名真正的“茶博士”。陆羽又不仅仅研究茶，而且研究佛学、儒学、道学、舆地学、地方志、建筑学、艺术、书法。他自幼被老和尚收养，从寺院中体会茶禅一味的道理；他执着于儒学研究，把儒家的中庸、和谐贯彻于茶道之中。他的朋友，有诗人、僧人、女道士，也有颜真卿这样的政治家和书法家。正因为有这样许多学识，并直接进行茶艺的实践，才能悟到茶中之大道。我国的许多帝王好饮茶，最典型的是宋徽宗，他曾作《大观茶论》，达二千八百余言，详述茶的产地、天时、采样、蒸压等，列为二十目。宋徽宗政治上的得失成败且不去论，单就茶文化学而言，一个封建皇帝能对生产状况了解如此之详，也算难能可贵了。封建帝王尚能如此，现代的茶文化研究者总该更高上一筹。所以，茶叶工作者该向文化界靠上一步；而文化和学术研究人员应该向实践更多靠拢。茶文化研究是侧重于文化、社会现象，但这门学问的研究却要两者的紧密配合。天津商学院有位彭华女士，留学日本专攻日本茶道，但研究来研究去，发现茶文化的本源还是在自己的国土上。于是她从日本茶室中走出来，回到茶的故乡，在大江南北遍访茶的芳踪，领略茶乡的天地与人情。而今，天津商学院已建起一座茶道室。我想，这种理论与实践紧密结合，执着于事业的精神，正是茶文化研究者和一切茶人应有的品德。

中国茶文化是历史的产物。但目前传统的茶文化形式已保留不多。所幸者，中国向来古籍丰富，其中留下了不少茶文化的宝贵材料。尤其是野史和笔记，这些不入正经的著作向以广、博、杂而著称。而正是在这些著作中，保留了有关茶的许多资料。在历代文人的诗歌和小说中，也有许多描写饮茶的内容。《水浒传》中关于王婆茶肆的描写，使我们看到封建时代市民茶文化的一角。而曹雪芹笔下的贾宝玉品茶拢翠庵，无论对水质、茶色、器具和不同人物饮茶的心理感受的描写，真称得上是茶道专家了。我们现在进行茶文化研究，就必须首先对这些历史遗产作一番摘择和钩沉的工作。对传统文化，不继承就谈不到发扬。继承中有所选择、汰弃，同时又加以完善、改进，这就是发扬。茶文化是中国传统文化中相当优秀的一枝，但也并不是没有一点瑕疵。即使当时是优秀的，现在也不一定适合于时代的潮流。比如，明清以后，中国茶文化出现了离世超群和纤弱的趋向，一些茶人自以为清高，自恨无缘补天，终日以茶寮、小童、香茗为事，作为一种避世的手段，更多渗入道家“清静无为”的思想，这与当前火热的生活就大不协调。唐代的陆羽在茶炉上还铸下“大唐灭胡明年造”，身在江南，还时刻关注着中原平定安史之乱的国家大事。相比之下，明清的一些茶人便大不如陆羽了。又如，茶文化的出现本来是从对抗两晋奢靡之风出现的。而后代的帝王贵胄，贡茶日奢，金玉其器，也可以说失掉了茶人应有的清行俭德。总之，茶文化的研究应特别注意历史感，要从不断的吸取与汰弃间下一些特别功夫。

民国以后，中国茶文化的一个重要特点是从上层走向民间。中国茶艺、茶道的高深道理和内容，目前大多数民众知之甚少。但是，在中国各地区、各民族的饮茶习俗中，还保留了许多中国茶文化的精髓和优良传统。比如福建、广西、云南的许多饮茶习俗，还大有唐宋古风。如何深入向民众学习，深入到民间调查，就成为茶文化研究者一项十分重要的任务。

# （三）茶文化源流

## 与茶结缘

茶以文化面貌出现，是在两晋南北朝。但若论其缘起还要追溯到汉代。

茶成为文化，是从它被当作饮料，发现了它对人脑有益神、清思的特殊作用才开始的。中国从何时开始饮茶众说不一。有的说自春秋，有的说自秦朝，有的说自汉代。目前，大多数人认为，自汉代开始比较可考。根据有三：第一，有了正式文献记载。这从汉人王褒所写《僮约》可以得到证明。这则文献记载了一个饮茶、卖茶的故事。说西汉时蜀人王子渊去成都应试，在双江镇亡友之妻杨惠家中暂住。杨惠热情招待，命家僮便了去为子渊酤酒。便了对此十分不满，跑到亡故的主人坟上大哭，并说："当初主人买我来，只让我看家，并未要我为他人男子酤酒。"杨氏与王子渊对此十分恼火，便商议以一万五千钱将便了卖给王子渊为奴，并写下契约。契约中规定了便了每天应作的工作，其中有两项是"武阳买茶"，"烹茶尽具"。就是说，每天不仅要到武阳市上去买茶叶，还要煮茶和洗刷器皿。这张《僮约》写作的时间是汉宣帝神爵三年（公元前59年），是西汉中期之事。我国茶原生地在云贵高原，后传入蜀，四川逐渐成为产茶盛地。这里既有适于茶叶生长的土壤和气候，又富灌溉之利，汉代四川各种种植业本来就很发达，人工种茶从这里开始很有可能。《僮约》证明，当时在成都一带已有茶的卖买，如果不是大量人工种植，市场便不会形成经营交易。汉代考古证明，此时不仅巴蜀之地有饮茶之风，两湖之地的上层人物亦把饮茶当作时尚。

值得注意的是，最早开始喜好饮茶的大多是文化人。王子渊就是一个应试的文人。写《凡将篇》讲茶药理的司马相如更是汉代的大文学家。在我国文学史上，楚辞、汉赋、唐诗都是光辉的时代。提起汉赋，首推司马相如与扬雄，常并称"扬马"。恰巧，这两位大汉赋家都是我国早期的著名茶人。司马相如曾作《凡将篇》、扬雄作《方言》，一个从药物，一个从文学语言角度，都谈到茶。有人说，著作中谈到茶，不一定饮茶。如果是汉代的北方人谈茶而不懂茶、未见茶、未饮茶尚有可能。这两位大文学家则不然。扬雄和司马相如为皆蜀人，王子渊在成都附近买茶喝，司马相如曾久住成都，焉知不好茶？况且，《凡将篇》讲的是茶作药用，其实，药用、饮用亦无大界限。可以说会喝茶者不一定懂其药理，而知茶之药理者无不会饮茶。司马相如是当时的大文人，常出入于宫廷。有材料表明汉代宫廷可能已用茶。宋人秦醇说他在一位姓李的书生家里发现一篇叫《赵后遗事》的小说，其中记载汉成帝妃赵飞燕的故事。说赵飞燕梦中见成帝，尊命献茶，左右的人说：赵飞燕平生事帝不谨，这样的人献茶不能喝。飞燕梦中大哭，以致惊醒侍者。小说自然不能作信史，《赵后遗事》亦不知何人所作，但人们作小说也总要有些踪影。当时产茶不多，名茶更只能献帝王，这个故事亦可备考。司马相如以名臣事皇帝，怎知不会在宫中喝过茶？况且，又是产茶胜地之人。相如还曾奉天子命出使西南夷，进一步深入到茶的老家，对西南物产及风土、民情皆了解很多。扬雄同样对茶的各种发音都清楚，足见不是人云亦云。所以，历代谈到我国最早的饮茶名家，均列汉之司马、扬雄。晋代张载曾写《登成都楼诗》云：“借问扬子舍，想见长卿庐”，“芳茶冠六情，溢味播九区。”故陆羽写《茶经》时亦说，历代饮茶之家，“汉有扬雄、司马相如。”其实，从历史文献和汉代考古看，西汉时，贵族饮茶已成时尚，东汉可能更普遍些。东汉名士葛玄曾在宜兴“植茶之圃”，汉王亦曾“课僮艺茶”。所以，到三国之时，宫廷饮茶便更经常了。《三国志·吴书·韦曜传》载：吴主孙皓昏庸，每与大臣宴，竟日不息，不管你会不会喝，都要灌你七大升。韦曜自幼好学，能文，但不善酒，孙皓暗地赐以茶水，用以代酒。

蜀相诸葛亮与茶有何关系史无明载，但吴国宫庭还饮茶，蜀为产茶之地，当更熟悉饮茶。所以，我国西南地区有许多诸葛亮与茶的传说。滇南六大茶山及西双版纳南糯山有许多大茶树，当地百姓相传为孔明南征时所栽，被称为“孔明树。”据傣文记载，早在一千七百多年前傣族已会人工栽培茶树，这与诸葛亮南征的时间也大体相当。可见，孔明也是个茶的知己。

饮茶为文人所好，这对茶来说真是在人间找到了最好的知音。如司马相、扬雄、韦曜、孔明之类，以文学家、学问家、政治家的气质来看待茶，喝起来自然别是一种滋味。这就为茶走向文化领域打下了基础。尽管此时茶文化尚未产生，但已露出了好苗头。

## 以茶养廉

中国茶文化确实是我国传统文化的精华，它一开始出现就不同凡响。现在一提起茶文化，有人立即想起明清文人在茶室、山林消闲避世之举，或者清末茶馆里逗蛐蛐的八旗子弟、遗老遗少。其实，茶文化产生之初便是由儒家积极入世的思想开始的。两晋南北朝时，一些有眼光的政治家提出“以茶养廉”，以对抗奢侈之风，便是一个明显的佐证。

我国两汉崇尚节俭，西汉初，皇帝还乘牛车。东汉国家已富，但人际交往和道德标准，仍崇尚孝养、友爱、清节、守正，士人皆以俭朴为美德。东汉人宋弘家无资产，所得租俸分赡九族，时以清行致称。宣秉分田地于贫者，以俸禄收养亲族，而自己无石米之储。王良为官恭俭，妻子不入官舍，司徒吏鲍恢过其家，见王良之妻布衣背柴自田中归。尽管在封建社会中这样的官吏是少数，王公贵族也很奢侈，但整个社会风气仍以清俭为美。汉末与三国虽门阀日显，但尚未尽失两汉之风。故曹操虽有铜雀歌舞，仍要作出点节俭的姿态，“亲耕籍田”，临逝遗言：以时服入殓，墓中不藏珍宝。

两晋南北朝时尚大变，此时门阀制度业已形成，不仅帝王、贵族聚敛成风，一般官吏乃至士人皆以夸豪斗富为美，多效膏粱厚味。晋初三公世胄之家，有所谓石、何、裴、卫、荀、王诸族，都是以奢侈著名。《晋书》卷三十三载，何曾性奢，“帷帐车服，穷极绮丽，厨膳滋味，过于王者”，每天的饮费可达一万钱。何曾之子何邵更胜乃父，一天的膳费达二万。任凯看着不服气，一顿饭就化万钱，还说：没什么可吃的，无法下筷子。石崇为巨富，庖膳必穷水陆之珍，以锦为障，以蜡为薪，厕所都要站十几侍女，上一趟厕所就要换一套衣服。贵族子弟，闲的无可奈何，赌博为事，一掷百万为输赢。玩够了又大吃大嚼，乃至“贾竖皆厌粱肉。”东晋南北朝继承了这种风气。南朝梁武帝号称“节俭”，其弟萧弘却奢侈无度。有人告发萧弘藏着武器，梁武帝怕他作乱，亲自去检查，看到库内皆珍宝绮罗，还有三十间储存钱币，共有钱三亿以上。

在这种情况下，一些有识之士提出“养廉”的问题。于是，出现了陆纳、桓温以茶代酒的故事。

《茶经》和《晋书》都曾记载了这样一个故事：东晋时，陆纳任吴兴太守，将军谢安常欲到陆府拜访。陆纳的侄子陆俶见叔叔无所准备，便自作主张准备下一桌十来个人的酒馔。谢安到来，陆纳仅以几盘果品和茶水招待。陆俶怕慢待了贵客，忙命人把早已备下的酒馔搬上来。当侄子的本来想叔叔会夸他会办事，谁知客人走后，陆纳大怒，说：“你不能为我增添什么光彩也就罢了，怎么还这样讲奢侈，玷污我一贯清操绝俗的素业?!”于是当下把侄儿打了四十大板。陆纳，字祖言，《晋书》有传。其父陆玩即以蔑视权贵著称，号称“雅量宏远”，虽登公辅，而交友多布衣。陆纳继承乃父之风，他作吴兴太守时不肯受俸禄，后拜左尚书，朝庭召还，家人问要装几船东西走，陆纳让家奴装点路上吃的粮食即可。及船发，“止有被袱而已，其余并封以还官”。可见，陆纳反对侄子摆酒请客，用茶水招待谢安并非吝啬，亦非清高简慢，而是要表示提倡清操节俭。这在当时崇尚奢侈的情况下很难得。

与陆纳同时还有个桓温也主张以茶代酒。桓温既是个很有政治、军事才干的人，又是个很有野心的人物。曾率兵伐蜀，灭成汉，因而威名大振，欲窥视朝廷。不过，在提倡节俭这一点上，也算有眼光。他常以简朴示人，“每宴惟下七奠柈茶果而已。”他问陆纳能饮多少酒，陆纳说只可饮二升。桓温说：我也不过三升酒，十来块肉罢了。桓温的饮茶也是为表示节俭的。

南北朝时，有的皇帝也以茶表示俭朴。南齐世祖武皇帝，是个比较开明的帝王，他在位十年，朝廷无大的战事，使百姓得以休养生息。齐武帝不喜游宴，死前下遗诏，说他死后丧礼要尽量节俭，不要多麻烦百姓，灵位上千万不要以三牲为祭品，只放些干饭、果饼和茶饮便可以。并要“天下贵贱，咸同此制”，想带头提倡简朴的好风气。这在帝王中也算难得。以茶为祭品大约正是从此时开始的。

我们看到，在陆纳、桓温、齐武帝那里，饮茶已不是仅仅为提神、解渴，它开始产生社会功能，成为以茶待客、用以祭祀并表示一种精神、情操的手段。当此之时，饮茶已不完全是以其自然使用价值为人所用，而进入精神领域。茶的“文化功能”开始表现出来。此后，“以茶代酒”，“以茶养廉”，一直成为我国茶人的优良传统。

## 饮茶风气

饮茶之风与晋代清谈家有很大的关系。

魏晋以来，天下骚乱，文人无以匡世，渐兴清谈之风。到东晋，南朝又偏安一隅，江南的富庶使士人得到暂时的满足，爱声色歌舞，终日流连于青山秀水之间，清谈之风继续发展，以致出现许多清谈家，这些人终日高谈阔论，必有助兴之物，于是多饮宴之风。所以，最初的清谈家多酒徒。竹林七贤之类，如阮籍、刘伶等，皆为我国历史上著名的好酒之人。后来，清谈之风渐渐发展到一般文人，对这些人来说，整天与酒肉打交道，一来经济条件有限，二来也觉得不雅。况且，能豪饮终日而不醉的毕竟是少数。酒能使人兴奋，但醉了便会举止失措，胡言乱语。而茶，则可竟日长饮而始终清醒，于是清谈家们从好酒转向好茶。所以，后期的清谈家出现许多茶人，以茶助清谈之兴。《世说新语》载：清谈家王濛好饮茶，每有客至必以茶待客，有的士大夫以为苦，每欲往王濛家去便云：“今日有水厄”。把饮茶看作遭受水灾之苦。后来，“水厄”二字便成为南方茶人常用的戏语。梁武帝之子萧正德降魏，魏人元义欲为其设茶，先问：“卿于水厄多少？”是说你能喝多少茶。谁想，萧正德不懂茶，便说：“下官虽生在水乡，却并未遭受过什么水灾之难。”引起周围人一阵大笑。此事见于《洛阳伽蓝记》。当时，魏定都洛阳，为奖励南人归魏，于洛阳城南伊洛二水之滨设归正里，又称“吴人里”。于是，南方的饮茶之风也传到中州之地。有位叫刘镐的人效仿南人饮茶风气，专习茗饮。彭城人王勰对他说：“卿好苍头之厄，是逐臭之夫效颦之妇也”。说他是附庸风雅，东施效颦。《洛阳伽蓝记》说，自此朝贵虽设茗茶而众人皆不复食。可见当时的饮茶之风仍是南方文人的好尚，北朝尚未形成习惯。

今人邓子琴先生著《中国风俗史》，把魏晋清谈之风分为四个时期，认为前两个时期的清谈家多好饮酒，而第三、第四时期的清谈家多以饮茶为助谈的手段，故认为“如王衍之终日清谈，必与水浆有关，中国饮茶之嗜好，亦当盛于此时，而清谈家当尤倡之”。这种推断与我们所看到的文献材料恰好一致。

如果说陆纳、桓温以茶待客是为表示节俭，只不过摆摆样子，而清谈家们终日饮茶则更容易培养出真正的茶人。他们对于茶的好处会体会更多。在清谈家那里，饮茶已经被当作精神现象来对待。

## 宗教玄学

南北朝时，是各种文化思想交融碰撞的时期。尤其是南朝，自西晋末年社会动乱，许多士族迁移到南方，江南生活优裕，重视文化，黄河文化移植到长江流域，而且有很大发展。中国古代文化极盛时期首推汉唐，而南朝却处于继汉开唐的阶段。无论诗赋、散文、文学理论都很有成就。尤其是玄学相当流行。玄学是魏晋时期一种哲学思潮，主要是以老庄思想揉合儒家经义。玄学家大都是所谓名士，所以非常重视门第、容貌仪止，爱好虚无玄远的清谈。这样，儒学、道学、清谈家便往往都与玄学有关，连作诗也有玄诗。玄学家的思想特点一是崇尚清淡高雅；二是喜欢作自由自在的玄想，天上地下，剖析社会自然的深刻道理。这些人还喜欢登台讲演，所讲的人多至千余，或数十百人。终日谈说，会口干舌燥，演讲学问又不比酒会上可以随心所欲，谈吐举止都要恰当，思路还要清楚。解决这些问题，茶又有了大用处。它不仅能提神益思，还能保持人平和的心境，所以玄学家也爱喝茶。茶进一步与文人结交。范文澜先生在考察东晋南朝时期瓷器生产时曾经谈到，早在西晋，文人作赋，茶、酒便与瓷器联系起来。而到东晋南朝近三百年间，士人把饮茶看作一种享受，开始进一步研究茶具，从而进一步推动了越瓷的发展。所以后来陆羽在《茶经》中才能比较邢瓷与越瓷的高下说：“瓷碗，越州上，……或者以邢州处越州之上，殊不然。邢瓷类银，越瓷类玉，邢不如越一也；邢瓷类雪，越瓷类冰，邢不如越二也；邢瓷白而茶色丹，越瓷青而茶色绿，邢不如越三也”。陆羽对茶具的分析自然是后来才有的，但在东晋和南朝越瓷因饮茶而被推动起来这却是事实。范老的判断是很对的。

南朝时，古代的神仙家们开始创立道教。道家修行长生不老之术，炼“内丹”，实际就是作气功。茶不仅能使人不眠，而且能升清降浊，疏通经络，所以道人们也爱喝茶。佛教在这时正处于一个与汉文化进一步结合，艰难发展的时期，儒、道、佛经常大论战，可是念佛的人也爱喝茶。各种思想常常争的你死我活，水火不容，但是对茶都不反对。于是，除文人之外，和尚、道士、神仙，都与茶联系起来。南北朝时许多神怪故事中有饮茶的故事便是一个很好的证明。南朝刘敬叔著《异苑》，说剡县陈务妻年轻守寡，房宅下多古墓，陈务妻好饮茶，常以茶祭地下亡魂。一日鬼魂在梦中相谢，次日得钱十万养活自己的三个孩子。《广陵耆老传》记载，晋元帝时有位老太婆在市上卖茶，从早到晚壶中茶也不见少，所得钱皆送乞丐和穷人。后州官以为有伤“风化”，将老太婆捕入狱，夜间老婆婆自窗中带着茶具飞走了，证明她是一个神仙。《释道该说续名僧传》说，南朝法瑶和尚好饮茶，活到九十九岁。《宋录》则云，有人到八公山访昙济道人，道士总是以茶待客。南朝著名的道教思想家、医学家陶弘景曾隐居于江苏句容县之曲山，梁武帝请他下山他不出，武帝每遇国家大事便派人入山请教，号称“山中宰相”。陶弘景就是个爱茶、懂茶的人，他在《杂录》中记载：“苦茶轻身换骨，昔丹丘子、黄山君服之。”丘丹子、黄山君都是传说中的神仙。从这些记载我们看到，在东晋和南朝之时，饮茶已与和尚、神仙、道士、以及地下的鬼魂都联系起来。茶已进入宗教领域。尽管此时还没有形成后来完整的宗教饮茶仪式和阐明茶的思想原理，但它已经脱离一般作为饮食的物态形式。

总之，汉代文人倡饮茶之举为茶进入文化领域开了个好头。而到南北朝之时，几乎每一个文化、思想领域都与茶套上了交情。在政治家那里，茶是提倡廉洁、对抗贵族奢侈之风的工具；在词赋家那里，它是引发文思以助清兴的手段；在道家看来，它是帮助炼“内丹”，轻身换骨，修成长生不老之体的好办法；在佛家看来，又是禅定入静的必备之物。甚至茶可通“鬼神”，人活着要喝茶，变成鬼也要喝茶，茶用于祭祀，是一种沟通人鬼关系的信息物。这样一来，茶的文化、社会功能已远远超出了它的自然使用功能。尽管还没有形成完整的茶艺和茶道，对这些精神现象也没有系统总结，还不能称之为一门专门的学问，但中国茶文化已见端倪。所以，我们把中国茶文化的发端断在两晋南北朝时期。一般说来，某种文化总是先由有闲阶级创立的。中国饮茶、植茶技术自然首先由民间开始，但形成茶文化却要有必要的文化社会条件。西晋，特别是东晋与南朝，是我国各种思想文化在战国之后又一个大碰撞的时期，南朝经济的发展又为文化发展创造了条件。北方文化多雄浑、粗犷，南方文化多精深、儒雅。茶的个性正适合了南朝的文化特点，加之皆为产茶胜地，又有名山秀水以佐文人雅兴，茶文化在南朝兴起便是很自然的事了。

但是，当此之时，我们还只能说茶走入文化圈，起着文化、社会作用，它本身还没有形成一个正式的学问体系。

# （四）辉煌时期

谈到中国茶文化的形成，不能不注意我国封建社会一个光辉的时期——唐王朝。而说起唐代茶文化更必须注意一个光辉的人物：陆羽。对陆羽为茶学所作的巨大贡献，人们一直给予很度的评价。民间称他为“茶神”、“茶圣”、“茶仙”，旧时陶瓷业卖茶具附有一些精制的陆羽瓷像，必购成套上等茶具方能请得一个“茶神”的尊象。我国历史上的茶人，无论文人、释道、达官贵胄，乃至皇帝，凡好茶者无不知陆羽之名。就是现代的茶学家也对其成就给以充分肯定。但是，对陆羽在文化学方面所作的贡献却认识得很不够。即使谈到文化，一般只是从茶艺角度加以讨论，对陆羽在构建整个茶文化学，特别是他在茶学中所渗透的理论思想和哲理则研究更少。事实上，中国茶文化的基本构架是由陆羽所搭设。陆羽的《茶经》一出，中国茶文化的基本轮廓方成定局。我们不能仅从茶叶学或饮茶学问上去理解《茶经》。《茶经》是一种别具心裁的文化创造，它把精神与物质融为一体，突出反映了中国传统文化的特点，创造了一种自成格局而又清新无比的新的文化形式。

陆羽的茶文化思想有着深刻的社会背景，是一个光辉的时代创造了他光辉的思想。因此，在我们具体研究陆羽和他的《茶经》之前，不能不首先讨论这些重要的社会条件。

## 社会原因

唐代，我国茶的生产进一步扩大，饮茶风尚也从南方扩大到不产茶的北方，同时进一步传到边疆各地。正如《封氏闻见记》所说，中原地区自邹、齐、沧、隶以至京师，无不卖茶、饮茶。但是，仅仅是生产的扩大和饮茶之风的盛行，还不足以形成茶文化。唐代茶文化的形成与整个唐代经济、文化的昌盛、发展相关。唐代是我国封建社会最兴盛的时期，尤其是中唐以前，国家富强，天下安宁，造成各种文化发展的条件。安史之乱后，虽然社会出现动乱，经济也出现衰退，但文化事业并未因此而停止发展。唐朝疆域阔大，又注重对外交往，当时的长安不仅是国内的政治、文化中心，也是国际经济、文化交流中心。中国茶文化正是在这种大气候下形成的。具体说来，茶文化所以在唐代形成，还有以下几个特殊条件及社会原因。

①茶文化的形成与佛教的大发展有关。

佛教自汉代传入中国，逐渐向全国传播开来，为社会各阶层所接受。尤其在隋唐之际，由于朝廷的提倡得到特殊发展，使僧居佛刹遍于全国各地。许多寺院不仅是传播佛学思想的地方，也是经济单位，许多高级僧人都是大地主。唐武宗时，由于寺院经济威胁到朝廷和世俗地主的经济利益，大兴灭佛运动，会昌五年（845 年）仅还俗僧尼即达二十六万，加上未还俗的自然更多。当年全国户籍统计为四百九十五万户，这就是说，不到二十户就有一个和尚，和尚中的上层人士不仅享受世俗地主高堂锦衣的优裕生活，而且比世俗地主更加闲适。饮茶需要耐心和功夫，把茶变为艺术又需要一定物质条件。寺院常建于名山名水之间，气候常宜植茶，所以唐代许多大寺院都有种茶的习惯。僧人们是专门进行精神修养的，把茶与精神结合，僧道都是最好的人选。

茶文化的兴起与禅宗关系极大。禅宗主张佛在内心，提倡静心、自悟，所以要“坐禅”。坐禅对老和尚来说或许较为容易，年青僧人诸多尘念未绝，既不许吃晚饭，又不让睡觉，便十分困难了。禅宗本来是在南方兴起的，南方多产茶，或许南禅宗早已以茶助功。但正式把饮茶与禅宗功夫联系起来的记载却是在北方。唐人所著《封氏闻见记》载：“开元中，泰山灵岩寺有降魔大师，大兴禅教。学禅务于不寐，又不夕食，皆许饮茶，人自怀挟，到处煮饮，以此转相仿效，遂成风俗。”晚间不食不睡，茶既解渴，又能驱赶睡神，真是帮了僧人们的大忙。正如唐代诗人李咸用《谢僧寄茶》诗所说“空门少年初志坚，摘芳为药除睡眼”。茶之成为佛门良友有其内在道理。僧人饮茶既已成风，民间信佛者自然转相效仿。古代文献中有许多唐僧人种茶、采茶、饮茶的记栽，茶圣陆羽本人就出身佛门，作过十来年的小和尚。他的师傅积公大师也是个茶癖。陆羽的好友、著名诗僧皎然也极爱茶，他曾作诗曰：“九日山僧院，东篱菊也黄。俗人多泛酒，谁解助茶香”。诗中道出了僧人与茶的特殊关系。故唐代名茶多出于佛区大刹。

②茶文化的形成与唐代科举制度有关。

唐朝采取严格的科举制度，以进士科取士，以致非科第出身者不能为宰相。每当会试，不仅应考举子像被关进鸡笼一般困于场屋；就是值班监考的翰林官们亦终日劳乏，疲惫难捱。于是，朝廷特命以茶果送到试场。唐人韩偓所撰《金銮密记》说：“金銮故例，翰林当直，学士春晚困，则日赐成象殿茶果。”《凤翔退耕传》亦载：“元和时，馆客汤饮待学士者，煎麒麟草。”这里的“麒麟草”也是指以茶送会试举子。举子们来自四面八方，朝廷一提倡，饮茶之风在士人群中当然传效更快。

③茶文化的形成与唐代诗风大盛有关。

唐代科举把作诗列入主要考试科目。其他科目，如帖经等，被视为等而下之。传说诗人李贺与元稹不投机，元稹来访，李贺说：“元稹不过是明经及第，不见他！”且不论这故事的真假、说明以诗中第确实是士人心中的理想目标。利禄所在，使文人无不攻诗。于是吟咏成风，出现诗歌的极盛时期，成为我国文学史上光辉的一页。诗人要激发文思，有提神之物助兴。像李白、李贺那种好喝酒的诗人不少，但茶却适于更多不会酒的诗人。所以卢仝赞茶的好处："三碗搜枯肠，唯有文字五千卷。"人们说李白斗酒诗百篇，而卢仝却说三碗茶便有五千卷文字，茶比酒助文兴的功效更大了。饮茶必有好水，好水连着好山，诗人们游历山水，品茶作诗，茶与山水自然、文学艺术自然联系起来，茶之艺术化成为必然。

④与唐代贡茶的兴起有关。

封建皇帝终日生活在花柳粉黛和肥脆甘浓的环境中，难免患昏沉积食之症。为提神，为消食，为治病，每日饮茶，因而向民间广为搜求名茶，各地要定时、定量、定质向朝廷纳贡，称为"贡茶"。如阳羡茶、顾渚茶，都是有名的贡品。王室饮茶比一般僧侣、士人又不同，名茶、名水，还要金玉其器，茶具艺术必然发展。

⑤与中唐以后唐王朝禁酒措施有关。

酒是我国许多人爱好的传统饮料，它的作用主要是兴奋神经。但酒的原料主要是粮食，倘若国无余粮便很难提倡饮酒。唐朝自原贞观初年至开元二十八年（740年）。一百一十年间由三百万户增长到八百四十一万余户。而由于安史之乱造成的农民逃亡又使中粮食产量下降。大量造酒与粮食的紧缺形成矛盾。于是，自肃宗乾元元年（758年）开始在长安"禁酒"，规定除朝廷祭祀飨燕外，任何人不得饮酒。这造成长安酒价滕跃高昂。杜甫有"街头有酒常苦贵"的诗句，并说："经需相就饮一斗，恰有三百青铜钱。"有人计算，当时这一"斗"酒的价钱，可买茶叶六斤。民间禁酒，价又极贵，文人无提神之物，茶又有益健康，不好喝茶的也改成喝茶。故《封氏闻见记》说："按古人亦饮茶耳，但不如今溺之甚，穷日尽夜，殆成风俗，始于中地，流于塞外。"唐代疆域广大，许多边疆民族都通贡称藩，朝廷以茶待使节，并加以赏赐，从此茶和中原茶文化又传入边疆。

我们看到，唐代饮茶不仅已深入社会各阶层，而且更进一步与文人诗会、僧人修禅、朝廷文事、对外交流联系起来。这一切都成为茶文化正式形成的社会机缘。

## 茶圣陆羽

在中国茶文化史上，陆羽所创造的一套茶学、茶艺、茶道思想，以及他所著的《茶经》，是一个划时代的标志。

在我国封建社会里，研究经学坟典被视为士人正途。像茶学、茶艺这类学问，只是被认为难入正统的"杂学"。陆羽与其他士人一样，对于传统的中国儒家学说十分熟悉并悉心钻研，深有造诣。但他又不像一般文人被儒家学说所拘泥，而能入乎其中，出乎其外，把深刻的学术原理溶于茶这种物质生活之中，从而创造了茶文化。是什么原因使陆羽走上研究茶学的道路而对茶文化有这种创造性的构建精神？

为了解这一点，就必须研究陆羽的生平及品格，找到他的思想源流。

### 1. 坎坷的经历

陆羽，字鸿渐；一名疾，字季疵。自号桑苎翁，又号竟陵子。生于唐玄宗开元年间，复州竟陵郡人（今湖北省天门县）。唐代的竟陵是一个河渠纵横、风景秀丽的鱼米之乡，正如诗人皮日休所写：“处处路旁千顷稻，家家门外一渠莲。”开元、天宝号称唐朝盛世，国家富强，域内安宁。但陆羽却一出生便面临着种种不幸。从《新唐书》陆羽传和《唐才子传》记载，陆羽是个弃儿，自幼无父母抚养，被笼盖寺和尚积公大师所收养。积公为唐代名僧，据《纪异录》载，唐代宗时曾召积公入宫，给予特殊礼遇，可见也是个饱学之士。陆羽自幼得其教诲，必深明佛理。积公好茶，所以陆羽很小便得艺茶之术。据说陵羽离开积公很久之后，积公还深念陆羽所煎茶味，其余再好的茶博士煮的茶都觉得不好，足见陆羽在寺院期间已学会一手好茶艺。不过，晨钟暮鼓对一个孩子来说毕竟过于枯燥，况且陆羽自幼志不在佛，而有志于儒学研究，故在其十一、二岁时终于逃离寺院。此后曾在一个戏班子学戏。陆羽口吃，但很有表演才能，经常扮演戏中丑角，正好掩盖了生理上的缺陷。陆羽还会写剧本，曾“作诙谐数千言。”

天宝五载（746 年），李齐物到竟陵为太守，成为陆羽一生中的重要转折点。李齐物为淮南王李神通之重孙，系王室后裔，为人正直，多政绩，曾开三门砥柱以通黄河漕运。后遭李林甫陷害由河南府长官贬为竟陵太守。在一宴次会中陆羽随伶人作戏，为李齐物所赏识，遂助其离戏班，到竟陵城外火门山从邹氏夫子读书，研习儒学。天宝十一载（752 年），礼部员外郎崔国辅又因被贬官至竟陵。此时陵羽正精研经史，潜心诗赋。崔国辅和李齐物一样十分爱惜人才，与陆羽结为忘年之交，并赠以“白颅乌犎”（即白头黑身的大牛）和“文槐书函”。崔国辅长于五言小诗，并与杜甫相善。陆羽得这样的名人指点，学问又大增一步。

公元 755 年（天宝十四年），安史之乱爆发，所谓开元、天宝盛世结束，唐朝进入一个动乱不安的时期。二十四、五岁的陆羽随着流亡的难民离开故乡，流落湖州（今浙江湖州市）。湖州较北方相对安宁。陆羽自幼随积公大师在寺院采茶、煮茶，对茶学早就发生浓厚兴趣。湖州又是名茶产地，陆羽在这一带搜集了不少有关茶的生产、制作的材料。这一时期他结识了著名诗僧皎然。皎然既是诗僧，又是茶僧，对茶有浓厚兴趣，陆羽又与诗人皇甫冉、皇甫曾兄弟过往甚密，皇甫兄弟同样对茶有特殊爱好。陆羽在茶乡生活，所交又多诗人，艺术的薰陶和江南明丽的山水，使陆羽自然地把茶与艺术结为一体，构成他后来《茶经》中幽深清丽的思想与格调。

自唐初以来，各地饮茶之风渐盛。但饮茶者并不一定都能体味饮茶的要旨与妙趣。于是，陆羽决心总结自己半生的饮茶实践和茶学知识，写出一部茶学专著。

为潜心研究和写作，陆羽终于结束了多年的流浪生活，于上元初结庐于湖州之苕溪。经过一年多努力，终于写出了我国第一部茶学专著，也是中国第一部茶文化专著——《茶经》的初稿，时年陆羽二十八岁。公元763年，持续八年的安史之乱终于平定，陆羽又对《茶经》作了一次修订。他还亲自设计了煮茶的风炉，把平定安史之乱的事铸在鼎上，标明“圣唐灭胡明年造”，以表明茶人以天下之乐为乐的阔大胸怀。大历九年（774年），湖州刺使颜真卿修《韵海镜源》，陆羽参与其事，乘机搜集历代茶事，又补充《七之事》，从而完成《茶经》的全部著作任务，前后历时十几年。

《茶经》问世，不仅使“世人益知茶”，陆羽之名亦因而传布。以此为朝廷所知，曾召其任“太子文学”，“徙太常寺太祝。”但陆羽无心于仕途，竟不就职。

陆羽晚年，由浙江经湖南而移居江西上饶。孟郊有《题陆鸿渐上饶新开山舍》诗云：

惊彼武陵状，移归此岩边。
开亭拟贮云，凿石先得泉。
啸竹引清吹，吟花新成篇。
乃知高洁情，摆落区中缘。

武陵为陶渊明写《桃花源记》的地方，诗人胜赞陆羽把桃源景色在此再现和他高洁的人品。至今上饶有“陆羽井”，人称陆羽所建故居遗址。

陆羽大约卒于贞元二十年冬或次年春，大约活了七十多岁。陆羽逝于何地，史家多有争议，有的说在上饶，有的说在湖州。孟郊有《送陆畅归湖州因凭题故人皎然、陆羽坟》诗，详细描述了湖州杼山陆羽坟的情况，故以逝于湖州为确。

陆羽一生坎坷。然而诚如孟子所言，承担天降大任之人，“必先劳其筋骨，饿其体肤”。坎坷的经历对陆羽是一种意志与思想的磨炼。无此种种苦艰，也许不可能有《茶经》的出现。

### 2. 友人交往

要想了解陆羽的茶文化精神，仅知其生平还不够，还要从其友人交往中了解其思想脉络。

陆羽为人重友谊。《新唐书》本传说他“闻人善，若在己；见有过者，规切至忤人。……与人期，雨雪虎狼不避也。”陆羽无心仕宦、富贵，生平不畏权贵，一生所交者多诗人、僧侣、隐士与高贤。

中国茶文化与佛教有不解之缘，陆羽与僧人也有不解之缘。他自幼为智积禅师收养，壮年后又与僧人皎然结为好友。皎然不仅是中唐著名学僧，也是著名诗僧，为谢灵运十世孙。死后有文集十卷，宰相于頔为之作序，唐德宗敕写其文集藏之秘阁。陆羽与之相识大约在上元初，常互访或同游。皎然的诗多处提到与陆羽的友谊，并描绘其共同采茶、制茶、品茶的情景。所以，陆羽的茶文化思想吸收了许多佛家原理。

陆羽好友不仅有僧人，还有道士。其中最著名的是李冶。李冶又名李秀兰，自幼聪慧洒脱，喜琴棋书画诸艺。长成出家，作了女道士。尤擅格律诗，被称为“女中诗豪”。天宝间，玄宗闻其名，曾召入宫中一月。陆羽在苕溪，与皎然、灵澈等曾组织诗社，李秀兰多往与会。秀兰晚年多病，孤居太湖小岛上，陆羽泛舟前去探望，李秀兰还写诗以志，足见其友谊之深。陆羽在《茶经》中，将道家八卦及阴阳五行之说溶于其中，反映了他所受道家影响也不小。

陆羽交往最多的是诗人、学士。其中最著名的有皇甫冉、皇甫曾、刘长卿、卢幼年、张志和、耿沣、孟郊、戴叔伦等。这些人大都是刚正率直并深有抱负和学识的人。一次陆羽问张志和最近与谁人经常往来，志和说：“太虚为室，明月为炫，同四海诸公共处，未尝少别！”足见其胸襟。其《渔歌子》云：“西塞山前白鹭飞，桃花流水鳜鱼肥。青箬笠，绿蓑衣，斜风细雨不须归。”陆羽所交诗人大多崇尚自然美，这对陆羽在《茶经》中创造美学意境大有影响。耿沣为“大历十大才子”之一，曾与陆羽对答联诗，作《连句多暇赠陆三山人》（陆三，是诗友们排行送陆羽的别号）。此诗二人联句，长达二十四句，耿沣盛赞陆羽对茶学的贡献：“一生为墨客，几世作茶仙。”“茶仙”之名即由此而来，耿沣已断定《茶经》必名垂后世。戴叔伦更是陆羽知音。戴曾遭同僚陷害，后来冤案昭雪，陆羽特与权德与等各作诗三首相庆。由此亦见陆羽之人品。

陆羽友人中，最值一书的是颜真卿。颜以书法为后世称道，其实，他还是著名的军事家和政治家。安史之乱爆发，颜真卿正任平原郡太守，胡骑残暴河北，唯真卿战旗高扬，并领导了河北抗敌斗争，使平原郡与博平、清河得以独保。代宗时，谏朝廷，揭叛臣，忠耿刚烈。颜氏于政治、军事、法律、书法、音韵、文字学皆有造诣。大历八年，他到湖州任刺使，与皎然、陆羽结为挚友。他组织《韵海镜源》的词书编写，多达五百卷，有许多文士参加，陆羽是其中重要成员。这对陆羽加深儒理，在《茶经》中以中庸、和谐思想提携中国茶文化精神甚有助益。

陆羽受儒、道、佛诸家影响，而能融各家思想于茶理之中，与他一生结交这么多有名的思想家、艺术家有很大关系。《茶经》决非仅述茶，而能把诸家精华及唐代诗人的气质和艺术思想渗透其中，这才奠定了中国茶文化的理论基础。

### 3. 博学多才

我们从《茶经》本身即可看到，陆羽对自然、地理、气候、土壤、水质、植物学、哲学、文学都有很深的造诣。所以《茶经》的出现决非一日之功，而是靠长期多方面知识的积累。事实上，陆羽确实多才多艺。他幼年学佛，少年学戏，青年开始钻研孔氏之学，又多与诗人交往，并擅长诗赋。此外，陆羽还擅长书法、建筑和方志学。他评价颜体的奥妙说：书法家徐浩习王羲之笔法，只得其“皮肤鼻眼”，而颜真卿能“得右军筋骨”，所以表面不像，却青胜于蓝，能够创新。其见解十分精辟。

唐代对地理学十分重视，各州府三年一造“图经”送尚书省兵部职方。于是出现了许多著名的地理学家。陆羽不是朝廷命官，但每到一地便留心于地方情形。颜真卿的《湖州乌程县杼山妙喜寺碑铭》曾记载，陆羽曾作《杼山记》。《湖州府志》又说他曾作《吴兴记》。今可考证者，陆羽所作方志著作有：

①《杼山记》，记湖州杼山地理、山川、寺院。

②《图经》，记湖州苕溪西亭之由来及方位、自然环境。

③《吴兴记》，可能是湖州地区全面地理、风俗情况，故《湖州府志》称其为本郡专志之肇始。

④《惠山记》，述无锡周围山川、物产、掌故。

⑤《灵隐山二寺记》，记余杭灵隐山之山水、寺庙等。

陆羽还精通建筑学。颜真卿曾在湖州杼山妙峰寺造“三癸亭”，系大历八年十二月二十一日成，恰逢癸年、癸月、癸日，故以“三癸”名之。此亭为陆羽设计建造，颜真卿记事并书写，皎然和诗一首。三大名人集于一处，也算一绝了。皎然诗下有注：“亭即陆生所创”。另外，陆羽居上饶时也曾自造山舍，依山傍水，凿泉为井，临山建亭，植竹林花圃。诗人孟郊惊叹其将陶渊明笔下的风景再现，说他造的亭可收云贮雾；凿石所引山泉及所植迎风而啸的竹林，可谐管弦之声。可见，陆羽又深得古代造园之法。我们在《茶经·五之煮》中，曾看到陆羽形容茶汤滚沸时的极美文学，“茶花漂然于环池之上”、“回潭曲渚青萍之始生”等，如无对园林艺术的体验，怎可将大自然微妙搬到茶釜之中！陆羽刚直，一生卓而不群。正是他的人生经历，拓落性格，深邃的学识，广博的知识使他能深明茶之大道。陆羽虽深沉，但并不孤辟，他会作诙谐之戏，热爱生活，热爱自然，更关心国家，关心百姓。无论对学问、事业、友谊都十分执着。为写《茶经》他远上层崖，遍访茶农，经常深入民间。正如皇甫冉《送陆鸿渐栖霞寺采茶》诗中所写：

采茶非采录，远远上层崖。
布叶春风暖，盈筐日白斜。
归知山寺远，时宿野人家。
借问王孙草，何时泛碗花。

正是这种不畏艰苦，不断追求，深入实际的精神，使陆羽对茶的各个方面了解那样细致、深入，用心血和汗水写下了不朽的《茶经》。

## 重大贡献

陆羽的《茶经》，是一部关于茶叶生产的历史、源流、现状、生产技术以及饮茶技艺、茶道原理的综合性论著。它既是茶的自然科学著作，又是茶文化的专著。

《茶经》共十章，七千余言，分为上、中、下三卷。十章目次为：一之源、二之具、三之造、四之器、五之煮、六之饮、七之事、八之出、九之略、十之图。

一之源，概述我国茶的主要产地及土壤、气候等生长环境和茶的性能、功用。他说："茶者，南方之嘉木也。一尺、二尺，乃至数十尺。其巴山、陕川有两人合抱者。"当时两人合抱的大茶树，其树龄当上推千百年，证明了我国茶的原生树情况，雄辩地证明了我国是茶的原生地。陆羽还介绍了我国古代对茶的各种称呼，从文字学的角度证明茶原产我国。在本章，陆羽又从医药学角度指出茶的性能和功用，说"茶之为用，味至寒，为饮最宜"，有解除热渴、凝闷、脑痛、目涩、四肢烦懒、百节不舒的功用。

二之具，讲当时制作、加工茶叶的工具。

三之造，讲茶的制作过程。

四之器，讲煮茶、饮茶器皿；五之煮，讲煮茶的过程、技艺；六之饮，讲饮茶的方法、茶品鉴赏；七之事，讲我国饮茶的历史。总之，五六七三章集中反映了陆羽所创造的茶艺和茶道精神。煮茶过程不仅被陆羽生动的艺术化，而且运用古代自然科学的五行原理强调煮茶应注意的水质、火候。茶用名茶至嫩者，精制封存以待用，不使精华散越。火用嘉木之炭，而忌膏木、败株。水用山中乳泉，涓涓江流，离市之深井。煮茶讲究三沸，还要欣赏其波翻浪涌的美妙情景。保其华，观其色，品其味。在陆羽笔下，饮茶决不象煮肉、熬粥一般为生存而造食，而是把物质的感受与精神的修养、升华联系到一起。陆羽说："天育万物皆有至妙"，"所庇者屋，屋精极；所著者衣，衣精极；所饱者食，食与酒皆精极"，也就是说，衣食住行都要追求精美的情趣。所以，他把饮茶过程也看作精神享受过程。七之事，总结了我国自神农、周公以来饮茶的传说和历史，使人们看到一个不断升华、发展的过程。也是我们研究茶文化发展史的基本材料。

八之出，详记当时产茶盛地，并品评其高下位次，记载了全国四十余州产茶情形，对于自己不甚明了的十一州产茶之地亦如实注出。这种对科学认真、执着的态度，即使在今天也值得我们效法。

九之略，是讲饮茶器具何种情况应十分完备，何种情况省略何种。野外采薪煮茶，火炉、交床等不必讲究；临泉汲水可省去若干盛水之具。但在正式茶宴上，

“城邑之中，王公之门”，“二十四器缺一则茶废矣。”

最后，陆羽还主张要把以上各项内容用图绘成画幅，张陈于座隅，茶人们喝着茶，看着图，品茶之味，明茶之理，神爽目悦，这与端来一瓢一碗，几口灌下，那意境自然大不相同。

且不论陆羽对茶的自然科学原理论述，仅从茶文化学角度讲，我们看到，陆羽确实开辟了一个新的文化领域。

第一，《茶经》首次把饮茶当作一种艺术过程来看待，创造了从烤茶、选水、煮茗、列具、品饮这一套中国茶艺。我们把它称之为“茶艺”，不仅指技艺程式，而且因为它贯穿了一种美学意境和氛围。

第二，《茶经》首次把“精神”二字贯穿于茶事之中，强调茶人的品格和思想情操，把饮茶看作“精行俭德”，进行自我修养，锻炼志向、陶冶情操的方法。

第三，陆羽首次把我国儒、道、佛的思想文化与饮茶过程融为一体，首创中国茶道精神。这一点，在“茶之器”中反映十分突出，无论一只炉，一只釜，皆深寓我国传统文化之精髓。这一点在第二编还要详加论证。

由此看来，不能把《茶经》看作一般“茶学”，它是自然科学与社会科学、物质与精神的巧妙结合。

《茶经》问世，对中国的茶叶学、茶文化学，乃至整个中国饮食文化都产生巨大影响。这种作用，在唐朝当代即深为人们所注目，耿沣当时便断定陆羽和他的著作将对后世产生长远影响而称他为茶仙。《新唐书》说：“羽嗜茶，著《经》三篇，言茶之源、之法、之具尤备，天下益知茶矣。时鬻茶者至陶羽形置汤突间，祀为茶神”，“其后尚茶成风，时回纥入朝，始驱茶市。”说明在唐代就已把陆羽称之为“茶神”。关于民间以陆羽为茶神的事还有其他文献记载。《大唐传》载：“陆鸿渐嗜茶，撰《茶经》三卷，常见鬻茶邸烧瓦瓷为其形貌，置于灶釜上左右，为茶神。《茶录》曾记载了一个故事，说唐代江南有一个驿馆，其管理者自以为很会办事，请太守去参观。馆中有酒库，祀酒神，太守问酒神是谁，驿官说是杜康，太守说：“功有余也”。又有一茶库，也供一尊神，太守问：这又是何人？驿官说是陆鸿渐，“太守大喜”。宋代著名诗人梅尧臣评价说：“自从陆羽生人间，人间相学事新茶。”宋人陈师道为《茶经》作序说：“夫茶之著书自羽始；其用于世，亦自羽始。羽诚有功于茶者也。上自宫省，下迨邑里，对及夷戎蛮狄，宾祀享，予陈于前。山泽城市，商贾以起家，诚有功于人者也。”

《茶经》问世，民间或官方都很重视，历代一再刊行，宋代已有数种刻本。《新唐书》、《读书志》、《书录解题》、《通志》、《通考》、《宋志》俱载之。《四库全书》亦收入。可考的本子有：宋《百川学海》本、明《百名家书》本、《格致丛书本》、《山库杂志本》、《说郛》本、《唐宋丛书》本、《茶书全集本》、《吕氏十种本》、

《五朝小说本》、《小史集雅本》、华氏刊本、孙大授本、清《学津讨原》本、《唐人说荟》本、《植物名实录考》本、《汉唐地理书丛钞》本、民国《湖北先正遗书》本等，近二十种。

为《茶经》作序、跋的有：唐人皮日休，宋人陈师道，明人陈文烛、王寅、李维桢、张睿、童承叙、鲁彭等。

《茶经》早已流传到国外，尤其是日本，十分注意对陆羽《茶经》的研究。目前，《茶经》已被译成日、英、俄等国文字，传布于世界各地。

陆羽的《茶经》，是对整个中唐以前唐代茶文化发展的总结。陆羽之后，唐人又发展了《茶经》的思想，如苏廙曾著《十六汤品》，从煮茶的时间、器具、燃料等方面讲如何保持茶汤的品质，补充了唐代茶艺的内容。唐人张又新曾著《煎茶水记》，对天下适于煎茶的江、泉、潭、湖、井的水质加以评定，列出天下二十名水序列。张又新声称他所列名水为陆羽生前亲自鉴别口授。但实际上他的观点常与陆羽相悖，故后人认为是假托羽名讲他个人的主张。不过，张氏此作将茶与全国名水相联系，引起茶人对自然山水的更大兴趣，使山川、自然在更广阔的意义上与茶结合，进一步体现中国茶文化学中天、地、人的关系，还是有所贡献的。在茶道思想方面，唐人刘贞亮总结的茶之“十德”；卢仝通过诗歌总结茶的精神作用……等等，都具有深刻的意义。此外，温庭筠曾作《采茶录》，虽仅四百字，但却以诗人、艺术家的特有气质，把煮茶时的火焰、声音、汤色皆以形象的笔法再现，也是很有特点的作品。至于唐人诗歌中有关茶的描写便更多了。

总之，唐朝是中国茶文化史上一个划时代的时期。

## （五）承上启下

从五代到宋辽金，是我国封建社会一个大转折时期。仅从中原王朝看，封建制度已走过了它的鼎盛时期，开始向下滑坡。但从全中国看却是北方民族崛起，南北民族大融合，北方社会向中原看齐和大发展的时期。辽与北宋对峙，金与南宋对抗，宋朝虽然军事上总是打败仗，但经济、文化仍相当繁荣。茶文化正是在这种民族交融、思想撞击的时代得到发展。尤其从茶文化的传播看，无论社会层面或地域都大大超过了唐代。唐代是以僧人、道士、文人为主的茶文化集团领导茗茶运动，而宋代则进一步向上下两层拓展。一方面是宫廷茶文化的正式出现，另一方面是市民茶文化和民间斗茶之风的兴起，从两头补充了唐代茶文化的狭小范围。从地域讲，唐代虽已开始向边疆甚至国外传播饮茶技术，但作为文化意义上的茗饮活动不过中原及产茶盛地而已。而到宋代，中原茶文化则通过宋辽、宋金的交往，正式作为一种文化内容传播到北方牧猎民族当中，奠定了此后上千年间北方民族饮茶的习俗和文化风尚，甚至使茶成为中原政权控制北方民族的一种“国策”，使茶成为连结南北的经济和文化纽带。

从茶艺与茶道精神来讲，一方面它继承了唐人开创的茶文化内容，并根据自己时代的需要加以发展，同时为元明茶文化发展开辟了新的前景，是一个承上启下的时代。在茶道思想上，随着理学思想的出现，儒家的内省观念进一步渗透到茗饮之中。从茶艺讲，首先将唐代的穿饼，发展为精制的团茶，使制茶本身工艺化，增加了茶艺的内容。同时，又出现大量散茶，为后代泡茶和饮茶简易化开辟了先河。民间的点茶和斗茶之风的兴起，把茶艺推展到广泛的社会层面。宫廷贡茶和茶仪、茶宴的大规模举行又使茶文化的地位抬升。宫廷的奢侈化与民间的质朴形成鲜明对比。从文化内容说，由于茶诗、茶画的大量出现，而且大多出自名人手笔，使茶文化与相关艺术正式结合起来。如果说唐代茶文化更重于精神实质，宋人则把这种精神进一步贯彻于各阶层日常生活和礼仪之中。表面看是从深刻走向通俗、浮浅，而从社会效果看是向纵深发展了。因此，这是中国茶文化史上一个十分值得重视的时期。

## 别出新格

后梁灭唐，开始了中国又一个分裂动荡的时期。五代大都是短命王朝，武人得势，大多不讲文治。但因直接承盛唐风气，许多文化活动不可能因此终止。茶文化也如此。尤其在南方，吴蜀、江浙物产丰富，战事较北方也少得多，文人品茶论著之事并未断绝。这一时期，许多文人组织饮茶团体、进行茶艺著述便是一个证明。

五代人和凝，就是一个大力推行茗饮的著名茶人。和凝为梁贞明二年（916年）进士，又于后唐历任翰林学士、知制诰、知贡举，后晋时为中书侍郎、同门下平章事，后汉拜太子太傅，封鲁国公，终于后周。历梁、唐、晋、汉、周，是典型的五代人，也是典型的文士、文官。他在朝为官时，和其他朝官共同组织“汤社”，每日以茶相较量，味差者受罚。自唐以来，北方民间和文人中会社组织很多，佛教徒组织“千人邑”、“千人社”，会社是推行文化思想的一种得力手段。和凝正式组织“汤社”，这比唐代陆羽等人不加名目的饮茶集团更为社会所注目。自此，汤社成为文人聚会的一种正式形式，也开辟了宋人斗茶之风的先例。

毛文锡为唐末进士，五代十国时入后蜀任翰林学士，后历迁礼部尚书、判枢密院事，并拜司徒。生活在四川这个茶的故乡，因而通晓茶的知识。后受谮贬荆州司马，又临近茶圣陆羽的故乡。然后降后唐，得悉江浙饮茶妙趣，复又入蜀。此人一生在江南茶乡东西盘环，深敬陆羽。遂仿陆氏《茶经》七之事、八之出，撰《茶谱》。可惜原文已佚，其遗文见《太平寰宇记》与《事类赋》。

还有苏廙的《仙茶传》，原书亦佚，现存第九卷《作汤十六法》，又称《十六汤品》，收录于《清异录》。有人认为苏廙为唐代人。但苏氏生平无考，《清异录·茗荈门》所收各条均不早于五代，故苏广仍以断为五代较宜。苏广所叙制茶汤方法为“点茶法”，明显区别于唐代的直接煎煮。这更证明苏氏非唐人。同时，也说明，宋人之点茶是早在五代便开始了。

另有陶穀，晋时在朝为官与和凝相善，得其赏识迁著作郎、监察御史、仓部郎中等，后归汉、待周，一直到宋初方卒。陶穀一生好茶，据说他曾买了太尉党进一个家妓，过定陶时天正下大雪。陶穀雅兴大发，取雪水烹茶，并对党家妓说：“党太尉该不懂这种风雅之事吧？”家妓看不起陶氏的穷酸，乃讽刺说：“党太尉是个粗人，只会吃羊羔美酒，那懂的这个！”陶学士虽然惭愧，但仍不忘茶，遂撰《茗荈录》，为宋代第一部茶书，对研究由五代至宋茶的演变、渊源有重要意义。陶荈于宋初历任礼部、刑部、户部等三部尚书，其饮茶爱好及所撰茶书对宋代必有很大影响。

后人提起宋代茶艺，必从贡茶说起，而讲贡茶又离不开建茶。然而，建茶之始并不在宋，而始于南唐。陆羽著《茶经》时，尚不知建茶情形，但明确注明：福建十二州产茶情形未详，偶而得之，其味甚佳。可能在唐代，建茶便已有相当的发展。到南唐时，福建、浙江一带已成为茶叶的重要产地。五代时的幽州军阀和辽初的契丹人千方百计与南唐联系，南唐使者常从海陆犯险北使，都是为换取南唐的茶、锦之利。五代初幽州军阀刘仁恭残暴而好财，据说曾令军人到西北采树叶充茶出卖而禁止南方茶入境，以换取厚利。辽史专家陈述先生认为，刘仁恭让军士采的并不是树叶，而是一种确实可以饮用并治病的中药，《五代史》作者为说明刘仁恭的贪婪，故意贬抑。不论是树叶还是中药，但刘仁恭排斥南茶入境之事想是有的。这也反证了南方茶当时已大量向北方边塞出口。其中，南唐占很大比例。

南唐之茶，又以建州最为著名。这与南唐佛教发展又发生了关系。宋人沙少虞所著《宋朝事实类苑》说，建州山水奇秀，士人多创佛刹，落落相望。南唐时，日州所领十一县到处是佛寺。建安有佛寺三百五十一，建阳二百五十七，浦城一百七十八，崇安八十五，松溪四十一，关隶五十二，总共可以千数。沙氏所说寺数可能是宋代统计，但南唐寺院确实多，而且是我国佛教禅宗派最发达的地方。这便又应了“名山、名刹出好茶”和“茶禅一体”的典故。五代十国时，南唐最为富庶，宋太祖下南唐，得到南唐大片土地财富，自然也包括茶之利，从此建茶大受重视。特别是自建茶作为皇室专贡之后，其地位更高不可攀，其他地区望尘莫及。可见，宋朝茶文化的物质基础，也是在五代十国时期奠定的。

综上所述，五代时期并未因盛唐的灭亡与战争的频仍而使唐代茶文化中断。相反，正因局势动荡，文人生活迁徙多变，使中原及长江流域发源的茶艺得以向南北扩展。五代十国时期对茶文化的贡献主要有以下几点：

(1) 开辟“汤社”，使饮茶活动更有组织的进行。

(2) 文人“汤社”开始对茶的品质竞赛评比，这不仅开宋代“斗茶”的先河，一直影响到现代茶行业专家们的品评会。我国物产丰富，各地物产各有千秋优长，本不好统一评价，唯茶、酒二项向来有精深的品评理论，这是有深刻历史渊源的。

(3) 五代时已开始出现“点茶法”，这便打破了一般人“点茶始于宋”的成见。

(4) 五代人继唐人之风，多著茶书，补充了唐代的茶艺和茶学理论。

(5) 宋代以皇室为首饮茶走向奢侈，有失唐人朴拙之风。而五代好茶者多“穷酸”文士，虽动荡飘泊，纵然当了朝廷大官也不及武人的权势。所以，还保持了唐人茶文化的朴实。宋代由中间向两端发展，皇室尚奢侈，文人尚风雅，民间尚质朴。这质朴的一面，是由五代茶人继承下来的。陶穀以雪水煮茶，进一步加强茶艺是向自然靠近的势态。自此临泉傍溪饮茶成为宋人最雅爱的风尚。

## 宋代贡茶

封建社会里，皇帝是最高统治者，一切最好最美的东西皆献帝王享用。茶是清俭的东西，当民间开始饮用时，宫廷虽偶而为之，但还没有十分重视。唐代已有贡茶，故卢仝诗云：“天子须尝阳羡茶，百草不敢先开花。”陆羽也谈到过王公贵族之家饮茶必二十四器皆备，而且要金玉具器的情况。从唐代出土的茶具看已相当豪华，贵族尚如此，皇室自然更胜一筹。不过，总的来说，唐代的宫廷虽有饮茶习惯，从文化意义上并未给人留下十分深刻的印象。唐朝是文人、隐士、僧人领导茶文化的时代。

宋朝则不然，由于自五代起，和凝等宰辅之流即好饮茶，宋朝一建立便在宫廷兴起饮茶风尚。宋太祖赵匡胤便有饮茶癖好，因而开辟宫廷饮茶的新时期。历代皇帝皆有嗜茶之好，以致宋徽宗还亲自作《大观茶论》。这时，茶文化已成为整个宫廷文化的组成部分。皇帝饮茶自然要显示自已高于一切的至尊地位，于是贡茶花样翻新，频出绝品，使茶品本身成为一种特殊艺术。宋人的龙团凤饼之类精而又精，以至每片团茶可达数十万钱。可以想见，这种茶的玩赏、心理作用早已大大超出他的实际使用价值。它虽不能看作中国茶文化的主流和方向，但上之所倡，下必效仿，遂引起茶艺本身的一系列改革，因而也不能完全否定。饮茶成为宫廷日常生活内容，考虑全国大事的皇帝、官员很自然地将之用于朝仪，自此茶在国家礼仪中被纳入规范。至于祭神灵、宗庙，更为必备之物。唐代茶人大体勾划出了茶文化的轮廓，各阶层茶文化需要各层人进一步创造。宋朝可以说是茶文化的形成时期。宋代团茶历南北宋、辽、金、元几代，直到明代方废，领导茶的潮流长达四、五百年，不能说宋代宫廷对茶文化没起作用。关于宋代宫廷茶文化的具体情况，在第三编还要分论，此处仅就其发展过程概述一二。这便要从北苑建茶和“前丁后蔡”等贡茶使君说起。

宋代贡茶从南唐北苑开始。北苑在南唐属建州。其地山水奇秀，多寺院名胜，又产好茶，故自南唐便为造茶之地。《东溪试茶录》载：“旧记建安郡官焙三十有八，自南唐岁率六县民采造，大为民所苦。我朝自建隆以来，环北苑近焙，岁取上贡，外焙具还民间而裁税之。”可见，北苑原是南唐贡茶产地。唐代的饼茶较粗糙，中间作眼以穿茶饼，看起来也不太雅观。所以南唐开始制作去掉穿眼的饼茶，并附以腊面，使之光泽悦目。宋开宝年间下南唐，特别嗜茶的宋太祖一眼便看中这个地方，定为专制贡茶的地点。宋太宗太平兴国（976—983 年）年初，朝廷开始派贡茶使到北苑督造团茶。为区别于民间所用，特颁制龙凤图案的模型，自此有了龙团、凤饼。宋朝尚白茶，到太宗至道年间又制石乳、的乳、白乳等品目。不过，宋代龙凤团茶所以被格外艺术化并留名于后世，还是因为有了丁谓、蔡襄这两个懂得茶学、茶艺的贡茶使君。

丁谓，字谓之，苏州长州人。为人智敏，善谈笑，尤喜诗，于图画、棋奕、音律无所不通。好佛教，慕道士，曾为朝廷营造宫观及督山陵修建之事。可见，丁谓有一般茶人应有的文化修养。但其人狡黠。“好媚上”，用现代话说是个马屁精，所以并无茶人高洁的品质。正是这样一个既象茶人，又不象茶人的贡茶官，才能造出奇巧的“茶玩意儿”。太宗淳化年间，丁谓为福建采访使，大造龙团以为贡品。真宗时，丁谓又掌闽茶，并撰《茶图》，详细介绍建茶采造情形。因此世人皆知建茶之精。

蔡襄，字君谟，同样是个能文能诗的人，还是书法家，为当时书家第一。但人品与丁谓恰相反。丁谓爱顺着皇帝的意思说好话。蔡襄却专爱挑皇上老儿的毛病，曾为谏官，并进直史馆。丁谓专建议皇帝多化钱，什么封禅、修陵之事，皇上还怕没钱，丁谓总能搜刮得足够钱财，满足皇帝奢好。蔡襄则专劝皇帝节俭，为翰林学士、三司使，较天下盈虚出入，量力制用。丁谓慕佛、道，但并非去悟禅理、明道德，而是搞巫蛊之事。蔡襄不大信天命，说“灾害之事，皆由人事”，劝皇帝多作好事。他两次知福州，曾开海塘，溉民田，减赋税，修堤岸，植松柏七百里以护道路，闽人为之刻碑纪德。蔡襄与朋友交重信义，朋友有丧，断酒肉而临位痛苦。范仲淹等四人因受谮被贬，他作《四贤一不肖诗》，不仅宋人流传，而且辽朝都敬佩。韩琦、范仲淹进用，他向皇帝进贺。其气质、品德很象茶圣陆羽。所以，虽有“前丁后蔡”之说，丁谓只算得上茶官，蔡襄才是真正的茶人，并深得饮茶要旨。他曾作《茶录》，分上下篇。上篇专论茶，正式提出色、香、味需并佳，指出饼茶以珍膏油面，于色不利；饼茶入龙脑，夺其青香；茶无好水则好茶亦难得正味。所以，他所介绍的并不是朝廷的龙团凤饼，而是建安民间试茶的功夫。下篇论茶器，专讲煮水、点茶的器皿，特别强调茶碗色泽应与茶汤色泽协调。人们只知蔡襄为小龙团的创始人，以为与丁谓一样只知奇巧，其实正是蔡襄对宋代团茶制法提出许多相反的看法。

龙团、凤饼与一般茶叶制品不同，它把茶本身艺术比。制造这种茶有专门模型，刻有龙凤图案。压入模型称“制銙”，銙有方形、有花銙，有大龙銙、小龙銙等许多名目。制造这些茶程序极为复杂，采摘茶叶需在谷雨前，且要在清晨不见朝日。然后精心拣取，再经蒸、榨，又研成茶末，最后制茶成饼，过黄焙乾，使色泽光莹。制好的茶分为十纲，精心包装，然后入贡。《乾淳岁时记》载：“仲春上旬，福建漕司第一纲茶，名北苑试新，方寸小銙，进御只百銙。护以黄罗软盝，借以青蒻，裹以黄罗夹袱，巨封朱印，外用朱漆小盒镀金锁，又以细竹丝织笈贮之，凡数重，此乃雀舌水芽所造，一銙值四十万，仅可供数瓯之啜尔。或以一、二赐外邸，则以生线分解，转遗好事，以为奇玩”。这种茶已经不是为饮用，而不过在“吃气派”。欧阳修在朝为官二十余年，才蒙皇帝赐一饼，普通百姓怕连看上一眼都不可能。这种奢靡之风虽不足取，但那精巧的工艺反映了劳动者的智慧，虽不能代表中国茶文化的主流，却也是茶艺中的一种创造。

宋朝贡茶不只龙凤茶，还有所谓京挺的乳、白乳头、金腊面、骨头、次骨等。龙茶供皇帝、亲王、长公主，凤茶供学士、将帅，的乳赐舍人、近臣，白乳供馆阁。

宋朝贡茶数量很大，岁出三十余万斤，凡十品。这给劳动者带来极为沉重的负担，而一些官吏却因此而升官加爵。据《高齐诗话》载，宋朝郑可简因贡茶有功，官升福建路转运使，后派其侄去山中催收贡茶，而让其亲子进京献茶，其子因而得高官。于是全家大摆宴席庆贺，郑可简作联，说：“一门侥幸”，而其侄不服，则为下联，说：“千里埋冤”。郑氏之侄未得官而叫冤，那些为贡茶终日劳苦的百姓更不知有多少冤屈。苏轼曾以唐朝为杨贵妃进荔枝的故事讽谏宋朝茶贡之奢糜，题为《苏枝叹》，诗云：“君不见，武夷溪边粟粒芽，前丁后蔡相笼加。争新买宠出新意，今年斗品充官茶。吾君所乏岂此物，致养口体何陋耶！”苏轼也好茶，是士人茶文化的带头人，据说苏轼与蔡襄斗茶，蔡襄用的自然是著名团茶、上等好水，但比赛的结果却出乎意外，苏轼取得了胜利。看来，蔡襄虽是著名茶人，却难免沾染宫廷风气。

宋代宫廷茶文化的另一种表现是在朝仪中加进了茶礼。如朝廷春秋大宴，皇帝面前要设茶床。皇帝出巡，所过之地赐父老绫袍、茶、帛，所过寺观赐僧道茶、帛。皇帝视察国子监，要对学官、学生赐茶。《梦溪笔谈》载，宋代礼部贡院试进士，

“设香案于阶前，主司与举人对拜，此唐故事也。所坐设位供帐甚盛，有司具茶汤饮浆。”接待北朝契丹使臣，亦赐茶，契丹使者辞行，宴会上有赐茶酒之仪，辞行之日亦设茶床。更值得注意的是，宋朝在贵族婚礼中已引入茶仪。《宋史》卷一百一十五《礼志》载：宋代诸王纳妃，称纳彩礼为“敲门”，其礼品除羊、酒、彩帛之类外有“茗百斤”。后来民间订婚行“下茶礼”即由此而来。这样，便使饮茶上升到更高的地位。朝仪中饮茶不同于龙团凤饼，它已是一种精神的象征。

## 斗茶之风

斗茶，又称“茗战”，它是古人集体品评茶的品质优劣的一种形式，宋人唐庚《斗茶记》说：“政和二年三月壬戌，二三君子相与斗茶于寄傲斋，予为取龙塘水烹之第其品，以某为上，某次之。”政和是宋徽宗的年号，于是有人以为斗茶起自徽宗时。又因宋徽宗曾作《大观茶论》，其序中谈到：“天下之士，励志清白，竟为闲暇修索之玩，莫不碎玉锵金，啜英咀华，较筐箧之精，争鉴别裁之。”这是说文士们斗茶的情形，于是，又有人认为，斗茶只是文人闲士百无聊赖的消闲举动，或是夸豪斗富的手段。其实，宋人斗茶既非自徽宗时才起，也并非主要文人所为，而是很早便由民间兴起的。

由蔡襄的《茶录》可知，斗茶之风很早便由贡茶之地——建安兴起。蔡襄称之为“试茶”。建安北苑诸山，官私茶焙之数达一千三百三十六，制茶者造出茶来，自然首先要自己比较高下，于是相聚而品评。范仲淹《斗茶歌》说：

北苑将期献天子，林下雄豪先斗美。
鼎磨云外首先铜，瓶携江上中泠水。
黄金碾畔绿尘飞，紫玉瓯心雪涛起。
斗茶味兮轻醍醐，斗茶香兮薄兰芷。
其间品第胡可欺，十目视而十手指。
胜若登仙不可攀，输同降将无穷耻。

既然是贡奉天子的东西，好坏优劣当然都很重要，这里把斗茶的原因和现场情形都描述得十分清楚。饮茶既为朝廷所提倡，全国产量又迅速增加，民间饮茶之风也比唐代更盛。于是，斗茶又从制茶者间走入卖茶者当中。宋人刘松年的《茗园赌市图》便是描写市井斗茶的情形。图中有老人、有妇女、有儿童，也有挑夫贩夫。斗茶者携有全套的器具，一边品尝一边自豪地夸耀自己的“作品”。民间斗茶之风既起，文人们也不甘落后，于是在书斋里、亭园中也以茶相较量。最后终于皇帝也参加了斗茶行列，宋徽宗赵佶亲自与群臣斗茶，把大家都斗败了才痛快。

这种几乎是在社会各阶层都流行起来的斗茶风气，对促进茶叶学和茶艺的发展起了巨大推动作用。关于制茶方法的改进，本不属本书讨论范围之内，但它牵涉茶艺，故可道其一二。总的来说，宋人制茶比唐人要精，这一方面是随着生产的发展产生的必然结果，同时也与宋代用茶方法相关。宋代贡茶数量很大，皇室对茶的要求是精工细作。宋代改唐人直接煮茶法为点茶法，所谓点茶，是以极细的茶末用开水冲下去，更用力搅拌，使茶与水溶为一体，然后乘热喝下。这两项大改变使制茶工艺发生不少变化。在精制、细作方面，叶要特别强调时节，主张以惊蛰为候，且要日出前采茶，以免日出耗其精华。采下的芽，要细加挑捡，分出等级，以便制成不同的贡茶。同时，在蒸茶、榨茶、研茶方面也更科学化。尤其是研制功夫，十分注意，有的达十余次。因为研之愈细，愈易在点茶时使水乳交融。然后入各种形状的膜子，称之为“入銙”成形，再过黄焙成茶饼，厚的团茶焙制数次，长达十几天。这样，自惊蛰采制，到清明前便送到京师。

在茶艺方面，由于点茶法的创造，烹茶技艺发生一系列变化。唐人直接将茶置釜中煮，直接通过煮茶、救沸、育华产生饽沫以观其形态变化。宋人改用点茶法，即将团茶碾碎，置碗中，再以不老不嫩的滚水冲进去。但不象现代等其自然挥发，而是以“茶筅”充分打击、搅拌，使茶均匀地混和，成为乳状茶液。这时，表面呈现极小的白色泡沫，宛如白花布满碗面，称为乳聚面，不易见到茶末和水离散的痕迹，如开始茶与水分离，称“云脚散”。由于茶液极为浓，拂击愈有力，茶汤便如胶乳一般“咬盏”。乳面不易云脚散，又要咬盏，这才是最好的茶汤。斗茶便以此评定胜负。今之日本茶艺，仍是采用此种方法，但笔者欣赏过两盏，茶末甚粗，虽散布满杯，却无乳聚面，所以那云脚早晚和咬盏与否也就谈不到了。

茶艺的第二项改进，是讲色香味的统一。宋人尚白茶，乳面如潘潘积雪，由此产生对盏的要求，以青、黑之磁为之最好。今日日本茶艺，系以绿茶为之，又不出现白乳面，故不讲究盏色深，而多以白盏。欣赏古老茶艺的专家们崇尚所谓“天目碗”，但多为取其古拙之意，而并不了解宋代器与形色的关系。

此外，唐代饮茶多加盐以改变茶之苦涩，增其甜度，宋代不加盐，以免云脚早散。其余则大体同唐代。

到南宋初年，又出现泡茶法，为饮茶的普及、简易化开辟了道路。

宋代饮茶，就具体技艺讲是相当精致的，但其缺点也显而易见。即技艺之中，很难溶进思想感情，陆羽在煮茶中那种从茶炉、釜水、茶气蒸腾中所达到的万物冥化，天人合一，自然变化的心理体验，宋人大概很难得到。这正是由于贡茶求物之致精而失其神的结果。所以，与其说是茶艺，不如称为“茶技”。其艺术韵味太少了。

要说宋人饮茶一点不讲精神境界也不是。文人在饮茶环境方面还是很讲意境的。范仲淹饮茶，喜欢临泉而煮。其镇青州时，曾在兴隆寺南洋溪清泉出处创茶亭。环泉古木蒙密，隔绝尘迹，赋诗鸣琴，烹茶其上，日光玲珑，珍禽上下，那意境还是很美的。故时人称此处为“范公泉”。自此临泉造园以为饮茶之所的风气大开。济南多泉，大族多效仿。

苏东坡喜欢临江野饮，以舒发这位大文学家与天地自然为侣的浩然之气。

宋人对茶艺的又一贡献是真正将茶与相关艺术融为一体，由于宋代著名茶人大多是著名文人，更加快了这种交融过程。像徐铉、王禹偁、林逋、范仲淹、欧阳修、王安石、梅尧臣、苏轼、苏辙、黄庭坚等这些第一流的文学家都好茶，所以著名诗人往往有茶诗，书法家有茶帖，画家有茶画。这使茶文化的内涵得以拓展，成为文学、艺术等纯精神文化直接关连的部分。因此，宋代贡茶虽然有名，但真正领导茶文化潮流，保持其精神的仍是文化人。就连皇帝也不免受文人的影响。如宋徽宗，便是追随文人茶文化的一个。宋徽宗不能算个好皇帝，丢了国家，当了俘虏。但在艺术方面很有造诣，无论诗词歌赋，琴棋书画皆晓。他所著的《大观茶论》，无论对茶的采制过程及烹煮品饮、民间斗茶之风都叙述很详。作为一个封建帝王，实在难得。他还画有《文会图》，描绘了茶、酒合宴的情形，表现了宋代将茶、酒、花、香、琴、馔相融合的情景。可见，饮茶与相关艺术结合已成为一代风尚。

## 市民文化

宋以前，茶文化几乎是上层人物的专利。至于民间，虽然也饮茶，与文化几乎是不沾边的。宋代城市集镇大兴，市民成为一个很大的阶层。唐代的长安，居民大多为官员、士兵、文人以及为上层服务的手工业者，商业仅限于东西两市。宋代开封，三鼓以后仍夜市不禁，商贸地点也不再受划定的市场局限。各行业分布各街市，交易动辄数百、千万。要闹之地，交易通宵不绝。商贾所聚，要求有休息、饮宴、娱乐的场所，于是酒楼、食店、妓馆到处皆是。而茶坊也便乘机兴起，跻身其中。茶馆里自然不是喝杯茶便走，一饮几个时辰，把清谈、交易、弹唱结合其中，以茶进行人际交往的作用在这里集中被表现出来。大茶坊有大商人，小茶坊有一般商人和普通市民。

当时，汴梁茶肆、茶坊最多，十分引人注目。特别是在潘楼街和商贩集中的马行街，茶坊最兴盛。宋人孟元老《东京梦华录》载，开封潘楼之东有“从行角茶坊”。而在封丘门外马行街，其间坊巷纵横，院落数万，“各有茶坊酒店。”有些大茶坊，成为市民娱乐的场所，同书记载，“北山子茶坊”在曹门街，“内有仙洞仙桥，仕女往往夜游吃茶于彼。”在这种茶坊中，不仅饮茶，还创造了一种仙人意境。民间文化往往重繁华热闹，这种茶坊与文化墨客品茗于林泉之下当然大不相同。开封的许多饭店卖饮兼卖茶，所以宋人称饭店为“分茶”。

宋代茶肆不仅在大城市十分兴旺，小城镇也比比皆是，这在小说《水浒传》中便多处反映。《水浒传》虽为明人所作，但其中许多故事很早便开始流传，故反映了不少宋代真实生活情景。其中，描写茶坊的不止一处。最为大家熟悉的便是武大郎隔壁的王婆茶坊。西门庆来到茶坊，王婆说有和合茶、姜茶、泡茶、宽叶茶，反映了我国古代爱以佐料入茶的情况。王婆茶坊内煮茶之处称“茶局子”，烧茶是用“风炉子”，以炭火，用茶锅煮茶，给客人上茶谓“点茶”。这是民间点茶之法。《东京梦华录》说，汴梁士庶聚会，有专门跑腿传递消息之人，称作“提茶瓶人”。开始这些人主要为文人服务，后来民间媒婆、说客、帮闲，也成了“提茶瓶人”。

南宋都城临安及所属州县已有一百一十万人口，城内大小店铺连门具是。同行业往往聚一街，更需以酒店、茶坊为活动场所。许多歌妓酒楼也兼营茶汤，饮茶与民间文艺活动又连系起来。

市民茶文化主要是把饮茶作为增进友谊、社会交际的手段，它的兴起把茶文化从文化人和上层社会推向民间，成为茶风俗的重要部分。北宋汴京民俗，有人迁往新居，左右邻舍要彼此“献茶”；邻舍间请喝茶叫“支茶”。这时，茶已成为民间礼节。

辽宋对峙，但到澶渊之盟后却以兄弟之礼相互来往。中华民族本是一家，兄弟们打了又好，好了又打，但文化、经济的交往总是不断。辽朝是契丹人建立的国家，常以“学唐比宋”勉励自己。所以，宋朝有什么风尚，很快会传到辽国。少数民族以牧猎为生，多食乳、肉，而乏菜疏，饮茶既可帮助消化，又增加了维生素，所以比中原人甚至更需要茶。我国自唐宋以后行“茶马互市”，甚至把茶作为吸引、控制少数民族的“国策”，这也使边疆民族更以茶为贵。

宋朝的茶文化，首先是通过使者把朝廷茶仪引入北方。辽朝朝仪中，“行茶”是重要内容。《辽史》中有关这方面的记载比《宋史》还多。宋使入辽，参拜仪式后，主客就坐，便要行汤、行茶。宋使见辽朝皇帝，殿上酒三巡后便先“行茶”，然后才行肴、行膳。皇帝宴宋使，其他礼仪后便“行饼茶”。重新开宴要“行单茶”。辽朝茶仪大多仿宋礼，但宋朝行茶多在酒食之后，辽朝则未进酒食首先行茶。至于辽朝内部礼仪，茶礼更多。如皇太后生辰，参拜之礼后行饼茶，大馔开始前又先行茶。契丹人有朝日之俗，崇尚太阳，拜日原是契丹古俗，但也要于大馔之后行茶，把茶仪献给尊贵的太阳。

宋朝的贡茶和茶器也传入辽朝，宋朝贺契丹皇帝生辰礼物中，有“金酒食茶器三十七件”，“的乳茶十斤，岳麓茶五斤”，契丹使过宋境各州县，宋朝官吏亦赠茶为礼。（见《契丹国志》）。

南宋与金对峙，宋朝饮茶礼仪、风俗同样影响到女真人。女真人又影响到夏朝的党项人。自此北朝茶礼大为流行。金代的女真人不仅朝仪中行茶礼，民间亦渐兴此风。女真人婚礼中极重茶，男女订婚之日首先要男拜女家，这是北方民族母系氏族制度遗风。当男方诸客到来时，女方合族稳坐炕上接受男方的大参礼拜，称为“下茶礼”，这或许是由宋朝诸王纳妃所行“敲门礼”的送茶而来。

至于契丹、女真的汉化文人，更是经常效仿宋人品茶的风尚。

所以，宋朝在茶文化精神方面虽有失唐人的深刻，但在推动茶文化向各地区、各层面扩展方面却作了重大贡献。

## （六）佛教与茶文化

中国茶文化，人们经常注意到与佛教有重大关系。日本还经常谈到“茶禅一味”，中国也有这种说法。禅，只是佛教中的许多宗教之一，当然不能说明整个佛教与中国茶文化的关系。但应当承认，在佛学诸派中，禅宗对茶文化的贡献确实不小。尤其在精神方面，有独特的体现，并且对中国茶文化向东方国家推广方面，曾经起到重要作用。大家可能注意到，日本佛教的最早传布者，既是中日文化交流的友好使者，又是最早的茶学大师和日本茶道的创始人。倘若中国茶文化中佛教没有独特的贡献，不可能引起日本僧人如此的注意。

但是，茶文化是与现实生活及社会紧密联系的，而佛教总的来说是彼岸世界的东西；中国茶文化总的思想趋向是热爱人生和乐感的，而佛教精神强调的是苦寂，这两种东西怎么会如此紧密的连袂相伴？要解决这个问题，我们就必须首先从中国佛教的发展演变过程说起，然后再谈佛与茶的具体联系。

### 养生、清思

中国是一个大熔炉，任何一种外来思想若不在这个熔炉中冶炼、适应，便很难在这块土地上扎根，更谈不到发展。佛教，在中国古代史上是影响最大的外来文化，它之所以能在中国不断发展，正是因为首先有这样一个与中国传统交融、适应，甚至被改装打扮的过程。在完成这个过程之前，佛教还谈不到自己对茶艺、茶道的独立作用。

佛教发源于印度，创始人释迦牟尼却出生于今尼泊尔。释迦牟尼生活的时代与中国孔子的时代差不多。当时印度社会同样充满了压迫和苦难，佛教的产生正是为对抗印度占统治地位的婆罗门教，反映了当时印度社会的种种矛盾和问题。最初的佛教教义并不十分复杂，有宗教精神，但也是一种自我修行的方法。经过长期发展，才变成一个庞大复杂的唯心主义宗教体系。佛教自汉代传入中国，但由于语言翻译的困难，中国人初与佛教见面，并不完全理解它的实质，还以为是与道教、神仙等差不多的东西。佛教本身，因为初来异国，立脚未稳，也乐于人们如此模糊看待，作为“外来户”的谋生之道。所以，汉代的佛教只是皇家的御用品，供宫廷、贵族赏玩，以为可以祈福、祈寿、求多子多孙或保护国家安宁。所谓“诵黄老之微言，尚浮屠之仁祠”，把佛与黄老之术相混同。此时，中国饮茶也还不十分普遍，所以汉代尚未见僧人饮茶的记载。而文人已开始饮茶，可见儒士们对茶的认识还是走在佛、道之前。

魏晋时期，佛教经典日增，出现了以《般若》为主的义理思想。“般若”是“先验的智慧”。这一点成为后来佛教茶理中重要的内容。但在当时，“般若”的义理并未与饮茶结合。这时，僧人们已开始饮茶，但与文人、道士一样，不过是作为养生和清思助谈的手段。之所以如此，是因为佛教仍未摆脱对中国原生文化的依附状态。两晋之时，清谈之风大起，玄学占上峰，佛教便又与玄学攀亲戚，相表里。一些人把佛学与老庄比附教义，甚至把一些名僧与竹林七贤之类相比。那时，和尚们乐与道士及文人名流相交际，文人与道士皆爱喝茶，后期的清谈家也爱饮茶，于是僧人们也开始饮茶。佛人饮茶的最早记载正是在晋朝，见于东晋怀信和尚的《释门自竟录》，文曰：“跣足清谈，袒胸谐谑，居不愁寒暑，唤童唤仆，要水要茶”。可见当时的和尚戒律不严，可以如文人道士一般谐谑，“要茶要水”也不过助清谈之兴，与清谈家没多大区别。《晋书·艺术传》亦载，敦煌人单道开在邺城昭德寺修行，于室内打坐，平时不畏寒暑，昼夜不眠，“日服镇守药数丸，大如梧子，药有松蜜、姜桂、茯苓之合时，复饮茶苏一二升而已。”这条记载说明，寺院打坐已开始用茶，但仍未与般若之理结合，单开道饮茶，第一为不眠，是作为“镇静剂”来用；第二，同时又服饮其他药物，是与道家服饮之术相同的，这也说明直至晋代，佛与道仍常相混杂。

南北朝时，佛教有了很大发展，开始以独立的面目出现。这时，人们才发现，原来外国的佛与中国的神仙、道士不是一回事。于是中国的道教与其他传统文化与佛教展开了争夺地位的大辩论。北朝的少数民族统治者对深沉的儒家文化一时难以领会，而佛教又宣传人间祸福不过是因果报应，你受苦，因为前辈子没行善。这对于统治者来说，是很有用的百姓麻醉剂，帝王统治术，所以不仅北朝，此后历代皇帝都乐于利用，佛教因此发展，并出现不同学派体系。但就饮茶一节，佛教仍未有什么新的创举。《释道该说绪名僧传》说：“宋释法瑶，姓杨氏，河东人。永嘉中过江，遇沈台真，请真君武康小山寺，年垂悬车，饭所饮茶。永明中敕吴兴，礼至上京，年七十九”。这条记载，是作为僧人饮茶能长寿的例子来说，仍反映了道家服饮养生的观念。不仅南朝饮茶，当时饮茶之风也传到北朝。北魏时王肃自南齐来归，是一名著名茶人。北魏是拓跋族建立的政权，北方民族食肉喝奶，王肃吃不惯羊肉，自己吃鱼羹，饮茶茗。京师士子见他一杯一斗的不住饮，很奇怪，说明茶饮在北方还不常见。后来魏定都洛阳，鼓励南人“归化”，洛阳有归化里、吴人坊。南人爱饮茶，这种习惯在洛阳城里也逐渐传播开来。归化里一带多寺院，《洛阳伽蓝记》中便多有在寺院饮茶的记载，想必不仅是俗人到寺院里去饮，寺内僧人也必然会饮茶的。但饮茶与佛教思想有何联系仍看不明白。总之，佛教在中国发展的早期既然依附于其他思想，在饮茶方面也难以有自己的精神创造。这时，中国茶文化已经萌芽，文人以茶助文思，政治家以茶养廉对抗奢侈之风，帝王开始用于祭祀，而僧人饮茶仍停留在养生、保健、解渴、提神等药用和自然物质功能时期。早期促进茶文化思想萌发的是儒士和道家，佛家落后了一步。当南北朝道家故事中把饮茶与羽化登仙的思想开始结合起来时，佛家饮茶并未与自己的思想、教义相联系，即使偶而有人用于帮助打坐修行，但并未像后来那样与明心见性，以茶助禅，茶理与禅理密切结合。佛教在后来，尤其在唐代，对推广饮茶虽起了重大作用，但在中国茶文化发展的早期不可估价过高。有人认为中国茶文化最初是由佛教推动起来的，是对历史失于考察。总之，当佛教尚未与中国文化传统完全交融的时候，在茶文化方面也不可能有太多的发明创造。有一则达摩佛祖割眼皮的故事，说明佛与茶的关系。据说达摩是禅宗祖师，公元475年来到中国，“面壁九年”，由不得不闭眼，昏沉中，一生气把眼皮割下，弃置地上。说来奇怪，眼皮子抛下地竟闪闪发光，冒出一棵树来。弟子们用这小树的叶子煎来饮用，居然使眼皮不再闭，难得打瞌睡，这便是“茶”。且不说佛教里的漫天大谎太多，这则荒诞不经的故事毫无可信度，即便达摩真的爱饮茶，顶多也是为防止睡魔。说达摩眼皮子产生了茶树也不过是“中国茶树外来说”的古本谎话。佛教刚刚过关入境之时，僧人即便饮茶也并未把两种精神结合起来，而只有当它被认真改造之后，才成为茶文化中一支重要的精神力量。这并非否认茶与佛，特别是茶与禅的有机结合，而只是说不能把佛对中国茶文化的贡献说的太高、太远。

## 佛理与茶理

佛理与茶理真正结合，是禅宗的贡献。

佛教刚入中国还与玄道、神仙相伴，到后来便露出其本来面目。佛有大乘和小乘，所谓小乘，好比一条狭窄的小路，只是一个人可以通过，是个人修行。而大乘，据说不仅自己可得正果，而且可以普渡众生。所以，小乘很快便消失了，中国流行的多是大乘。大乘又有许多宗派，有三论宗、净土宗、律宗、法相宗、密宗等，都是自天竺传来，佛教徒简单搬用，不敢用只字怀疑，唯恐得罪了佛，有所报应，甚至被打入地狱。但这些宗派的教义很不合中国人的胃口。比如，三论宗认为不应“怖死”，而应“泣生”，可是中国人那样热爱生命，你让他把死了才看作快乐是很难的。净土宗则认为人类世界便是一块秽土，说只有佛的世界才是极乐。律宗强调各种戒律，不杀生。害虫、害兽任其泛滥么？不娶妻生子，与中国人多子多福的观点也不相符合。戒律又十分繁琐，上厕所都有一定仪式，不可笑么。密宗又近乎中国的巫术，文化人难以相信。一般百姓生活在苦难中，说来世可以求得乐土还可以接受，帝王将相那肯舍掉现有的快乐！所以唐太宗自称是老子李耳的后代，下敕规定道教在佛教之上。有僧人说：陛下之李出自鲜卑，与老聃无关。太宗大怒，说你讲观音刀不能伤，先念七天观音，拿你试刀！这和尚无计，只好说陛下就是观音，我念了七天陛下。这才免了一刀，遭到流放。在这种情况下，佛教若不寻求与中国文化传统相结合的办法便无法生存。于是出现了天台宗、华严宗等与中国思想接近的宗派，但均不如禅宗中国化的彻底。

禅宗的出现使佛理与中国茶文化结合才有了可能，所以我们还要首先介绍禅宗的理论，然后再说茶的问题。

禅，梵语作“禅那”，意为坐禅、静虑。南天竺僧达摩，自称为南天竺禅第二十八祖，梁武帝时来中国。当时南朝佛教重义理，达摩在南朝难以立足，便到北方传布禅学，北方禅教逐渐发展起来。禅宗主张以坐禅修行的方法“直指人心，见性成佛，不立文字”。就是说，心里清静，无有烦恼，此心即佛。这种办法实际与道家打坐炼丹接近，也有利于养生；与儒家注重内心修养也接近，有利于净化自己的思想。其次主张逢苦不忧，得乐不喜，无求即乐。这也与道家清静无为的思想接近。禅宗在中国传到第五代弘忍，门徒达五千多人。弘忍想选继承人，门人推崇神秀，神秀作偈语说：“身是菩提树，心如明镜台，时时勤拂拭，莫使有尘埃”。弘忍说：“你到了佛门门口，还没入门，再去想来”。有一位舂米的行者慧能出来说：“菩提本无树，明镜亦无台，佛性常清静，何处染尖埃？”这从空无的观点看，当然十分彻底，于是慧能成为第六世中国禅宗传人。神秀不让，慧能逃到南方，从此禅宗分为南北两派。慧能对禅宗彻底中国化作出了重要贡献。综合他的观点，一是主张“顿悟”，不要修行那么长时间等来世，你心下清静空无，便是佛，所谓“放下屠刀，立地成佛”。这当然符合中国人的愿望。二是主张“相对论”，他对弟子说，我死后有人问法，汝等皆有回答方法，天对地，日对月，水对火，阴对阳，有对无，大对小，长对短，愚对智……等等。即说话考虑这两方面，不要偏执。这既与道家的阴阳相互转换的思想接近，又与儒家中庸思想能相容纳。不能把这种观点看作诡辩骗人的把戏，从哲学上说，它丰富了矛盾观的内容。第三，认为佛在“心内”，过多的造寺、布施、供养，都不算真功德，你在家里念佛一样，不必都出家。这对统治者来说，免得寺院过多与朝廷争土地，解决了许多矛盾；对一般人说，修行也容易；对佛门弟子来说，可以免去那么多戒律，比较地接近正常人的生活。所以禅宗发展很快。尤其到唐中期以后，士大夫朋党之争激烈，禅宗给苦闷的士人指出一条寻求解除苦恼的办法，又可以不必举行什么宗教仪式，作个自由自在的佛教信徒，所以士人也推崇起佛教来。而这样一来，佛与茶终于找到了相通之处。

唐代茶文化所以得到迅猛发展确实与禅宗有很大关系。这是因为禅宗主张圆通，能与其他中国传统文化相协调，从而在茶文化发展中相配合。

**1. 推动了饮茶之风在全国流行。**

唐人封演所著《封氏见闻记》说："南人好饮茶，北人初不多饮。开元中，泰山灵岩寺有降魔师大兴禅。教学禅，务于不寐，又不夕食，皆许饮茶，人自怀挟，到处煮饮。从此转相仿效，遂成风俗，自邹齐沧隶至京邑，城市多开店铺，煎茶卖之，不问道俗，投钱取饮。其茶自江淮而来，舟车相继，所在山积，色额甚多"。有人说，僧人为不睡觉喝茶，不过像喝咖啡提神一般，谈不到对茶文化的贡献。禅理与茶道是否相通姑且不论，要使茶成为社会文化现象首先要有大量的饮茶人，没有这种社会基础，把茶理说得再高明谁能体会？僧人清闲，有时间品茶，禅宗修练的需要也需要饮茶，唐代佛教发达，僧人行遍天下，比一般人传播茶艺更快。无论如何，这个事实是难以否认的。

**2. 对植茶圃、建茶山作出了贡献。**

据《庐山志》记载，早在晋代，庐山上的"寺观庙宇僧人相继种茶"。庐山东林寺名僧慧远，曾以自种之茶招待陶渊明，吟诗饮茶，叙事谈经，终日不倦。陆羽的师傅积公，也是亲自种茶的。唐代许多名茶出于寺院，如普陀山寺僧人便广植茶树，形成著名的"普陀佛茶"，一直到明代，普陀僧植茶传承不断。明人李日华《紫桃轩杂缀记》："普陀老僧贻余小白岩茶一裹，叶有白耸，瀹之无色，徐饮觉凉透心腑。"又如宋代著名产茶盛地建安北苑，自南唐便是佛教盛地，三步一寺，五步一刹，建茶的兴起首先是南唐僧人们的努力，后来才引起朝廷注意。陆羽、皎然所居之湖州杼山，同样是寺院胜地，又是产茶盛地。唐代寺院经济很发达，有土地，有佃户，寺院又多在深山云雾之间，正是宜于植茶的地方，僧人有饮茶爱好，一院之中百千僧众，都想饮茶，香客施主来临，也想喝杯好茶解除一路劳苦，自己不种茶当然划不来。所以僧院植茶是很顺理成章的事。推动茶文化发展要有物质基础，首先要研究茶的生产制作，在这方面禅僧又作出了重要贡献。

**3. 创造了饮茶意境。**

有人反对"茶禅一味"说，认为僧人们"吃茶去"的口语犹如俗人"吃饭去"，"喝酒去"，"旁边呆着去"！至多也只能说明僧人有饮茶嗜好，大多是些"茶痴"、"茶迷"，谈不到茶与禅的一味或沟通。其实，所谓"茶禅一味"也是说茶道精神与禅学相通、相近，也并非说茶理即禅理。否定"茶禅一味"说的还有个重要理由，即禅宗主张"自心是佛"，外无一物而能建立。既然菩提树也没有，明镜台也不存在，除"心识"之外，天地宇宙一切皆无，填上一个"茶"，不是与禅宗本意相悖吗？其实，一切宗教本来就是骗人的，真谈到教义，不必过于认真。我们今人所重视的是宗教外衣后面所反映的思想、观点有无可取之处。禅宗的有无观，与庄子的相对论十分相近，从哲学观点看，禅宗强调自身领悟，即所谓"明心见性"，主张所谓有即无，无即有，不过是劝人心胸豁达些，真靠坐禅把世上的东西和烦恼都变得没有了，那是不可能的。从这点说，茶能使人心静，不乱，不烦，有乐趣，但又有节制，与禅宗变通佛教规戒相适应。所以，僧人们不只饮茶止睡，而且通过饮茶意境的创造，把禅的哲学精神与茶结合起来。在这方面，唐代僧人皎然作出了杰出贡献，我们已在上编有叙，在谈到中国茶艺时也有所介绍。说禅加上了茶就不是真禅，那能有几个真禅僧？本来禅宗就主张圆能的。皎然是和尚，爱作诗，爱饮茶，号称"诗僧"；怀素是僧人，又是大书法家，不都是心外有物吗？范文澜先生早就从宗教的虚伪性方面讥讽过他们并非心无挂碍，同样饥来吃饭，困来即眠。不过，僧人之看待茶，还真与吃饭、睡觉不同。尤其是参与创造中国茶艺、茶道的茶僧，虽然也是嗜好，但在茶中贯彻了精神。皎然出身于没落世族，幼年出家，专心学诗，曾作《诗式》五卷，特别推崇其十世祖谢灵运，中年参谒诸禅师，得"心地法门"。他是把禅学、诗学、儒家思想三位一体来理解的。"一饮涤昏寐，情来朗爽满天地"，既为除昏沉睡意，更为得天地空灵之清爽。"再饮清我神，忽如飞雨撒轻尘"。禅宗认为"迷即佛众生，悟即众生佛"。自己心神清静便是通佛之心了，饮茶为"清我神"，与坐禅的意念是相通的。"三碗便得道，何需苦心破烦恼。"故意去破除烦恼，便不是佛心了，"静心"、"自悟"是神宗主旨。皎然把这一精神贯彻到中国茶道中。所谓道者，事物的本质和规律也。得道，即看破本质。道家、佛家都在茶中溶进"清静"思想，茶人希望通过饮茶把自己与山水、自然、宇宙融为一体，在饮茶中求得美好的韵律、精神开释，这与禅的思想是一致的。若按印度佛的原义，今生永不得解脱，天堂才是出路，当然饮茶也无济于事，只有干坐着等死罢了。但禅是中国化的佛教，主张"顿悟"，你把事情都看淡些就"大觉大悟"。在茶中得到精神寄托，也是一种"悟"，所以说饮茶可得道，茶中有道，佛与茶便连结起来。道家从饮茶中找一种空灵虚无的意境，儒士们失意，也想以茶培养自己超脱一点的品质，三家在求"静"、求豁达、明朗、理智这方面在茶中一致了。但道人们过于疏散，儒士们终究难摆脱世态炎凉，倒是禅僧们在追求静悟方面执着得多，所以中国"茶道"二字首先由禅僧提出。这样，便把饮茶从技艺提高到精神的高度。有人认为宋以后《百丈清规》中有了佛教茶仪的具体程式规定从此才有“茶道”。其实，程式淹没了精神，便谈不上“道”了。

**4. 对中国茶道向外传布起了重要作用。**

熟悉中国茶文化发展史的人都知道，第一个从中国学习饮茶，把茶种带到日本的是日本学僧最澄。至于最澄是否把中国茶中之道在唐代便带到日本不得而知。第一位把中国禅宗茶道带到日本的又是僧人，即荣西和尚。不过，荣西的茶学著作《吃茶养生记》，主要内容是从养生角度出发，是否把禅的精神与茶一同带去，又不大清楚。但自此有了“茶禅一味”的说法，可见还是把茶与禅一同看待。

## 佛教茶仪

佛教戒律太严不适合中国人的胃口，但完全去掉戒律也就不称其为佛教了。禅宗主张圆通，但圆通的过了分，到后来有的禅僧主张连坐禅也不必了，这对禅宗本身的存在便构成威胁。所以，到唐末禅宗自已开始整顿。和尚怀海采用大小乘戒律，别创“禅律”，因怀海居百丈山，称《百丈清规》，把僧人的坐卧起居，饮食之规，长幼次序，管理人员等都作了规定。僧人一律进僧堂，连床坐禅，晨参师，暮聚会，听石磬木鱼声行动，饮食用现有物品随宜供应，以示俭朴。德高年长的僧人称长老，长老的随从称侍者，各种管事称寮司，僧徒犯规，焚毁衣钵。整个僧院俨然象一个封建大家庭。宋真宗时，佛教徒杨亿向朝廷呈《百丈清规》，从此佛教清规取得合法地位。宋代大儒家程颢游定林寺，见僧堂威仪济济，惊叹地赞称：“三代礼乐尽在其中”。可见此时的佛教完全中国化，儒家能够认可了。以后历代禅僧对禅礼皆有新的发挥、补充。《百丈清规》既然包括了僧人一切行为规范，茶是禅僧良友，对饮茶的规矩自然也规范得明白。从此佛家茶仪正式出现。

唐宋佛寺常兴办大型茶宴。如余姚径山寺，南宋宁宗开禧年间经常举行茶宴，僧侣多达千人。宋代径山寺茶质量很高，径山寺以佛与茶同时出名，号称江南禅林之冠。茶宴上，要坐谈佛经，也谈茶道，并赋诗。径山茶宴有一定程式，先由主持僧亲自“调茶”，以表对全体佛众的敬意。然后由僧一一献给宾客，称“献茶”。宾客接茶后，打开碗观茶色，闻茶香，再尝味，然后评茶，称颂茶叶好，茶煎得好，主人品德高。这样，把佛家清规、饮茶谈经与佛学哲理、人生观念都融为一体，开辟了茶文化的新途径。

禅门清规把日常饮茶和待客方法也加以规范。元代德辉所修改的《百丈清规》，对出入茶寮的礼仪、“头首”在僧堂点茶的过程，都有详细记载。蒙堂挂出点茶牌，点茶人入寮先行礼讯问合寮僧众。寮主居主位，点茶人于宾位，点茶过程中要焚香，点完茶收盏，寮主“起炉”、相谢。然后请众僧人，点茶人复问讯、献茶。茶喝毕，寮主方与众僧送点茶人出寮……。仪式虽然复杂，但合乎中国古代社会礼仪，所以不仅禅院实行，俗人也竟相效仿。到元明之时，出现“家礼”、“家规”，也效仿禅院礼仪，把家庭敬茶方法也规定进来。

饮茶作为礼仪，早在唐代已在朝廷出现，宋代更加以具体化。但朝廷茶仪民间是难以效仿的，倒是禅院茶礼容易为一般百姓接受。所以，在民间茶礼方面，佛教的影响更大。

历代爱饮茶的僧人都很多。唐代僧人从谂常住赵州观音寺，人称“赵州古佛”。此人嗜茶成癖，他的口头禅是“吃茶去”。据说有僧到赵州拜从谂为师，他问人家：新近曾到此地么？僧人答：曾到。他说：“吃茶去”！再问一遍，僧人又说不曾到。他仍说：“吃茶去”！其实，这不过是从谂的口头语，犹如说：“旁边呆着去！”但其他僧人却替师傅圆谎，说：“这是让你把茶与佛等同起来了”。从此，僧人们却真地把茶中之道与佛经一样认真看待起来。

把“茶禅一味”说看得过于认真，倒容易失去禅学宗旨。禅宗认为世界上的一切事物既可看作有，也可看作无，“一月普现一切水，一切水月一月摄”，事物是互相包含的，要认识的是事物的本质。今人一般把佛学简单的当作唯心主义来批判，世界上的物质本来是客观存在，佛教硬说一切皆空，当然觉得是唯心主义。但如果从相对主义而言，却包含辩证的道理。茶是客观物质，但物质可以变精神，从看得见、闻得到、品得出的色、香、味，到看不见、摸不着的“内心清静”，不正是从“有”到“无”吗？所以，禅把茶礼正式定入《百丈清规》，不过是提醒人们不要把饮茶仅仅看成止渴解睡，而是引导你进入空灵虚境的手段。从这点说，中国的茶道精神确实又从禅宗茶礼中得到最明确的体现。所以，“吃茶去”成为禅林法语便不足为怪了。“吃茶”，在禅人们修行过程中，就含隐着坐禅、谈佛。赵朴初先生1989年9月9日为《茶与中国文化》展示周题诗曰：

七碗爱至味，一壶得真趣。
空持千百偈，不如吃茶去。

这首诗说明，既要从茶中体会禅机，但又不可执着过分，反失茶的宗旨，禅的宗旨。

## （七）道家与茶文化

中国茶文化吸收了儒、道、佛各家的思想精华，中国各重要思想流派都作出了重大贡献。儒家从茶道中发现了兴观群怨、修齐治平的大法则，用以表现自己的政治观、社会观；佛家体味茶的苦寂，以茶助禅、明心见性。而道家则把空灵自然的观点贯彻其中。甚至，墨子思想也被吸收进来，墨子崇尚真，中国茶文化把思想精神与物质结合，历代茶人对茶的性能、制作都研究十分具体，或许，这正是墨家求真观念的体现。

表面看，儒与道朝着完全相反的方向发展。儒家立足于现实，什么事都积极参与，喝茶也忘不了家事、国事、天下事；道家强调“无为”，避世思想浓重。但实际上，在中国，儒道经常是相互渗透，相互补充的。儒家主张“一张一弛文武之道”，“大丈夫能屈能伸”，条件允许便积极奋斗，遇到阻力，便拐个弯走，退居山林。所以，道家的“避世”、“无为”，恰恰反映了中国文化的柔韧一面，可以说对儒家思想是个补充。中国茶文化反映了儒道两家这种相辅相成的关系。特别是在茶文化的自然观、哲学观、美学观，以及对人的养生作用方面，道家也作出了重要贡献。儒家精神固然在中国茶文化中占重要地位，道家也不能不提。有人说，儒家在中国茶文化中主要发挥政治功能，提供的是“茶礼”；道家发挥的主要是艺术境界，宜称“茶艺”；而只有佛教茶文化才从茶中“了解苦难，得悟正道”，才可称“茶道”。其实，各家都有自己的术、艺、道。儒家说：“大道既行，天下为公”，茶人说：“茶中精华，友人均分”。道家说：“道，可道，非常道”。两个不过一个说表现，一说内在，表里互补，都是既有道，也有艺、有术。

## 茶与自然

中国的古老文化传统中，向来是强调人与自然的统一。据说，黄帝轩辕氏的时候，管天事与人事的官还不分家，所以人能与鬼神交通，得天地之理。后来颛顼帝叫南正重司天，北正黎司地，用现代话说，自然科学与社会、政治分了家，所以开地便不能沟通了，精神与物质也对立了。中国茶人接受了老庄思想，强调天人合一，精神与物质的统一。茶圣陆羽首先从研究茶的自然原理入手，即使用现代科学观点衡量验证，陆羽也是第一流的茶叶学专家。但是，陆羽不仅研究茶的物质功能，还研究其精神功能。所谓精神功能，还不只是因为茶能醒脑提神，若仅此一点，仍属药理、医学范围。陵羽和其他优秀茶人，是把制茶、烹茶、品茶本身看作一种艺术活动。既是艺术，便有美感，有意境，甚至还有哲理。西方人爱把精神与物质对立起来，现今的西方世界，一方面是高度的技术成就和物质财富的堆积，另一方面却是精神贫乏与道德堕落，两者很难找到统一的方法。拿吃饭穿衣来说，在西方人看主要是物质享受。若要在牛排、炸鸡、咖啡和三明治当中还要感受出一点什么思想，甚至还要包含艺术、哲理，那简直不可思议。中国人不同，喝茶也要讲精神。以陆羽创造的茶艺程序来说，就充满了美感。如烹茶一节，既观水、火、风，又体会物质变化中的美景与玄理。煮茶，物性变化，出现泡沫，一般人看来，有什么美？陵羽却在沫饽变化中享受大自然的情趣。他形容沫饽变化说："华之薄者曰沫，厚者曰饽，细者曰花。如枣花漂漂于环池之上，又如回潭曲渚青萍之始生，又如青天爽朗有浮云鳞然。其沫者，若绿钱浮于水湄，又如菊英堕于樽俎之中，重华累沫，皤皤然若积雪耳"。在陆羽的眼里，茶汤中包含孕育了大自然最洁静、美好的品性。日本茶道重在领略静、寂的禅机，而中国茶道重在情景合一，把个人融于大自然之中。卢仝饮茶，感到的是清风细雨一样向身上飘洒，可以"情来爽朗满天地"。宋代大文学家苏轼更把整个汲水、烹茶过程与自然契合。他的《汲江煎茶》诗云：

活水还需活火烹，自临钓石取深情。
大瓢贮月归春瓮，小杓分江入夜瓶。
雪乳已翻煎处脚，松风呼作泻时声。
枯肠未易禁三碗，坐听荒城长短更。

诗人临江煮茶，首先感受到的是江水的情意和炉中的自然生机。亲自到钓石下取水，不仅是为煮茶必备，而且取来大自然的恩惠与深情。大瓢请来水中明月，又把这天上银辉贮进瓮里，小杓入水，似乎又是分来江水入瓶。茶汤翻滚时，发出的声响如松风呼泻，或是真的与江流、松声合为一气了。然而，茶人虽融化于茶的美韵和自然的节律当中，却并未忘记人间，而是静听着荒城夜晚的更声，天上人间，明月江水，茶中雪乳，山间松涛，大自然恩惠与深情，荒城的人事长短，都在这汲、煎、饮中融为一气了。茶道中天人合一，情景合一的精神，被描绘得淋漓尽致。

元明时期，儒家文人遇到了空前的大难题。蒙古人入主中原之初，尚未接受汉族传统文化，文化人向来自认为"万般皆下品，唯有读书高"，在元朝统治者眼里却落了个"臭老九"的地位。明代党狱横生，文人不敢稍稍发挥独立的见解。于是，许多有才学的人隐居山林，以茶解忧，茶成了表示清节的工具，称作"苦节君"；茶成了苦中求乐的文人朋友，又称作"忘忧君"。其实，"苦节"到是真的，"忧"却很难忘却。诚如庄子所云，江湖的水干枯了，鱼儿们用口水相互沾润，倒不如江湖水满的时候不相照顾的好。茶人们这种苦节励志的精神固然可贵，但对整个社会却难以有所匡辅。但是，正因为不像宋人那样，时时处处都用儒家礼仪规范饮茶活动，所以才使中国茶道的自然情趣更为浓重。茶人们从茶中领略自然的箫声，尽量"忘我"，求得心灵的某种解脱，庄子说，颜成子游从师学道，第一年心如野马，第二年开始收心，第三年心无挂碍，第四年混同物我，第五年大众来归，第六年可通鬼神，第七年顺乎自然，第八年忘去生死，第九年大彻大悟。无论皎然的三碗茶诗，还是卢仝的七碗诗，仔细读去，都包含着庄子这种混同物我，顺乎自然，大彻大悟的精神。元明茶人进一步加深这种思想，品茶论水只是进入自然的媒介。所谓"枯石凝万象"，小小一杯茶，从中要寻求的却是空灵寂静，契合自然的大道。

如文徵明、唐寅等人的品茶图画，都反映了这种思想。文、唐二人都是嘉靖文坛上吴中四杰的主要成员，其艺术风格和人品均以纵逸不羁的姿态出现。文徵明的茶画，有《惠山茶会》、《陆羽烹茶图》、《品茶图》等，从这些茶画中，我们看到的是枯石老树，清水竹炉。唐寅，字伯虎，比文徵明更纵逸风雅，喜欢的是香茶、琴棋、博古、观书，加上娇妻美妾。唐伯虎点秋香的故事，至今为民众所传颂。所以他的茶画也更多了些风雅美韵。他在《琴士图》中，画的是青山如黛，瀑布流泉，岸边的茶炉火焰燃烧，茶釜的沸水，与泉声、瀑声、松声、琴声似融为一体。画，是静的，但处处有自然的箫声在宇宙间回响、流动，也拨动了茶人内心的琴弦。同样画陆羽品茶，唐寅的笔下，意境更阔大得多，天地宇宙，山水自然的美韵洋溢整个画图之中，而又总是把煮茶的情节放在画的突出部位，具体茶艺方法表现得十分洗炼，但总是作为画龙点睛之笔。他又把焚香、插花、勘书、观画、雅石、山水与品茶都结合起来，雅石透漏瘦绉，修竹扶疏而出。这些情景，既吸收了庄子万象冥合的观念，却又溶进儒家对现实生活美好的追求。他在《品茶图》中，自题诗曰：

买得青山只种茶，峰前峰后摘春芽。
烹煎已得前人法，蟹服松风朕自嘉。

买青山，自种茶，自煎茗，自得趣，更多了些积极乐观的追求。唐寅的诗画，有庄子的气魄和上天入地的精神，但又多了些儒家的现实与乐观。所以，中国的儒与道，实在是很难分家的。即便真正的道士，也未必完全是避世。元代邱处机是蒙古人的重要谋士，曾从征大雪山。出世与入世是相对而言，完全把道家思想理解为消极的东西未必妥当。老庄思想总起来说是着眼于更大的宇宙空间，所谓“无为”，正是为了“有为”；柔顺，同样可以进取。水至柔，方能怀山襄堤；壶至空，才能含华纳水。目前，世界上纷争、嚣闹太过了，“飞毛腿”、“爱国者”，呼啸于夜空，人们又想起了东方自然和谐与宁静的环境。就整个人类发展来说，无论人与人，还是人与自然，终归是以和谐为好。完全没有火，缺少生机；而没有茶的宁静、清醒，世界一片昏乱，人类也难以正常生存。道家茶理，从另一个侧面发掘了茗茶艺术中的深刻哲理。

## 服食祛疾

把饮茶推向社会的是佛家，把茶变为文化的是文人儒士，而最早以茶自娱的是道家。我国关于饮茶的大量记载出现在晋和南北朝。其中，许多饮茶的故事出现在道家的神怪故事中。道家思想宗教化变为道教，但中国人对上帝鬼神的信仰总是不十分笃实的，道教其实并没有太严格的教义，只不过把老庄思想神化。所以，道家也常被称为神仙家。当时，佛教传入中国不久，不少人还难以认识佛的本质，常把佛也归入神仙家之类。道教的要义无非是清静无为，重视养生，茶对这种修炼方法再有利不过，所以道士们皆乐于用。于是在南北朝的神怪故事中就出现了许多关于茶的记载。《神异记》说，余姚人虞洪入山茶茗，遇一道士，牵着三条青牛，把虞洪领到一个大瀑布下，说："我便是神仙丹丘子，听说你善作茶饮，常想得到您的惠赐"。于是指示给他一棵大茶树，从此虞洪以茶祭祀丹丘子。《续搜神记》说：晋武帝时，宣城人秦精常入武昌山采茶，遇到一个丈余高的毛人，指示给他茶树丛生的地点，又把怀中的柑桔送给他。这个毛人虽不是神仙，也被看作山怪之类。至于《广陵耆老传》中的卖茶老婆婆，便明显是个神仙了，官府把她抓到监狱里，夜里她能带了茶具从窗子里飞走。后来茶人在诗中经常创造饮茶羽化成仙的意境，大概正是受了这种启发。

不过，这还只是传说中的神仙道士。真正的道人也是最爱饮茶的，道家饮茶更加自在，不像佛教茶道过分执着于精神追求，也不像儒家那样器具、礼仪繁琐。宋孝武帝之子新安王子鸾、豫章王子尚到八公山访问昙济道人，昙济就是个很会煮茶的人，他设茗请二位皇子品尝，子尚说："这象甘露一样美，怎么说是茶茗?"

道家最伟大的茶人大概要算陶弘景。陶为南朝齐梁时期著名的道教思想家，同时也是大医学家。字通明，自号华阴居士。丹阳秣陵（今南京）人。陶弘景曾仕齐，拜左卫殿中将军。入梁，在句曲山（茅山）中建楼三层，隐居起来。时人看见，以为是神仙。梁武帝礼请下山，陶弘景不出，但武帝有要事难决时便派大臣去请教，号称"山中宰相"。他的思想脱胎于老庄哲学和葛洪的神仙道教，也杂有儒、佛观点。可见，道家的"避世"也是相对的。陶氏在医药学方面很有成就，曾整理古代的《神农本草》，并搜集魏晋间民间新药，著成《本草经集注》七集，共载药物七百三十种。现已在敦煌发现残本。另著有《真诰》、《真灵位业图》、《陶氏验方》、《补阙肘后百一方》、《药总诀》等书。可见既是个政治家、思想家，又是医药学家。他在《桐君采药录》中的注解内，备述西阳（今湖北黄岗）、武昌、卢江（今安微合肥）、晋陵（今江苏武进）等地所产好茶，以及巴东所产真茗。陶氏是从茶的药用价值方面来看待茶的。

唐代著名道家茶人大概首推女道士李冶。李冶，又名李季兰，出身名儒不幸而为道士。据说，陆羽幼年曾被寄养李家，与陆羽交情很深。后来，她在太湖的小岛上孤居，陆羽亲自乘小舟去看望她。李季兰弹的一手好琴，长于格律诗，在当时颇有名气。天宝年间，皇帝听说她的诗作得好，曾召之进宫，款留月余，又厚加赏赐。德宗朝，陆羽、皎然在苕溪组织诗会，李冶是重要成员，所以，完全有理由说，是这一僧、一道、一儒家隐士共同创造了唐代茶道格局。陆羽《茶经》中老庄道家思想肯定受到李冶的影响。李冶本是个才华横溢，喜欢谈笑风生的人，为陆羽饮茶集团增添过不少情趣。但到晚年处境凄凉。她有《湖上卧病喜陆鸿渐至》诗云：

昔去繁霜月，今来苦雾时。
相逢仍卧病，欲语泪先垂。
强劝陶家酒，还吟谢客诗。
偶然成一醉，此外更何时。

老友相逢，强颜欢笑，心境却十分凄苦。

明代优秀茶人朱权，晚年是兼修释老的。他明确指出：（1）茶是契合自然之物；（2）茶是养生的媒介。这两条，都是道家茶文化的主要思想。他认为，饮茶主要是为了“探虚玄而参造化，清心神而出尘表。”

为什么道家对茶都有这么大的兴趣呢，除了茶有助于空灵虚静的道家精神要求外，道家思想宗教化之后所进行的修炼方法显然与茶相宜。

道教的修炼方法，一曰内丹，即胎息以炼自身之气；二曰存思，即将自己的意念寄托于天地山川或身体某个部位，求得“忽兮恍兮，其中有象”的效果；三曰导引沐浴，用意念引导阳光、雨露、星月之辉沐浴己身而去除污浊之气；四是服食烧炼，即通过食品中化学物质或草木果品，帮助健身强体。道教的修炼方法，是典型的中国“现实主义”，来世先不必去求，今生首先要作个寿星，称个“神仙”。用现代科学道理分析，这不过是一套气功修炼的方法。修炼气功，人不能睡，但又要在尽量虚静空灵的状态下才能产生效果。除去其中的宗教迷信色彩，这原来是气功保健和开发特异智能的好方法。要打坐，练内丹，必有助功之物。道家练所谓“金石之药”，虽然对我国古代化学研究作出贡献，但真的吃下去却常常出问题，以至丧生。而服用草木果实，却是很有道理的。茶能提神清思，而且确实有升清降浊，疏通经络的功效，所以不仅道家练功乐用，佛家坐禅也乐用。因此，可以说道家研究茶的药理作用是最认真的。从葛洪的《抱朴子》，到陶弘景注《本草经》，都是从药理出发来认识茶的作用。

道家修炼，又主张内省。当饮茶之后，神清气爽，自身与天地宇宙合为一气，在饮茶中可以得到这种感受。

## 茶人气质

茶在中国流行太普遍了，三教九流，都与茶相关。不过真正的“茶仙”、“茶癖”、“茶痴”，却真有些特殊的风度。除去帝王、公侯以茶人自我标榜者外，一般茶人，不论儒、道、佛的信仰，都有些共同特点，即追求质朴、自然、清静、无私、平和，但又常常有些浪漫精神和浩然之气。茶人们这种特殊的气质和修养，与老庄思想的影响有很大关系。试例举一二：

道家是主张清心寡欲的，这与中国长期的封建社会和小农经济有关，既然自然资源有限，生产力发展受到很大限制，当然还是不要无休止的索取与纷争为好。从现代社会发展看，这种观点有消极的一面，但即使在现代工业社会里，人的物质需求也不可能完全得到满足。拼命追求物欲而不顾现实条件，会造成许多破坏和危机。比较起来说，中国人主张简朴，倒是化解当今危机的办法之一。老子说："不贵难得之货，使民不为盗；不见可欲，使民心不乱"。拼命追求不大适用的金银宝货，盗贼便多了；人人贪心太大，天下便不会和平。茶人们正是吸收了这种精神，而多崇尚简朴。历史上以茶养廉的事我们已经说了不少。如今说个现代的伟人。

伟大的民主革命先行者孙中山先生是力主倡导饮茶的。他在《建国方略》、《三民主义·民生主义》等重要论著中明确论述茶对国民心理建设的功能。他说："中国不独食品发明之多，烹调方法之美为各国所望尘不及，而中国之饮食习尚暗合于科学卫生，尤为各国一般人所望尘不及也。""故中国穷乡僻壤之人，饮食不及酒肉者，常多寿"。"中国常人所饮者为清茶，所食者为淡饭，而加以菜疏、豆腐。此等之食料，为今卫生家所考得为最有益于养生者也"。孙先生认为，喝水比吃饭甚至还重要。把饮茶提到"民生"的高度，茶称之为"国饮"确实有据了。中山先生本人就是极爱饮茶的，尤其爱喝西湖龙井和广东功夫茶。1916 年，他从上海到杭州，特地视察茶店、茶栈，然后品尝龙井茶。到虎跑泉观光，取水烹茗，并赞道："味真甘美，天之待浙何其厚也！"中山先生还指出，要推广饮茶，从国际市场上夺回茶叶贸易的优势，应降低成本，改造制作方法，"设产茶新式工场。"中山先生的民生思想中，是提倡茶的简朴，"不贵难得之货"的。从陆纳的以茶待客，到陆羽"随身堆纱中、藤鞵、短褐、犊鼻"，到南宋陆游《啜茶示儿辈》的简约生活，……一直到中山先生提倡以茶为国饮、为民生大计，都是提倡的简约自持。

表面看来，老庄主张"无为"，实际上，无为之中包含有为，包含着一个阔大无边的大宇宙观。庄子的思想往往是天上地下，无边无际的遨游，一会儿是直上九重霄汉的大鹏，一会是游于三江四海的鲲鱼。道家认为，事物是不断发展变化的，所谓一生二，二生三，三生万。唐宋以后儒家趋向保守，畏天命而谨修身；佛教虽出现了许多适应中国士大夫口味的流派，但总的说是认为在劫难逃。只有道教，用无边的宇宙和生息不断的观念鼓舞自己"长生不死"，"羽化飞升"，表现了中华民族对生命的无限热爱，所以，不能一概以"唯心主义的幻想"来看。抱着这种乐观的理想饮茶，使许多茶人十分注意从茶中体悟大自然的道理，获得一种淡然无极的美感，从无为之中看到大自然的勃勃生机。所以，真正的茶人胸怀经常是十分阔大，虚怀若谷，并不拘泥茶艺细节。自我修养要"忘我、无私"；与大自然契合，由茶釜中沫饽滚沸想到那滚滚的江河、湖海、大气、太极。最后，自己忘掉了，茶也忘掉了，海也忘掉了，大气和星河也忘掉了，人、茶、器具、环境浑然一气，这才能真正身心愉悦，即所谓大象无形也。所以，中国茶道精神要在无形处、无为处、空灵虚静中自然感受，无形的精神力量大于有形的程式。这正是受道家影响的结果。这种精神不仅是茶人的精神，也贯彻于全民族之中。中华儿女以天地宇宙为榜样，把忘我、无私视为自己追求的目标。

老庄思想在自然观方面无疑是相当积极的，不信“天命”，而要与天地同在。但在政治观上，确实有消极的一面，用现在的话说，是“见着矛盾躲着走”，去寻自己的安适，不是与他们师法天地的自然观相矛盾，很有些自私吗？老庄思想是主张避世的，但应当看到，这种表面消极的政治态度后面，又有愤世疾俗，对旧制度猛烈抨击的一面。庄子生逢乱世，心情很痛苦，很矛盾，在表面的洒脱下，有一颗忧国忧民的心。不然就不会“著书十余万言”（《史记·本传》），对当时的政治作出激烈的嘲讽和抨击。他的退隐思想，是表示与统治者不合作的态度，“天子不得臣，诸侯不得友”，自己“洸洋自恣以适己”，是一则避免“中于机辟，死于网罟”；二则表明自己不能苟同于世俗的价值观，把自己从功名利禄中退出来，保持自己的精神自由和独立人格。所以，与其说是厌世，不如说是愤世、疾世。中国著名的茶人，许多退隐思想浓重，并不是逃避责任，而是表明不苟同世俗的人格。这一点，接受道家思想很明显。陆羽幼年也曾决心精研儒学，但当他真正长大成人后才看透了当时的社会，拒绝作朝廷官吏，而作了“陆处士”。白居易早期参与政治，其诗歌中讽喻作品很多，笔锋直刺权贵。但自贬官之后，伤感和闲适的内容渐增，也开始以茶自适。但走上这条路并非于自愿，而是因为“济世才无取，谋身智不周”（《履道新属二十韵》），于是不得不隐退，不得不从茶中去寻找自我：“游罢睡一觉，觉来茶一瓯”，“从心到百骸，无一不自由”，他是从茶中自我开解。朱元璋的第十七子朱权，曾就藩大宁，威镇北荒，并且是靖难功臣，但因受永乐帝猜忌，不得不深自韬晦。宣宗时，又上书论宗室不应定等级，宣宗大怒加责，他不谢罪退隐怕是终会致杀身之祸的。所以晚年在缑领上建生圹，自称丹丘先生、函虚子，最后变成了著名的茶道专家。可见，茶人的退隐，既是为社会所迫，也是自己找寻的在艰难中生存和磨励志向的办法。元、明都以“苦节君”、“苦节君行省”等比喻茶具，其心中的苦水可知矣。所以，茶人多以清苦自适来要求自己，这种精神，造成中国不少文化人富于气节。“饿死事小，失节事大”，到近现代帝国主义入侵、抗日战争爆发，许多知识分子先是茶水、菠菜、豆腐，后来茶水变成了白开水，菠菜豆腐也吃不上了，但也决不作帝国主义的奴才！这也正是茶人留下的优良传统。

在庄子的笔下，有一个无限的空间系统，人的精神可以自由纵横其间，无论山川人物，鸟兽鱼虫，甚至一个影子，一个骷髅，都可以与他对话。巨鲲潜藏于北溟，隐喻着人的深蓄厚养；大鹏直飞九万里，象征着人的远举之志。庄子大概出身很穷，曾处穷闾陋巷，靠织草鞋度日，才华横溢，但终身未仕。这使他只能从自然中找寻归宿，因为在社会上找不到出路。社会上不自由，庄子便把自己变成一只蝴蝶，梦见自己在宇宙大花园里无拘无束地漫游。道家茶人把这一思想引入中国茶文化，在茶人面前展开了一个美丽的自然世界。他们与江流、明月相伴，与松风竹韵为友，使自己回归于大自然之中。这是对自由的向往，也符合人天真烂漫的本性。尤其到现代工业社会，与其人与人互相倾轧，还不如多一点天真烂漫为好。有人说，中国人“天生”不懂得“民主”、“自由”。以在下看来，中国人是最懂自由的价值。茶人们追求自由的精神，便是一个极好的例证。

老子和庄子，对世俗的价值观念，都持鄙视态度。《老子》第二十章说：“众人熙熙，如享大牢，如登春台，我独泊兮其未兆，……众人皆有余，而我独若遗，…俗人昭昭，我独昏昏；俗人察察，我独闷闷”。这位李老先生专与一般人唱反调。庄子则更形象、明白地说明这一点：人家说圣人好，他说：天下胡涂人太多了，才有所谓圣人，甚至说圣人不死，天下就没太平。人家说富了好；他说：钱太多了就有人偷你！人家说木瘤盘结的大树不成材；他又说：要不是结那么多树瘤子，早就被人砍了，还能长那样大?！人家说，犀牛好大呀；他偏说，大有什么用，它会捉老鼠吗?

看来，中国的茶人们真学了庄子的脾气，很爱与世俗唱对台戏。陆羽的性情人们就觉得怪。一般人看不起伶人，他偏去作戏子；朝廷请他作官不去，偏要研究茶；别人多顾个人安危，他为朋友不避虎狼。许多茶人即使作官，也经常因直谏被贬。王安石也好茶，而且很懂水品，好不容易作了宰相，却偏要变法，连小说家都叫他“拗相公”。老舍先生学问很大，偏要写北京的市民生活，不是祥子、虎妞，便是《茶馆》里的三教九流。在茶人们看来，所谓荣华富贵薄如白开水，倒不如作个自在的茶仙为好。“作花儿比作官到有拿手”（《金玉奴棒打薄情郎》），人穷，却总有几分傲气。茶人中像宋代丁谓之流的毕竟是少数，大多数茶人有一身穷骨气。即便富的茶人也大多不苟同世俗，很懂得雅洁自爱，又总爱发表些怪论。即使不敢公然指责权贵，也总是明讥暗讽的对抗几下子。茶人的这种精神，培养了许多知识分子忠耿清廉的性格，对封建世俗观念常常唱反调。

如果说，儒家茶文化更适合士大夫的胃口，而道家茶文化则更接近普通文人寒士和平民的思想。它以避世的消极面目出现，正反映了与占统治地位的儒家思想处于不同的境地。因此，决不可忽视。谈中国茶道精神者往往扬儒贬道，这有很大的片面性。

## （八）儒家与茶文化

每个民族都有自己的母体文化，由此派生出其他子系文化。西方以古希腊、罗马文化为自己的基点，崇尚火与力，以力横决天下。而中国尊的是皇天后土，以大地为母亲，所以平和、温厚、持久。这造成后来的儒家以中庸为核心的文化体系。中国茶文化正是由这个母系文化中派生而来。中国茶道思想是融合儒、道、佛诸家精华而成，但儒家思想是它的主体，近代以来，西方的“船坚炮利”，既打破了中国传统生产和生活方式，也打破了中国的精神传统。加之儒学到后期确实作了维护腐朽封建制度的工具，人们对儒家思想的评价当然发生巨大转变。许多人向西方寻找真理，对中国的传统，抨击十分强烈。但是，经过上百年中西文化的反复较量，人们又回过头来，重新审视自己的传统，又觉得祖宗留下的东西还有许多宝贝，擦掉它身上的灰尘，又会光彩夺目。儒家思想当然也不是尽善尽美，其他民族也有自己优秀的文化精神。在人类历史上，许多民族创造过“高峰文化”，但为时不久便消声匿迹。如巴比伦文化、古埃及文化，今日何处去寻？除了那古老的金字塔和地下出土的文物，留下了多少精神内容？甚至，古希腊、罗马文化，从某种意义上讲今日继承的也太少，更看不到深化、发展。而中国的儒家思想，不仅创造了人类历史上整整一个光辉时代，使中国处于世界封建时期的顶峰，而且影响到整个东亚文化圈，到现代工业社会，不仅东方儒学又重新抬头，甚至西方也想从儒学中寻找解脱困境的方案。国外所谓“儒学第三期发展”，正是这样被提出来的。这说明，儒学不仅是封建的产物，作为一种民族思想精华，它有在不同时代应变、发展的极大生命力。

## 中庸与茶道

有人说，西方人性格像酒，火热、兴奋，但也容易偏执、暴躁、走极端，动辄决斗，很容易对立；中国人性格象茶，总是清醒、理智的看待世界，不卑不亢，执着持久，强调人与人相助相依，在友好、和睦的气氛中共同进步。这话颇有些道理。酒自然有酒的好处，该热不热，该冷不冷，须要拼一下也不去拼是不行的。但从人类长远利益看，中国人的思维方法或许可尽量减少些人类不必要的灾难。所以，茶文化从中国这块土壤上诞生，有深厚的思想根源。

表面看，中国儒、道、佛各家都有自己的茶道流派，其形式与价值取向不尽相同。佛教在茶宴中伴以青灯孤寂，要在明心见性；道家茗饮寻求空灵虚静，避世超尘；儒家以茶励志，沟通人际关系，积极入世。无论意境和价值取向不都是很不相同吗？

其实不然。这种表面的区别确实存在，但各家茶文化精神有一个很大的共同点，即：和谐、平静，实际上是以儒家的中庸为提携。

与无边的宇宙和大千世界相比，人生活的空间环境是那样狭小。因此，人与自然，人与人之间便难免矛盾冲突。解决这些矛盾的办法，在西方人看来，就是要直线运动，不是你死，便是我活，水火不容。中国人不这么看。在社会生活中，中国人主张有秩序，相携相依，多些友谊与理解。在与自然的关系中，主张天人合一，五行协调，向大自然索取，但不能无休无尽，破坏平衡。水火本来是对立的，但在一定条件下却可相容相济。儒家把这种思想引入中国茶道，主张在饮茶中沟通思想，创造和谐气氛，增进彼此的友情。饮茶可以更多的审己、自省，清清醒醒地看自己，也清清醒醒地看别人。各自内省的结果，是加强理解，“理解万岁”！过年过节，各单位举行“茶话会”，表示团结；有客来敬上一杯香茶，表示友好与尊重。常见酗酒斗欧的，却不见茶人喝茶打架，那怕品饮终日也不会抡起茶杯翻脸。这种和谐、友谊精神来源于茶道中的中庸思想。

陆羽创中国茶艺，无论形式、器物都首先体现和谐统一。他所作的煮茶风炉，形如古鼎，整个用《周易》思想为指导。而《周易》被儒家称为“五经之首”。除用易学象数原理严格定其尺寸、外形外，这个风炉主要运用了《易经》中三个卦象：坎、离、巽，来说明煮茶包含的自然和谐的原理。坎（☵）在八卦中为水；巽（☴）在八卦中代表风；离（☲）在八卦中代表火。陆羽在三足间设三窗，于炉内设三格，三格上，一格书“翟”，翟为火鸟，然后绘离的卦形；一格书坎，绘坎卦图样；另一格书“彪”，彪为风兽，然后绘巽卦。陆羽说，这是表示“风能兴火，火能煮水”。故又于炉足上写下：“坎上巽下离于中”，“体均五行去百疾”。在西方人看来，水火是两种根本对立难以相容的事物。但在中国人看来，二者在一定条件下却能相容相济。《易经》认为，水火完全背离是“未济”卦，什么事情也办不成；水火交融，叫作“既济”卦，才是成功的条件。中医理论认为，心属火，肾属水，心肾不交会生病，心火下降，肾水上升，两者协调才能健康。所以，气功学把这种协调心肾的功法称为“水火既济功”。天与地的关系同样如此，《易经》认为，天之气到地下来，地之气到天上去，这是“泰”（䷊）卦，能平安吉祥。相反，天高高在上，地永远压在下面，表面看合理，实际天地隔离，那叫“否”卦（䷋），是并不吉祥的。用这种观点指导统治术，要求帝王们也要体察民情，产生“民本”思想；而百姓们也体谅些国家，顾全些大局。而水火不容的两国也能化敌为友。有时兵戎相见，转眼又称兄弟之国。“大同世界”，“万邦和谐”，是中国人的社会理想；天地自然，五行和谐是中国人辩证的自然观。中国茶人把这两点都引入茶艺和茶道之中。陆羽认为，水、火、风相结合，才能煮出好茶，发茶性，去百疾。同样是水，也要取水质既清洁又平和的，因此对湍流飞瀑评价最低，认为不宜煮茶。枯井之水也不好，“流水不腐，户枢不蠹”，过于静止，就要陈腐，喝了也要生病。

在中国茶文化中，处处贯彻着和谐精神。宋人苏汉臣有《百子图》，一大群娃娃，一边调琴、赏花、欢笑嬉戏，一边拿了小茶壶、茶杯品茶，宛如中华民族大家庭，孩子虽多并不去打架，而能和谐共处。至于直接以《同胞一气》命名的俗饮图，或把茶壶、茶杯称为"茶娘"、"茶子"，更直接表达了这种亲和态度。中华民族亲和力特别强，各民族有时也兄弟阋墙，家里打架，但总是打了又和。遇外敌入侵，更能同仇敌忾。清代茶人陈鸣远，造了一把别致的茶壶，三个老树虬根，用一束腰结为一体，左分枝出壶嘴，右出枝为把手，三根与共，同含一壶水，同用一支盖，不仅立意鲜明，取"众人捧柴火焰高"、"十支筷子折不断"、"共饮一江水"等古意，而且造型自然、高雅、朴拙中透着美韵。此壶命名为"束柴三友壶"，主题一下子被点明。

中国历史上，无论煮茶法、点茶法、泡茶法，都讲究"精华均分"。好的东西，共同创造，也共同享受。从自然观念讲，饮茶环境要协和自然，程式、技巧等茶艺手段既要与自然环境协调，也要与人事、茶人个性相符。青灯古刹中，体会茶的苦寂；琴台书房里体会茶的雅韵；花间月下宜用点花茶之法；民间俗饮要有欢乐与亲情。从社会观说，整个社会要多一些理解，多一些友谊。茶壶里可装着天下宇宙，壶中看天，可以小中见大。中国人也讲斗争，但斗的目的是为求得相对稳定与新的平衡。目前，世界面临着残杀、战争和自然环境的大破坏、大污染，中国的茶道精神或许能给这纷乱的世界加些清凉镇静剂。据说，英国议会中开会，怕议员们吵起来，特地备茶，以改善气氛。这大概是中国茶道精神的延伸。中国这几年搞改革开放，开始青年人觉得西方文化有刺激性，向往摇滚乐、咖啡厅。搞了几年，还是觉得平和、清醒为好。于是又想起了中国的茶，想起了茶会中那安定、祥和的气氛。中国人讲"人之初，性本善"，中国茶道或许会更多唤起人类善的本性。地球这样小，外星纵有适于生存的地方，起码现在还没找到。既然如此，还是多一点茶人间的友善为好。可能这正是中国与东方茶事大兴的原因之一吧。

## 乐感文化

有人说，日本茶道要点在于清、寂，而中国茶道却多了许多欢快的气氛。这确实是说到了点子上。日本处于孤岛之上，忧患意识或危机感特别强，他们吸收中国禅宗茶道的苦寂思想是很自然的。西方人表面看来欢欢乐乐，但内心也有许多说不出的苦处。西方是上帝统治着人，上帝一直是压在人们头上的大山。今生要拼命享受，因为来世还不知如何。今天是百万富翁，明天就可能一贫如洗，跳楼跳海。对于自己的命运很难把握，更谈不到子孙后代。所以，乐中有悲，不过是"今朝有酒今朝醉"。日本的"清寂"与西方的"拼命享受"，表面看很不相同，但都怀有对未来的恐惧。

中国人则不然，虽然信神，但神可有可无。生命谁给的？不是上帝，而是父母、爷爷和奶奶。今后前景如何？寄希望于子孙后代，相信“芝麻开花节节高”，“一代更比一代强”。所以，中国人总是充满信心的展望未来，也更重视现实的人生。不必等来世再到上天那里求解脱，生活本身就要体会“活”的欢乐。有人称中国文化的这种特点为“乐感文化”，而中国茶道，正呈现出这一特点。在困境到来时，茶人们也讲以茶励志；但在日常生活中，特别是茶道中，总是更多与欢快、美好的事物相联系。因为，在儒家思想看来，人生到世界上并不是专门为的受苦。再艰苦的环境，总还有许多乐趣，没有一点欢乐和希望，还活着干什么？

陆羽主张茶艺要美，技术要精，连煮茶的沫饽都用鱼睛、蟹目、枣花、青萍来形容。皎然是个和尚，但是个被儒化了的和尚，他主张饮茶可以伴明月、花香、琴韵，还作了许多好诗，被誉为“诗僧”，在唐诗中也占了一个地位。范文澜先生笑皎然不是个真和尚，既然四大皆空，要作诗扬名干什么？这也有点太苛求了些。和尚们既不让娶妻生子，享受天伦之乐，连作诗、绘画，享受点自然情趣和朋友的亲情都不可，那真是印度的苦行僧了。所以，皎然是个很有人情味的和尚。陆羽重于茶艺，皎然重于茶理，特别是重茶中的艺术思想、精神境界。谈到中国茶道思想，人们总是推崇卢仝的《谢孟谏议寄茶》诗，俗称：《七碗诗》。其实，皎然早就一碗两碗的讨论过茶的意境。他在《饮茶歌诮崔石使君》中写道：

> 越人遗我剡溪茗，采得金芽爨金鼎。素瓷雪色漂沫香，何似诸仙琼蕊浆。一饮涤昏寐，情来朗爽满天地。再饮清我神，忽如飞雨洒轻尘。三饮便得道，何须苦心破烦恼。此物清高世莫知，世人饮酒多自欺。愁看毕卓瓮间夜，笑向陶潜篱下时。崔侯啜之意不已，狂歌一曲惊人耳。孰知茶道全尔真，唯有丹丘得如此。

在皎然看来，连陶渊明采菊东篱，借酒浇愁也大可不必。以茶代酒，更达观，更清醒的看待世界，涤去心中的昏寐，面对朗爽的天地，才是茶人的追求。这奠定了中国茶道的基调，既有欢快、美韵，但又不是狂欢滥欢。所以，真正茶人总是相当达观的。有乐趣，但不失优雅，是有节律的乐感。唐代《宫乐图》，表现的是宫中妇女品茶与欢馔、音乐相结合的情景，是从悠扬的宫乐、祥和的气氛中体现乐感。明人在自然山水间饮茶，求得自然的美感和乐趣。在斋中品茗，相伴琴、书、花、石，求得怡然雅兴。甚至于洞房中夫妻对斟，皆可入画，有欢快但无俗媚，更不可能有猥亵之感。著名女词人李清照与丈夫赵明诚都是著名茶人，常以茶对诗，夫妻和乐，以至香茗洒襟，仍不失雅韵，被人传为佳话。至于民间茶坊、茶楼、茶馆，欢快的气氛便更浓重些。以禅宗的德山棒来看，这些茗饮方式好像都没有什么深刻的思想。但在正常人看，七情六欲皆出乎天然，合于自然者即为道。儒家看来，天地宇宙和人类社会都必然处在情感性的群体和谐关系之中，不必超越实际时空去追求灵魂的不朽，体用不二，体不高于用，道即在伦常日用，工商耕稼之中。“天行健”，自然不停的运动，人也是生生不息，日常的生活，有艰难，也有快乐，才合自然之道，自然之理。饮茶不像饮酒，平时愁肠百转，喝昏了发泄一通，狂欢乱舞，也不像苦行僧，平时无欢乐，无精神，苦苦坐禅，才有一时的开悟和明朗。茶人们一杯一饮都有乐感。“学而时习之，不亦乐乎?”“有朋自远方来不亦乐乎?”以茶交友不亦乐乎?佳茗雅器不亦乐乎?以茶敬客不亦乐乎?居家小斟不亦乐乎?并非中国人不知艰难或没有“忧患意识”，而是执着于终生的追求，诚心诚意的对待生活，“反身而诚，乐莫大焉”。合于自然，合于天性，穷神达化，你便可以在一饮一食当中都得到快乐，达到人生极致。饮茶，自己养浩然之气，对人又博施众济，大家分享快乐。茶道中充满自己的精神追求，也有对其他人际的热情。清醒、达观、热情、亲和与包容，构成儒家茶道精神的欢快格调，这既是中国茶文化总格局中的主调，也是儒家茶道与佛教禅宗茶道的重要区别。快乐，在儒家看来，不仅不是没有志气、没有思想，恰恰相反，是对生活充满信心的表现。所以孔子赞扬颜回说：“贤哉，回也!一箪食，一瓢饮，在陋巷，人不堪其忧，回也不改其乐，贤哉，回也!”中国的茶人们比起锦衣玉食的达官贵人，端了杯茶自乐，当然显得寒酸，比起禅宗茶道的清苦，又好像执着不够。但儒家茶道是寓教于饮，寓志于乐。道家飘逸、闲散过了些，佛教又执着的不近乎人情，还是儒家茶道既承认苦，又争取乐，比较的“中庸”，易为一般人接受。所以，中国民间茶礼、茶俗，大多吸收儒家乐感精神，欢快气氛比较浓重。老北京的市民们，在艰苦的岁月里从北京茶馆里寻找了不少快乐，茶也算个“有功之臣”了。

## 养廉、雅志、励节

历史上，“茶禅一味”给人们留下了深刻的印象。加之明清茶人接受道家思想，消极避世者甚多，清末八旗子弟，民国遗老遗少，又常以茶为“玩意儿”，给人们留下的好印象也不多。所以，近世虽积极推崇茶的好处，但并不以为茶艺的讲究有什么好，常把艺茶品茗看作文人、闲人的无聊、避世、消闲之举，而不大了解中国茶中积极入世的精神。其实，中国茶文化从一产生开始，便是以儒家积极入世的思想为主。茶人中消极避世者有之，但一直不占主要地位。我们这样说，是从中国茶文化发展的总体趋势和大格局而言。当然，并不排除茶道流派和个别茶人中的消极思想。在个别时期，消极避世的倾向甚至占上风。而从茶文化在中国长期发展中的历史作用来说，无论如何，其积极精神是主要的。

在中国，儒、道、佛各家虽然都有自己的茶道思想，但领导中国茶文化潮流的主要是文人儒士。中国的儒学，即使在它走向保守以后，仍然是入世而不是避世。中国的知识分子，从来主张“以天下为己任”，“为生民立命”，“为天地立心”，很有使命感和责任心。中国茶文化恰好吸收了这种优良传统。中国开始习惯饮茶的确实是道人、和尚，但能形成文化观点，以精神而推动茶文化潮流的仍是儒生们。晋与南北朝时，推动茶文化发展的，主要是政治家和清谈家。政治家如桓温、陆纳等是以茶养廉，以对抗两晋以来的奢糜之风，而清谈家则是在饮酒、饮茶中纵论天下之事。清谈也并非全无用处，其中也不乏有见解、有思想的人物。

到唐代，陆羽等创制茶文化总格局，实际上已是儒、道、佛各家的合流。但儒家思想是提携诸家的纲领。陆羽本身就充满了忧国忧民之心，这从他创制的器具上就可得到证明。有人认为，陆羽是“教技术”，好比个茶学工程师，皎然、卢仝等才是讲茶精神。其实不然，皎然的许多茶诗固然充满了美的意境和哲理，但主要是创建茶的艺术意境、美学思想。尽管皎然与一般和尚有许多不同，但毕竟仍是和尚。而陆羽则不然，他自幼被父母抛弃，当过小和尚，进过戏班子，尝尽人间酸甜苦辣。刚逢伯乐，打算实现精研儒学的愿望，却又碰上安史之乱。到湖州避难，在研究茶学中深入民间，十分了解百姓的疾苦。在与颜真卿等交往中，又进一步研究儒学、讨论国家大事。今人多知颜真卿是大书法家，而大多不知颜氏也是位大政治家，而且首先是政治家。天宝十二年（753 年），安禄山驱兵南下，河北诸郡纷纷陷落，颜真卿任平原郡太守，唯独平原郡城防坚固，战旗飘扬，颜氏肩负了领导整个河北战场的重任。后来，颜真卿又出任刑部尚书，因忠耿刚烈，被排挤出京。后再次检校刑部尚书，又犯颜直谏，惹恼了皇帝，得罪了宰相，方又左迁外任。大历八年(773 年)，颜真卿出任湖州刺史，陆羽与之结为至交，皎然也是颜府坐上客。可以想见，这样一班朋友，必然会在思想上彼此影响。陆羽与颜真卿的性格十分相似，朋友有错，常苦心劝谏，人家若听不进去，先自己难过的大哭。一个是谏君，一个是谏友，但都是忠耿刚烈。陆羽除茶学著作外，还长于修方志，今可稽考者尚有五、六种。方志在古代称“图经”，地方修“图经”，上达朝廷，以备了解民情土风参考。可见，陆羽的心，上系朝廷，下连黎民。所以，当他制造烧茶的风炉时，不仅吸收了《易经》五行和谐的思想，而且把儒家积极入世的精神都反映进去。适值安史之乱平定，他便在炉上刻下：“大唐灭胡明年铸。”他又在炉上铸了“尹公羹，陆氏鼎”，与伊尹相比。他所造茶釜，不论长宽厚薄皆有定制，并说明，要“方其耳以令正”，“广其缘以务远”，“长其脐以守中”。这令正、务远、守中的思想，正是儒家治国之理。他在《茶经》中强调，饮茶者须是精行俭德之人，把茶看作养廉和励志、雅志的手段。后来，刘贞亮总结茶之“十德”，又明确“以茶可交友”，“以茶可养廉”，“以茶可雅志，”“以茶利礼仁”，正式把儒家中庸、仁礼思想纳入茶道之中。

最能形象地反映茶道入世精神的是宋人《审安老人茶具图》中十二器之名。

(1) 烘茶焙笼——称“韦鸿胪”。

(2) 茶槌——称“木侍制”。

(3) 茶碾——称“金法槽”。

(4) 茶帚——称“宗从事”。

(5) 茶磨——称“石转运”。

(6) 茶飘——称“胡员外”。

(7) 茶罗合——称“罗枢密”。

(8) 茶巾——称“司职方”。

(9) 茶托——称“漆雕秘阁”。

(10) 茶碗——称“陶宝文”。

(11) 茶注子——称“汤提点”。

(12) 茶筅——称“竺副帅”。

这里，每一件茶器，都冠以职官名称，充分体现了茶人以小见大，以茶明礼仪、制度的思想。明代，国事艰难，更继承了这种传统，竹茶炉称“苦节君像”，都篮称“苦节君行省”，焙茶笼称“建城”，贮水瓶称“云屯”，炭笼叫“乌府”，涤方曰“水曹”，茶秤叫“执权”，茶盘叫“纳敬”，茶巾称“受污”。表面看，茶人们松风明月，但大多数人，却时时不忘家事、国事。茶人们从饮茶中贯彻儒家修、齐、治、平的大道理，大至兴观群怨，规矩制度、节仪，小至怡情养性，无一不关乎时事。至于消闲的作用，当然是有的。儒家向来主张一张一弛，文武之道，不必要终生、终日都绷着脸，当进则进，当退则退。即使闲居野处，烹茶论茗，也并不一定说明就是消极。

## 礼仪之邦

中国向来被称为“礼仪之邦”。现代人一提起“礼”，便想起封建礼教、三纲五常。其实，儒家思想中的礼，不都是坏的。比如敬老爱幼，兄弟礼让，尊师爱徒，便都没有什么不好。人类社会是一架复杂无比的大机器，先转那个把手，那个轮子，总要有个次序。中国人主张礼仪，便是主张互相节制、有秩序。茶使人清醒，所以在中国茶道中地吸收了“礼”的精神。南北朝时，茶已用于祭礼，唐以后历代朝廷皆以茶荐社稷，祭宗庙，以至朝廷进退应对之盛事，皆有茶礼。

宋代宫廷茶文化的一种重要形式便是朝廷茶仪。朝廷春秋大宴皆有茶仪。徽宗赵佶作有《文会图》。无论从徽宗本身的地位或这幅画表现的场景、内容都不可能是一般文人闲常茶会。图的下方有四名侍者分侍茶酒，茶在左，酒在右，看来茶的地位还在酒之上。巨大的方案可环坐十二个位次。宴桌上有珍羞、果品及六瓶插花。树后石桌上有香炉与琴。整个宴会环境是在阔大的厅园之中，决不似同时期书斋捧茶，或刘松年《卢仝烹茶图》、钱选《玉川烹茶图》那样自在闲适。可见，这是礼仪性茶宴。当然，比朝廷正式茶仪要灵活、自然，而较一般茗饮拘谨得多。由此可见，文人以茶为聚会仪式，或朝廷亲自主持文士茶会已是经常举动，所以，在《宋史·礼志》、《辽史·礼志》中，到处可见“行茶”记载。《宋史》卷一百一十五《礼志》载，宋代诸王纳妃，称纳彩礼为“敲门”，其礼品除羊、酒、彩帛之类外，还有“茗百斤”。这不是一种随意的行为，而是必行的礼仪。

自此以后，朝廷会试有茶礼，寺院有茶宴，民间结婚有茶礼，居家茗饮皆有礼仪制度。百丈以茶礼为丛林清修的必备礼仪。《家礼仪节》中，茶礼是重要内容。元代德辉《百丈清规》中，十分具体地规定了出入茶寮的规矩。如何入蒙堂，如何挂牌点茶，如何焚香，如何问讯，主客坐位，点茶、起炉、收盏、献茶，如何鸣板送点茶人……规定十分详细。至于僧堂点茶仪式，同样有详细规定。这可以说是影响禅宗茶礼的主要经典，但同样也影响了世俗茶礼的发展。明人丘濬《家常礼节》更深刻影响民间茶礼，甚至影响到国外。如南朝鲜，至今家常礼节仍重茶礼。这些茶礼表面看被各阶层、各思想流派所运用，但总的说，都是中国儒家“礼制”思想的产物。

茶礼过于繁琐，当然使人感到不胜其烦，但其中贯彻的精神还是有许多可取之处。如唐代鼓励文人奋进，向考场送“麒麟草”，清代表示尊重老人举行“百叟宴”，民间婚礼夫妻行茶礼表示爱情的坚定、纯洁……等等，都有一定积极意义。

当然，茶礼中也有陈规陋俗，旧北京有些官僚，不愿听客人谈话了便“端茶送客”，便是官场陋俗。

但总的来说，茶礼所表达的精神，主要是秩序、仁爱、敬意与友谊。现代茶礼可以说把仪程简约化、活泼化，而“礼”的精神却加强了。无论大型茶话会，或客来敬茶的“小礼”，都表现了中华民族好礼的精神。人世间还是多一些相互理解和尊重为好。

最后，我们以卢仝《走笔谢孟谏议寄新茶》诗，来总结儒家的茶道精神。原诗曰：

日高丈五睡正浓，军将打门惊周公。
口云谏仪送书信，白绢斜封三道印。
开缄宛见谏议面，手阅月团三百片。
闻道新年入山里，蛰出惊动春风起。
天子须尝阳羡茶，百草不敢先开花。
仁风暗结珠琲瑕，光春抽出黄金芽。
摘鲜焙芳旋封裹，至精至好且不奢。
至尊之余合王公，何事便道小人家。

柴门反关送俗客，纱帽笼头自煎吃。
碧云引风吹不继，白花浮光凝碗面。
一碗喉吻润，两碗破孤闷。
三碗搜枯肠，唯有文字五千卷。
四碗发轻汗，生平不平事，尽向毛孔散。
五碗肌肤清，六碗通仙灵。
七碗吃不得也，唯觉两腋习习清风生。
蓬莱山，在何处？
玉川子，乘此清风欲归去。
山上群仙司下土，地位清高隔风雨。
安知百万亿苍生命，堕在巅崖受辛苦。
便为谏议问苍生，到头还得苏息否？

凡论茶道者，皆好引此诗，但多取中间“七碗”之词，舍去前后。而这样一来，茶人讽谏的积极精神便丢了。卢仝被后人誉为茶之“亚圣”，不仅由于他以饱畅洸洋的笔墨描绘出饮茶的意境，而且特别强调了儒家的治世精神，是对唐代正式形成的中国茶文化精神的总结。

这首诗，实际分三部分。第一部分以军将打门，谏议送茶写起，表面看是用铺陈的方法写过程，但实际既包括礼仪精神，又包含伦序与讽谏。谏议送茶，已含“以茶交友”之意，是讲茶的对人际友谊的作用。“天子须尝阳羡茶，百草不敢先开花，”又含了伦序。有的说从这里便开始讽谏，其实，以卢仝这位封建文人说，先明伦序更符合他的思想。而“仁风暗结”，夸赞茶性“不奢”，又表达了儒家仁爱和养廉的精神。若说专以帝王、公侯与小民饮茶对比，也未免牵强。诗人首先以礼仪、伦序、友爱、仁义点出饮茶宗旨，倒更符合其思想实际。

中间当然是全诗精华。“一碗喉吻润”，还只是物质效用。“两碗破孤闷”，已经开始对精神发生作用了。三碗喝下去，神思敏捷，李白斗酒诗百篇，卢仝却三碗茶可得五千卷文字！四碗之时，人间的不平，心中的块垒，都用茶浇开，正说明儒家茶人为天地立命的奋斗精神。待到五碗、六碗之时，便肌清神爽，而有得道通神之感。表面看，饮到最后似有离世之意，但实际上，真正关心人间疾苦的茶人是不可能飞上蓬莱仙山的。所以，笔锋一转，便到第三层意思，最后是想到茶农的巅崖之苦，请孟谏议转达对亿万苍生的关怀与问侯。这里，才是真正的讽谏，是表达茶人“为生民立命”的精神。看来卢仝被称之为“亚圣”也是当之无愧的了。

# （九）民间茶艺文化

## 湖州圣地

浙江湖州，是我国古老的产茶胜地之一，也是茶圣陆羽创作《茶经》的地方，被称作陆羽的“第二故乡”和“中国茶文化发祥地”。我们觅古撷英的工作先从这里开始。

湖州北临太湖，烟波浩渺，水天一色；西南有天目山脉，峰峦起伏，重岭叠翠；山间溪水环绕，河湖密布。湖光、山色、沃土、清流，造成宜于植茶的自然环境。早在唐代，此地便是产茶胜地，最有名者称顾渚紫笋，产于顾渚山。唐代，湖州的长、湖二县相邻之啄木岭金沙泉最宜烹茶。每岁采茶季节，二县官吏前来祭泉，州牧亦来主祭。境内又多古刹，当年陆羽、皎然、颜真卿等正是于此地品茶论茗，山亭聚会，开创了流芳千古的中国茶文化格局。正所谓人杰地录，集好茶、好水、好景及伟大茶人于一地。因而民间饮茶，相沿成风。苕溪为陆羽结庐著书处，苕溪民间大有陆氏古风。有人统计，处于东苕溪的清德县三合乡的几个村庄，如上杨、下杨、三合几村，仅750户人家，3800人口，每年每户平均饮茶可达2.84公斤，人均年喝茶1015碗。也就是说，大人，孩子，每天平均起码三碗左右。

湖州人不仅饮茶量大，更重要的是，保存了许多古老的茶艺形式，有一套从程式到精神的完整内容，可以说是典型的“民间茶道”。

所谓“民间茶道”，比文人茶道简朴，的确更生动、清丽。

随着时代的前进，湖州人也用泡茶法，但程式十分讲究。大体分延客、列具、煮水、冲泡、点茶、捧茶、品饮、送客、清具等十几道程序。有客来，主人早早备下好茶、佐料、果品及清洗好的茶具及清水、竹片。客人入，主人礼请上坐。这时，吊起专用的烧水罐，这罐，可以看作陆羽“茶釜”的变形。然后以竹篾烧起火来，同样包含着以水助火，以火烧水的自然关系。开水滚沸，主人取出珍藏的小包细嫩茶叶，以三指撮出，一撮撮放入碗中。随手又取来泡茶桌上的佐料，用手抓一把用青豆淹渍烘干的熟烘豆，再以筷子夹其他佐料入碗。这时，便以沸水罐居高临下冲在烘中，水要冲到容积七成，然后以筷子搅拌茶汤。这种用力打茶和加佐料的饮茶法，皆为唐人遗风，后代怕夺真香，文人、上层多不取，而在民间却一直流传下来。这时，茶性发挥，烘豆渐软，茶与水、料交融，香气袭人，水气蒸腾，恰是品饮最好时刻。于是，女主人以恭敬的仪态，娴熟的动作，一碗碗捧至客人面前，口中还要说："吃茶！"接着，捧出干果、瓜子之类，放置桌子中央，大家边饮、边食、边谈。烘豆泡茶是咸茶，一般冲上三开，客人便应将茶与佐料、豆子一起吃掉。再饮，需再原泡原冲。若是年节或客中有儿童，也有在茶中不用豆而加橄榄和糖的甜茶。这时主人捧茶要说一句："您，甜甜！"意为祝福生活的甜美。

这套茶艺形式，好像一首清丽的诗，无论器物、水品、料品、茶汤都清香无比，主人的动物还要娴熟、优美，使你在煮茶、敬客、品饮中体会茶的清新，人的美好，彼此的情谊。在湖州民间，有贵客来，没有这种敬茶方式是不能表明待客之礼的。

湖州地区的"打茶会"，更能表明这套茶仪的思想内涵。在这里，已婚的婆婆、嫂嫂们，每年要相聚专门品茶数次，苕溪称为"打茶会"，大概是陆羽、皎然茶会的遗风吧。但到民间女子中间，便更自然、欢快。欲聚会时，先约某家主持。主人至该日下午已备好清水、竹片、茶具、好茶、佐料、果品。姐妹们满面春风而来，主人热情一一请大家列坐。然后以上述程序煮水、点茶、捧果、品饮。因是乡里亲人，气氛更和谐欢快。这时，妇女们就边饮边"打"。所谓"打茶"，便是以茶为题说些赞颂、吉庆之词，又可以茶叙姐妹友好情谊。茶是什么茶，水是何种水，由茶、由水又赞及人，犹如古代文人品茶作诗、联句一般，只是更质朴地直表心迹。品一口说："这茶好！"又品一口："这茶清香，颜色碧绿！"主人谢客："您真会品茶！"客人又说："这茶全靠保管好！"有的姊妹便开始由物引到人："你家茶好，人也好！"接着对主人家的刻苦耐劳，待人和善……等等，都可借茶赞颂，主人自然又有一番回赞与自谦。于是，茶香、水美、人情、厚谊，对客人的热情，对主人的感谢，对姐妹的祝福，都融进这茶中。欢声笑语，半日方休。过几日，又可另于一家相聚。而无论是吃咸茶，说："请吃"；还是吃糖茶，说："您，甜甜"，都包含和寄寓着对生活的信念与体味。这种茶会，有茶艺程序，有聚会形式，有精神内容，显然绝非饮茶解渴而已。它没有文人茶会的琴棋诗画，但美韵贯彻于姐妹的自然韵律之中；它没有王公贵族的豪华器俱，但更多了几分古朴、热情；它没有寺院的诵经声、钟磬声，但欢声笑语比深山古刹更符合自然的人生追求。这种茶会，对茶、器、水以及烹饮技艺都有一定要求，是茶艺形式与精神内容的统一，所以完全可以称为"民间茶道"。其内容，以节律和谐，气氛欢快，程序井然，精神质朴、纯厚为特征。

纵观湖州民间茶道，可以看出它与我国古代茶道有许多相能之处：

（1）茶艺形式有一定之规，在优美的操作中先造成品饮的气氛。

（2）保存了我国古代茶中加放佐料的习惯。

（3）茶要"原泡"，不能象北方一大壶冲来冲去，这也是古代茶艺要求。

（4）点茶方法虽也有"泡"，但要又冲，又打（搅），以发茶性，与元明以来民间俗饮相通。

（5）充分表示礼敬，显然不是只为临时解渴，而是一种人际关系调协方式，这与路过家门，“大嫂，行人口渴，讨杯茶吃”显然大不相同。

（6）保存了古老的茶会形式。湖州“打茶会”，可以说是典型的民间茶仪。

（7）在精神内容上，不像古代隐士、道人、僧徒的凄苦，而更突出了中国人热爱生活，喜欢交际，爱好“众乐乐”，而非隐士的“独乐乐”或僧人的苦行，所以欢快的味道相当浓重。茶会中用一个“打”字，多少活泼妙趣便被“打”了出来。

与湖州饮茶古俗相仿的，还要说南浔蚕乡的熏豆茶会。南浔与湖州相邻，同处太湖南岸，地处江浙之交，民间多务桑事蚕。这里同样爱喝豆子茶，而且茶会的内容从妇女中间扩大到整个乡民。每年春季，蚕农们常摇了小舟漂过太湖，去湖中山岛上用山芋、菜蔬购换新鲜茶叶，回来珍藏在小瓮里。秋来豆熟，便开始剥豆、熏豆。老年人爱集体剥豆，剥完你家剥我家，剥好了又加以泡制存放。制好豆再作吃茶的另一种伴食；黑豆腐干，以三年陈酱、冰糖、素油、茴香等精心泡制。然后再腌些胡罗卜片，整个冬季太湖茶会的料物便齐全了。江南冬季仍绿被四野，河湖荡漾，但农活相对减少，人们便乘这闲暇时候举行茶会。水乡居民星布，谁家搞茶会便操起侬软的吴音甜甜的喊起：“喂——，今晚到我家喝茶喽——！”于是，有沿田畦而至，有乘小舟而来，点茶方法大体与湖州相近，而茶会内容却更为广泛，可以叙友情，也可借茶会调解日常矛盾或纠纷，有的还伴以说唱等娱乐活动。有时，村与村之间发生纠纷，也以茶会调解。湖光、山色、水居、扁舟，伴着炊烟、茶香、欢声、笑语，一次次的聚会，一次次的和谐与欢乐，把茶协调人际关系的功能发挥得淋漓尽致。一边吃茶，一边嚼豆子，吃黑豆腐干，说着今年蚕宝宝结了多少茧，谁家收成好，看着太湖灯光，听着耳边桨声，生活中的苦恼，劳动的疲累，都随着茶会消弥在太湖烟波之中。

## “功夫茶”

功夫茶，流行于我国东南福建、广东等地。关于功夫茶名称由来众说不一，有的说是因为泡功夫茶用的茶叶制作上特别费功夫；有的说是因为喝这种茶味极浓极苦，杯又特别小，需花上好长时间一口口品尝，品茶要磨功夫；还有的说，是因为这种品茶方式极为讲究，操作技艺需要有学问，有功夫，此为功力之功。看来，诸说皆有道理，尤以后者为重要。特别是论茶艺、茶道一节，主要是讲沏泡的学问、品饮的功夫。功夫茶在各地方法技艺又有区别，我们且以广东潮州、汕头地区为例来谈，即所谓潮汕式功夫茶。

潮汕功夫茶，是融精神、礼仪、沏泡技艺、巡茶艺术、评品质量为一体的完整茶道形式。

潮汕功夫茶一般主客共限四人，这与明清茶人主张的茶客应“素心同调”，不宜过多的思想相近，客人入坐，要按辈份或身份地位从主人右侧起分坐两旁，这很像我国古代宗社、祖庙里以昭穆分两侧列位的方法，贯彻了伦序观念。

客人落座后，主人便开始操作。正宗潮汕功夫茶真乃是“中规中矩”、“谨遵古制”，一丝不爽的。无论对茶具、水质、茶叶、冲法、饮法都大有讲究。

茶具，包括冲罐（茶壶）、茶杯和茶池。茶壶，是极小的，只有红柿般大小，杯是瓷的，杯壁极薄。茶池形状如鼓，瓷制，由一个作为“鼓面”的盘子和一个作为“鼓身”的圆罐组成。盘上有小眼，一则“开茶洗盏”时的头遍茶要从这些小眼中漏下；二来泡上茶之后还要在壶盖上继续以开水冲来冲去以加热保温，这些水也从小眼中流下。真正的“茶池”则是指鼓身，它为承接剩水、剩茶、剩渣而设。功夫茶的壶是十分讲究的，我国明清之后茶艺返朴归真的思想浓重，犹重紫砂壶。而潮汕式功夫茶茶壶，用一般紫砂陶还不行，则要用潮州泥制壶。此地土质松软，以潮州泥所制陶壶更易吸香。谈到此，亦应了解中国不同品类茶叶需用不同器具。如花茶最宜用瓷壶，方能保其茶香不至逸失。绿茶本业清淡，而砂壶最易吸其味，亦不相宜，最好用瓷杯，或以玻璃杯直冲，既保其香，又可观察茶叶形状及色泽。而对于红茶、半发酵茶来说，最宜用砂陶，不仅有外在古朴且因易发散，使茶不馊，无“熟汤气”，久而久之，壶本身便会含香遍体。喝功夫茶的茶壶，不是买来就用，而先要以茶水“养壶”，而潮州泥壶含香、养壶最易。一把小壶，买得家来先以“开茶”之水频频倒入其中，待“养”上三月有余，小壶便“香满怀抱”了，这时方正式使用。功夫茶杯子也极小，如核桃、杏子一般。壶娘、壶子皆小巧玲珑，但又不失古朴浑厚。

《清稗类钞》记载了一则有趣的故事，说明这“养壶”的重要。据说，湖州某富翁好茶尤甚。一日，有丐至，倚门而立，不讨饭，却讨茶，说：“听说君家茶最精，能见赐一壶否？”富家翁听了觉得可笑，说：“你一个穷乞丐，也懂得茶？”乞丐听了说：“我原来也是富人，只因终日溺于茶趣，以致穷而为丐。今虽家破，但妻儿均在，只好行乞为生”。富翁听了，以为遇到“茶知已”，果然赏他一杯上好的功夫茶。这丐者品了品滋味说：“果然泡的好茶，可惜味不够极醇。原因呢，是壶太新。”说着，从杯中掏出一个旧壶，色虽暗淡，但打开盖子香气清冽。丐者说是他平素常用壶，虽家贫如洗，冻馁街头从不离身。富翁爱之不已，请求以三千金购壶，那乞丐却舍不得，说：“只要你一半钱，从此你我共享此壶如何？”富翁欣然允诺，自此相共一壶，至成故交。这是说，未曾泡茶，这养壶先要下功夫。

至于冲泡，则更要一番高超的技巧。标准的功夫茶茶艺，有所谓“十法”，即后火、虾须水（刚开未开之水）、拣茶、装茶、烫杯、热罐（壶）、高冲、低斟、盖沫（以壶盖把浮面杂质抹去）、淋顶。

客人坐好，主人亲自操作，首先以手将铁观音茶放入小小的壶中。功夫茶极浓，茶叶可占容积七分，以浸泡后茶叶涨发，叶至壶顶，方为恰当分量。第一泡的茶，并非饮用，而是直接以茶水冲杯洗盏而用，称为“开茶”或“洗茶”。主人将初沏之茶浇洗杯子，一开始便造成茶的精神、气韵彻里彻外的气氛。洗过盏，冲入二道水，这时，不仅叶已开涨，而且性味具发，主人便开始行茶。乃将四支小小杯子并围一起，以饱含精茗的小壶巡回穿梭于四杯之间，直至每杯均至七分满。此时二泡之茶水亦应恰好完毕。此种行茶方法称为“关公跑城”。而到最后余津，亦需一点一抬头地点入四杯之中，称为“韩信点兵”。四杯并围，含主客相聚之义；“关公巡城”即有优美的技巧，又含巡回圆满的中国“圆迹哲理”；“韩信点兵”，亦示纤毫精华都雨露均分的大同精神。关公、韩信皆古之豪杰，小中见大，纤美中却又包含雄浑。这套民间茶艺设计真是再巧妙不过了。这时，四支小杯的茶色若都均匀相等，而每杯又呈深浅层次，方显出主人是上等功夫。而假如由一泡至五泡都又呈不同颜色，便是泡茶高手了。这一段是显示泡沏的功夫。

此时，主人将巡点完备的小杯茶，双手依长幼次第奉于客前，先敬首席，然后左右佳宾，最后自己也加入品饮行列。吃这种茶，也讲个“吃”的“功夫”。无论你味觉如何，也不能一饮落肚，而要让茶水巡舌而转，激发起舌上每一个味细胞对茶味的“热情”，充分体味到茶香方能将茶咽下，这才不算失礼。饮完后还要像饮酒一般，向主人“亮杯底”，一则表示真诚领受主人厚谊，二则表示对主人高超技艺的赞美，这才像个功夫茶的真正“吃家”。

这样吃过一巡又一巡，饮过一杯又一杯，主客情义、对茶的体味都融融洽洽，到泡至五、六次时，茶便要香发将尽，礼数也差不多了。最后一巡过后，主人会用竹夹将壶中余叶夹出，放在一个小盅内，请客观赏，此举称为“赏茶”，一则让客人看到精美的叶片原形，回到茶叶的自然本质，二则表示叶味已尽，地主之谊倾心敬献，客人走后不会再泡这些茶叶。

这样讲究的功夫茶，不要以为只是有钱人家才作得起。在潮汕地区，常见小作坊、小卖摊在路边泡功夫茶，甚至农民上山挑果子，休息时也端出茶具，就地烧水泡茶。至于农家工余消闲，泡功夫茶更是经常之举。现代的城镇中，招待所、饭店都是现代化，但居然也有在柜台前泡了功夫茶来接待客人的。托人办事，送的礼品是茶；卖茶不论斤两，而事先以一壶大体标准分包，问你“买几泡?”可见功夫茶在潮汕地区普及之广，它实在是地地道道的“民间茶文化”。对水，功夫茶也极为讲究。山村农民，本来并不太富裕，但老潮汕人花钱买山泉水以备泡茶的婆婆、老翁却也不少。古朴的茶具，深厚的情谊，使潮汕人与功夫茶结下了不解之缘。经常在劳苦中度日的平民百姓，一旦喝上这功夫茶，便如舌底生香，风生腋下，千般苦，万般累都飘洒到九天云外了。

潮汕功夫茶的内涵极为丰富。它既有明伦序、尽礼仪的深刻儒家精神；又有优美的茶器及艺茶方式，不愧为高明的茶艺；有精神与物质、形式与内容的完整统一；有小中见大、巧中见拙、虚实盈亏的哲理；有中华儿女对生的圆满、充实和同甘共苦理想精神的追求。谁说中国茶文化繁华已尽、落叶凋零？单讲这功夫茶，便包含了多少内容。

## 茶树王国

谈起中国茶文化，人们大多以文人、墨客、隐逸、仙道、僧释为“正宗”。这诚然有理。因为正是这一文化阶层将中国饮茶推入文化的峰颠，其特点是技中有艺，艺中含道，物我一体，情景交融，且能将茶道与天地自然，人文艺术，诸般境界交融一体。这样高深的茶艺，在一般人看来，现代社会里简直是可望不可求。但是，假如我们步入滇茶世界、“茶树王国”，便处处可见这种自然、和谐、充满韵味的茶艺芳踪。

中国是茶的故乡，云贵高原又是中国茶的原生故地。云南，既有宜茶的人文环境，又有宜茶的自然环境。大约在二亿五千万年前，云南还处于所谓“劳应古北大陆”的南缘，面临泰提斯海。地势平坦、气候温和、雨量充沛。后经过地质年代二叠纪、三叠纪、白垩纪、第三纪的漫长岁月，使许多种被子植物在这里发生、滋长、演化。后来，第四纪以来的几次冰河期，毁灭了世界上许多植物的家园，而唯有我国云南南部和西南部受害最轻。这造成云南益于植物生长的古地理、古气候条件。故云南现有高等植物一万五千多种，占全国一半以上，向有“植物王国”之称。古老的茶树也是云南最多。世界上茶科植物共23属，三百八十多种，分布在我国西南的就有二百六十多种，其中又以云南最多，仅腾冲县就发现8属、七十多种。按组分类法，茶组植物世界上有40个种，我国有三十九个种，云南占三十三个种。所以向有“云南山茶甲天下”之说。野生大茶树是印证茶的原产地的重要根据，云南有四十多个县发现大茶树。勐海县巴达区有棵大茶树直径1.21米，树高达34米，已活了1700多岁，真是茶祖爷了。此树名震海内外，惊动了海峡彼岸的台湾同胞，腾空跨海前来祭拜、访问。大家说，这是来寻祖、找根、结谊、“吃奶”。确实，云南造就了祖国母亲最好乳汁——茶。云南不仅茶多、茶好，而且有宜茶的好山、好水和会烹茶、敬茶的各族好儿女。苍山脚下、洱海之滨、滇池之畔，到处都是茶山、茶树、茶花、茶人。中国古代茶人讲究品茶环境，而整个云南就可看作天下最美的“自然茶寮”。四季如春，山水如画，人人都在画中；茶歌、茶舞、茶的神话，天地人间，人人都在茶中。这样的香茗故乡，怎么会没有上好的茶艺、茶道？古代茶人饮茶，爱伴青山流溪，你到了云南，自然立即进入茶的意境。中国的“茶之路”，正是从这里开始，而当茶进入文化领域之后，经过各族人民长期文化交流，茶文化同样返归茶的故乡，在这里深深扎根。

首先，到了昆明，不可不领略“九道茶”的风味。九道茶，是昆明书香人家待客的茶仪。昆明号称花城，读书人更爱花。饮昆明“九道茶”，先把你带入一个花的氛围，主人家一般都植有各种名花奇卉，山茶花更是独压群芳，必不可少的。日本茶道讲苦、寂，而中国人，既耐得苦涩、寂寞，更爱好繁花似锦，这更多了些真正的“人文精神”。而室外的鲜花，并不能夺去室内的雅洁。读书人家，尤其是爱茶的文人，总要在壁间挂一些与茶相关的书画。如白居易的“坐酌泠泠水，看煎瑟瑟尘。无由持一盅，寄与爱茶人”。又如据晋人左思《娇女诗》，画上一幅《吹嘘对鼎图》，都是为衬托品饮的意境。中国茶道自陆羽《茶经》始，便主张边饮茶边讲茶事，看茶画，昆明“九道茶”继承了这种优良传统。肃客入室，“九道茶”便开始了。所谓“九道茶”，是指茶艺的九道程序，即：评茶、净具、投茶、冲泡、沦茶、匀茶、斟茶、敬茶、品饮。云南姑娘具有天然的清丽、雅洁气质，故这些工作常由少女担任。她们会在父母的示意下首先摆出珍藏的几种好茶，任客评论选择。这也是云南自然条件所决定。若在其他地区，一种好茶尚不易得，哪有挑选评批的余地。客人选好某种茶叶后，少女把腊染茶巾和各种器具，当着客人的面洗涤，表示器具清洁无污，然后投茶，冲水，打拌均匀以发茶性。待茶香溢出，茶色正好，便以娴熟优美的动作斟入杯中。再以客人年纪、辈份或身份次序一查杯敬献于你的面前。家主随即说：“请茶”，客人便可品饮了。茶过几巡，主人往往讲一些有关茶的故事与传说，以及云南的湖光、山色、景物、风情。一遍九道茶喝过，茶乡的美韵，主人的情谊，便尽在其中了。

白族的三道茶又是一番风味。这里的“三道”，与昆明的“九道”含意不同，不是指程序，而是请你品饮三种不同滋味的茶饮。操作一般也由女儿们进行。第一碗送来，你发现是加糖的甜茶，首先向你表示甜美的祝愿。第二道，却专寻苦味浓重的纯茶，不加佐料。这时，便可叙家常、谈往事，既有对过去生活的艰苦经历介绍，也可以某些生动的故事使人体味人生历程的艰辛但又美好。比如说，从前如何有个美丽的王国，忽然一个暴君如何食人眼睛，破坏了美好的一切，如何又有勇敢的青年请来野猫，咬断暴君的喉咙，重新唤回美好的生活。苦茶使你心明眼亮，辨别世上的伪、恶、丑与真、善、美，也使你想到人生道路的苦辣酸甜，寓事理于茶中，颇有引导意味。最后敬献一道，便是可以咀嚼、回味的米花茶，同时也象征祝你未来吉祥如意。这就是白族三道茶，主要包含的“人生之道”。

至于傣族的竹筒茶、傻尼人的土锅茶、基诺人的凉拌茶、布朗族的青竹茶，以及其他族的烤茶、盐茶、罐罐茶，方法各异，大多保持我国古代自采、自制、自烤、自烹、自吃的传统，突出一个“自然”意境。这些具体烹食方法，将另章介绍。

我们这里讲云茶之艺，主要是从某些既古老、又清新的茶道含意、茶艺意境出发，从这里，我们更多地看到中国茶文化自然清丽、质朴而又优雅的一面。如果偏要归入哪家思潮的话，云茶与文人山野茶趣、道家服饮之法和万物冥合的观念十分接近。不似中原民间茶礼那样古板，而比东南地区的功夫茶又多了些清新的野趣。在云南，茶道精神顺乎自然，茶艺方式顺乎自然，人与自然，人与茶得到更自然的交融，这里有茶故乡的“原生味道”。茶，本是自然精华的凝聚。但为人所用，特别是为统治阶段所用之后，登堂入室，乃至荐于宗庙，贡献皇家，尽管抬高了身份，节制礼仪、贡献于社会，但毕竟是“入銙”、经压、被磨，从外形到脾性，均被人过分雕琢拘束。而云茶艺苑，却毕竟是茶的本乡、本土、故里风光。越是在工业社会的现代化生活中，云茶的风味或许更受人青睐，有更多发掘价值。

# （十）茶诗茶联

## 相关文化概述

有人说，酒的性格如火，鲜明，热情，外向，但稍稍恣纵就易凶狠、暴烈，不够和平含蓄。而茶的性格如水，清幽、儒雅、隽永。又如高山云雾，又如七月巧云，又如清池碧波，可以抱山襄堤，内涵和容量那样大，你不可能一眼看到底，而总能品出各种滋味，不断生发各种新的意境。所以，酒虽然与文化结缘的不少，产生出酒诗、酒令、酒礼，还有不少文人成为酒仙，激发出热情的诗章，透着热情、豪放。但文人不会饮酒的还是多数，偶去酒楼、酒肆，但总觉多了些市俗的浓艳。且不说酒楼歌舞多俗媚，即便是杨贵妃醉酒，虽比街头醉汉的姿态要美，却总有些矫揉造作的成分。茶却不然，它特有的幽雅品格，使之常与各种文化结缘，与各种文化人结缘。著名诗人几乎都有茶诗，著名画家又有茶画，著名书法家有茶帖，中国大文人到后来很少有不与茶结缘的。不仅如此，民间艺术家也处处与茶结合，创造了茶歌、茶舞、茶谚、茶会、茶故事。这些与茶相关的艺术，无论是苍山洱海的茶歌，还是采茶姑娘翩翩起舞，都透着无限的清丽、质朴。如果从广义上的“文化”而言，茶与其他学科及社会生活搭界更多，为了饮茶，人们创造了各式茶建筑。为了财富，人们进行了大规模茶贸易。由此又产生出茶榷、茶法，以及与边疆民族的“茶马互市”，成为中原政权控制边疆民族的一项大政策，从而使茶进入民族关系和政治领域。茶走向世界，又成为进行国际文化交流的重要媒介。茶本身的物质功能和茶艺、茶道等特殊文化现象，使它派生出其他相关文化。它们是中国茶道精神的外延，也是整个中国茶文化体系的组成部分，所以不能不予以充分的注意。没有这些相关文化的衬托，茶艺、茶道本身不可能发扬光大，也不容易在广大民众中得到广泛传播。卢仝一首七碗茶诗，引发了儒、道、佛各家的思考；宋人刘松年一幅斗茶图，使元、明、清几代画家效仿；今人的采茶扑蝶舞，使全国多少人向往茶区的绿水青山和茶乡风情，中国历史上有一条丝绸之路，把中国灿烂的文化传向世界。而今，由于各种原因，丝绸之路相对不那么繁盛了。而茶却继续走向四大洋、五大洲。茶本身是根；是干，茶艺、茶道是花、是朵，茶的相关文化则是枝是叶。这样，才共同组成中国茶文化这棵繁茂的大树。

## 茶与诗

在中国，向有茶酒争功之说，虽经水来调解，欲其同登榜首，平分秋色，不要再打架，但实际上在中国人心中，尤其在文人的心中，茶的地位还是在酒之上。酒能激发情感，爱饮酒的诗人不少，但不饮酒的诗人也很多。而越到后来，诗人与茶结缘的越多，拒茶的诗人便很少了。纵观茶与酒在诗人中的地位，有一个酒领诗阵，茶酒并坐，到茶占鳌头的过程。

茶的故乡虽在中国，但传到中原和广泛使用并不早。所以，早期的文人常以酒助兴。屈原《九歌·东皇太一》就有："蕙肴蒸兮兰藉，奠桂酒兮椒浆"的句子。是说要用蕙草包裹祭肉，用桂、椒泡的美酒献给天神，到汉代，虽然开始出现饮茶，但与文人为伴的大多还是酒。曹操《短歌行》曰："对酒当歌，人生几何？譬如朝露，去日苦多"，是有感人生短暂，劝人及时行乐的。此歌又云："慨当以慷，忧思难忘。何以解忧，唯有杜康"。这是以酒解忧的名句，从此杜康的故事编出来了，杜康酒至今知名世界。这诗虽然悲壮，但总让人感到透着不少无奈。所以，酒，有时是恣纵放任，有时又总与愁相伴，很难使人产生平静安适。曹操的《短歌行》，给人的第一印象是人生无常的苦闷，虽然壮心不已，但多烈士之悲心。曹丕也有酒诗，他无曹操的雄才大略，追慕汉文帝的无为政治，所以诗的题材倾向闾里小事，有不少男女恋情和离别的诗。《秋胡行》说："朝与佳人期，日夕殊不来。嘉肴不尝，旨酒停杯"。可见又是用愁与酒相伴。但快乐起来又多奢侈放纵了："排金铺，坐玉堂，风尘不起，天气清凉。奏桓瑟，舞赵倡。女娥长歌，声协宫商。感心动耳，荡气回肠。酌桂酒，脍鲤鲂。与佳人期为乐康。前奉玉卮，为我行觞。"乐虽乐矣，但到最后，仍感"岁月逝忽若飞"，因而"使我心悲"。(《大墙上蒿行》)。曹植才气很大，但却因"任性而行，饮酒不节"，竟把当太子的机会都丢了。曹操因此动摇了对他的信任，曹丕又对其多有猜忌，使他一生提心吊胆。曹植从十三岁到二十九岁，生活在邺城安逸生活中，终日流连诗酒生活。他早期的诗作，几乎处处是歌舞燕乐。"置酒高堂上，亲交从我游。中厨办丰膳，烹羊宰肥牛。"（《箜篌引》）。行乐要饮酒，受兄皇帝、侄皇帝压迫还得要酒。有感"日苦短"，"乃置玉樽办东厨"；有感"广情故"，又要"阖门置酒，和乐欣欣"。出门异乡，别易会难，还有"各尽杯觞"。酒，助曹植横溢之才华，也给他带来莫大苦难。三曹酒诗有乐，但更多道出一个“苦”字。

两晋社会多动乱，文人愤世疾俗，但又无以匡扶，常高谈阔论，于是出现清谈家。早期清谈家如刘伶、阮籍大多为酒徒。酒徒的诗常常是天下地上，玄想联篇，与现实却无干碍。虽有神话和奇丽的想象，但酒的浑沉使这些诗人出现反现实主义的趋势，虽得建安之风骨外形，却远无三曹匡世的气概。

值得注意的是，恰恰在这时，茶加入了文人行列。茶，也从此走上诗坛。晋代左思、刘琨、陶渊明，是对抗反现实主义的“玄言诗”派而产生的优秀作家。而正是由左思写出了我国第一首以茶为主题的《娇女诗》。这首诗，写的是民间小事，写两个小女儿吹嘘对鼎，烹茶自吃的妙趣。题材虽不重大，却充满了生活气息，不是酒人的癫狂或呻吟；而是从娇女饮茶中透出对生活的热爱，适出一派活泼的生机。从整个中国诗坛而言，虽不算什么名篇巨制，但开了个好头。茶一开始入诗，就涤去酒的癫狂昏昧。

唐代前期，诗人主要仍以酒助兴。李白斗酒诗百篇，足以说明酒在一定情况下对诗人有好大的功用。但天下诗人都像李白那么大酒量的怕是不多。而且，从文学家的角度说，李白无疑非常伟大，而从政治家的角度讲，李白未免太任性了些。郭沫若先生有意扬李抑杜，说杜甫官瘾特别大，实在不大客观。李白也有茶诗，但很少，常为人称道者即《玉泉仙人掌》，诗中写了仙人掌茶滋润肌骨和清雅无浊的品格。但更多的奥妙尚未发掘。可见李白饮茶还是偶而为之。杜甫专以茶为题的诗虽少见，但显然比李白饮茶要多，所以诗中茗饮之句比李白多了不少。

唐代诗人广与茶结缘还是在陆羽、皎然等饮茶集团出现之后。《茶经》创造了一套完整的茶艺，皎然总结了一套茶道思想，颜真卿组织了文人茶会，皇甫曾、皇甫冉、刘长卿、刘禹锡等把茶艺、茶道精神通过诗歌加以渲染。尤其到卢仝写下《走笔谢孟谏议寄新茶诗》之后，把茶提神醒脑，激发文思，净化灵魂，与天地宇宙交融、凝聚万象的功能描绘得淋漓尽致。从此，文人对茶的认识被提升到一种出神入化的高度。

如果说上述唐代诗人对茶有偏爱，尚不能代表整个中唐诗坛情况，白居易对茶酒的态度可能更有典型意义。

把茶大量移入诗坛，使茶酒在诗坛中并驾齐驱的是白居易。从白诗中，我们恰好看到茶在文人中地位逐渐上升、转化的过程。

白居易与许多唐代早、中期诗人一样，原是十分喜欢饮酒的。有人统计，白居易存诗二千八百首，涉及酒的九百首；而以茶为主题的有八首，叙及茶事、茶趣的有五十多首，二者共六十多首。可见，白居易是爱酒不嫌茶。《唐才子传》说他“茶铛酒杓不相离”，这正反映了他对茶酒兼好的情况。在白氏诗中，茶酒并不争高下，而常像姐妹一般出现在一首诗中：“看风小榼三升酒，寒食深炉一碗茶”（《自题新昌居止》）。又说：“举头中酒后，引手索茶时”（《和杨同州寒食坑会》）。前者讲在不同环境中有时饮酒，有时饮茶；后者是把茶作为解酒之用。白居易为何好茶，有人说因朝廷曾下禁酒令，长安酒贵；有人说因中唐后贡茶兴起，白居易多染时尚。这些说法都有道理，但作为一个大诗人，白居易从茶中体会的还不仅是物质功用，而是有艺术家特别的体味。白居易终生、终日与茶相伴，早饮茶、午饮茶、夜饮茶、酒后索茶、有时睡下还要索茶。他不仅爱饮茶，而且善别茶之好坏，朋友们称他为“别茶人”。从艺术角度说，白居易发现了茶的那些妙趣呢？

第一，白居易是以茶激发文思。卢仝曾说：“三碗搜枯肠，唯有文字五千卷”。这是浪漫主义的夸张。白居易是典型现实主义诗人，对茶与激发诗兴的作用他说的更实在：“起尝一碗茗，行读一行书”；“夜茶一两杓，秋吟三数声”；“或饮茶一盏，或吟诗一章”……；这些是说茶助文思，茶助诗兴，以茶醒脑的。反过来，吟着诗，饮茶也更有味道。

第二，是以茶加强修养。

白居易生逢乱世，但并不是一味的苦闷和呻吟，而常能既有忧愤，又有理智。这一点饮酒是不能解决的。而饮茶却能有助于保持一份清醒的头脑。白居易把自己的诗分为讽喻、闲适、伤感、杂律四类。他的茶诗一是与闲适相伴，二是与伤感为侣。白居易常以茶宣泄沉郁，正如卢仝所说，以茶可浇开胸中的块垒。但白居易毕竟是个胸怀报国之心，关怀人民疾苦的伟大诗人，他并不过份感伤于个人得失，在困难时有中国文人自磨自励，能屈能伸的毅力。茶是清醒头脑，自我修养，清清醒醒看世界的“清醒朋友”。他在《何处堪避暑》中写道：“游罢睡一觉，觉来茶一瓯”，“从心到百骸，无一不自由”，“虽被世间笑，终无身外忧”。以茶陶冶性情，于忧愤苦恼中寻求自拔之道，这是他爱茶的又一用意。所以，白居易不仅饮茶，而且亲自开辟茶园，亲自种茶。他在《草堂纪》中就记载，草堂边有“飞泉植茗”。在《香炉峰下新置草堂》也记载：“药圃茶园是产业，野鹿林鹤是交游”。饮茶、植茶是为回归自然情趣。

第三，是为以茶交友。

唐代名茶尚不易得，官员、文士常相互以茶为赠品或邀友人饮茶，表示友谊。白居易的妻舅杨慕巢、杨虞卿、杨汉公兄弟均曾从不同地区给白居易寄好茶。白居易得茶后常邀好友共同品饮，也常应友人之约去品茶。从他的诗中可看出，白居易的茶友很多。尤其与李绅交谊甚深，他在自己的草堂中“趁暖泥茶灶”，还说：“应须置两榻，一榻待公垂”。公垂即指李绅，看来偶然喝一杯还不过瘾，二人要对榻而居，长饮几日。白居易还常赴文人茶宴，如湖州茶山境会亭茶宴，是庆祝贡焙完成的官方茶宴；又如，太湖舟中茶宴，则是文人湖中雅会。从白诗看出，中唐以后，文人以茶叙友情已是寻常之举。

第四，以茶沟通儒、道、释，从中寻求哲理。

白居易晚年好与释道交往，自称“香山居士”。居士是不出家的佛门信徒，白居易还曾受称为“八关斋”的戒律仪式。茶在我国历史上，是沟通儒道佛各家的媒介。儒家以茶修德，道有以茶修心，佛家以茶修性，都是通过茶静化思想，纯洁心灵。从这里也可以看到唐以后三教合流的趋势。

我们之所以不厌其烦地介绍白居易饮茶的历史，是为了证明，到中唐时期，正是从酒居上峰到茶占鳌头的一个转折点。所以，到唐末，茶在文人中便占了绝对优势。这从敦煌本《茶酒论》完全可以得到证明。在敦煌曾发现许多变文写本，所谓“变文”，大多是一些以世俗生活为题材的佛教故事，虽然通俗，但不乏哲理。敦煌学家们曾整理出一本《敦煌变文集》，其中就完整地记载了一则茶与酒争功的故事，即《茶酒论》。其题记载为开宝三年（970 年），即宋初所记。因此，应主要反映唐末和五代对茶酒的社会评价。这个故事流传很广，明代冯梦龙《广笑府》以此为母题来改编为《茶酒争功》；西藏民间也有《茶酒夸功》的故事；贵州布依族人民中也有类似传说。各代故事情节大体相仿，说是茶与酒各夸自己的功劳，争的不可开交，最后水出来调解，说没有我你们都起不了作用。表面看，水调和了双方，实际上，《茶酒论》的主题仍把茶放在酒之上。《茶酒论》说茶的重要性是：“百草之首，万木之花，贵之取蕊，重之摘芽，呼之茗草，号之作茶”；“饮之语话，能去昏沉”；“贡五侯宅，奉帝王家，时新献入，一世荣华，自然尊贵，何用论夸？”所以，称茶为“紫素天子”，说它是“玉酒琼浆，仙人杯觞，菊花竹叶，君王交接”。而对酒，则认为“能破家散宅，广作邪淫”，甚至可以“为酒丧身”。所以，中国人虽然爱酒也爱茶，但在文化舆论上茶的位置总是要比酒高几分。应当指出，出现这种现象，不仅是由于文人的渲染，而且有着深刻的民族背景。中国人与西方人性格不同，西方人率直，但容易暴烈，好走极端，性格如火、如酒。而中国人含蓄、沉静、耐力强，务实而不好幻想。尤其是中国的知识分子，常以天下为己任，要求自己有很深的修养和高洁的情操，要经常清清醒醒地看世界，也清清醒醒地看自己，反对狂暴和感情滥泄。而茶的品质很符合中国民族的个性。因此，作为中华儿女杰出的代表——中国文化阶层，便对茶更有特殊的感情。从酒魔称霸，到茶酒分功，最后到茶领文风，是中国民族文化进一步成熟的表现。在当代西方世界不断倾斜，矛盾百出，世界纷乱不宁的情况下，茶的平和、友好、协调、含蓄、深情，就使人们更想起它的好处。因此，中国文人与茶结缘，实在是一种大智慧。

有人统计，唐以前与茶有关的诗约有 500 余首，其中主要是中唐以后文人所写。唐代，不仅茶诗数量大，而且无论内容和艺术形式都比后代深刻、新颖。宋代茶诗数量虽比唐代更多，但除少数著名诗人（如苏辙、陆游、范成大、李清照）的茶诗内容有新意外，大多模拟唐人。

唐代著名的茶诗，除本书以上各章及本节介绍的李白、杜甫、皎然、陆羽、皇甫曾、皇甫冉、白居易之外，应当一提的还有元稹。

元稹与白居易同期，号称元白。元诗形式有巧思，茶诗也不例外。他曾写过一首宝塔诗，从一字到七字，颇为新奇，题目即《茶》：

茶

香叶，嫩芽。

茶诗客，爱僧家。

碾碉白玉，罗织红纱。

铫铛黄蕊色，碗转曲尘花。

夜后邀陪明月，晨前命对朝霞。

谈尽古今人不倦，将至醉后岂堪夸。

此诗格局构思巧妙，而且把茶与诗人、僧人的关系，饮茶的功用及意境，烹茶、赏茶的过程都写了进去。虽因受格局限制，不及卢仝茶诗的深刻和气魄，也算难得的巧诗了。

宋人继承了唐诗的成就，同时又创造了“词”的诗歌形式。唐诗、宋词，并称中国文学史上光辉典范。宋人茶诗较唐代还要多，有人统计可达千首。这是由于宋代朝廷提倡饮茶，贡茶、斗茶之风大兴，朝野上下，茶事更多。同时，宋代又是理学家统治思想界的时期。理学在儒家思想的发展中是一个重要阶段，虽有教条、呆滞的趋势，但强调士人自身的思想修养和内省，对人们自身的理性锻炼十分重视。中国知识分子大多能自珍自重，重视自身思想品德，这一点，理学是有贡献的，不能一律抹煞。而要自我修养，茶是再好不过的伴侣。宋代各种社会矛盾加剧，知识分子经常十分苦恼，但他们又总是注意克制感情，磨砺自己。这使许多文人常以茶为伴，以便经常保持清醒。所以，无论真正的文学家，还是一般文人儒者，都把以茶入诗看作高雅之事。不过，从诗的艺术成就说，宋代茶诗并未超过唐代。但由于参加者甚众，数量又多，其中也有不少值得推崇的佳作。

在宋人茶诗、茶词中，若论艺术成就，当首推大文学家苏轼、陆游等。

苏轼在文学、书画方面的成就是众所周知的。苏轼自是文章高手，他咏物但并不为物所束缚，不限于工匠式的死板刻画，而多使物更多地染上人的主观感情，与人的性格、品德相通。所以，他的茶诗词也就把茶的品德拔高一等。我们在前面已介绍过苏轼一些茶诗，苏轼饮茶，总是与事相联系。他不仅精通茶事，而且总是从每次饮茶中品味出一些特殊的新意。其《寄周安孺茶》，长达六百字之多，可以说是对茶史、茶道、茶品、茶功，和对他自己饮茶历史的全面总结。用如此大的篇幅、以五言诗的形式来表达，而使人毫无堆砌、怠倦之感，不是高手诗人、茶的真正知音是决难作到的。诗中先写了从姬周到唐的茶史，继之讲为什么文人雅士独爱此道，然后讲自己饮茶的历史和体会：如何屡试小龙团，如何亲访茗园，如何访名泉、寻高人，学茶道、品茶味，等等。此诗乃东坡晚年之作，所以，更把一生坎坷与茶的意境交融体味。他感慨“如今老且懒，细事百不欲”，“况此夏日长，人间正炎毒”。

所谓“炎毒”，既写自然气候，也是对世事的疾恶。如何消解？于是只好烹茶，望着杯中香茗，叹“乳瓯十分满，人世真局促。意爽飘欲仙，头轻快如沐。昔人固多癖，我癖良可赎。为问刘伯伦，胡然枕糟曲”?！可见，东坡是从茗中寻求解脱苦难的良药和沙漠中的绿洲，作为自我拨脱，争取达观的手段。所以，我们应当从宋代社会和理学统治时期文人的特殊心态来理解这首诗。虽然东坡也爱饮酒，常常“明月几时有，把酒问青天”，但毕竟觉得高天宫阙“不胜寒”，所以仍需清醒地面对现实和人生。因此，他认为从茶中将肉体到精神都得到洗涤、沐浴，保持一颗旷达、清醒的头脑，比刘伯伦之类终日胡胡涂涂的耽于酒曲之中要好。这道出了中国大多数文士雅好茶茗的思想根源。

伟大的诗人毕竟伟大。东坡不仅深明茶理、茶道，而且凭一个艺术家特有的感觉，对茶道的艺术境界自有特殊感觉。其《汲江煎茶》便写出了月夜临江烹茶的独特妙趣：月夜里，在江边升起红红的炭火，诗人的心火也在燃烧。但现实的夜幕，使他明白，需用清醒的茗汁浇开心中的郁结。于是，亲自到江中去取水，瓢中盛来的不仅是大江的深情，而且把碧空明月也贮于其中了。茶被烹煮，泛起乳沫，发出响音，诗人的血脉也沸腾了。于是将茶事、人事加以对比：“雪乳已翻煎脚处，松风忽作泻时声。枯肠未易禁三碗，坐听荒城长短更。”从自然与茶茗的反复变化中，诗人进一步体味到更有长短，虽枯肠难易，但明白事理本是如此，也就多了些自然的旷达平静。

茶人以茶自省，但并非不关心世间之事，像明代个别人皓首穷茶，玩物丧志的毕竟是少数。宋代诗人范成大的茶诗，便常反映民间生活。范成大的茶诗，多写茶民、茶乡，富有生活气息。如《田园四时杂兴》云：

蝴蝶双双入菜花，日长无客到田家。
鸡飞过篱犬吠窦，知有行商来买茶。

短短几句把人、物、飞蝶、走犬、家鸡、短篱、菜花，行商皆入诗中，写出茶农对丰收后的希望和喜悦。虽是写景，人情自然流露。

又如，他的《夔州竹枝歌》云：

白头老媪簪红花，黑头女娘三髻丫。
背上儿眠上山去，采桑已闲当采茶。

这诗中的采茶队伍，从老婆婆，到小姑娘，以至背着娃娃的采茶妇，形象如何生动！

“以茶雅志”，是中国茶人最优良的传统。北宋茶人虽多，但一般耽于盛世安乐，欣赏贡茶的豪华，虽有好茶诗，但大多数写茶的具体制作、品斗、饮用为多。南宋偏安，使许多家国之士忧心如焚，茶诗中反映茶人忧国忧民，自节自励的诗多了起来。这方面最典型的代表是伟大爱国诗人陆游。陆游生于乱世，常自强不息，他十分敬慕陆羽的为人，常为“桑苧家”、“老桑苧”、“竟陵翁”自况。有人说陆游也姓陆，是否与陆羽，“五百年前是一家”，我们且不必详考。但陆游为人十分像陆羽，这是毫无疑问的。陆游曾表明，他是“平生万事付天公，白首山林不厌穷”。而陆羽同样是一个不羡高官厚禄，忧国忧家的人。有陆羽《五羡歌》为证：

不羡黄金罍，不羡白玉杯。
不羡朝入省，不羡暮入台。
惟羡西江水，曾向竟陵城下来

陆游对陆羽这种崇高品格十分仰慕，他在《雪后煎茶》诗中写道：

雪液清舟涨井泉，自携茶灶就烹煎。
一毫无复关心事，不枉人间住百年。

但实际上，茶人是不可能毫无牵挂的，所谓“一毫无复关心事，”只是对功名利禄等俗人常事而言。对国家、对百姓、对乡土，他们时刻难以忘怀。陆游《北窗》诗写道：

帘影差参午漏前，盆山绿润雨余天。
诗无杰句真衰矣，酒借朱颜却怅然。
海燕理巢知再乳，吴蚕放食已三眠。
名泉不负我儿意，一掬丁坑手自煎。

陆游在贫苦中煎茶自吃，但民间的疾苦、父子的亲情却尽在心中。他吃茶不是为消极避世，而是“幽人作茶供，爽气生眉宇”，从茶中增加自己的豪爽气概。他不沉浸在醉生梦死之中，而是清醒地对待贫穷与苦难：“年来不把酒，杯榼委尘土，卧石听松风，萧然老桑苧”。（以上皆见《幽居即事》。）陆游茶诗大多是晚年隐退绍兴家乡之后的作品，他虽居乡野，却时刻怀着一颗忧国忧民的茶人赤子之心。其《啜茶示儿辈》云：

围坐团栾且勿哗，饭后共举此瓯茶。
粗知道义死无憾，已迫耄期生有涯。
不圃花光还满眼，高城漏鼓不停挝。
闲人一笑真当勉，小榼何妨向酒家。

苏轼在江边饮茶，想着的是荒城的长更短更；陆游以茶教育儿孙，让他们不要忘记高城漏鼓，要以茶自勉，贫苦中也要笑对人生。在俭约自持中，透出一片为国为民的激烈心怀。

茶是和平的象征，越是战乱、艰难时刻，茶人们越想到香茗平静和谐的好处。这从民族英雄文天祥的茶诗中反映的最为明白。他在《扬子江心第一泉》诗中写道：

扬子江心第一泉，南金来此铸文渊。
男儿斩却楼兰首，闲评茶经拜羽仙。

反对战乱，企望和平，盼望有茗茶一样的和谐、宁静，这不仅是茶人的愿望，也是中华儿女的共同愿望啊。中华民族是一个爱好和平的民族，他们不怕强敌，敢于

"斩却楼兰首"，但更向往清茶、云乳、茗香，崇尚茶仙陆羽的和平精神。

从茶诗词的艺术成就而言，宋代黄庭坚的词也应予以介绍。其《满庭芳》云：

北苑龙团，江南鹰爪，万里名动京关。碾深罗细，琼蕊冷生烟。一种风流气味，如甘露不染尘凡。纤纤捧，冰瓮莹玉，金金缕鹧鸪斑。相如方病酒，银瓶壁眼，波怒涛翻，为扶起樽前，碎玉颓山。饮罢风生两腋，醒魂到明月轮边，归来晚，文君未寝，相对小窗前。

这首词意境新颖，上半片写茶不同凡响的"风流气味"；下半片借相如病酒，需以茶醒魂，扶起碎玉颓山，方能归来与文君小窗相对，观天边明月。茶在文人心目中的优雅韵味衬托得极为巧妙。

文士爱茶是宋代风尚，以茶入诗又是宋代诗人的爱好。不仅以上所举，象徐铉、王禹偁、林逋、范仲淹、欧阳修、王安石、梅尧臣、苏辙等，也都是既爱饮茶，又好写茶。

建立元王朝的蒙古人马上得天下，所以多有人以为元人不知茶。其实，元代不仅因茶艺、茶道世俗化而走向民间，即便文人中也有茶的知音。如汉化了的契丹文学家、政治家耶律楚材，便是既好饮茶，又写茶诗的。其《西域从王君玉乞茶》诗，共七首，达三百九十余字，也算茶诗中的长篇巨制了。第一首写西征途中，茶不易得，思念茶的心情和得茶后的欣喜。第二、三首写饮茶的精神感受：不仅洗净心中的"尘塞"，而且精神百倍，"顿令衰叟诗魂爽"，"两腋清风生坐榻"，第四、五首批评酒人不知茶的好处，笑刘伶终日沉缅酒中不知茶味，叹李贺旗亭解衣赊酒，实际从反面衬托茶功。最后两首写饮茶后对文思的激发："枯肠搜尽数杯茶，千卷胸中到几车"，"啜罢江南一碗茶，枯肠历历走雷车"，"笔阵陈兵诗思勇，睡魔卷甲梦魂赊"。诗人是有文才武略的大智之人，所以他的茶诗也不同于一般茶诗。一方面，他一再用天空的万里云霞比喻：初尝茶，清兴生，如"烟霞"相绕；再饮茶，看群山如"翠霞"满眼；继之心神爽朗，如"流霞"、"云霞"由心而生；笑刘伶昏于酒魔，才更惑茶如"碧霞"的清爽。待到诗兴大发，万卷、千车地泻出，那茶中似又装满山水、城池，所以又有"骑鲸踏破赤城霞"，"卧看残阳补断霞"的雄壮气势，写诗也象陈兵列阵一般了。这里，诗人不仅描绘了茶的幽雅、飘逸的一面，又写出了它内在的力量和气势，在历代茶诗中是少见的。一般诗人仿卢仝七碗意境，写两腋生风，羽化如仙的不少，而在耶律楚材笔下，茶能使人"清兴无涯生八表"，能列诗阵、破赤城、驱赶睡魔也如败兵卷甲一般。耶律楚材曾从成吉思汗远征，在蒙古人东征西杀建功立业的早期，他无论在军事和政治上都作出重大贡献。所以，他心中的茶便不同于一般文人明月清风的闲常之举了。

从文人、雅士的专利发展到民间俗饮，是元代茶文化的一大特点。又由于蒙古人歧视儒生，使不少文人生活降到底层，与一般百姓有了更多接触。这两项背景使诗人不仅以诗表达个人情感，也注意到民间饮茶风尚。如元人李载德曾作《小令》

十首，题曰《赠茶肆》，便反映了城市茶肆俗饮情况。十首之中虽有与前代茶诗雷同之处，但也不乏新意。如开头一首写道："茶烟一缕轻轻，搅动兰膏四座香，烹煎妙手赛维扬。非是谎，下马请来尝"。几句话，把茶肆气氛、店主的语气都描绘出来。

明代，社会矛盾加深，许多文人不满当时政治，茶与僧道、隐逸的关系进一步密切。我国茶人化的发展在唐以后与隐逸原则的变化基本同步而行。唐基本有统一社会的保证，或隐逸于朝，或混迹于世，或出家当道士、和尚都无可无不可，只要心中清静淡泊便可作个隐逸家。所以，陆羽饮茶集团能团结儒道佛为一家，共烹茗饮的优雅快乐，无论小隐、中隐、大隐都无关大局。宋以后的社会条件，则使人们难于久居山林而远朝市，去清静地作个小隐，只好在不脱离实际生活的条件下作个大隐、中隐。即然要"闹中取静"，就更需要一些帮助实现心境淡泊的手段，饮茶便成为隐逸者最好的伴侣。明代虽然有一些皓首穷茶的隐士，但大多数人饮茶是忙中偷闲，既超乎现实一些，又基于现实。因此，明代茶诗反映这方面的内容比较突出，如明人陆容有《送茶僧》，写他与僧人吃茶的"小隐"：

江南风致说僧家，石上清香竹里茶。
法藏名僧知更好，香茶烟晕满袈裟。

而如文徵明、唐寅等，欲扶世而不能，不得不隐，可算个"中隐"。中隐需要以茶浇开心中的烦恼，洗去太多的牢骚，所以也爱饮茶。文、唐等常以茶聚会，画了不少茶画，也写有茶诗。特别是文徵明，常在茶画上以诗点明意境。文徵明在其《品茶图》中题诗曰：

碧山深处绝纤埃，面面轩窗对山开。
谷雨乍遇茶事好，鼎汤初沸有朋来。

朝市间不得清静，暂于山中以茶事讨些自在。

明人饮茶强调茶中凝万象，从茶中体味大自然的好处，体会人与宇宙万物的交融。明代著名茶人陈继儒有《试茶》四言古诗说明这一点：

绮阴攒盖，灵草试奇。
竹炉幽讨，松火怒飞。
水交以淡，茗战而肥。
绿香满路，永日忘归。

诗人在烹茶中体会到的是茶与松火、清风、泉水的相互交融与战斗。

清代朝廷茶事很多，朝隆皇帝举行的大型茶宴，每会皆有大量茶诗，但大多数都是歌功颂德的俗品。倒是一些真正的文化人，才能写出饱含感情的好茶诗。如卓尔堪，有《大明寺泉烹武夷茶浇诗人雪帆墓》云：

茶试武夷代酒倾，知君病渴死芜城。

不将白骨埋禅智，为写清泉傍大明。

寒食过来春可恨，桃花落去路初晴。

松声碧眼消闲事，今日能申地下情。

全诗充满悲凉哀痛的气氛，是一篇以茶为祭的典型诗章，犹如一篇祭文，但又把茶的个性、诗人与茶的关系写得十分巧妙。

也有欢快的茶诗，如郑板桥的“竹枝词”，以民歌形式写茶中蕴含的爱情：

溢江江口是奴家，郎若闲时来吃茶。

黄土筑墙茅盖屋，门前一树紫荆花。

诗中好像呈现出一幅真实的画图：茅屋、江水、土墙、紫荆，一个美丽的少女依门相望，频频叮咛，用“请吃茶”来表达心中的恋情，一片美好、纯真的心意。

当代也不乏茶诗佳作。而且，由于时代发生了天翻地覆的变化，茶诗的内容和思想也大不同于历代偏于清冷、闲适的气氛。新时代的茶诗，更突出了茶豪放、热烈的一面，突出了积极参与、和谐万众的优良茶文化传统。赵朴初先生有《咏天华谷尖》七言绝句曰：

深情细味故乡茶，莫道云迹不忆家。

品遍锡兰和宇治，清芳独赏我中华。

天华谷尖乃安徽太湖县新创名茶，锡兰即今斯里兰卡，宇治为日本地名，均产茶。诗人通过短短二十八个字，表达了对故乡、对祖国一片真挚的爱心，而且充满新中国的壮志豪情。

还有胡浩川的《新茶歌》，专赞“祁红”茶的好处，文字很优美。又有周祥钧所作《龙井茶、虎跑水》，如行云流水，实在是好诗。今全诗录于下：

龙井茶，虎跑水，绿茶清泉有多美，有多美！山下泉边引春色，湖光山色映满怀，映满怀。五洲朋友哎！请喝一杯哎！春茶为你洗风尘，胜似酒浆沁心脾。我愿西湖好春光哎！长留你心内，凯歌四海飞。

龙井茶，虎跑水，绿茶清泉有多美，有多美。茶好水好情更好，深情明谊斟满杯，斟满杯。五洲朋友哎！请喝一杯茶哎！手拉手，肩并肩，互相支持向前进。一杯香茶传友谊哎！凯歌四海飞，凯歌四海飞。

此诗不仅文字优美，主要在于突出了“以茶交友”的主题，突出了中华儿女与人为善，重友谊、爱和平的精神。而当今之华夏已非自耕自食的古代社会，它正迈开现代化的步伐，立于世界民族之林。因此，以茶交友也有了最深刻、广泛的意义，茶，正以它特有的品格把中国人民与四大洋、五大洲联在一起。

## 茶画茶书

一种简单的饮料，能够引发出无限美妙的艺术构思，这种奇妙的现象，大概只有在文化积淀特别深厚的中国才可能出现。由于茶所生长的天然美丽的环境，即青山翠谷，云海仙境，以及它本身高洁、优雅的品格，不仅激发着无数诗人的文思，而且与许多画家、书法家也结下不解之缘。他们以饱含感情的笔墨，画出了许多种茶、制茶、饮茶、斗茶、卖茶、茶楼、茶坊、茶市等美好的画图。这些画不仅勾画了与茶有关的各种场景，更重要的是，艺术家们通过自己特有的思维方式和视角，通过茶画反映出许多高深的哲理。而书法家，则通过一支巧妙的笔，把自己的感情、韵致、思想贯穿到茶的书法之中，所以，茶画、茶书法并非是我们人为地勉强从书画中挑出一些与茶有关的作品，而是在历史的自然发展中出现的茶文化的近亲与分支。茶人、诗人、书画家经常是合流而一、相互渗透的。真正的高深茶人很少不懂艺术，茶与诗词歌赋、琴棋书画结缘是很自然的现象。这样，就更加丰富了茶文化的内容。

中国茶文化正式形成是在盛唐时期。中国茶画的出现也大约从这时开始。不过，当时的茶画，只不过是与其他画饮宴、娱乐图画一样，虽反映饮茶内容，但并未形成表现茶特殊本质的艺术作品。陆羽作《茶经》，已经设计茶图，但从其内容看，还是表现烹制过程，以便使人对茶有更多了解，从某种意义上，类似当今新食品的宣传画。但陆羽饮茶集团中有许多诗人、书法家，他们在经常举行的茶会中，作了许多意境美妙的诗词。这便激发了后人的联想，使后来的书画家产生更为深刻的艺术构思。

唐人阎立本所作《肃翼赚兰亭图》，是世界最早的茶画。画中描绘了儒士与僧人共品香茗的场面。左侧两僧一儒，一边谈佛论经，一边等待香茶煮好。右侧一老一少两个仆人，正在认真地煮茶调茗。老者手执茶铛置于风炉之上，正在精心调制。童子捧碗以待，等茶汤烹好以敬献主人。整个画面表情逼真，刻画细腻，反映了一般下层儒士、僧人比较简朴的饮茶方式。这张画开了一个很好的先例，就是茶画不仅要反映烹饮本身的物质生活内容，同时主要是表达某种思想。儒、佛两家以茶论道，这本身便有深刻寓意。所以，烹制放在次位，论茶才是主题。

张萱所绘《明皇和乐图》是一幅宫廷帝王饮茶的图画。画中唐明皇安卧御榻，二人侍从于榻侧，又有二宫女，一人捧茶食，茶具，象是明皇刚吃罢茶令其收具欲去。因茶盘中有水注，故有人认为，此画反映的是唐代早期用散茶冲泡的所谓“淹茶法”。这当然是茶叶学家注意的问题。而从文化学角度，我们更注重画题所表现的“和乐”二字。所以，画家想表达的，还是茶给人带来的安祥和乐。唐代佚名作品《宫乐图》，是描绘宫廷妇女集体饮茶的大场面。宫室中设豪华的长案，案上有茶、有酒，宫人各自手执器乐，案上有大器皿盛着茶汤，又有长勺作分茶之用。宫人皆宽额广颐，美服高髻。坐的是精美的绣座，这个捧碗品饮，那位弹着琵琶或吹着箫管或其他古乐。宫女侍立，猫儿在案下伏卧。从茶艺角度，看出当时茶酒并行不悖的局面，而从思想内容，则主要反映茶在当时与娱乐相结合的场景。唐代茶画，据文献记载还有周昉所作《烹茶图》及《烹茶仕女图》，可惜皆轶失难见。

总起来看，唐代是茶画的开拓时期，对烹茶、饮茶具体细节与场面描绘比较具体、细腻，不过所反映的精神内涵尚不够深刻。但它毕竟开辟了茶文化的一个新领域，通过可视的艺术手段，不仅使人们认识茶的功用，而且开始注意其精神感受。

五代至宋，茶画内容十分丰富。有反映宫廷、士大夫大型茶宴的，有描绘士人书斋饮茶的，有表现民间斗茶、饮茶的。这些茶画的作者，大多是名家大手笔，所以在艺术手法上也更提高了一步，不乏茶画中的上乘珍品。仅可见可考的便有十余幅。

五代顾闳中《韩熙载夜宴图》，是一幅大型茶宴图，人物众多，形象生动。图中边饮宴边有女子歌舞，有二侍女捧盘，盘中器物十分类似《明皇和乐图》，所以有人认为仍是表达茶酒并行的宴会。

北宋徽宗赵佶，虽然不会治国，却是个难得的艺术家，于琴棋书画无所不通，尤其爱好茶艺。其所作《文会图》是公认的描绘写茶宴的图画。整个画面似在一贵族园林中，以池水、山石、花柳为背景，园中场地上置大方案，案周有十来个文人，案上置果品、茶食、香茗。左下角有几位仆人正在烹茶，都篮、茶具、茶炉清晰可辨，说明这确实是一个大型茶会。茶案之后，花树之间又设一桌，上有香炉与琴，证明文人饮茶活动已走向雅化，但并不排除琴韵、花香。

若从艺术成就而言，当然还要首推南宋刘松年的茶画作品。其流传于世的有：《撵茶图》（具体描绘宋代茶艺）、《茗园赌市图》和《卢全烹茶图》。尤其是后两幅，不仅含意深刻，而且艺术成就很高，成为后代仿效的“样板”。

《茗园赌市图》，是描绘民间斗茶情景的。画中有老人、壮年、妇女、儿童，一个个皆形象逼真，表情生动，茶乡斗茶情景活脱脱跃然纸上。这幅画反映当时江茶饮用方法，是民间的“斗茶会”。左侧有妇人携小儿提篮卖茶；中有担挑子卖茶的小贩，右侧是中心主题：斗茶的赌徒。挑担老人篮上明贴标签：“上等江茶”，担上茶器俱全。老人、妇女、儿童都把视线集中于右侧的几个斗茶人，更突出了一个“斗”字。赌茶者各备器具，以自己的茶与他人较量，充满了对胜负的关切。此画反映宋代民间斗茶情形，生动、细腻而又真实，既是一幅艺术杰作，又是考察品茗历史的珍贵参考资料。

刘松年的另一幅茶画佳作《卢仝烹茶图》，是根据唐代诗人卢仝的饮茶诗加以形象化而绘制。画中描绘的是几个文人于野外与山石、竹丛相伴，月下品茶的情景，重点表现茶人们内心的感受与快乐。这幅画是茶艺向自然接近的写照，所以很值得重视。

从刘松年的几幅茶画佳作中，可以看到，南宋时期茶文化已影响及各个层面，社会功能进一步扩大。

宋代还有一些反映文人书斋饮茶生活的图画。如佚名者所作《人物图》，文人端坐书斋，琴、书、画卷置于案上，正中置插花，右侧有茶炉，炭火正红，香茶已沸，小童操作，一派闲适优雅景象。

宋人苏汉臣绘有《长春百子图》，画的是许多小儿调琴、练习书法、游戏，又同时品茶的情景，颇有生活气息，又寓童子友爱之意。

总之，宋代是茶画的奠基时代，其成就是巨大的。

元明茶艺，一是哲学思想加深，主张契合自然，与山水、天地、宇宙交融；二是民间俗饮发展起来，茶人友爱、和谐的思想深深影响各阶层民众。所以，元明茶画最有成就的也是反映这两方面的内容。比较起来，元明画家更注重茶画的思想内涵，而对茶艺的具体技巧，不多追求。这也符合中国茶文化发展的总体轨迹。元明以后，中国封建文化可以说到了烂熟的阶段，各种社会和思想矛盾也更加深。所以这一时期的茶画也向更深邃的方向发展。

元代著名画家赵孟頫曾仿宋人刘松年《茗园赌市图》作《斗茶图》，更突出了“斗茶”的情节，删去其他人物，把原画中四个中心人物的心态描绘得更为细腻。而赵原所画《陆羽品茶图》则突破了唐宋以书斋、庭园、宫室为主的局限，把茶人搬到山川旷野中去，体现茶人的广阔胸怀。还有元代佚名《同胞一气图》，描绘儿童吃茶烤包子的情景，不仅形象可爱，而且寓意深长。

明代朱元璋第十七子朱权发展了中国茶艺，是自然派茶人的主要代表。政治上的失意和复杂的矛盾斗争使他走向隐逸者的道路而专心于创自然派茶道。从此，许多失意文人留恋此道。其中，有诗人也有画家。如嘉靖年间的“吴中四杰”，便常以茶为友。文徵明和唐寅（伯虎）都有很高水平的茶画。文徵明有《陆羽烹茶图》、《品茶图》、《惠山茶会记》，都是在高山丛林之间，突出一个“隐”字。而唐寅的《琴士图》和两幅《品茶图》则画面开朗、壮阔，更多变幻飘逸的一面，都是茶画史上难得的珍品。

明代还有不少文人作茶事画，或书斋品茗，或洞房对酌。虽反映一定社会生活状况和茶在一般文人中广泛使用情形，但与唐寅、文徵明等高手相比，无论思想内容或艺术成就皆不足为道了。不过在明人文集和小说中的许多插图，所反映的茶文化内容却十分生动。有庭院品茶图、有仕女闺中品茶图、有柳堤碧荷舟中品茶……等等，把茶文化内容和社会层面反映得相当广阔。如《金瓶梅》中有《扫雪烹茶图》无论人物与场景都相当生动。

清代茶画也不少。这时，冲泡方法已十分流行，所以，重杯壶与场景，而不多描绘烹调细节，常以茶画反映社会生活。特别是康乾鼎盛时期的茶画，以和谐、欢快为主要内容。如乾隆朝丁观鹏《太平春市图》，表现几个文士临松傍梅品茶的情景，天地广阔，景色绮丽，人物心平气和，绿草如茵，香茗美具，还有卖茶食的老人挑担路过。又如清代冷枚院本《清明上河图》，反映泛舟饮茶的情景。清代民间俗饮十分盛行，这在民间画工的作品中也有体现。如杨柳青版画中，就是反映仕女边玩叶子戏（小纸牌）边品茶的作品。至于仿宋代刘松年的《斗茶图》和玉川先生（卢仝）品茶的画谱也一再出现。

中国人的想象力是十分丰富的，衣食住行无处不包含寓意和想象。西方人把面包夹馅作成三明治，且不论是否好吃，单说思想寓意，那是根本谈不到的。而中国人却可以把月饼象征明月，象征团圆。馒头可以作成桃型、佛手形，可象征长寿，可象征福禄。按理说，饮料无非色彩可变，求象征意义不容易，而中国人却偏以画给各种饮料加进丰富思想。比如，有人曾一再以“尝醋”为题，作《四子尝醋图》和《三酸图》。前者画的是儒、道、墨、释四家的代表，围着一缸醋，儒家讲究实际，说它是“酸的！”道家从相反相成和事物本原看问题，这醋或为谷物所制，或为红枣所造，因而说是“甜的”！佛家把一切现实都看作苦恼，对现实的一切毫无希望，所以觉得醋是苦的——人来到世上便是受苦。墨家究竟如何评价不得而知。四子出现在一缸醋面前，每个人的语言并无如今之漫画标明，但你可从其神态着意体会，或许于酸甜苦辣之外还能体会出些其他思想。至于标明《三酸图》者，出于同一题材，并有文人自称“穷酸”的自嘲。一缸醋竟引人生发出对中国几大思想流派的思考，何况茶这种更为飘逸、美好、含蓄的饮料，自然会成为画家笔下更具体、生动的题材。

因此，我们在这里谈论茶画与茶叶学家和茶艺研究者的目的不同。我们所要研究的是茶画中所表现的人，而不是物；是人的思想感情，而不是人的外在体态；是茶画中蕴含的哲理，而不单是自然之美。从这一点出发，我以为，真正艺术价值很高的茶画，还是南宋时期开始出现。在这里，当然要首推刘松年的《茗园赌市图》。关于这幅画，不少茶人从茶艺角度进行了详细研究，从江茶流行情况，到烹茶器具和方法都论证甚详。但我觉得，许多研究者恰恰忽略了茶画作为艺术作品所产生的主要作用：即对人的描绘和给观赏者所带来的精神鼓舞与巨大感染力。

《茗园赌市图》是首次反映民间俗饮情况的茶画。画中无论老人、妇女、儿童和挑夫、贩夫，都是下层劳动者。但恰恰是在这里，蕴藏着中国茶文化的最积极的精神，即饮茶并不像一些旧文人那样看作避世消闲，而是为了和乐与奋进。《茗园赌市图》的“赌”字与一般的赌大不相同，赌茶，是表现造茶人对自己劳动成果的自信，赌中是要相互观摩，相互学习。宋人钱选仿刘氏之作，把这“赌”中的奥秘揭示得更清楚。钱氏更突出了“赌茶人”，个个透着友好、微笑乃至豪爽之气。所以，赌茶当然不像钱场赌徒个个是乌眼鸡，恨不得把对方都吞下肝去。也不像酒徒赌酒，瞪着醉眼把世界都看得模糊了。在画家的笔下，我们感到茶给人的是清醒、愉悦，有胜负的较量，有优劣竞争，有进取心，但并不是你打死我，我戳伤你。而是在斗茶中、饮茶中相互鼓舞着。我想，这正是儒家以茶游艺，寓教于乐的思想体现，也说明中国人之所以重茶德而稍抑酒兴，正是热爱平和、友好、清醒，而不喜欢过于任性和狂躁。一幅茶画，能把茶文化的主旨和一个民族的好尚集于其中，这实在是难得的。而能突破文人茶文化的局限，从平头百姓中寻找这一主题的体现方法则更难能可贵。

谈到表现道家隐逸思想的茶画，我以为，元明是一个最值得重视的时期。其代表除文徵明、唐寅之外，元代的赵原《陆羽品茶图》也很值得一提。自宋以来，以陆羽、卢仝品茶为题的画就一再出现。虽然也抓住了陆羽强调饮茶与自然契合的基本主题，但表现手法不够开阔宏大。赵原的《陆羽品茶图》，首次把茶事放到一个云水无际，群峰叠起的阔大自然环境之中，陆羽与童子在草堂中煎茶自吃，茶人与山水宇宙融为一气。

明代文徵明与唐寅的茶画可以说是双绝，各有千秋。文徵明的作品，如《陆羽烹茶图》、《品茶图》、《惠山茶会记》等，与唐寅相比，明显出现场面宏大与狭小的反差。文氏作品反映了与世俗隔绝，希望谋求一点宁静的心理，总使人想到“不得已”，“无奈何”的滋味。恰恰表现出明代复杂的社会矛盾和文人想以茶避世的复杂心态。同样是在山中，文徵明笔下的山峰似几座屏风；而唐寅的山中景色则又进一步，好像真进入一个“桃源世界”，与尘世离得更远，因而也可更自由些。同样画树，文徵明的画中，一棵棵老树紧密“扎”在茶棚周围，好像是为茶人画下的“界桩”（见《惠山茶会记》），说明茶人想避世，因为社会给茶人留的自由天地太小太小。单以个人好恶说，我实在不大喜欢文徵明这些画。但反复揣摸，又觉得这种画法似又更接近当时的社会实际。

唐寅是个风流才子，对人间道路与事理看得更开更透。正如他在个人生活中所表现的，充满浪漫情调与豪放不羁，但并非放荡不羁。他的茶画意境实在太美。如《琴士图》，画的是一位儒士在深山旷野中弹琴品茗的情形。画中，把行云流水，松簌飞瀑，琴韵炉风，茶汤的煮沸声与茶人的心声都交副为一体，使人感到不仅可观自然之“动态”，而且可“听”到自然的呼吸之声。这样，整个画，既包括人，也包括物，统统都画活了。然而，无论是琴士本身或两僮仆，在安祥中又透着十分的严肃。这恰恰说明，不少隐士表面避世，实际并未放弃自己的责任感，并非全是消极。而是从茶与自然交融契合中认真的抚琴，也在认真的思考。唐寅的另一幅画《品茶图》除去了层峦叠障，而进入烟波浩渺，无边无际的水域之中。那水中的小岛，又成为隐士们暂时与尘世相隔的一处休养生息的驻足之地。但小岛并未真的与世完全隔绝，一支小船正向小岛划来，又有一位朋友从尘世带来各种消息。表面隐于苍茫自然之中，实际又有活水舟船沟通着社会。可见，茶人的避世未必就是消极。人们常注意到自然派茶人讲“枯石凝万象”，但很少注意另一面——“石中见生机”。唐寅的茶画好像描绘“世外桃源”、“水中蓬莱”，而给人带来的总是一种自然的生机和美好的希冀。他的另一幅茶画《品茶图》把这一点表现得更为鲜明。这幅画同样是画在山中品茶，但那山不仅层层叠叠，而且茶树满山，春意浓重。唐寅又自题诗云：“买得青山只种茶，峰前峰后摘春芽。烹煎已得前人法，蟹服松风联自嘉”。画家兼诗人的唐伯虎正是以此表现对春芽的希望与洁身自好的严肃态度。所以，文徵明与唐寅的茶画绝不是只提供烹茶方法与技艺的历史资料，而更注重从画中体现茶人的精神境界。从这一点说，元明之时的茶画实在是深刻的思想表现。此后由明至清，虽也有些较好的茶画，但论精神意境则远无法与文、唐相比拟。倒是清代出现的一些画谱小品却该予以注意。这些小品以相当简练的笔法表现茶与茶人的品格，一盆花、一块石、一把茶壶，省去了山水人物，表达人与茶、与花、与石的关系，说明彼此参合渗透的道理。或在高几之上插一枝梅表现茶人的雅洁与不畏严寒；或添一松树盆景表示茶人长寿与生机。总之，更为洗练地表现茶人精神，场面虽小到不能再小，茶文化的内容甚至仅浓缩到一只壶，几棵草，但寓意却仍然深刻。这正是利用中国写意画的特殊表现手法而达到的效果。

把文字的书写艺术化，从而形成书法艺术，这大概也只有在文化沉积特别深厚的中华土壤上才可能得以发明。而亚洲其他国家的书法艺术实际上都是从中国学习去的。至于西方文字，现代虽有美术化的作法，但严格讲还谈不到书法艺术。书法不仅是一种技术，而且包含着精、气、神。许多书法家都有这样的感受：好的书法作品不仅是长期进行思想修养所练出的一种功力，而且与书写之时的精神状况有极大关系。还有人认为，书法或者与气功有关，在一定心态和体态中，心中充满艺术的力量，才能有好作品出现。所以，书法家十分重视创作环境与心态。而茶，不仅能使人头脑清醒，而且大有纵横天地宇宙的感觉。所以，许多书法家爱饮茶。这也许正是茶与书法有着特殊姻亲关系的原因。于是，专门以茶诗、茶字为题材的茶书法便成为书画界一种特殊的好尚。许多大书法家有“茶帖”，或者以书法写茶诗为表现自己艺术思想的手段。

茶与书法结缘是很早的。早在陆羽创造中国茶文化学的初步体系，编著《茶经》之时，书法家就积极参与到茶文化活动中来。陆羽的忘年之交颜真卿，是众所周知的颜体书法创始人，在许多人的心中，一般只知颜真卿为大书法家，其所历官阶、政治上的功绩反而不为人所知。颜真卿在湖州与陆羽、皎然等结交，这一儒、一僧、一隐，曾在多方面相互配合，在茶与书法的结合上也是首开先河者。著名的“三癸亭”，便是一个例证。三癸亭因在癸年、癸月、癸日建成而得名。“三”字在道家思想里寓“三生万”之意，陆羽、皎然、颜真卿三人又合“三”之数。据考，此亭乃陆羽设计，皎然作诗留念，颜真卿以书法刻碑记其事，又为“三绝”。所以，从唐代起，茶书法便正式成为茶文化的重要内容。

宋代，徽宗皇帝好茶、好诗、好书法，他不仅著有《大观茶论》，而且当然要以书法家特有的艺术气质来写茶文章，画茶画，或在茶画中题诗。徽宗书法称为“瘦筋体”。从赵佶所绘《文会图》中，我们可以看到他和大臣们的题诗和书法。其《文会图》，便是一幅集画、诗、书法、茶宴为一体的极好艺术佳作。有人怀疑徽宗赵佶真能写《大观茶论》，因为在这篇论著中，所描绘的“太平景象”与其所处的历史环境不符。其实，这是大可不必怀疑的，赵佶在艺术上确有才华；而在政治上确实昏庸。正因为是昏君，所以才玩物丧志，所以才在危机四伏行将亡国时仍有心于茶艺；而对亡国之患而不知忧患，才是真正的昏君。昏君未必不能当个艺术家，管理国家无能不见得一无所长，赵佶仍然是名符其实的茶人兼书画家。

明代唐寅、文徵明等也是兼通茶艺、诗文、书画的。还应当值得特别一提的是清代被称为“扬州八怪”之一的郑板桥。郑板桥又名郑燮，字克柔，江苏兴化人，是著名的书法家、画家兼诗人，时人号称“三绝”。其尤善画兰花、黑竹、怪石，笔法秀丽而又不乏苍劲。其诗文既讲求现实主义，而又多豪放慷慨。其书法则将隶、楷、行、草相揉为一体，自号“六分半书”。板桥先生也是一位嗜茶者，有《家兖州太守赠茶》诗云：“头纲八饼建溪茶，万里山东道路赊。此是蔡丁天上交，何期赐与野人家?”可见板桥十分熟习茶史，又是一位集茶与诗、画为一体的艺术家。

由于茶与书法的特殊关系，许多大书法家均有特意书写“茶帖”供人鉴赏。也有人集书法家所书之“茶”字，单独成帖作比较研究。比如，有人曾集《玄秘塔》、《说文》、颜真卿、米芾、徐渭、苏过、董其昌、张瑞图、王庭筠、吴昌硕、赵孟頫、郑板桥等著名书法家作品中的十二个“茶”与“茗”字为一纸，合真、草、隶、篆、行为一炉，但一点也不使人感到生硬。

现代书法家也有不少人十分爱好茶书法，如郭沫若、赴朴初、启功等，便都有茶诗和茶书法。茶事活动中同时举行茶诗、茶画、茶书法的笔会更是常有之事。发展到今天，典型的茶文化会议上，若无诗画与书法助兴，人们反而觉得像缺少了点什么。可见，茶与各种艺术结缘，定有内在的因果关系。

## 茶谣茶歌

每个民族都有自己的民间艺术，从某种意义上说民间艺术是上层文化产生的母本和摇篮。茶文化同样如此。在长期的种茶、采茶、制茶活动中，广大茶农用自己的心血浇灌了茶，同时也播下民间艺术的种子，从而产生了茶谣、茶谚、茶歌、茶舞以及茶的故事与传说。比较起来，上层文化与茶结合侧重于品饮活动，所以大部分茶诗、茶画是描绘文人与僧道品茶情形。而民间茶文化则着重于茶的生产。文人多写个人饮茶的感受，民间则重点表现饮茶、制茶、种茶是为以茶交友、普惠人间的思想。表面看民间艺术没有文人诗赋的深奥，但实际上却反映我们民族更深沉、更优秀的品德，有许多感人肺腑和启迪智慧的优秀作品。

在我国各地，有许多关于茶的民间故事与传说。这些故事有的是讲名茶的来历，一方面给这些茶加上许多美好的传奇色彩，从而更引人注目；另一方面也借此来宣传自己家乡的美丽富饶。我国地大物博，各种物质资源非常丰富，但是，却很少有像茶和酒那样，不仅为人们所喜爱，而且编成各种故事来颂扬它们。同样是植物，有的也有传说，比如百花有花神的故事，谷物也有故事，采桑养蚕有蚕娘娘的传说，有秋胡与其妻在桑园相会的故事等等。但很少有一种植物能像茶，不仅各种名茶都有一段传奇，而且还通过故事歌颂名山名水，使这些故事带上更飘逸的浪漫主义色彩，从而引发起人们对名茶更多的向往、倾慕。看来，茶农们很会用故事为自己的好茶来作广告。所以，在茶的传说中，占最大比例的是关于名茶的来历，每种名茶似乎都有一段美妙的历史。

比如黄山毛峰的传说，就十分耐人寻味。故事说，明天启年间有一位为政清廉而又儒雅的县令熊开元，因携书童春游来到黄山云谷寺。寺中长老献上一种芽如白毫底托黄叶的好茶，以黄山泉煮水冲泡，不仅茶的色、香、味无与伦比，而且会在茶变化升腾过程中在空中出现“白莲”奇景。长老说乃是当年神农尝百草中毒，茗茶仙子和黄山山神以茶解救，神农氏为感谢他们留下的一个莲花神座，服这种茶当然会身体康健、延年益寿的。后来此茶被官迷心窍的另一个县令偷偷到皇帝那里献茶请功，因不知黄山神泉的道理出现不了白莲，因贪功反害了自己。而熊开元也终因看透官场腐败弃官而去，到云谷寺也作了一个和尚，终日与毛峰茶、与神泉水及禅房道友相伴。表面看来，这个故事与一般民间传说没多大区别，无非仙茶神水之类。仔细研究却不然。第一，它插入神农尝百草的故事，再现了我国神农时代便发现茶的用途的传说。第二，所谓用神泉水冲茶会出现白莲奇观的传奇笔法，又表现了佛教与茶的关系。佛教崇尚莲花，一个云谷寺慧能长老，一个文雅的儒士，不仅说明儒佛相参共修茶道，而且证明真正的茶人必是“清行简德之人”，像那个专给皇帝拍马屁的县官，与这黄山毛峰的高雅品格是风马牛不相及，根本无缘的。一个普通民间故事，能说明这样多的问题，看来民间艺术也是相当含蓄深沉的。

不过，总的来说，民间关于茶的传说是“仙气”比“佛气”要浓。中国人对仙的印象比佛还要好，因为所谓仙，仍是大活人，中国人，尤其是劳动者，更相信自己的力量。如安徽的太平猴魁茶，民间传说是一对得道的老毛猴送给人们的。又有人说，是一个叫侯魅的美丽姑娘，用自己全身的元气、毕生的心血培育而来的，所以以水泡茶，不仅会有青烟自壶中袅袅升起，而且会从烟去中看到亲人的身影。武夷山的“大红袍”也有许多传说。有的说，那是一个灾荒年月里，武夷山中好心的勤婆婆救了一位老神仙，神仙老头儿在地下插了一把拐杖，就变成了茶树。皇帝把茶树挖了栽进宫去，仙茶又拔地而起，凭空飞腾回到武夷山，那红艳的叶子，是天上飘来的彩云，是茶仙身上的袍服。也有的说是因为皇后娘娘用这种茶治好了病，所以皇帝以大红袍赐封三棵茶树而来。值得注意的是，许多名茶传说经常伴随着一个治病救命或是可歌可泣的爱情故事。这更突出了茶的药用价值和茶性纯洁的品格。洞庭湖的君山茶传说还饶有趣味的讲了一个向老太太“进谏”的故事，而且把时代明确推到先秦的楚国时期。故事说楚国的老太后是个病秧子，楚王却又是个孝子。楚王的孝心感动天地，来了一位白胡子老道士给老太后看病。他说太后没什么病，只因为山珍海味吃的太多了，致使肠胃受累，临行留下一葫芦“神水”，并四句真言：

一天两遍煎服，三餐多吃清素；
要想延年益寿，饭后走上百步。

太后病从此好了，楚国令尹却想把君山神水都搬到王宫去。老道士一怒，把一汪神泉全撒在山上，变成了千万棵茶树，与神泉水有同样的疗效。令尹责备老道士有“欺君之罪”，老道士却说一方水土养一方人，你要把神泉淘尽，这便是“欺民之罪”。令尹只好认输。从此，楚王每年派百名姑娘来君山采茶。每当采茶时，采茶女着红衣，每二十人一队，如碧波起伏的茶山，突然闻像插上了一朵朵红花。望着这美丽的景色，楚国令尹诗兴大发：“万绿丛中一点红，采叶人在草木中。……”吟到此，他突然若有所悟：人在草与木中间，这正是一个“茶”字；繁体的草字头亦可写作“廿”，这又是“二十”的简写，说明姑娘们编队情况。既然一切都有个自然之理，当初自己又何必非要把君山神泉搬走？这则故事编得很巧妙，整个故事都含有对统治者的讽谏，最后又以谜语形式点题：喝下杯清茶，君王便该清醒些，不可取之过多，扰民太甚。

好茶需有好水烹，这个茶艺的基本要求其实是百姓们最有发言权。因为他们自己便常与名水相伴，并非刻意求取。于是，又出现许多关于发现名泉名水和保护名泉名水的故事。比如杭州的虎跑泉，人们说，那是一对叫大虎二虎的兄弟为救一方百姓，变作老虎用神力从地下硬刨出来的。洞庭湖君山之上，不仅有最好的茶，也有过最好的“神水”。

广西桂林有个关于白龙泉与刘仙岩茶的故事，说白龙泉的水泡茶不仅味香，还能从水气中飞出一条白龙来，所以被作为专向皇帝进贡的贡品。刘仙岩的茶据说是宋代一个叫刘景的“仙人”种的茶。所谓“仙人”，其实无非是“得道”的大活人。因此，各种茶与泉的传说都是现实生活的曲折再现。

也有些故事是以群众喜闻乐道的形式再现真实史实的。有一则“马换《茶经》”的故事，说唐朝末年各路藩王割据与朝廷对抗，唐皇为平定叛乱急需马匹。于是，朝廷以茶与回纥国相交换，以茶换马。这年秋季，唐朝使者又与回纥使者相会在边界上。回纥使者却提出，不想直接换茶，而要求以千匹良马换一本好书，即《茶经》。那时陆羽已逝，其《茶经》尚未普遍流传，唐朝皇帝命使者千方百计寻查，到陆羽写书的湖州苕溪，又到其故里竟陵（今湖北天门县），最后还是由大诗人皮日休捧出一个抄本，才换来马匹，了结这段公案，从此《茶经》传到外国。这个故事不知是真的完全来自民间还是经过文人加工，无论如何，把茶马互市与《茶经》的外传连在一起，编得是十分巧妙的。唐代确实与回纥有频繁的接触和贸易往来，或者真是在唐代《茶经》就流传到我国西北地区。这为我们研究西北地区茶文化发展史提供了一条重要线索。

至于，关于苏东坡、袁枚、曹雪芹品茶的故事，更是史实与传闻参半，有更多参考价值。

云南陆凉县境内，据说有一棵大山茶树，干高二丈余，身粗一围，花呈九蕊十八瓣，号称山茶之王。关于这棵树的传说却与吴三桂统治云南的历史结合起来。据说吴三桂称霸云南又谋图自己作皇帝，乃修五华山宫殿，筑莲花池“阿香园”，并搜罗天下奇花异草。于是，陆凉的山茶王便被强移入宫。谁想这茶树颇有志气，任凭吴三桂鞭打，身上留下道道伤痕，硬是只长叶不开花。三年过后，吴三桂大怒要斩花匠，那山茶仙子来到吴三桂梦中唱到：

三桂三桂，休得沉醉；
不怨花匠，怨你昏愦。
吾本民女，不贪富贵；
只求归乡，度我穷岁。

吴三桂听了，梦中挥刀，没砍中茶仙子反而砍下龙椅上一颗假龙头。于是又听到茶花仙子唱：

灵魂卑贱，声名已废。
卖主求荣，狐群狗类。
只筑宫苑，血染王位。
天怒人怨，祸祟将坠。

吴三桂听罢，顿觉天旋地转，吓出一身冷汗，突然惊醒，原是南柯一梦。谋臣怕继续招来祸祟，劝吴三桂，终于又把这山茶王“贬”回陆凉。这个故事，重点反映茶的坚贞品格，巧妙的运用了吴三桂称藩作乱的历史事实。在云南，这种历史故事很多，比如还有许多诸葛亮教人种茶、用茶的故事，就是正面突出番汉文化交融的。所以云南有些地方又把一些大茶树称为“孔明树”。先不论是否是孔明入滇才使云南人学会用茶种茶，只从其包含的思想精神说，各族人民对历史人物的评价是很有客观标准的。

有些故事可能不全来自民间，而是出于文人之手或经过文人加工，但听起来仍是饶有趣味。如“看人上茶”的故事便很有意思。相传清代大书画家、号称“扬州八怪”之一的郑板桥曾在镇江读书。一天他来到金山寺，到方丈室看别人字画，老方丈势力眼，见郑板桥衣着简朴，不屑一顾，仅勉强地招呼“坐。”又对小和尚说：“茶！”交谈中得知郑是同乡，于是又说：“请坐！”并喊小和尚：“敬茶！”而当老方丈得知来者原来就是大名鼎鼎的郑板桥时，大喜，于是忙说：“请上坐!!”又急忙吩咐小和尚：“敬香茶!!”茶罢，郑板桥起身，老和尚请求赐书联墨宝，郑板桥乃挥手而书，上联是：“坐，请坐，请上坐！”下联是：“茶，敬茶，敬香茶！”这副对联对得极妙，不仅文字对仗甚工，而且讽刺味道极浓。还有一则朱元璋赐茶博士冠带的故事，说明太祖朱元璋一次晚宴后视察国子监，厨人献上一杯香茶，朱正在口渴，愈喝愈觉香甜，心血来潮，乘兴赐给这厨人一付冠带。院里有位贡生不服气，乃高吟道："十年寒窗下，不如一盏茶"。众人看这贡生敢忤皇上，大惊，朱元璋却笑着对了个下联："他才不如你，你命不如他"。这个故事，一方面是说明朱元璋好茶，同时也较符合历史，朱氏出身低微，比较能体谅劳动者，自已又没读过多少书，重实务而轻书生，或许是真有的。

至于众说周知的敦煌变文"茶酒论"的故事，其本身很明显自民间故事脱胎而来。这个故事以赋的形式出现，说明已经过文人加工整理，有人考证其为五代到宋初的作品，那么在民间流传则应更早。而到明代又出现同样母题的"茶酒争高"的故事。同时，在藏族俗文学中也发现这个题材的作品。由此说明，民间故事的生命力是很强的。而在中国人心目中，向来把茶看得比酒要重一些。

《说文解字》说："谚，传言也"。我觉得这种概括还不足以全面说明谚语的特点。谚语是流传在民间的口头文学形式，它不是一般的传言，而是通过一两句歌谣式朗朗上口的概括性语言，总结劳动者的生产劳动经验和他们对生产、社会的认识。如"早烧霞，晚沤麻"，"六月连阴吃饱饭"……等等，是自然和生产经验的总结。又如"多年的道路走成河，多年的媳妇熬成婆"，是旧社会妇女生活道路的写照。谚语十分简练，具有易讲、易记、便于交口相传的特点，但包含的道理却相当深刻。所以，茶谚也是茶文化的重要组成部分。从茶谚中，可以看到很多有关茶的生产、种植、采集、制作的经验，它再好不过地说明文化发掘对生产、经济的直接促进作用。

我国茶谚什么时候最早出现很难确切考证。陆羽《茶经》说："茶之否臧，存于口诀"，是说对茶的作用及好坏判断在百姓的口诀中就有了。所谓"口诀"，也就是谣谚。晋人孙楚《出歌》说："姜、桂、茶荈出巴蜀，椒、橘、木兰出高山"，这是关于茶的产地的谚语。从目前材料看，可能是我国最早见于记载的茶谚。

按理说，茶谚既出于茶的生产者，劳动生产的茶谚应该早于饮茶的茶谚，但由于谚语多不见于经传，而是在民间通过爷爷奶奶变口传授流传下来，所以从书本上反而见不到。而饮茶活动由于文人提倡、陆羽总结，所以到唐代便正式出现记载饮茶茶谚的著作。如唐人苏廙《十六汤品》中载："谚曰：茶瓶用瓦，如乘折脚骏登山"，所以苏廙称这种茶汤为"减价汤"。这句话的意思是说，用瓦器盛茶，就好像骑着头跛腿马登山一样很难达到希望的效果，比喻十分形象，而且明确指出是民间谚语。所以，到宋元以后关于吃茶的谚语便常见了。元曲中许多剧作里有"早晨开门七件事：柴米油盐酱醋茶"，这是讲茶在人们日常生活中的重要性，说明已是常见的谚语。这时，茶早已被运用于各种礼节，特别是我国南方民间婚礼，茶已是必备之物，结婚也叫"吃茶"。明代郎瑛《七修汇稿》却从相反意义上记下一条谚语："长老种芝麻，未见得吃茶"。意思是和尚怎么能种芝麻？种下也开不了花，结不好籽。只有夫妻一起种才好。芝麻是多子的象征，吃茶是婚姻成功的含意，这条谚语是以谚证谚，用吃茶来说明夫妻同种芝麻效果好。也有些地方并非以此直指种芝麻，而是说明夫妻合作才能成功的事理；或者想结姻亲，未必成功。这条谚语是流传很久的。

不过总的来说，茶谚中还是以生产谚语为多。早在明代就有一条关于茶树管理重要谚语，叫作“七月锄金，八月锄银”，或叫“七金八银”。意思是说，给茶树锄草最好的时间是七月，其次是八月。关于夏末秋初为茶树除草的道理，早在宋人赵汝励《北苑别录》中就有记载，南方除草叫“开畬”（音“奢”）”，该书记载：“茶园恶草、每遇夏日最烈时，用众锄治，杀去草根，以粪茶根，名曰开畬。若私家开畬，即夏末初秋各一次，故私园最茂”。所以，这条谚语记载在明，而其形成很可能早在宋代或者更前。因为它是条园管理的一项重要内容，所以一直保存下来，而且流传极广。广西农谚说：“茶山年年铲，松枝年年砍”；“茶山不铲，收成定减”。浙江有谚语：“著山不要肥，一年三交钉”（意即锄上三次草，不施肥也有肥）。又说“若要茶，伏里耙”；“七月挖金，八月挖银，九冬十月了人情”。湖北也有类似谚语，说：“秋冬茶园挖得深，胜于拿锄挖黄金”。这一条可能因为当地情况不同，与前几条有所区别。所以农谚的地域性很强，不可笼而统之的来说。如采茶的谚语，时令也是十分讲究的。浙江不少地区说：“清明一杆枪（指茶芽形状），姑娘采茶忙。”湖南则说：“清明发芽，谷雨采茶”，或说“吃好茶，雨前嫩尖采谷芽”。湖北又有一种说法：“谷雨前，嫌太早，后三天，刚刚好，再过三天变成草”；杭州则又有“夏前宝，夏后草”的说法。为何各地在采茶时间上茶谚区别这样大？可能一则各地气候条件不同，二则因不同品种采摘时机也不一样。所以这些谚语对有关部门了解各地茶的生产情形具有重大意义。

一般说茶谚是由民间口传心受的，但这并不排除文人可以加工整理。如《武夷县志》（1868 年本）曾载阮文锡的“茶歌”，实际上是以歌谣形式出现的茶谚。阮氏后来到武夷山作了和尚，僧名释超全，因久居武夷茶区，熟知茶农生活，其总结的农谚十分真切。其歌曰：

采制最喜天晴北风吹，忙得两旬夜昼眠餐废。

炒制鼎中笼上炉火湿，香气如梅斯馥兰斯馨。

这首茶谣虽经阮文锡作了些文字加工，看得出还是原自茶农的实际生活体验和生产实践经验的总结。

茶农的劳动是非常艰苦的，但劳动也给人们带来生活的希望与乐趣。茶园里、田野间，绿水青山，山风习习，与白云、朝霞为伴，采茶的姑娘和小伙子在集体劳动中体会到特有的欢乐，于是自然地翩翩起舞或对起山歌，于是茶歌茶舞便相应而生。早在清代，李调元的《粤东笔记》便记载：

“（粤东）采茶歌尤善。粤俗岁之正月，饰儿童为彩女，每队十二人，持花篮，篮中燃宝灯，罩一绛纱，以缍为大圜缘之踏歌，歌十二月采茶。有曰：二月采茶茶发芽，姊妹双双去采茶，大姐采多妹采少，不论多少早还家……”。这是固定的采茶歌舞活动。也有些地区，以男女对茶歌形式既进行娱乐，又是少男少女恋爱择偶的手段，也称为“踏歌”。如湘西一带少数民族，未婚青年男女便是以“踏茶歌”形式进行订婚仪式的。通常在夜半时分，小伙子和姑娘来到山间对歌传情，歌曰：“小娘子叶底花，无事出来吃碗茶……”。这时，姑娘便会以自己的心灵编出种种茶歌与小伙对答，相互考察和传递情意，歌声此起彼伏，甚至通宵达旦。如果经过对歌情意投合便进一步“下茶”，女家一接受“茶礼”便被认为是合乎道德的婚姻了。

# 三、历代名茶

名茶是指有一定知名度的好茶，通常具有独特的外形、优异的色香味品质。名茶的形成，往往有一定的历史渊源或一定的人文地理条件，如或有风景名胜，或有优越的自然条件和生态环境；除外界因素外，往往栽种的茶树品种优良，肥培管理较好，有一定的采摘标准，制茶工艺专一、独特。再加上茶界“能工巧匠”和制茶工艺师的创造性发挥，从而使得我国历代名茶层出不穷。

名山、名寺出名茶，名种、名树生名茶，名人、名家创名茶，名水、名泉衬名茶，名师、名技评名茶。很多古茶就是在这样的条件下产生和发展起来的。但长久不衰的名茶，既要有独特而优异的品质风格，还要有社会消费者的公认。我国历代名茶品目虽多达数百上千种，但长久不衰，至今仍有一定生产数量和市场的不过百余种，有些名茶只不过是在某一历史阶段中知名一时而已。

中国茶叶自然品质优异，加上采嫩摘细，制作精良，自唐宋以来，名茶纷出，或被荐为贡茶，或为茶人推颂，形成了一批历史传统名茶。当今依靠科学发展，从选种、栽培到采摘、加工，更趋完善，品质上乘，又崭露出一批新的名品。传统名茶和新创茶品，如璀璨群星，闪耀在中国茶坛。

名茶在唐代已有相当发展。《唐国史补》说：“风俗贵茶，茶之名品益众。”唐代有史料记述的贡品就有 14 目，宋代增至 41 目，如蒙顶石花、顾渚紫笋、方山露芽、西山白露、霍山黄芽、睦州鸠坑、婺州东白等，明清两代得到更大发展，现今全国名茶不下 300 种。在我国南方名山，几乎都有名茶产出。素有“峨眉天下秀”称誉的四川峨眉山，有峨眉峨蕊茶；被陈毅称为“天下第一山”的安徽黄山，有黄山毛峰茶；“匡庐奇秀甲天下”的江西庐山，有庐山云雾茶；号称“东南第一山”的浙江雁荡山，有雁荡白云茶；“四围山色蘸幽篁”的浙江莫干山，有莫干黄芽茶；李白赞为“相看两不厌，只有敬亭山”的安徽敬亭山，有敬亭绿雪茶；誉为“奇秀甲于东南”的福建武夷山上，有武夷岩茶；佛教四大名山之一的浙江普陀山，有普陀佛茶；居于洞庭湖中似“白银盘里一青螺”的湖南君山，有君山银针茶；在革命根据地罗霄山脉中段的井冈山上，有井冈翠绿；更有产于杭州西湖山区的西湖龙井茶、产于太湖洞庭二山的碧螺春茶、产于四川蒙山的蒙顶茶和产于云南西双版纳的普洱茶，产于皖西齐云山的六安瓜片和产于皖南山区的祁门红茶……

俗话说："高山出名茶。"高山为何多名茶？宋宋子安在《东溪试茶录》里有过这样的分析："堤首七闽，山川特异，峻极回环，势绝如瓯……群峰益秀，迎抱相向，草木丛条，水多黄金，茶生其间，气味殊美。岂非山川重复、土地秀粹之气钟于是，而物得以宜欤！"这就是说，高山茶品质优良，气味殊美的原因，是由于那里群山环抱，谷深如瓯，草木繁茂，水土相适，气候得宜的自然环境所致。明冯时可在《茶录》中对高山茶和平地茶作了比较后说："茶产平地，受土气多，故其浊；岕茗产由高山，浑是风露清虚之气，故为尚。"

从今天的科学道理来说，高山茶区的山峰重叠，岗峦起伏，溪水纵横，林木密布，形成了独特的生态条件。加之高山之上，终年云雾缭绕，空气纯洁清新，相对湿度大，气温调匀，土质疏松，腐殖质多。茶树常年在荫蔽高湿的环境里，朝夕饱受雾露滋润，正适合茶树喜温、爱湿、耐阴的特征，使得茶的芽叶肥壮，叶质嫩软，不易粗老。尤其是分布在沟涧深谷的茶园，群山环抱，周围林木丛生，飘浮着的云雾，犹如织成了一个自然的过滤光波的筛网，吸收了光波较长的红橙光和红外线（这些光线会使茶叶纤维素增加，品质降低），而让光波较短的蓝紫光和紫外线顺利通过，使周围地区紫外线比较丰富（这些光线能有效地提高茶叶中含氮化合物的积累，促进芳香物质的形成）。再则，高山昼夜温差大，白天热，有利于茶树光合作用的进行，可以制造较多的有机物，早晚凉，可以减少有机物质因呼吸作用产生的消耗，这就十分有利于茶叶中有机物质的积累，提高茶叶中的有效成分。名茶之所以和山水有不解之缘，与云雾有莫逆之交，其科学道理就在于此。

采嫩摘细是制作名茶的物质基础。俗话说："春光一刻值千金。"春光，对于茶叶的采制同样贵似黄金。"蕴藉一年力，神全在早春"（蔡复一《茶事咏》），春天是采造茶叶的黄金季节。

茶叶采摘，因时间不同，所得芽叶形状和性质也不同，这对于茶的品质关系极大。在茶叶商店的店堂里，或在藏茶的茶筒上，常常可以见到"三前摘翠"的题词。这"三前"是指社前、明前、雨前。标榜"三前"，显示这茶叶采摘适时，不误佳期，货真价实，质量保证。一名话：是上品好茶。

社前，即指春社前。古代在立春后第五个戊日祭祀土神，称为"社日"。按干支排列计算，社日当在立春后的41天至50天间，而立春到清明间隔雨水、惊蛰、春分、清明4个节气，相距60天。因此，社前一般比清明要早一个节气光景。这种社前茶不可多得，"宋法盛龙团，探春归圣主"，是供帝王享用之物。唐时每年以清明日贡到京城的紫笋茶，当是社前采造的。

明前，又叫火前。唐释齐己《茶诗》云："甘传天下口，贵占火前名。"他认为采制于火前的茶是弥足珍贵的。白居易也有"红纸一封书信后，绿芽十片火前春"的诗句。清乾隆皇帝提出茶以"骑火"为最好，他曾在杭州天竺观看乡民采茶焙制，作《观采茶作歌》云："火前嫩，火后老，惟有骑火品最好。"就是在清明日这一天采制的茶最好。

其实，茶叶并非采得越早品质越好。“采茶之候，贵在其时。”明孙大绶《茶谱外集》说：“采茶，不必太细，细则芽初落而味欠足；不必太青，青则茶已老而味欠嫩。”我国茶区辽阔，气候条件殊别，采摘时间应因地制宜才好。宋子安在《东溪试茶录》中说得好：“建溪茶比他郡最先，北苑壑源者尤早，岁多暖则先惊蛰十日即芽，岁多寒则后惊蛰五日始发。”即便是同一地区，因年份不同，采制早晚竟也会有一个节气之差距。产于浙江天台山的名茶——华顶云雾茶，据《天台山方外志》载：“盖出自名山云雾中，宜其多液而全厚也。但山中多寒，萌发较迟。”因而春茶须至小满才开始采摘。多数茶区则以清明至谷雨采摘为宜。浙江茶区有农谚说：“清明早，立夏迟，谷雨前后最适宜”，“立夏茶，夜夜老，小满过后茶变草”。所以，雨前茶也是珍品。“烹煎黄金芽，不取谷雨后。”西湖龙井茶中真正“明前”的不多，“雨前”也是上品了。“谷雨期届处处忙，两旬昼夜眠餐废。”龙井茶的采制在清明前五天到谷雨这二旬间。

茶叶以春季采制的质量上乘。陆羽《茶经》说：“凡采茶，在二月、三月、四月之间。”唐时可能还只采春茶，不取秋茶，宋代开始才有采秋茶的。苏辙在《论蜀茶五害状》中说：“园户例收晚茶，谓之秋老黄茶。”但采摘的不多。明许次纾在《茶疏》中说：“往日无有秋日摘茶者，近乃有之。秋七八月重摘一番，谓之早春，其品甚佳。”秋茶的品质不一定都差。福建安溪的秋茶，香气特别高，叫“秋香”。陆游对秋茶就十分偏好，从他的咏秋茶诗中可看出。他有《幽事绝句》云：“客生闻吠犬，草茂有鸣蛙。日昳方炊饭，秋深始采茶。”当时秋日也是个采制茶叶和买卖茶叶的季节：“邻父筑场收早稼，溪姑负笼卖秋茶”；“村女卖秋茶，簪花髻鬟匝”。品尝秋茶别有一番滋味：“客至但举手，土釜煎秋茶”，“留客秋茶苦，醺人社酒浑”。

名茶多是摘嫩精制，也有采摘老熟而精工制作的名茶，如乌龙茶便是。乌龙茶要求有独特的香气和滋味，加工工艺也特殊，须待茶树新梢将成熟时才采摘，最理想的采摘标准是，在新梢长到顶芽开展后，习称“开面采”，或在新梢顶芽全展后摘，称为“大开面”。乌龙茶采嫩了，反而香气不高，滋味不浓，显不出乌龙茶固有的特色。

## （一）古代名茶

我国数千年的封建社会，历代贡茶制席产生的种种贡茶，应该属于历史名茶；除此之外，各产茶地区，历史上曾生产的品质优异的好茶，尤其是获得文人雅士好评的，也属于历史名茶。现将有关文献记载的历史名茶分述如下。

## 唐代名茶

据唐代陆羽《茶经》和唐代李肇《唐国史补》（806～820 年）等历史资料记载，唐代名茶计有下列50余种，大部分都是蒸青团饼茶，少量是散茶。

顾渚紫笋　又名顾渚茶、紫笋茶，产于湖州（现浙江长兴）。

阳羡茶　同紫笋茶，又名义兴紫笋，产于常州（现江苏宜兴）。

寿州黄芽　又名霍山黄芽，产于寿州（现安徽霍山）。

蕲门团黄　产于湖北蕲春。

蒙顶石花　又名蒙顶茶，产于剑南雅州名山（现四川雅安蒙山顶）。

神泉小团　产于东川（现云南东川）。

昌明茶、兽目茶　产于绵州四剑阁以南、西昌昌明神泉县西山（现四川绵阳安县、江油）。

碧涧、明月、芳蕊、茱萸　产于峡州（现湖北宜昌）。

方山露芽　又名方山生芽，产于福州。

香雨　又名真香、香山，产于夔州（现四川奉节、万县）。

楠木茶　又名枏木茶，产于荆州江陵（现湖北江陵）。

衡山茶　产于湖南省衡山，其中以石廪茶最著名，其次还有阆林茶。

灉湖含膏　产于岳州（现湖南岳阳）。

东白　产于婺州（现浙江东阳东白山）。

鸠坑茶　产于睦州桐庐县山谷（现浙江淳安）。

西山白露　产于洪州（现江西南昌西山）。

仙崖石花　产于彭州（现四川彭县）。

绵州松岭　产于绵州（现四川绵阳）。

仙人掌茶　产于荆州（现湖北当阳）。属蒸青散茶，仙人掌状。

夷陵茶　产于峡州（现湖北夷陵）。

茶牙　产于金州汉阴郡（现陕西安康、汉阴）。

紫阳茶　产于陕西紫阳。

义阳茶　产于义阳郡（现河南信阳市南）。

六安茶　产于寿州盛唐（现安徽六安），其中“小岘春”最出名。

天柱茶　产于寿州霍山（现安徽霍山）。

黄冈茶　产于黄州黄冈（现湖北黄冈麻城）。

雅山茶　产于宣州宣城（现安徽宣城）。

天目山茶　产于杭州天目山。

径山茶　产于杭州（现浙江余杭）。

歙州茶　产于歙州婺源（现江西婺源）。

仙茗　产于越州余姚瀑布泉岭（现浙江余姚）。

腊面茶　又名建茶、武夷茶、研膏茶，产于建州（现福建建瓯）。

横牙、雀舌、鸟嘴、麦颗、片（鳞）甲、蝉翼　产于蜀州的晋源、洞口、横原、味江、青城等地（现四川温江灌县一带），属著名的蒸青散茶。

邛州茶　产于邛州的临邛、临溪、思安等地（现四川温江地区）。出产早春、火前、火后、嫩绿等散茶。

泸州茶　又名纳溪茶，产于泸洲纳溪（现四川宜宾泸县）。

峨眉白芽茶　产于眉州峨眉山（现四川乐山地区）。

赵坡茶　产于汉州广汉（现四川绵竹）。

界桥茶　产于袁州（现江西宜春）。

茶岭茶　产于夔州（现四川奉节、巫溪、巫山、云阳等县）。

剡溪茶　产于越州剡县（现浙江嵊县）。

蜀冈茶　产于扬州江都。

庐山茶　产于江州庐山（现江西庐山）。

唐茶　产于福州。

柏岩茶　又名半岩茶，产于福州鼓山。

九华英　产于剑阁以东蜀中地区。

小江园　产于剑州小江园（现福建南平）。

## 宋代名茶

据《宋史·食货志》、宋徽宗赵佶《大观茶论》、宋代熊蕃《宣和北苑贡茶录》和宋代赵汝砺《北苑别录》等记载，宋代名茶计有下列90余种。宋代名茶仍以蒸青团饼茶为主，各种名目翻新的龙凤团茶是宋代贡茶的主体。当时“斗茶”之风盛行，也促进了各产茶地不断创造出新的名茶，散芽茶种类也不少。

建茶　又称北苑茶、建安茶，产于建州，宋代贡茶主产地。著名的贡茶有龙凤茶、京铤、石乳、的乳、白乳、龙团胜雪、白茶、贡新銙、试新銙、北苑先春等40余种（详见“宋代贡茶”）。

顾渚紫笋　产于湖州（现浙江长兴）。

阳羡茶　产于常州义兴（现江苏宜兴）。

日铸茶　又名日注茶，产于浙江绍兴。

瑞龙茶　产于浙江绍兴。

谢源茶　产于歙州婺源（现江西婺源）。

双井茶　又名洪州双井、黄隆双井、双井白芽等，产于分宁（现江西修水）、洪州（现江西南昌）。属芽茶（即散茶）。

雅安露芽、蒙顶茶　产于四川蒙山顶（现四川雅安）。

临江玉津　产于江西清江。

袁州金片　又名金观音茶，产于江西宜春。

青凤髓　产于建安（现福建建瓯）。

纳溪梅岭　产于泸州（现四川泸县）。

巴东真香　产于湖北巴东。

龙芽　产于安徽六安。

方山露芽　产于福州。

五果茶　产于云南昆明。

普洱茶　又称普茶，产于云南西双版纳。集散地在普洱县。

鸠坑茶　产于浙江淳安。

瀑布岭茶、五龙茶、真如茶、紫岩茶、胡山茶、鹿苑茶、大昆茶、小昆茶、焙坑茶、细坑茶　产于浙江嵊县。

径山茶　产于浙江余杭。

天台茶　产于浙江天台。

天尊岩贡茶　产于浙江分水（现桐庐）。

西庵茶　产于浙江富阳。

石笕岭茶　产于浙江诸暨。

雅山茶、鸟嘴茶　又名明月峡茶，产于蜀州横源（现四川温江一带）。

宝云茶　产于浙江杭州。

白云茶　又名龙湫茗，产于浙江乐清雁荡山。

月兔茶　产于四川涪州。

花坞茶　产于越州兰亭（现浙江绍兴）。

仙人掌茶　产于湖北当阳。

紫阳茶　产于陕西紫阳。

信阳茶　产于河南信阳市南。

黄岭山茶　产于浙江临安。

龙井茶　产于浙江杭州。

虎丘茶　又名白云茶，产于江苏苏州虎丘山。

洞庭山茶　产于江苏苏州。

灵山茶　产于浙江宁波鄞县。

沙坪茶　产于四川青城。

邛州茶　产于四川温江地区邛县。

峨眉白芽茶　又名雪芽，产于四川峨眉山，属散芽茶。

武夷茶　产于福建武夷山。

卧龙山茶　产于越州（现浙江绍兴）。

修仁茶　产于修仁（现广西荔浦）。

## 元代名茶

据元代马端临《文献通考》和其他有关文史资料记载的元代名茶计有40余种。

头金、骨金、次骨、末骨、粗骨　产于建州（现福建建瓯）和剑州（现福建南平）。

泥片　产于虔州（现江西赣县）。

绿英、金片　产于袁州（现江西宜春）。

早春、华英、来泉、胜金　产于歙州（现安徽歙县）。

独行、灵草、绿芽、片金、金茗　产于潭州（现湖南长沙）。

大石枕　产于江陵（现湖北江陵）。

大巴陵、小巴陵、开胜、开卷、小开卷、生黄翎毛产于岳州（现湖南岳阳）。

双上绿芽、小大方　产于澧州（现湖南澧县）。

东首、浅山、薄侧　产于光州（现河南潢川）。

清口　产于归州（现湖北秭归）。

雨前、雨后、杨梅、草子、岳麓　产于荆湖（现湖北武昌至湖南长沙一带）。

龙溪、次号、末号、太湖　产于淮南（现扬州至合肥一带），均为散茶。

茗子　产于江南（现江苏江宁至江西南昌一带）。

仙芝、嫩蕊、福合、禄合、运合、庆合、指合　产于饶州（现安徽浮梁、贵池、青阳九华山一带）。

龙井茶　产于杭州，属散芽茶。

武夷茶　产于福建武夷山一带。

阳羡茶　产于江苏宜兴。

## 明代名茶

明代因开始废团茶兴散茶，所以蒸青团茶虽有，但蒸青和炒青的散芽茶渐多。据顾元庆《茶谱》（1541年）、屠隆《茶笺》（1590年前后）和许次纾《茶疏》（1597年）等记载，明代名茶计有50余种。

蒙顶石花、玉叶长春　产于剑南（现四川雅安地区蒙山）。

顾渚紫笋　产于湖州（现浙江长兴）。

碧涧、明月　产于峡州（现湖北宜昌）。

火井、思安、芽茶、家茶、孟冬、铁甲　产于邛州（现四川温江地区邛县）。

薄片　产于渠江（现四川从广安至达县）。

真香　产于巴东（现四川奉节东北）。

柏岩　产于福州（现福建闽候一带）。

白露　产于洪州（现江西南昌）。

阳羡茶　产于常州（现江苏宜兴）。

举岩　产于婺州（现浙江金华）。

阳坡　产于了山（现安徽宣城）。

骑火　产于龙安（现四川龙安）。

都濡、高株　产于黔阳（现四川泸州）。

麦颗、鸟嘴　产于蜀州（现四川成都、雅安一带）。

云脚　产于袁州（现江西宜春）。

绿花、紫英　产于湖州（现浙江吴兴一带）。

白芽　产于洪州（现江西南昌）。

瑞草魁　产于宣城了山（现安徽宣城）。

小四岘春　产于六安州（现安徽六安）。

茱萸寮、芳蕊寮、小江团　产于峡州（现湖北宜昌）。

先春、龙焙、石崖白　产于建州（现福建建瓯）。

绿昌明　产于建南（现四川剑阁以南）。

苏州虎丘　产于江苏苏州。

苏州天地　产于江苏苏州。

西湖龙井　产于浙江杭州。

皖西六安　产于安徽六安。

浙西天目　产于浙江临安。

罗岕茶　又名岕茶，产于浙江长兴，与顾渚紫笋类同。

武夷岩茶　产于福建崇安武夷山。

云南普洱　产于云南西双版纳，集散地在普洱县。

歙县黄山　又名黄山云雾，产于安徽歙县、黄山。

新安松罗　又名徽州松罗、瑯源松罗，产于安徽休宁北乡松罗山。

余姚瀑布茶、童家岙茶　产于浙江余姚。

石埭茶　产于安徽石台。

瑞龙茶　产于越州卧龙山（现浙江绍兴）。

日铸茶、小朵茶、雁路茶　产于越州（现浙江绍兴）。

石笕茶　产于浙江诸暨。

分水贡芽茶　产于浙江分水（现浙江桐庐）。

后山茶　产于浙江上虞。

天目茶　产于浙江临安。

剡溪茶　产于浙江嵊县。

雁荡龙湫茶　产于浙江乐清雁荡山。

方山茶　产于浙江龙游。

## 清代名茶

清代名茶，有些是明代流传下来的，有些是新创的。在清王朝近300年的历史中，除绿茶、黄茶、黑茶、白茶、红茶外，还发展产生了乌龙茶。在这些茶类中有不少品质超群的茶叶品目，逐步形成了我国至今还继续保留着的传统名茶。清代名茶计有40余种。

武夷岩茶　产于福建崇安武夷山，有大红袍、铁罗汉、白鸡冠、水金龟四大名枞，产品统称“奇种”，是有名的乌龙茶。

黄山毛峰　产于安徽歙县黄山，属烘青绿茶。

徽州松罗　又名瑯源松罗，产于安徽休宁，属细嫩绿茶。

西湖龙井　产于浙江杭州，属扁形炒青绿茶。

普洱茶　产于云南西双版纳，集散地在普洱县。有普洱散茶与团茶、饼茶等，前者属绿茶、后者属后发酵黑茶。

闽红工夫红茶　产于福建省。

祁门红茶　产于安徽祁门一带，属工夫红茶。

婺源绿茶　产于江西婺源，属炒青眉茶。

洞庭碧螺春　产于江苏苏州太湖洞庭山，属炒青细嫩绿茶。

石亭豆绿　产于福建南安石亭，属炒青细嫩绿茶。

敬亭绿雪　产于安徽宣城，属细嫩绿茶。

涌溪火青　产于安徽泾县，属圆螺形细嫩绿茶。

六安瓜片　产于安徽六安，属单片形细嫩绿茶。

太平猴魁　产于安徽太平，属细嫩绿茶。

信阳毛尖　产于河南信阳，属针形细嫩绿茶。

紫阳毛尖　产于陕西紫阳，属针形细嫩绿茶。

舒城兰花　产于安徽舒城，属舒展芽叶型细嫩绿茶。

老竹大方　产于安徽歙县，属扁芽形炒青细嫩绿茶。

泉岗辉白　产于浙江嵊县，属圆形炒青细嫩绿茶。

庐山云雾　产于江西庐山，属细嫩绿茶。

君山银针　产于湖南岳阳君山，属针形黄芽茶。

安溪铁观音　产于福建安溪一带，属著名乌龙茶。

苍梧六堡茶　产于广西苍梧六堡乡，属著名黑茶。

屯溪绿茶　产于安徽休宁一带，属优质炒青眉茶。

桂平西山茶　产于广西桂平西山，属细嫩绿茶。

南山白毛茶　产于广西横县南山，属炒青细嫩绿茶。

恩施玉露　产于湖北恩施，属细嫩蒸青绿茶。

天尖　产于湖南安化，属细嫩芽茶。

政和白毫银针　产于福建政和，属白芽茶。

凤凰水仙　产于广东潮安，属乌龙茶。

闽北水仙　产于福建建阳和建瓯，属乌龙茶。

鹿苑茶　产于湖北远安，属细嫩黄茶。

青城山茶、沙坪茶　产于四川灌县，属细嫩绿茶。

名山茶、雾钟茶　又名蒙顶茶，产于四川雅安、名山，属细嫩绿茶。

峨眉白芽茶　产于四川峨眉山，属细嫩绿茶。

务川高树茶　产于贵州铜仁，属细嫩绿茶。

贵定云雾茶　产于贵州贵定，属细嫩绿茶。

湄潭眉尖茶　产于贵州湄潭，属细嫩绿茶。

严州苞茶　产于浙江建德，属细嫩绿茶。

莫干黄芽　产于浙江余杭，属细嫩绿茶。

富阳岩顶　产于浙江富阳，属细嫩绿茶。

九曲红梅　产于浙江杭州，属细嫩工夫红茶。

温州黄汤　产于浙江温州平阳，属黄茶。

## （二）现代名茶

### 绿　茶

绿茶，又称不发酵茶。以适宜茶树新梢为原料，经杀青、揉捻、干燥等典型工艺过程制成的茶叶。其干茶色泽和冲泡后的茶汤、叶底以绿色为主调，故名。

绿茶的特性，较多的保留了鲜叶内的天然物质。其中茶多酚、咖啡碱保留鲜叶的85%以上，叶绿素保留50%左右，维生素损失也较少，从而形成了绿茶“清汤绿叶，滋味收敛性强”的特点。最新科学研究结果表明，绿茶中保留的天然物质成分，对防衰老、防癌、抗癌、杀菌、消炎等均有特殊效果，为其他茶类所不及。

中国绿茶中，名品最多，不但香高味长，品质优异，且造型独特，具有较高的艺术欣赏价值。绿茶按其干燥和杀青方法的不同，一般分为炒青、烘青、晒青和蒸青绿茶。

**炒青绿茶**：由于在干燥过程中受到机械或手工操力的作用不同，成茶形成了长条形、圆珠形、扇平形、针形、螺形等不同的形状，故又分为长炒青、圆炒青、扁炒青等等。长炒青精制后称眉茶，成品的花色有珍眉、贡熙、雨茶、针眉、秀眉等，各具不同的品质特征。如珍眉：条索细紧挺直或其形如仕女之秀眉，色泽绿润起霜，香气高鲜，滋味浓爽，汤色、叶底绿微黄明亮；贡熙：是长炒青中的圆形茶，精制后称贡熙。外形颗粒近似珠茶，圆结匀整，不含碎茶，色泽绿匀，香气纯正，滋味尚浓，汤色黄绿，叶底尚嫩匀；雨茶：原系由珠茶中分离出来的长形茶，现在雨茶大部分从眉茶中获取，外形条索细短、尚紧，色泽绿匀，香气纯正，滋味尚浓，汤色黄绿，叶底尚嫩匀；圆炒青：外形颗粒圆紧，因产地和采制方法不同，又分为平炒青、泉岗辉白和涌溪火青等。平炒青：产于浙江嵊县、新昌、上虞等县。因历史上毛茶集中绍兴平水镇精制和集散，成品茶外形细圆紧结似珍珠，故称“平水珠茶”或称平绿，毛茶则称平炒青；扁炒青：因产地和制法不同，主要分为龙井、旗枪、大方三种。龙井：产于杭州市西湖区，又称西湖龙井。鲜叶采摘细嫩，要求芽叶均匀成朵，高级龙井做工特别精细，具有“色绿、香郁、味甘、形美”的品质特征。旗枪：产于杭州龙井茶区四周及毗邻的余杭、富阳、肖山等县。大方：产于安徽省歙县和浙江临安、淳安毗邻地区，以歙县老竹大方最为著名。

在炒青绿茶中，因其制茶方法不同，又有称为特种炒青绿茶，为了保持叶形完整，最后工序常进行烘干。其茶品有洞庭碧螺春、南京雨花茶、金奖惠明、高桥银峰、韶山韶峰、安化松针、古丈毛尖、江华毛尖、大庸毛尖、信阳毛尖、桂平西山茶、庐山云雾等等。在此只简述二品，如洞庭碧螺春：产于江苏吴县太湖的洞庭山，以碧螺峰的品质最佳。外形条索纤细、匀整，卷曲似螺，白毫显露，色泽银绿隐翠光润；内质清香持久，汤色嫩绿清澈，滋味清鲜回甜，叶底幼嫩柔匀明亮。金奖惠明：产于浙江云和县。曾于1915年巴拿马万国博览会上获金质奖章而得名，外形条索细紧匀整，苗秀有峰毫，色泽绿润；内质香亮而持久，有花果香，汤色清澈明亮，滋味甘醇爽口，叶底嫩绿明亮。

**烘青绿茶**：是用烘笼进行烘干的。烘青毛茶经再加工精制后大部分作熏制花茶的茶坯，香气一般不及炒青高，少数烘青名茶品质特优。以其外形亦可分为条形茶、尖形茶、片形茶、针形茶等。条形烘青，全要主要产茶区都有生产；尖形、片形茶主要产于安徽、浙江等省市。其中特种烘青，主要有黄山毛峰、太平猴魁、六安瓜片、敬亭绿雪、天山绿茶、顾渚紫笋、江山绿牡丹、峨眉毛峰、金水翠峰、峡州碧峰、南糯白毫等。如黄山毛峰：产于安徽歙县黄山。外形细嫩稍卷曲，芽肥壮、匀整，有锋毫，形似“雀舌”，色泽金黄油润，俗称象牙色，香气清鲜高长，汤色杏黄清澈明亮，滋味醇厚鲜爽回甘，叶底芽叶成朵，厚实鲜艳。

**晒青绿茶**：是用日光进行晒干的。主要分布在湖南、湖北、广东、广西、四川，云南、贵州等省有少量生产。晒青绿茶以云南大叶种的品质最好，称为“滇青”；其他如川青、黔青、桂青、鄂青等品质各有千秋，但不及滇青。

**蒸青绿茶**：以蒸汽杀青是我国古代的杀青方法。唐朝时传至日本，相沿至今；而我国则自明代起即改为锅炒杀青。蒸青是利用蒸汽量来破坏鲜叶中酶活性，形成干茶色泽深绿，茶汤浅绿和茶底青绿的“三绿”的品质特征，但香气较闷带青气，涩味也较重，不及锅炒杀青绿茶那样鲜爽。由于对外贸易的需要，我国从 80 年代中期以来，也生产少量蒸青绿茶。主要品种有恩施玉露，产于湖北恩施；中国煎茶，产于浙江、福建和安徽三省。

绿茶是历史最早的茶类。古代人类采集野生茶树芽叶晒干收藏，可以看作是广义上的绿茶加工的开始，距今至少有三千多年。但真正意义上的绿茶加工，是从公元 8 世纪发明蒸青制法开始，到 12 世纪又发明炒青制法，绿茶加工技术已比较成熟，一直沿用至今，并不断完善。

绿茶为我国产量最大的茶类，产区分布于各产茶省、市、自治区。其中以浙江、安徽、江西三省产量最高，质量最优，是我国绿茶生产的主要基地。在国际市场上，我国绿茶占国际贸易量的 70% 以上，销区遍及北非、西非各国及法、美、阿富汗等 50 多个国家和地区。在国际市场上绿茶销量占内销总量的 1/3 以上。同时，绿茶又是生产花茶的主要原料。

### 1. 二泉银毫

二泉银毫，产于江苏太湖之滨风景秀丽的无锡市郊区。于 1986 年创制成功，属绿茶类全国名茶之一。

无锡是我国江南著名风景区和沿海对外开放城市之一。“天下第二泉”是无锡游览胜景，原名惠山泉、又名漪澜泉，位于无锡市锡惠公园内，开凿于唐代大历十四年（779），迄今已有一千二百多年历史。唐代品泉家刘伯刍，把宜于煮茶之水分为七等，把金山中泠泉评为第一，把惠山泉评为第二；茶圣陆羽将其品鉴过的天下名泉佳水分为二十品，把庐山康王谷水帘泉评为天下第一泉，对无锡惠山泉亦继作了同样的评价，从此，“天下第二泉”驰名中外，便成为古往今来帝王将相、骚客文人必欲登临的著名景观。宋高宗（赵构）南渡，饮此泉后，建有“二泉亭”。元代大书法家赵孟頫和清代书法家王澍分别在亭内和亭外的石壁上书有“天下第二泉”的石刻，字迹苍劲，雄伟古朴。清代康熙、乾隆皇帝南巡，在惠山竹炉山房以二泉之水烹茗品尝，挥毫题词作诗。康熙有诗曰：“塞云覆树昔年轻，再品山泉到此亭”；乾隆亦曾吟诗“江南称第二，盛名实能符”赞惠泉。

因此，二泉银毫，偕千古名泉之名、融银毫珍品为一体而定名。

二泉银毫的品质特征：条形挺秀似针，银绿隐翠，清香持久，滋味鲜醇，汤色嫩绿，叶底匀整。制作二泉银毫的原料来自无锡市种植的无性大毫品种茶树的新梢芽叶，以一芽一叶初展和半展为主体，芽叶长3—3.5厘米，在室内摊放经过轻度萎凋后付之加工。经杀青、揉捻、搓条、整形、干燥等工序精制而成。

二泉银毫，投放市场之后，即受到茶学界与茗饮爱好者的赞赏：1988年参加首届中国食品博览会获铜牌奖；1989年农业部在西安召开的全国名优茶评选会上，被评为全国名茶；1993、1994年连续获得江苏省“陆羽杯奖”，其精制的包装和优良的品质深受消费者的喜爱。

### 2. 九华毛峰

九华毛峰，属绿茶类名茶。产于安徽省青阳县九华山区。九华山是中国四大佛教名山之一，方圆一百多平方公里，山色奇秀，中心在九华街，有“九华一千寺，洒在云雾中”之说。唐代大诗人李白在游九华山后写下“昔在九江上，遥望九华峰，天河挂绿水，绣出九芙蓉”的诗句。九华山奇峰峭壁，共有九十九座山峰，主峰十王峰海拔1342米。现存有化城寺、甘露寺、慧居禅寺等古刹七十八座，佛像一千五百多尊，明万历皇帝圣旨、藏经及众多的佛教文物。

九华山的茶产区主要分布于青阳县城南的主峰十王峰，在千米以上的高峰还有莲花峰、天华峰、天柱峰、翠峰、独秀峰、五老峰、沙弥峰、云外峰、七贤峰、罗汉墩等地，在地理上北临长江，南连黄山，方圆约200华里。九华山区与黄山区是安徽省两个主要毛峰茶产区，九华毛峰品质，仅次于黄山毛峰，为安徽省主要历史名茶。其品质最优者为十王峰南麓道僧洞《详见本章《黄石溪毛峰》一文）的黄石溪毛峰和十王峰北麓下闵园的闵园毛峰。

九华山区的茶园即分布在这峰峦起伏，琼楼仙宇，秀峰怪石，烟涛云海、飞瀑流泉，绿树翠竹之间。土层深厚，多为酸性棕黑色森林土及黄沙土，茶树生长良好。尤以海拔700～800米的黄石溪，年均气温15－16℃，年均降水量为1600～1800毫米，日照短，漫射光多，土层深厚肥沃，多为微酸性砂质黄土，花草林木繁茂，极宜种茶。

采制工艺与茶品特色：其采摘期较普通低山茶园迟半月左右，一般在谷雨前三四天开园，专采一芽二叶初展，采后按叶质老嫩与采摘先后分等定级付制加工。其制法分杀青、揉捻、烘干三道工序。成品茶条索匀整紧细，色泽嫩绿微黄，白毫披露，色汤碧绿清亮，叶底柔嫩，开汤时雾气结顶，滋味鲜醇浓厚，香气高爽，回味甘甜，冲泡五六次，香气犹存。

九华山早在千余年前即栽有本地“茗地源茶”种与印度的“梗空筒直”种茶

树，现已成为安徽毛峰的主要产地。由于该地为佛教圣地，游客多视此茶为“佛茶”。1986 年被评为安徽省优质名茶，产品分为三级。一级九华毛峰出口港澳地区，国内销往广州、上海、天津、北京、杭州、苏州、南京等地。

### 3. 万年青牌特珍

万年青牌特珍，系由上海茶叶进出口公司选择全国优质眉茶中的珍品，由一芽一、二叶的鲜嫩芽叶为原料，通过精制，采取扬长避短的拼配、技术加工而成。出口茶号为 G371，小包装茶号为 G101。该茶形美质优，儿茶素和安基酸的含量适宜，色、香、味形各具特色，适合消费者的需求，在国际市场上享有盛誉。

万年青牌特珍，在历次国际、国内优质食品评选中屡获殊茶：1985 至 1992 年连续被上海市评为优质出口商品的称号；1985 年 5 月，在西班牙马德里《国际商业评论》主办的评奖会上，获得 1985 年《国际最优质量、服务奖》；1986 年 10 月，在法国巴黎国际美食及旅游协会的评选中，被授予国际高品质金桂冠奖；1987 年，在比利时布鲁塞尔举办的第 26 届世界优质产品评选大会上，荣获金质奖；1990 年，在《国家优质食品》评选中，获得金质奖。

1991 年，上海茶叶进出口公司出口特珍约 2000 吨。主要销往摩洛哥、阿尔及利亚、法国、马里、毛里塔尼亚、尼日利亚、多哥、冈比亚、沙特阿拉伯等几十个国家和地区。

### 4. 天目青顶

天目青顶，又称天目云雾茶，是在国际商品评比中获得金奖的古今绿茶上品。产于浙江省临安县的天目山区。天目山，古称浮玉山，主峰东天目和西天目，海拔均在 1500 米左右，峰顶各有一池，池水清澈如镜，形如一双天目，故名天目山。巍峨的天目山，屹立于浙江省西北部，山势由西南向东北延展，层峦叠嶂，如龙飞凤舞，气象万千，蜿蜒数百里，我国著名的避暑胜地莫干山是其余脉。天目山区有数不尽的自然美景、人文景观，奇峰异岩，古木参天，溪涧纵横，古刹禅源（寺）；有仙峰远眺，云海奇观，经台秋风，平溪夜月，玉剑飞桥，莲花石座，悬崖瀑布，西关龙潭等胜景。由于天目山地处中亚热带边北缘，是我国植物的过渡地带，山上有木本植物和草本植物达三千多种，而茶叶则是天目山区的特产之一。明代袁宏道在《天目山记》赞曰：“天目山，三件宝，茶叶、笋干、小核桃。”

天目山是我国古代老茶区之一，产茶历史悠久。茶圣陆羽在《茶经 · 八之出》载有“杭州临安、于潜二县生天目山与舒州同”。陆羽的“缁素忘年之交”唐代著名诗僧皎然在《对陆迅饮天目山茶因寄元居士晟》茶诗（详见本书第八章《今古茶诗》（上）唐释皎然茶诗之四）对天目山茶之采摘、焙制、烹煮、品茗等均作了描述。由此可见，早在一千二百多年前的唐代中叶，天目山茶已是闻名于世的上品名茶了。明代屠隆在《考槃余事》中还将其列入全国茶叶六大佳品之一，与“龙井”、“虎丘”、“天池”、“阳羡”、“六安”齐驱，以贡品的身份登上大雅之堂。明代文震亨《长物志》载“龙井天目，山中早寒，冬来多雪，故茶之萌发较晚，采焙得法，亦可与天池并。”明代田艺衡在《煮泉小品》中对天目茶泉则更是作了高度评价“今天目远胜径山，而泉亦天渊也”。清宣统《临安县志》载“天目云雾，天目各乡俱产，惟天目山者最佳”。至清末宣统二年（1910）临安天目云雾茶在南京举办的南洋劝业会展评会上曾荣获特等金质奖章。约在本世纪三十年代，因抗日战争百业凋零，天目云雾茶亦遂被湮没，制茶技术也年久失传。

临安县委和人民政府十分重视茶叶生产和对历史名茶的恢复试制工作。1979 年由县科委组织县茶叶公司、农业局与茶农三结合的技术攻关协作组，由具有丰富经验的吴森林老评茶师担任天目茶的试制工作。在攻关组的通力协作下，终于使已失传四十多年的传统名茶——天目青顶重展胜过昔日的芳姿，饮誉世界。

天目云雾茶的主产区分布于东天目山临目的太子庙、龙须庵，杨岭的溪里、小岭坑，东坑的朱家，横渡的森罗坪、径山灵霄峰、龙宫山、白云山等地。而集中产地则在龙岗镇的裴后茶果场，现有茶园 300 余亩。1990 年荷兰和加拿大茶学专家曾来裴后茶果场考察，认为“天目青顶”生态环境优越，是不施农药和化肥，又无工业三废污染的“三无茶”。

天目山地处北纬 32°2'，临近东部海洋，属副热带季风气候。气温较低，相对湿度大。常年云雾笼罩，雾日年均 250 天以上。茶树多种植于海拔 600～1200 米之间的较为避风的山凹或山坞中。土壤多为由茂密的森林树叶落地所形成的棕色森林土，腐殖深厚，土质疏松肥沃，十分有利于高山云雾茶的发育生长。

青顶茶精细的采制工艺：青顶茶的采摘时间较晚。按采摘时间、标准和焙制方法不同，茶色按质分为顶谷、雨前、梅尖、梅白、小春五个品级。顶谷、雨前属春茶，称“青顶”，茶芽最幼嫩纤细，色绿味美。梅尖、梅白称“毛峰”；小春则属高级绿茶。鲜叶采摘要求：选晴天叶面露水干后开采。用手指合力提采，不能用指甲掐，不能带鱼叶；鲜叶标准为：一叶包一芽，一芽一叶初展；一芽一叶，一芽二叶。采下的鲜叶薄摊在洁净的竹匾上，置阴凉处 5～6 小时，使鲜叶的内含物质发生缓慢的变化，以利于色、香、味、形品质的提高。在平锅或电锅内以高温杀青，锅温 160℃左右，投叶量每锅 250 克，用双手或右手在锅内抖杀，排除部分热水汽；再以右手抓叶在手，以四指翻动杀青叶；要使叶温迅速升至 70°～80℃，以达到破坏酶的活性和避免产生红茎红叶；待达到叶质柔软、叶色青绿、有茶香出现时，即可起锅，并将杀青叶抖散在竹匾内摊凉。揉捻时将毛茶放在粗麻布上轻轻搓揉，不使茶叶汁液外溢，并注意掌握轻、重、轻的手法，以保持茶品色泽绿润；然后投叶于锅炒二青，投叶量每锅 200 克左右，用双手或右手在锅内透炒，锅温从 110℃逐渐降至 90℃，炒至失重 20% 左右起锅，将结块抖散在竹匾内冷却，使茶条内水分调整均匀。烘干要求：采用竹制平顶烘笼，选用无生柴头青炭，烧红后盖上一层薄灰以控制火温，笼顶盖上一块洁净白布，每次上烘量为300克二青叶，笼顶温度控制在70℃左右，在烘干过程中要经常用双手将衬托茶叶的布角折拢，使茶叶翻动均匀，摊平再烘至足干为止。

青顶茶的品质特色：挺直成条，叶质肥厚，芽毫显露，色泽深绿；滋味鲜醇爽口，香气清香持久，汤色清澈明净，芽叶朵朵可辨，冲泡三次，色、香、味犹存。

天目青顶茶，重新研制开发成功引起了茶学界和社会各界的重视和高度评价：1986年5月被评为浙江省十大优质名茶之一并获得荣誉证书；1987、1988年先后在浙江省茶叶学会斗茶会上和省农业局名茶品评会上，天目青顶被评为优秀名茶和名茶一类产品；1988年11月临安县科委在杭州召开了天目青顶鉴定会，由浙江省茶学界等十七个单位的专家学者一致通过了名茶标准鉴定书；同年又获临安县1988年度科学进步一等奖，在1991年中国杭州国际文化节上，天目青顶被评为"中国文化名茶"并颁发给奖杯和奖状；同年5月浙江省茶叶学会名誉理事长、浙江农业大学教授、当代茶叶科学家庄晚芳为天目青顶题词："天目俯视山景美，青顶云雾翠茶香。"

天目青顶茶，云雾地带茶园一万多亩，现已形成批量生产，年产量可达5吨左右。从1989年至1994年，除内销外，先后销往荷兰、加拿大、德国、美国、日本和香港地区。

### 5. 天然富硒紫阳茶

金蕾牌天然富硒紫阳茶，由陕西省紫阳县科技开发中心研制、陕西省紫阳县金蕾茶厂生产。

紫阳县位于陕西南部、大巴山的北麓、汉水流域，是我国传统的茶产区之一。紫阳茶品质优良，在历史上享有盛名。早在汉唐时期就曾作贡茶晋献宫廷享用，同时还随丝绸之路销往西域和海外。在清代紫阳毛尖已成为全国十大名茶之一。

紫阳县又是我国的两个富硒区之一，因土壤中含硒量高，茶叶及其他植物中含硒量都十分丰富。硒是人体所必需的微量元素之一，据医学家研究与测定，有四十多种疾病的发生与缺硒有关，如心血管病、癌症、贫血、糖尿病、白内障等。而硒具有抗癌、抗辐射、抗衰老和提高人体免疫力的作用。

天然富硒紫阳茶的研制开发与生产，是我国茶学界、医学界、营养学界对增强人体免疫能力与提高饮茶者健康水平作出的科学贡献。

1989年9月6日，陕西省科委在北京召开了紫阳富硒茶开发研究鉴定会，对由陕西省紫阳县科委主持的"紫阳富硒茶品质、含硒量及保健作用研究"成果，进行了科学鉴定。经以亚太地区营养学会执行主席沈志平教授为首的十三位营养学、茶学、医药学专家鉴定认为，紫阳富硒茶主要具有以下四大特点：

（1）有益成分丰富，自然品质好。该茶经中国农科院茶叶研究所测定，含氨基酸3.08%，最高达5.69%；茶多酚30.35%；每克蒸青叶含儿茶素207.3毫克；每克一级烘青茶含没食子儿茶素、没食子酸酯（EGCG）122.86毫克。茶叶自然品质好，是适合制名绿茶的优质原料。

（2）无农药污染，符合卫生标准。紫阳县山青水秀，环境优美。紫阳茶园不用农药，经商业部茶叶加工研究所检测，完全符合国家标准总局、卫生部颁发的关于绿茶、红茶卫生标准。

（3）富含硒元素。是国内外少有的特种富硒茶。平均含硒0.6530ppM，最高值为3.8536ppM，比我国非富硒地区茶叶平均含硒量（0.1158ppM）高5.5倍，具有很强的营养保健作用。

（4）富硒紫阳茶，是具有广阔前景的保健品，特别对人体补硒有益，并有一定的增强机体活力、抗衰老、防癌、抗癌、抗辐射作用。为国内首次通过审定的富硒茶，其研究成果在国内领先。

全国人大副委员长习仲勋欣然为富硒紫阳茶题词“健康佳品，驰誉神州”。全国著名营养学家于若木为富硒紫阳茶题词“紫阳茶富硒抗癌色香味具佳为茶中珍品”。亦有学者题联语赞曰：“陆羽闻知应奋笔，茶经续写富硒篇。”

天然富硒紫阳茶的珍品是紫阳毛尖和紫阳翠峰。紫阳毛尖传统制法是以日光晒干或阴干；现改为炒烘结合，炒烘型亦称为紫阳毛峰，其品质特征是：芽叶嫩壮匀整，白毫显露，色泽嫩绿；香高持久；汤色浅绿、清澈；滋味鲜爽，醇和回甜；叶底嫩绿明亮。

紫阳毛尖早于1987年就被评为省优质产品；1988年被评为省地方名牌产品，同年在首届中国食品博览会获银奖；1991年获全国优质保健品金奖。

紫阳翠峰成品茶，外形紧秀显毫，肥嫩壮实，色泽翠绿；香气高爽，鲜纯持久；汤色嫩绿明亮；滋味鲜爽，回味甘甜；叶底嫩匀，明亮成朵。天然富硒紫阳茶，自开发投放市场以来，颇受国内外广大茗饮者的青睐，在国内、国际名优产品评比中屡获殊荣：1991年紫阳毛峰经农业部茶叶质量监督检测中心鉴评，符合优质茶品质要求，颁给了《优质茶品鉴定认可证》。同年在第六届全国发明博览会上获陕西省优秀新产品奖；在“七五”全国星火计划成果博览会上获金奖。紫阳翠峰于1991年获“中国杭州国际茶文化节”文化名茶奖；1992年获中国农业博览会银奖。

### 6. 太平猴魁

太平猴魁，产于安徽省黄山市黄山区（原为太平县）新明乡的猴坑、猴岗及颜村三村。因猴茶品质超群，故名。猴坑地处黄山，林木参天，云雾弥温，空气湿润，相对湿度超过80%。茶园土壤肥沃，腐殖质丰富，酸碱度适宜，PH值在4.5~6.5。培育出柿大茶树优良品种，芽嫩、叶肥、多毫，多形成猴魁独特外形与优异品质的主要因素。

采摘与制作工艺：一般在谷雨前开园，立夏前停采。采摘时间较短，每年只有15～20天时间。分批采摘开面为一芽三、四叶，并严格做到“四拣”：一拣坐北朝南阴山云雾笼罩的茶山上茶叶；二拣生长旺盛的茶棵采摘；三拣粗壮、挺直的嫩枝采摘；四拣肥大多毫的茶叶。将所采的一芽三、四叶，从第二叶茎部折断，一芽二叶（第二叶开面）俗称“尖头”，为制猴魁的上好原料。采摘天气一般选择在晴天或阴天午前（雾退之前），午后拣尖。经杀青、揉捻、烘烤等工序，当天制成。

太平猴魁的优异茶质：其成品茶挺直，两端略尖，扁平匀整，肥厚壮实，全身白毫，茂盛而不显，含而不露，色泽苍绿，叶主脉呈猪肝色，宛如橄榄；入杯冲泡，芽叶徐徐展开，舒放成朵，两叶抱一芽，或悬或沉；茶汤清绿，香气高爽，蕴有诱人的兰香，味醇爽口。其品质按传统分法：猴魁为上品，魁尖次之，再次为贡尖、天尖、地尖、人尖、和尖、元尖、弯尖等传统尖茶。现分为三个品级：上品为猴魁，次为魁尖，再次为尖茶。

太平猴魁，始创于清光绪年间（1875～1908），1915年，巴拿马万国博览会上获一等金质奖章及奖状。1982年在长沙举行的全国名茶评选中，被评为全国名茶之一。1986年在福建再次被评为全国名茶。1990年在河南省信阳市第三次被评为全国名茶。主要销于国内大中城市，少量出口。

### 7. 无锡毫茶

无锡毫茶，主产于江苏省无锡市郊区。其原料为无性系良种大毫，且又因其成品白毫披复而得名。大毫茶树于1966年自福建引入，属半乔木、大叶型、早芽种，在太湖之滨的无锡郊区适应性强。表现为萌芽力强，发芽整齐，芽梢茸毛特多，芽头肥壮重实，兼有产量高与抗逆性强之特点。制作毫茶原料，以一芽一叶初展、半展为主体，经杀青、揉捻、搓毛、干燥等工序精制而成。成品茶条索卷曲，肥壮绿翠，白毫披复，香高味浓，汤绿明亮，叶底肥嫩。

无锡毫茶，投放市场以来，深受广大消费者的青睐，在历次参加名茶和优质食品评比中，多次获奖：该茶于1984年获江苏省优质食品奖；1985、1986、1990年分别被农业部和商业部评为全国名茶和部优质农产品；1988年在首届中国食品博览会上荣获银奖；1991年在杭州国际茶文化节被授予“中国文化名茶”称号；1992年首届中国农业博览会上获优良产品奖。

### 8. 屯　绿

屯绿，有珍眉、凤眉、特贡、熙贡等品名。因历史上集中在屯溪加工输出，故名。是我国外贸出口绿茶中的极品名茶之一。主要产于安徽省休宁、歙县、祁门、旌德、绩溪、屯溪、宁国、广德等地。茶树大部分种植于黄山之麓、新安江畔，年均气温15℃左右，年降水量1400毫米以上；土壤肥沃深厚，酸碱度适宜，PH值一般为4~6，极适于茗州、骑马州、杨树林、黄山大叶等良种茶树品种的生长。

采制工艺与茶质：以采集茗州，黄山大叶等茶树芽叶为原料加工制作屯绿，分鲜叶杀青、揉捻、干燥等三道工序制成毛茶，再经反复抖、切、圆、扇、炒等工序制成特珍、珍眉、凤眉、特贡、雨茶等花色。从50年代以后屯绿简化了等级繁琐的名目，统一了规格，通过精制分为珍眉、贡熙和雨茶等。屯绿成品条索紧结、匀整壮实，色泽绿润，香气清高持久，蕴藏花香或含熟板栗香；冲泡后茶叶徐徐展开，叶底嫩绿明亮，汤色嫩黄清明，滋味浓厚甘醇，先稍带苦味，而后回甜。

屯绿栽培生产于盛唐时期，至今已有1200余年的历史了。明万历年间（1573—1619）在国际市场首露头角。1851—1964年创制眉茶出口欧洲。1920年屯溪有109家经营外销绿茶的茶号，产销兴旺，新中国成立后，于1950年建立屯溪茶厂，生产由手工操作，逐步转向机械化。1981年特珍一级茶获国家优质产品银质奖。1985年特珍一级、珍眉一级分获国家优质食品银质奖。1988年特珍特级、特珍一级获雅典第27届世界食品博览会银奖和中国首届食品博览金奖。现行销于摩洛哥、阿尔及利亚、塞内加尔、美国、沙特阿拉伯、独联体、阿富汗、巴基斯坦等80多个国家和地区。

### 9. 日铸雪芽

日铸雪芽，简称日铸茶，又有“兰雪”之名，属炒青绿茶之今古名茶。日铸茶产于浙江省绍兴县东南会稽山日铸岭。因芽细而尖，遍生雪白茸毛，故名。其地古木交荫，野竹丛生，接近岭有上祝、下祝两村，为该茶产地。御茶湾在下祝村下，为著名产地之一。产区云雾缭绕，土质肥沃，年均气温16.5℃，年均降水量1418毫米，全年无霜期230天左右。该地茶树较其他茶园地势低，萌芽期来得迟缓一些。

采制工艺与茶质：由于其萌发期较迟，一般于谷雨后采摘一芽一、二叶初展，经炒青精制，其成品茶条索紧细，芽身满披白色茸毛，带有兰花芳香，味甘而滋，气厚醇永，汤色呈乳白色，经五次冲泡，香味依然存在。

绍兴日铸岭产茶历史悠久，茶圣陆羽曾评其为珍贵仙茗。北宋欧阳修称：“两浙之茶，日铸第一。”南宋爱国诗人陆游是绍兴人，则更加喜爱其家乡所产的日铸，在外出游历时，行囊中也往往带上日铸茶和烹茶器皿，寻觅到名泉佳水时，即就地烹煎品尝，即兴赋诗。如有诗曰：“囊中日铸传天下，不是名泉不合尝。”日铸茶在北宋时即成为名传天下的贡品了。将其作为专供朝廷御用的茶产地，称为“御茶湾”。炒青制法亦约于北宋时开始，至明代“兰雪”之名盛行京师，达官贵人非“兰雪”不饮，于是形成了其鼎盛时期。新中国成立后日铸雪芽被列入中国名茶。

### 10. 中国雨茶8147

中国雨茶，系上海茶叶进出口公司经营的名牌产品之一。最早为浙江绍兴所属地区生产的平水珠茶，在精制加工中所产生的一个花色。60 年代后期，因雨茶外销需要，遂扩大从眉茶精制中提取雨茶。至 70 年代后期，全国所属外销绿茶精制加工厂几乎都有这个花色生产，约占眉茶系列产品中的 10% 以上。

上海茶叶进出口公司，通过扬长避短的拼配技术，使雨茶的色、香、味、形独具特色。成品茶条索细嫩紧实，色泽绿润起霜，香气鲜浓，滋味醇厚，汤色黄绿明亮。成为国际市场上享有盛誉的名牌产品。万年青牌雨茶 8147G501，1985 年至 1992 年连续被上海市评为优质出口商品称号；1986 年，在法国国际美食及旅游协会评选会上，被授予国际高品质金桂冠奖。1991 年全国雨茶出口量已逾千吨。主要销往摩洛哥、毛里塔尼亚、塞内加尔、尼日利亚、冈比亚、多哥、法国、沙特阿拉伯等几十个国家和地区。

**11. 午子翠柏**

午子翠柏，是陕西省西乡县茶厂生产的全国名茶之一。因其产于西乡境内的午子山区，故名。午子山自古就是汉中地区的茶产地，也是世界珍稀树种“白皮松”的原生地。有“秦巴山石奇，青松长白皮”之谚语流传。西乡午子山茶区，北依秦岭，南卧巴山，汉水流经其间；处于高纬度，高海拔，富含硒、锌，无污染；气候温和，雨量充沛，土质肥沃，酸碱适中的生态环境之中，是“高山云雾出名茶”的理想之地。

西乡产茶历史悠久，从汉代起就被历代朝廷宫廷列为贡茶。相传，汉高祖刘邦，曾携近臣谋士常来西乡的茶镇品饮“雌鸡岭茶”，始悟“明修栈道，暗度陈仓”的大计。据西乡县志记载：汉中茶叶，产于西乡。茶叶是山民的主要经济来源，在生产旺季里，“男废耕，女废织，莫之能办也”。在明朝时曾“以汉茶万担，易边马万匹”，秦巴之茶曾为祖国的统一、民族的和睦，以及内地与边疆的经济发展作出过历史性的贡献。

午子翠柏名茶，是应中华大地改革开放，人民生活水平不断提高的需求，于 1985 年列入陕西省科技开发项目，在省茶叶公司的大力支持下，由县供销社主管茶叶的专业科技人员承担专项开发工作。经过三年时间的努力，于 1988 年研制成功了这一新品绿茶。1989 年农牧渔业部在西安召开全国名茶评比会议期间，经与会的茶学界的专家、学者对该茶的制作技术与品质进行了审评，通过了省级鉴定。

午子翠柏的研制工艺，起步较高，吸取了省内秦巴雾毫等名茶的研制经验，制茶原料选择于午子山区的紫阳槠叶种和西乡的“大脚板”茶树的鲜嫩芽叶，标准为一芽一叶初展，芽叶长 1.5 ~ 3.0cm，经轻度摊放萎凋，进行活性物质的有益转化，再经杀青、清风、轻揉、毛火、拔条、焙干等工序，精制而成。经中国茶学界一代宗师王泽农（安徽农业大学茶业系）教授评审认为：“该茶条索紧细，扁弯有致，隐毫微露，色泽青翠，清香纯和，汤色葱绿，滋味醇厚隽永，叶底黄绿成朵……可在全国名茶行列中成为颇具希望的产品。”

午子翠柏内质所含有效成分，经有关部门化验分析，证明已达到全国名茶水平：水浸物大于40%，粗纤维低于10%，灰分低于6.5%，粉末低于1%，含水在6%以下；卫生指标符合GBn144—89的标准要求。成品茶除氧包装后，贮放在低于20%湿度的除湿茶叶仓库内，可在较长时期内保持茶叶品质不变。

午子翠柏，于1990年商业部在河南省信阳市召开的全国名茶评选会上，荣获商业部优质名茶奖和全国名茶称号。至1994年，西乡茶园已发展到万余亩，年产名茶万公斤以上。主要销往省会西安和周边省区，近年来已销往广州、深圳等南方城市，颇受广大茗饮者的厚爱。

### 12. 六安瓜片

六安瓜片，简称片茶，以其外形似瓜子，呈片状而得名。产于安徽省六安、金寨、霍山三县（金寨、霍山旧时同属六安州），以金寨县齐云山鲜花岭蝙蝠洞所产之茶质量最佳，又称“齐山名片”。为我国著名绿茶品种之一。产地位于皖西大别山区，山高林密，泉水潺潺，云雾弥漫，空气相对湿度70%以上，年降水量1200毫米左右，尤以蝙蝠洞周围，蝙蝠翔集，排撒粪便，富含磷质，成天然肥料，致使土壤肥沃，茶树生长繁茂，鲜叶葱翠嫩绿，芽大毫多。

采制工艺与茶质：采摘季节，较其他高级茶迟半月以上，高山区则更迟一些，多在清明后、谷雨前进行。以采“开面”上端一芽三叶为宜，可略带少量一芽三、四叶。第二道工序为摘片，将采来的鲜叶与茶梗分开，先摘下第三叶，再摘下第二叶，然后摘第一叶，最后将芽连同上部嫩梗与下部的粗枝或第四叶拆开，同时作了精细分级。第三道工序的技术关键是在于把叶片炒开。最后烘焙工序是在炒至萎凋状态，叶片柔软后，及时出锅进行烘干。每次烘叶量仅2~3两，烘至色泽翠绿均匀，白毫显露，茶香充分发挥时，趁热装入容器密封贮存。其成品，叶缘向背面翻卷，呈瓜子形，汤色翠绿明亮，香气清高，味甘鲜醇。茶品分为名片与一、二、三级共四个等级。用开水沏泡，形如莲花，汤色清澈晶亮，尤以二道茶香味最好，浓郁清香。又有清心明目，提神消乏，通窍散风等攻效。

六安产茶始于唐代，而六安瓜片从明清以来即享有盛誉。明代闻尤《茶笺》一书称：“六安精品，入药最佳。”该茶始于明代初年，多作为宫廷贡品。最初出现在市场上约在1905年~1920年间。1982年在长沙全国名茶评选会上，被评为全国名茶之一，1986年在福州评比会上，再次被评为全国名茶，1990年商业部在河南省信阳市召开的全国名茶评选会上，由金寨县茶叶公司生产的齐云山名片，第三次被评为全国优质名茶。销往北京、上海、南京、山东、河北等省市，出口香港等地。

### 13. 文君绿茶

文君绿茶，以其产地为西汉才女卓文君的故乡——四川省邛崃县而得此温文尔雅的芳名。

卓文君，是汉代临邛（今之邛崃）大富豪卓王孙的掌上明珠，是一位诗词歌赋，琴棋书画无所不通的汉代著名才女。青春寡居在家。时值年少孤贫的汉代大才子、辞赋家司马相如，从成都前来拜访时任临邛县令的同窗好友王吉。王县令在宴请相如时，亦请了卓王孙座陪。后来卓王孙为附庸风雅，巴结县令，请司马相如来家做客期间，文君同相如，两人一见钟情，相恋私奔成都。后来卓王孙为顾忌情面，也只好将新婿、爱女接回临邛。但他们仍安于清贫，自谋生计，在街市上开了一个酒肆，“文君当垆”，“相如涤器”。

如今，邛崃县城里，“文君井”、“琴台”古迹犹存。唐代大诗人杜甫在寓居成都时作《琴台》诗有句云：“酒肆人间世，琴台日暮云。”在文君庭园里的“琴台”有一联云：“井上疏风竹有韵；台前古月琴无弦。”这些诗联记述了当年卓文君与司马相如忠贞爱情的千古韵事。

邛崃茶厂，对邛崃传统名茶取名文君，不仅富有深刻寓意，也是别开生面的，在当代中国名茶中，以古代仕女命名的，是极为罕见的。

邛崃茶产区分布在邛崃山脉的南宝山、花楸堰等处的崇山峻岭之间，一般海拔800～1700米之间；气候温和，雨量充沛，空气湿润，云雾缭绕；土质深厚肥沃，是得天独厚的产茶之地。茶树的品种为当地的中叶种和花秋种，芽叶粗壮，深绿油亮，节尖较短，持嫩性强。

文君茶，以采摘一芽一叶或一芽二叶初展，经杀青、初揉、烘二青、复揉、炒三青、做形提毫、烘焙等七道工序精制而成。成茶条索紧细弯曲，色泽翠绿，白毫显露，滋味清醇。

**14. 巴岳名茶**

巴岳名茶，产于四川省铜梁巴岳山。这里峰峦峻秀，涧壑幽美，海拔778米，终年云雾缭绕，年均气温在14.6℃左右，昼夜温差大，相对湿度90%以上，土壤肥沃，PH值约5.3，茶园四周林木苍翠，为茶树的生长提供了天然的良好环境。

工艺与茶品：铜梁县巴岳茶场生产的巴岳名茶系列，采用中小叶群体品种，采摘标准为一芽一二叶，手工制作，工艺各具特色。所制系列高级名茶玉露、盘毫、玉叶，以其叶嫩、香高、味醇，被当代茶圣吴觉农先生誉为绿茶中的上上品。

巴岳名茶，在近年来参加食品节与国际茶文化节上多次荣获奖励：玉露1991年获四川省首届“峨眉杯”评比第一名；盘毫1992年获四川省首届“巴蜀食品节”银奖；玉露、玉叶在1994年上海国际茶文化节上，双双被评为优质名茶。

巴岳茶历史悠久。据《铜梁县志》记载，北宋时期（960—1126），巴岳山即产名茶，为蜀茶四大珍品之一，因地处涪江以南，故名“水南茶”。明代永乐中（1408），蜀定王游巴岳，陶醉于该茶的醇香，因定为蜀王府之贡品。

### 15. 古丈毛尖

古丈毛尖，属绿茶类，古今名茶，因地得名。产于湖南省湘西土家自治洲古丈县。古丈产茶历史悠久，始于东汉，从唐代起即以茶入贡皇室，清代又列为贡品。据《古丈县志》记载：“十九世纪末叶，古丈坪厅之茶，种山者少，皆人家园圃所产及以园为业者所为……清明谷雨拣摘，清香馥郁，有洞庭君山之胜……”

新中国成立后，古丈的茶园有了较大的发展。主要茶区在古阳镇、东方、龙天坪、牛角山一带。境内武陵山脉横亘，山高谷深，森林密布，洞溪潺湲，云雾缭绕，雨量充沛，气候温和，土壤肥沃，且含磷丰富。尤以三、四月采头茶季节，每天上午九时才日出云散，即使盛夏，也时而晴空万里，时而云遮雾漫。由于云雾多、日照少，温射光多，茶叶内含营养物质丰富，持嫩性强，叶质柔嫩，茸毛多。

古丈毛尖茶品的独特品质，于每年清明前采摘芽茶或一芽一叶初展的芽头，经摊青、杀青、揉条、炒坯、摊凉、整形、干燥、筛选等八道工序，一丝不苟，精制而成“明前茶”。其成茶条索紧细、锋苗挺秀，色泽翠润，白毫满披；清香馥郁，滋味醇爽，回味生津；汤色黄绿明亮，叶底绿嫩匀整。该茶曾于德国莱比锡国际博览会展出。1980 年以来连续五次被评为湖南省名茶。1982 年商业部在长沙召开的全国名茶评比会上被评为全国名茶，同年外贸部颁发优质产品荣誉证书。

### 16. 白沙绿茶

白沙绿茶，产于海南省五指山区白沙黎族自治县国营白沙农场。白沙绿茶又以注册商标“白沙牌”名世。产茶区位于该县鹦歌岭下方圆 10 公里的小盆地。这里四面群山环绕，溪流纵横，土质肥沃，雨量充盈，云雾弥漫，气候温和，是属于高山云雾区。年均阴雾日长达 215 天，月均气温 16.4～26.9℃，温射光合作用强，乃是天然的产茶之地。

五指山区产茶历史悠久，迄今已有 500 多年，但解放前与新中国成立初期，白沙地区的茶园仍未得到充分开发。1963 年，广东省外贸部门一个考察团到白沙农场进行考察时，发现了这里的茶树长势特别好，制出的成品茶品质优良，因而建议为适应内销、外贸的需要，应大面积栽培生产。目前白沙农场的茶园面积已发展到 5000 多亩，种植的茶树为海南、云南大叶与福建水仙、乌龙四个优良品种。其特点为：叶之更换，花之发育，实之结成，均为局部进行，因此茶山常年翠绿，四季枝叶繁茂，芽长柔嫩，优质高产，1993 年干茶产量已达五千担。

白沙绿茶的工艺与茶品特色：原料多采自一芽二叶初展的芯叶，鲜叶经杀青、揉捻、发酵、干燥等工序精制而成。成品茶紧结细直，色泽绿润有光，汤色黄绿明亮，具有清香爽口、持久而耐泡的特点。该茶经华南农业大学生化室检测，含有多种氨基酸、酶类、芳香物质和各种有益于人体的多酚类和生物碱，具有生津止渴，提神益思，利尿导滞，敌烟醒酒之功效。常饮此茶还有抗癌、防癌作用。

白沙绿茶自投放市场以来颇受国内外茗饮者的青睐，有的作家以“绿茶饮白沙”的优美诗句来赞誉其品格高超。在历次评比中屡获殊茶：在参加原广东省农垦系统的茶叶评比中有七次名列前茅，被誉为广东省五大名茶之一。

17. **西湖龙井**

西湖龙井，简称龙井。因“淡妆浓抹总相宜”的西子湖和“龙泓井”圣水而得名。龙井茶产于浙江省杭州市西湖西南的龙井村四周的山区。茶园则分布于狮子峰、龙井、灵隐、五云山、虎跑、梅家坞一带，多为海拔30米以上的坡地。西北有白云山和天竺山为屏障，阻挡冬季寒风的侵袭，东南有九溪十八涧，河谷深广。年均气温16℃，年降水量1600毫米左右，尤以春茶吐芽时节，常常细雨蒙蒙，云雾缭绕。山坡溪涧之间的茶园，常以云雾为侣，独享雨露滋润。茶区土壤，多属酸性红土，结构疏松，通气透水性强。尤以狮子峰土壤含有效酸较多，使茶树根深叶茂，常年碧透，萌发轮次多，采摘时间长。西湖龙井，即生长在这以江带湖，泉溪密布，气候温和，雨量充沛，四季分明，常以“西子”为伴的得天独厚的环境之中——这正是龙井茶独具高格、闻名遐迩之故了。

采制工艺：每年春季分四次按档次采摘鲜叶。清明前采头茶，称为“明前茶”，其嫩芽初迸，形似莲心，故称“莲心”。每制1公斤干茶约需鲜叶7万个左右，故极为珍贵。谷雨前采摘的称“雨前茶”，又称二春茶。其时茶柄已发一叶，其形似旗，茶芽稍长，其形如枪，故又称“旗枪”。立夏之际采三春茶，此时茶芽发育较大，附叶两瓣，形似雀舌，故称“雀舌”。四春茶则在三春茶一个月以后采摘，叶已成片，并附带茶梗，故称“梗片”。其品质不如前三种。

工艺与茶质特色：高级龙井茶的炒制分为“青锅”和“辉锅”两道工序，工艺十分精湛，传统的制作工艺有：抖、带、挤、甩、挺、拓、扣、抓、压、磨十大手法。其手法在操作过程中变化多端，制出的成品茶，扁平挺直、大小长短均匀，恰似兰花之瓣，别具特色。西湖龙井，享誉世界，它有四绝：一色绝，二香绝，三味绝，四形绝。即色泽翠绿，香气浓郁，甘醇爽口，形如雀舌。龙井茶的档次，除按采茶时间之外，还有按具体产地之区分。在历史上有“狮、龙、云、虎”等四个品类。新中国成立后，归并为“狮峰龙井”、“梅坞龙井”、“西湖龙井”三个品类。按外形和内质的优次分为1～8级。以狮子峰所产最佳，其色泽嫩黄，高香持久，被誉为“龙井之巅”；龙井村所产，以其茶叶肥嫩，芽峰显露，茶味较浓为特色；梅家坞所产之茶，做工精湛，色泽翠绿，形似金钉，扁平光滑，汤色碧绿，味鲜爽口。

龙井茶所含氨基酸、儿茶素、维生素C等成分，均比其他茶叶为多，营养丰富，有生津止渴，提神益思，消食化腻，消炎解毒之功效。若以当地虎跑、龙泉之水冲泡，则更是鲜爽味烈，绿野飘香，杯中茶芽成朵，交错辉映，赏心悦目，素有杭州“双绝”之誉。

两湖种茶历史悠久，究竟起于何代、何人？其说法不一，尚未定论。但在唐代陆羽著《茶经》中已有：“杭州、钱塘天竺、灵隐二寺产茶”的记载。当时所产之茶名为“白云茶”、“香林茶”、“宝林茶”。北宋苏轼在杭州任知州时，对西湖种茶的历史曾作过考证，他认为西湖最早的茶树，在灵隐、下天竺香林洞一带，是南朝宋诗人谢灵运（385～433）在下天竺翻译佛经时，从天台山带来的茶树种子，在此地开始种植、栽培茶树。若据此推算，西湖种茶约始于南北朝，迄今大约有1500余年的历史了。杭州盛产佳茗，至迟是从载入《茶经》之后即闻名于世了。明代田艺衡在《煮泉小品》中则高度评价龙井茶：“今武林诸泉，惟龙泓入品，而茶亦惟龙泓山为最。又其上为老龙泓，寒碧倍之，其地产茶为南北绝。”从宋代起曾将天竺、灵隐一带所产之茶列为贡茶。清乾隆下江南巡幸杭州时，曾在龙井泉赋诗，到狮峰湖公庙饮龙井茶，并将庙前十八棵茶树封为“御茶”。从而龙井茶继续列为专供皇家享用的贡品。

新中国成立后，西湖龙井茶的种植有了较快的发展，制作条件有了较大的改善，除高级龙井外，基本上已改为机械生产。工艺和茶质都有了新的提高。西湖龙井以其优异的超级品质，在国家与国际历次优质产品和全国名优茶品的评比中屡获殊荣：由杭州茶厂生产的狮峰特级龙井在1981年全国产品质量评比会上荣获国家金质奖；1986年1月在北京召开的1985年国家优质食品授奖会上，狮峰牌特级龙井再次荣获国家金质奖；1988年9月在希腊雅典举办的第27届世界优质食品评选会上，狮峰牌极品龙井茶荣获金棕榈奖；1982年、1986年在商业部召开的全国名茶评比会上，西湖龙井连续两届被评为全国名茶；1990年9月商业部在河南省信阳市召开的第三届全国名茶评比会上，由杭州茶厂生产的西湖牌西湖龙井与杭州狮峰茶叶公司生产的狮牌西湖龙井分别获得全国优质名茶称号。产品除销国内，还出口德国、英国、美国、日本、新加坡、马来西亚以及港澳等国家和地区。

### 18. 华顶云雾

华顶云雾茶，又名天台山云雾茶。它与普陀山佛茶颇有相似之处，产于我国佛教天台宗发祥地——浙江省天台山华顶峰梵宫古刹周围。茶树大都种植于海拔800～900米的山地，茶区气候夏凉、冬寒，常年气温为12.2℃；飞瀑流泉，浩白如练；浓雾笼罩，四季不绝；每逢冬季，经常积雪，年降水量1900毫米左右，茶地终年保持湿润；高山香灰土，深厚肥沃，茶场多选有利地形，分散种植，周围种以其他林木，形成防风、挡风的天然屏障。

采制工艺与茶质：由于产地气温较低，茶芽萌发迟缓，于谷雨前后采摘一芽一、二叶初展。原属炒青绿茶，手工操作，现改为半炒半烘，以炒为主，仍以手工方式操作，鲜叶经摊放，高温杀青，扇热摊凉，轻加揉捻，初烘失水，入锅炒制，低温挥焙等工序制成。成品茶外形细紧略扁，色泽绿润；香气浓郁持久，滋味浓厚鲜爽；汤色嫩绿明亮，叶底嫩匀绿明；清香而带甘甜，饮之口颊留芳；畅人心脾，经泡耐饮，冲泡三次犹有余香，充分显示高山云雾茶的天然特色，素被视为绿茶中的珍品。

天台山栽培茶树历史悠久，约始于汉代。据记载，东汉末年方士葛玄（164～244）已在华顶植茶。隋唐以后，渐有名气。唐代，日本高僧最澄渡海西来天台山国清寺学佛，归国时带去天台山茶籽，种于日本近江（滋贺县）阪本村国治山麓，迄今已有1000余年。

19. **竹叶青茶**

竹叶青茶，因陈毅1964年游峨眉山万年寺品茶、赞美茶形美似竹叶，汤色清莹碧绿，遂称为“竹叶青”而得名。竹叶青茶产于四川省峨眉山区，系采摘早春细嫩茶叶制成。属炒青绿茶，其工艺考究，炒茶时低温而适度，投叶量少，每锅150克左右，巧妙采用抖、抓、撇、压等工艺，一次炒制成形。其外形扁平挺直，色泽嫩绿油润；汤色黄绿清亮，叶底浅绿匀嫩；滋味清醇爽口，饮后余香回甘。该茶有清神明目之功效。

峨眉山产茶历史悠久，约始于唐代。宋代乐史所撰《太平寰宇记》列眉州为产茶州县。宋代陆游有诗赞峨眉茶曰：“雪芽近自峨眉得，不减红囊顾渚春。”诗人是说峨眉山所产的雪芽（即白芽茶，为四川过去的名茶）可以同湖州所产的顾渚紫笋媲美。竹叶青茶是在总结峨眉山万年寺僧人长期栽培、制茶技术基础上发展而成的。从60年代开始批量生产。1985年在里斯本举行的第二十四届世界优质食品评比会上，获得金质奖章。1986年与1990年分别在广州与河南信阳连续两届被评为全国名茶。现在该茶已出口日本、美国等国家和地区。

20. **安化松针**

安化松针，属绿茶，因其外形挺直、细秀、翠绿，状似松树针叶而得名。湖南省安化县茶业试验场生产。茶地岗峦起伏，溪河网布，终年云雾弥漫，雨量充沛，年降水量1500～1700毫米，相对湿度3～7月为90%；土层深厚肥沃，茶树品种优良。本品采一芽一叶，经杀青、揉捻、炒坯、整形、干燥、拣剔等6道工序。其工艺的独到之处是：杀青采用斜锅操作；揉捻为回转搓揉；炒坯先行闷炒，当时间至发出水蒸气时改为抖炒；整形则利用特制的揉盒加热整形，至条形细紧圆直，白毫显露，色泽翠绿为适度；干燥时，将整形的茶条摊于揉盒中烘焙。干燥后，趁热用牛皮纸包好放在石灰缸中贮存，经二三天后取出拣剔。

安化松针，成品内质香气馥郁，味醇鲜爽，汤澄碧绿，叶底嫩匀。安化县早在宋代产茶已很兴盛。1959年该县茶业试验场为挖掘本省名茶遗产，创制本品。1962年被评为湖南省三大名茶之一。

### 21. 江山绿牡丹

江山绿牡丹，别称“仙霞化灰”，为绿茶类古今名茶。产于浙江省江山市仙霞岭化龙溪两侧裴家地、龙井等村。仙霜岭位于浙闽交界，主峰海拔1503米，山区林木茂盛，溪水环绕，浓雾弥漫，雨量充沛，气候温和，土壤肥沃，有机质含量丰富。江山县自古即为名茶产地。早在北宋时期仙霞山区所产之茶，已成为江南名茶之一。苏东坡任杭州知州时，曾赋诗致其诗友毛正中（江山人）——《谢赠仙霞山茶》诗：“禅窗丽午景，蜀井出冰雪。座客皆可人，鼎器手自洁。金钗候汤眼，鱼蟹亦应快。遂令色香味，一日备三绝。报君不虚授，知我非轻啜。”品泉大师东坡先生这首诗说明，仙霞山茶在宋代元祐年间（1086—1094）已是“色、香、味”俱佳的“三绝”珍茗了。由于历经千载沧桑，江山几经易主，这曾名闻遐迩的仙霞珍茗，不知何年已经绝迹了。然而，在我国迈向一个新历程开端的1980年，江山土特产公司组织茶叶科技人员恢复试制这一历史名茶取得成功，为中国茗苑里增添了一束色泽翠绿、芳香四溢的新花——江山绿特丹。

采制工艺与绿牡丹特色：茶树芽叶萌发早，芽肥叶厚，持嫩性强，故当地茶农有早采嫩叶的习惯，一般于清明前后采摘一芽一、二叶初展。为保证茶叶质量，以传统工艺制作，经摊放、炒青、轻揉、理条、复揉、初烘、复烘等工序精制而成。成品茶条索形状自然，白毫显露，色泽翠绿诱人，香气清高，滋味鲜嫩爽口，汤色碧绿清澈，芽叶朵朵分明，叶色嫩绿明亮。江山绿牡丹投放市场以来，颇受国内外广大茗饮者的青睐，一直供不应求，江山市有关部门已在90年代初制定了发展绿牡丹茶生产的规划，预计至1994年茶园发展到2000亩，年产量达到4000公斤。江山绿牡丹在问世之初的1982年，商业部在长沙召开的全国名茶评比会上被评为全国名茶；1986年在浙江省优质名茶评比会上被评为省优质名茶。

### 22. 花果山云雾茶

花果山云雾茶，产于江苏省连云港花果山，花园分布于海拔400米左右的山坡上，昼夜温差大，白天光合作用强，夜间呼吸作用弱，有利于茶叶内含物质的形成与积累，叶片肥厚，内含物丰富，氨基酸，儿茶多酚类和咖啡碱含量均较高。一级茶全以一芽一叶为原料，炒1公斤干茶需6~7万个芽头。其工艺过程分为杀青、揉捻、干燥等工艺。干燥方法有抛、抖、焖、翻、搓、抓、理等，并根据鲜叶采摘时间与老嫩程度，适时调节锅温，变换手法，动作轻、重、快、慢有序，直至燥干为止，全过程需50分钟。

花果山云雾茶成品，形似眉状，润绿显毫，香高持久，滋味鲜浓。经化验，含儿茶多酚类与咖啡碱分别达147.33毫克/克和4.35%，不仅为良好饮料，且对消炎、杀菌、治痢、化食等有一定疗效。该茶始于北宋年间，已有900多年生产历史，曾被列为皇室贡品。1924 年曾获南洋劝业会奖。新中国成立后，在外型上加以改进，1980 年评为江苏省三大名茶之一。现销往各大城市，并出口日本、新加坡和欧美等国。

### 23. 龟山岩绿

龟山岩绿，产于湖北省麻城市东 30 公里的龟峰山。该山如巨龟，昂首翘尾，冲霄凌汉，十分奇丽。有白龙井、黑龙井、喷雪崖、观音崖诸名胜；有化主庙、无梁殿、亭台等古建筑；尤有令人赞赏的石刻、雕塑、险径、怪石、盘松、虬柏等景观，为麻城地区著名的游览胜地。素有“名山雄峙邑城东，天落蓬莱第一峰”、“振衣直上千寻壁，举手来扪五尺天”之赞誉。解放后山中遍植佳木、果树、药材和云雾茶，更使龟峰锦绣苍翠。1962 年董必武副主席到此地游览时，曾誉其山为“第二庐山”，并挥毫题诗曰：

昔日游此地，今为产茶区。
龟峰名久著，牯岭德不孤。
烂漫红花剩，蒙茸绿草铺。
此山潜宝特，前进莫踌躇。

龟峰山区的茶农，遵照董老的遗愿，在位于海拔 300—800 米的龟头、龟尾、东南沟、大块地及柿饼山等处，绿化造林，扩充开壁茶园，挖掘宝物。如今这里已是茶园遍地，果树飘香，一派勃勃生机。

茶区年均气温 16℃，夏季最高气温不超过 32℃，无霜期达 230 ~ 240 天，年降水量 1200 毫米左右，相对湿度 82%；属岩石风化的黑色土层，PH 值为 5.5 ~ 5.8。为茶树的生长提供了良好的生态环境。

采制工艺与茶品：一般于谷雨前后 10 天内采摘一芽一叶、一芽二叶为原料。制茶过程除整形工序沿用传统工艺外，其余均改机械操作。整形为该茶的关键，其手法要快、匀，做到手不离茶，茶不离锅，茶条收集摆直，用手掌合抱，虎口张开，右手向前，左手向后，令茶条在手中转动，去重回轻，往复循环。成品茶条索长直圆匀，色泽翠绿带灰，白毫显露；香气浓郁持久，滋味醇厚回甜，叶底黄绿匀嫩。含茶多酚类化合物 17.69%，可溶性总糖 2.65%，水可溶物 39.93%，氨基酸 4.36%，咖啡碱 4.5%。该茶系 1959 年在龟山云雾茶的基础上改革工艺发展而来，分特级、一、二级。60 年代被誉为湖北省四大名茶之一，1980 年参加全国农垦产品展评会，名列同类产品第一名。销往武汉、广州、麻城等部分大中城市，并销往香港、美国等地。目前除一般销售外，多供做礼品茶和展销。

### 24. 君山毛尖

君山毛尖，产于湖南省洞庭湖君山岛，原名“君山茶”，1962 年以后始称今名，俗称“白毛尖”，属绿茶类。茶区的天然环境，正如《茶疏》云：“天下名山必产灵草，江南地暖故独宜茶。”君山位于岳阳市西15里的洞庭湖东北角，四周为十二座小山峰环抱，山上竹木青翠，岛中为洼地，属湖积沙壤，微酸性，含腐殖质和各种矿物元素。年均气温15℃，昼夜温差较大，雨量充沛，尤以早晚云蒸霞蔚，终年云雾弥温，空气湿度大，温射光多，宜于茶树滋长发育。

采制工艺与茶品：鲜叶于清明前后四五天采摘一芽一叶初展、一芽二叶初展，不采虫伤叶、紫色芽叶、风伤叶、有鳞片及马蹄叶。鲜叶经分摊（自然萎凋）、杀青、摊凉、揉捻、炒二青、摊凉、做条、提毫、足火等工序。制成之毛茶，经拣剔后，用桑皮纸包封，贮于箱、坛中密封。成品茶外形白毫显露，条索坚固，色泽油润，内质香高鲜嫩，滋味鲜醇甜爽，汤色清澈明亮；叶底鲜嫩，黄绿匀壮，冲泡后芽叶成朵，如盛开的菊花。

君山毛尖，始于清代。乾隆四十六年（1781）即选为贡茶。《巴陵县志》载：“君山茶，色味似龙井，叶微宽，而绿过之。”新中国成立后，新建的君山茶场，又选育“君峰”、“君山绿”、“比普”等优良茶种繁殖，进一步提高君山茶品质。该茶于1963年被评为湖南省优质名茶，1983年获外贸部优质产品荣誉证书。1987年再次被评为湖南省优质名茶。

### 25. 青城雪芽

青城雪芽，产于四川省都江堰市灌县西南15公里的青城山区。这里峰峦叠翠，古树参天，有“青城天下幽”之誉。产区夏无酷暑，冬无严寒，雾雨蒙蒙，年均气温15.2℃，年降水量1225.2毫米，日照190天；土层深厚，酸性黄棕紫泥，土质肥沃。

采制工艺及茶品：于每年清明前后数日采摘一芽一叶为制茶原料，要求芽叶全长在3.5厘米，鲜嫩匀整，无花及杂叶、病虫叶、对夹叶、变形叶、单片叶。制茶工艺为：1. 杀青，采用两手翻炒、抖闷结合；2. 在竹簸里用团揉和推揉法进行手工揉捻，注意保持芽叶完整；3. 二炒，锅温保持80°~100℃，到七八成干时起锅；4. 热锅搓条整形，进行提毫；5. 烘焙，以优质木炭作燃料，竹笼上放一层草纸，茶叶放在草纸上烘烤，烘到含水量达6~7%时止；评选，单锅评选后，足火包装入库。雪芽成品茶，外形秀丽微曲，白毫显露，香浓味爽，汤绿清澈。

青城山产茶历史悠久，宋代即设置茶场，并形成传统工艺。从建国后于50年代制作出青城雪芽新名茶。经测定，该茶叶内含氨基酸高达484.29毫克/100克。色、香、味、形都臻上乘。1982年被评为四川省优质产品。

### 26. 茅山青锋

茅山青锋茶，产于江苏省山势巍峨、景色宜人的茅山东麓金坛市国营茅麓茶场。

1982 年研制成功，属特种茶类，选料精良，加工精细，工艺技巧精湛，品质优异，外观沿主脉对折，具有独特风格。

其品质特征：外形——色泽绿润，挺秀显毫，匀正光滑，平直略扁，犹如青锋短剑；内质——香气清爽高雅，滋味鲜醇，汤色清澈明亮，叶底肥嫩匀齐。

金鹿牌茅山青锋特级茶，于 1983 年 4 月在江苏省地方名茶评比中荣获第一名；同年并获省优质产品称号；1984 年又荣获农牧渔业部优质产品称号；1988 年 5 月在江苏省优质名特茶评比会上，再次荣登榜首；1990 年荣获国家银质奖；1992 年获香港国际食品博览会特别奖；1993、1994 两年连获江苏省名茶评比第一、二届“陆羽杯”奖。

茅山青锋茶不仅畅销国内，还远销日本、新加坡和香港地区。

### 27. 金奖惠明

金奖惠明，又称云和惠明、景宁惠明，简称惠明茶。1915 年美国在巴拿马举办万国博览会，中国选送的“云和惠明茶”被公认为茶中珍品，荣获一等证书与金质奖章，因以得名。

惠明茶，产于浙江省景宁畲族自治县红垦区赤木山的惠明村与惠明寺周围。茶区位于浙江省南部，瓯江上游，属山区及半山区，一般海拔 650～800 米，亚热带季风气候，温和湿润，年均降水量 1886 毫米；全年无霜期达 268 天；土壤以酸性沙质黄壤和香灰土为主，土质肥沃而润泽；山上林木葱茏，常年云雾弥漫。茶树分为大叶茶、竹叶茶、多叶茶、白叶茶和白茶等品种，尤以惠明寺和漈头村两地所产茶叶最佳。

惠明产茶历史悠久，相传，唐朝时畲族老人雷太祖在惠明寺周围辟土种茶，成为赤木山区发展茶叶生产的创始人。但长期以来，因交通闭塞，知者甚少，清咸丰年间（1851—1861）始渐有名气，1915 年获国际金奖后，遂即成为闻名国内外的世界名茶。

惠明茶的制作工艺与品质；选用鲜叶为芽头肥大、叶张幼嫩，芽长于叶的一芽一叶或一芽二叶初展为主，制作分杀青、揉捻、初烘、辉锅等四道工序。鲜叶采回经适度摊青，投芽叶于铜锅内炒青，至适度时起锅，摊凉并轻轻揉搓，后用焙笼烘焙至八成以上干度，再入锅整形翻炒至足干。成茶条索紧密壮实，颗粒饱满；色泽翠绿光润，全芽披露；茶味鲜爽甘醇，带有兰花之香气；汤色清澈明绿。

1982 年和 1986 年，商业部在长沙和广州召开的两次全国名茶评比会上，惠明茶连续获得全国优质名茶称号，行销北京、天津、上海、杭州等大中城市。

### 28. 径山茶

径山茶，因产于浙江省余杭县西北境内之天目山东北峰的径山而得名。径山主峰为凌霄峰，亦是天目山的东北峰。因此，山有东、西两径，东径通余杭，西径通临安的天目山。这里属亚热带季风气候区，空气温和湿润，雨量充沛，年均气温16℃左右，年降水量1600～1800毫米；年日照1970小时左右，无霜期244天；峰岭之间云雾缭绕，泉水淙淙，茶区多为药、黄壤，土质肥沃，结构疏松，对茶树生长十分有利。

径山茶的采制工艺与茶品特色：径山茶属烘青绿茶。采摘标准为一芽一叶或一芽二叶初展。通常制作1公斤特级或一级径山茶需采6.2万个左右鲜芽叶。以手工炒制，小锅杀青，扇风散热是径山茶的工艺特点。具体分为鲜叶摊放，小锅杀青，扇风摊凉，轻揉解决，初烘摊凉，文火烘干等几道工序。成品茶条索纤细苗秀，芽锋显露，色泽翠绿，香气清幽，滋味鲜醇，汤色嫩绿莹亮，叶底嫩匀明亮，经饮耐泡。

径山产茶历史悠久，始于唐，闻名于宋。径山又是佛教圣地，茶佛素有不解之缘。南宋时，日本佛教高僧圣一禅师、大応禅师（即南浦·昭明，応（yìng或yīng）为日本应字之简体字），渡洋来我国，在径山寺研究佛学。归国时带去径山茶籽和饮茶器皿，并把中国“碾茶法”传入日本。据《续余杭县志》记载：“产茶之地有径山四壁坞及里山坞，出者多佳，凌霄峰尤不可多得……径山寺僧采谷雨茗，用小缶贮之以馈人。开山祖钦师曾植茶树数株，采以供佛，逾年漫延山谷，其味鲜芳特异，而径山茶是也。”

径山茶，自1978年恢复生产以来，在省、市名茶评比中，连续三年蝉联冠军，荣获最佳名茶称号。1985年6月农牧渔业部在南京召开的全国名茶、优质茶评选会上被评为11种全国名茶之一，并获优质产品金杯奖。

### 29. 庐山云雾

庐山云雾茶，古称“闻林茶”，从明代起始称今名。产于江西省庐山。该山北临长江，东毗鄱阳湖，平地拔起，最高峰海拔1543米，山峰多断崖陡壁，峡谷深幽。茶树多分布于海拔500米以上的修静庵、八仙庵、马尾水、马耳峰、贝云庵等处。由于江湖水气蒸腾，蔚成云雾，故常见云海茫茫，年雾日平均195天，4～5月间云雾更多，月雾日平均21年。年均气温11.5℃，昼夜温差21～23℃；年降水量1249～2339毫米，年平均湿度78%。由于高升温迟缓，候期迟，茶树萌发须在谷雨以后，一般在4月下旬至5月初，萌芽期正当雾日最多月份，造就了云雾茶的独特品格。

采制工艺与茶质：由于天候条件，云雾茶比其他茶采摘时间较晚，一般在谷雨之后至立夏之间始开园采摘。采摘标准为一芽一叶初展，长度不超过5厘米，剔除紫芽、病虫害叶，采后摊于阴凉通风处，放置4～5小时后始进行炒制。经杀青、抖散、揉捻、理条、搓条、提毫、烘干、拣剔等工序精制而成。其成品茶芽壮叶肥，白毫显露，色泽翠绿，幽香如兰，滋味深厚，鲜爽甘醇，耐冲泡，汤色明亮，饮后回味香绵。

庐山云雾茶，历来备受青睐，视为茶中上品。据测定，茶中含茶多酚28.4%，水浸物48.9%，生物碱与维生素C亦多，故有益寿延年之功效，老一辈革命家朱德当年在庐山品尝了云雾茶之后，即席欣然命笔挥毫写下了赞美诗："庐山云雾茶，味浓性泼辣，若得长时饮，延年益寿法。"有人赞美云雾茶"色香幽细比兰花"，"雾茶吸尽香龙脑"。足见其芳香馥郁，是独具风韵的。

庐山种茶始于晋代。九江在唐代即成为茶叶著名的经营口岸了。白居易《琵琶行》中的"前月浮梁买茶去"的诗句，说的茶商从九江去浮梁（景德镇）往返贩茶的情况。《本草纲目》中已将其列为名茶类。云雾茶之名始于明代，迄今已有300余年。1982年获全国名茶证书及江西省优质产品证书；1983年获农牧渔业部优质产品证书及外经部荣誉证书；1985年获国家优质产品银质奖；1986年被商业部评为全国优质名茶。1990年复评，再次获得国家银质奖。畅销国内各大中城市，并出口美国、日本、德国、朝鲜、东南亚及香港、澳门等国家和地区。

### 30. 南岳云雾

南岳云雾，古称岳山茶、俗称瑞茶，1972年始定今名。产于湖南省南岳衡山。衡山是我国著名的五岳之一，在湖南中部、衡山县湘江西岸。山势雄伟，绵延数百公里，大小山峰七十二座，以祝融、天柱、芙蓉、紫盖、石廪五峰为最著。祝融峰海拔1200米，可俯瞰群山，观赏日出。山上文物古迹、历代碑石甚多。今存有大庙、祝圣寺、藏经殿、方广寺、上封寺、祝融殿、南台寺、福严寺等古建筑群。而祝融峰之高，藏经殿之秀、方广寺之深，水帘洞之奇为南岳"四绝"。南岳风景绚丽多彩，古木参天，终年翠绿，奇花异草，四时郁香。有"秀冠五岳"的美誉。南岳不仅是中国的佛教圣地，也是古今名茶产地。这里所产的南岳云雾茶，造型优美，香味浓鲜甘醇，久享盛名，早在唐代即为宫廷贡品。

南岳茶主产区分布于（湖南衡阳市辖）南岳区海拔800~1000米的华盖峰、广济寺、铁佛寺、道子坪、白云峰以及望峰、东湖、南岳、福田等乡，以广济寺周围所产茶质最佳。这里常年烟雨蒙蒙，重雾弥漫，年均雾日在240天左右，年均气温11.2℃，年均降水量1600~2900毫米，相对湿度84%以上。山谷盆地中多为沙质土壤，土层深厚肥沃，有机质含量丰富。由于当地茶农利用良好的生态环境，以不施农药等管理办法，使茶树鲜叶长期保持优良品质。

南岳茶的制作工艺与品质：特级茶，一般于清明后采摘鲜叶，经摊放、杀青、清风、初揉、初干、理条、紧条、提毫、摊晾、整形、烘焙等工艺制成。成品条索紧细卷曲，色泽翠绿，银毫满披，香高持久，汤色清澈明亮，滋味醇厚鲜爽，饮后回甘，长留余香。含水浸出物38%，氨基酸3.25%。

南岳云雾茶，约始于西汉末年，迄今已有两千余年的栽培历史了。但昔时多由山上僧尼专人制作。新中国成立后，建立了茶场，使南岳云雾茶的生产不断发展，产品质量得到了提高。1979 年在全国林副特资产综合利用展览会上，名列全国名茶之首。1980～1982 年连续三年被评为湖南省优质名茶。1987 年被评为省七种优质茶之首。

31. **南京雨花茶**

南京雨花茶，注册商标“中山牌”。是 60 年代我国绿茶中崭露头角的新品名茶。因产于江苏省南京市的产有晶莹圆润、五彩缤纷的雨花石的雨花台而得名。从 1958 年开始研制，至今已有三十多年的历史。雨花茶产区属宁镇丘陵区，岗峦起伏，海拔仅 60 米上下，酸性黄棕色土壤，年均气温 15.5℃，无霜期 225 天，年降水量在 900～1000 毫米。

南京雨花茶的产区，已由原产地南京中山陵和雨花台园林风景区扩大到栖霞、浦口郊区和江宁、江浦、六和、溧水、高淳等五县。生产工艺已由全部手工操作，逐步走向机械化生产，质量逐年提高，年产量已达 8～9 吨。

采制工艺和茶质：在清明前后采摘一芽一叶或一芽二叶，不采虫伤芽叶、紫芽叶、红芽叶、空心芽叶。采后鲜叶避免日晒，及时加工，按炒青绿茶制法，经轻度萎凋，高温杀青，适度揉捻，整形干燥等工序，再经圆筛、抖筛、飘筛，分成特级和 1～4 级四个等级。雨花成品茶形似松针，紧直圆绿，锋苗挺秀，色泽翠绿，白毫显露，以热水冲泡，叶底均嫩，滋味鲜凉，气香色清，有除烦去腻，清神益气之功效。1982 年在商业部召开的全国名茶评选会上，被评为全国 30 种名茶之一。1983 年获江苏省优质产品奖。1985 年由农牧渔业部在南京召开的全国优质名茶评选会上，再次被评为 11 种优质名茶之一。1986 年、1990 年在全国名茶评选会上，又接连两届被评为全国名茶。

32. **南山白毛茶**

南山白毛茶，因茶叶背面披茂密的白色茸毛而得名。产于广西壮族自治区横县南山。地处北纬 23°以南亚热带季风气候区，年均气温 21.5℃，年降水量 1427 毫米，气候温和，雨量充沛，云雾弥漫，茶园周围青松苍翠，竹林茂密，泉水溪流潺潺。

采制工艺与茶质：白毛茶焙制方法精细，上品茶只采一叶初展的芽头，其他则只采一芽一叶。遇有校大的茶茎和叶子尚须撕为 2～3 片。加工过程系用锅炒杀青，扇风摊晾，双手轻揉，炒揉结合，反复三次。最后，在烧炭烘笼上以文火烘干。成品茶色泽翠绿，条索紧结弯曲；香色纯正持久，有荷花香和蛋奶香；茶汤清绿明亮，滋味浓厚，回甘滑喉，叶底嫩绿。

南山白毛茶，栽培历史悠久，据《横县县志》记载："南山白毛茶，相传为明建文帝（允炆（音 wén），1399－1402 在位）手植遗种。《广西通鉴》载："南山茶，叶背白茸似雪，萌芽即采，细嫩如银针，饮之清香沁齿，有天然荷花香。"《粤西植物记要》称"南山茶色胜龙井"。清道光二年（1822）于巴拿马国际农产品展览会上荣获银质奖章；1915 年美国为庆祝巴拿马运河通航，在巴拿马城举办的万国博览会上，南山白毛茶再次荣获二等银质奖。这是在国际博览会上最早获奖的中国名茶。

33. **贵定云雾茶**

贵定云雾茶，属中国历史名茶中的绿茶上品。注册商标"翘首"。因生长在云雾缭绕的云雾山上，故名；由于其最早产地在鸟王关，曾名"鸟王茶"；又因其外形似鱼钩状，名曰"鱼钩茶"。从 1990 年以后，其生产厂家更改为：贵定县云雾中心茶场。

贵定云雾茶，产于贵州省贵定县云雾山海拔 1500 多米高的半山腰。茶园主要分布在该地区上坝、山寨、长寿、鸟王关口等 13 个自然村寨。产地自然环境独特，满山奇花异草，溪流纵横，气候温和，面朝朝阳，背沐夕晖，风景秀丽；山上终年云雾缭绕，漫射光较充足，昼夜温差大，土质疏松肥沃，呈酸性，十分有利于茶树的生长。当地的苗族人民长期以来就有种茶、制茶的经验与饮茶的生活习惯。

贵定云雾茶，历史悠久，明代以前即成为进贡皇家的珍品。清代乾隆五十五年（1790）四月在仰望乡鸟王关口立碑刻石，碑文记载云雾茶作为皇室贡茶一事。民国《贵州通志》载："黔省各属皆产茶，贵定云雾最有名，惜产量太少，得极不易。"

贵定云雾茶，为鸟王群体茶种，芽叶肥大壮实，叶色翠绿，茸毛特多，芽形秀丽，内含物质丰富。每年于清明前后，开园采摘嫩芽"鸦雀嘴"，经三炒、三揉、揉团、提毫、文火慢烘，保持其原芽的鲜锐，形状和茸毫，精工巧制而成。成品茶条索紧卷弯曲，白毫充分显露，外形美观，形若鱼钩；茶汤浓酽，汤色碧绿；滋味醇厚，香气浓烈，具有独特浓厚的蜂蜜香，饮后回味无穷。饮用云雾茶，不仅能生津止渴、退热解暑、醒脑提神、消炎杀菌，而且有降脂降压、防癌抗辐射及保持美容、抗衰老等多种功效，实为有益于身心健康的保健饮品。

贵定云雾茶，在国内已享有盛名。1985 年应邀出席"南京全国名茶展评会"；1986 年 12 月参加北京"中国名特优产品展览会"被选进《中国名茶研究》载入中国名茶史册。1986 年以来连续荣获"贵州省名茶"称号。1988 年在中国首届食品博览会上获得银质奖。1988 年 11 月获得贵州省四新产品荣誉称号；同年 12 月国务院派员专程采访，汇入国务院编写的《中国名优产品名录》。向国内外作广泛宣传介绍。1988 年 7 月贵州电视台专门拍摄、播放了《云雾芳茗》专辑，同年 11 月 17

日《贵州日报》作了专题报道。1992 年 10 月荣获首届中国农业博览会优质产品奖，1993 年 4 月参加中国贵州杜鹃花节展销会获得质量信得过荣誉奖。

贵州省王朝文省长在《云雾茶简介》上写了批文；茶叶界老前辈中国茶学大师陈椽教授、贵州省著名茶学家邓乃朋等都曾写诗赞誉贵定云雾茶的上乘品质。该茶品目前已销往北京、上海、广州、福州、西安、沈阳、重庆、成都等大中城市，深受名茶商号和众多消费者的赞誉和青睐，市场上供不应求。

### 34. 信阳毛尖

信阳毛尖，产于河南省南部大别山区的信阳县，以条索紧直锋尖，茸毛显露，故称。茶区分布于车云山、集云山、天云山、云雾山、震雷山、连云山、黑龙潭、白龙潭以及豫鄂临界的“义阳三关”（武胜关、平靖关、九里关，因信阳在北宋以前称“义阳县”，故有“义阳三关”之称）等处海拔 300～800 米的山谷之间。这里峰峦叠翠，溪流纵横，龙潭雄关，景色壮丽。茶园多分布于果树园、竹园、松杉林木与瀑泉之间。一年四季经常云雾弥漫，年均气温 15℃左右，年均降水量 1200 毫米上下，土壤肥沃，腐殖深厚，适宜茶树生长。优越的自然生态环境与当地茶农长期以来科学管理茶园的丰富经验，培育了肥壮柔嫩的茶芽，为制作高品名茶，提供了优质原料。

采制工艺与茶质：于每年谷雨前（阴历四月中下旬）开始采茶。视茶叶轮发长势一般分 20～25 批采摘，每隔 2～3 天巡采一次。以采摘一芽一、二叶初展的绿芽叶制作特级与一级毛尖；以一芽二、三叶制作二、三级毛尖。芽叶采下，经分级验收，分级摊放，于当日分别进行加工。经生锅高温杀青，熟锅炒制，以手工抓条、甩条作定型处理，并进行初烘、摊凉、复烘、拣选、再复烘，使干茶达 5～6% 的含水量，即密封包装，低温避光贮存。其成品外形细、圆、光、直、多白毫，色泽翠绿，冲后香高持久，滋味浓醇，回甘生津，汤色明亮清澈。

信阳产茶历史悠久。唐代已被列为全国著名淮南茶区主要产茶县之一。1936 年《重修信阳县志》称：“本山产茶甚古，唐地理志谓义阳（今信阳县）土贡品有茶。苏东坡谓‘淮南茶信阳第一。’”在清代信阳毛尖的独特风格即已定型。1915 年在巴拿马万国博览会上，信阳毛尖荣获一等奖状和金质奖章。1959 年被列为全国十大名茶之一；1985 年全国优质食品评比获国家银质奖；1982、1986、1990 年在商业部先后于长沙、福州和河南信阳市召开的三届全国名茶评比会上，信阳毛尖连续三次被评为全国优质名茶。畅销于国内各地，并出口日本、新加坡、马来西亚、美国、德国、香港等 10 多个国家和地区。

### 35. 顾渚紫笋

顾渚紫笋，产于浙江省湖州市长兴县水口乡顾渚山一带。因鲜茶芽叶微紫，嫩叶背卷似笋壳，故称。长兴县位于浙西北太湖之滨，南、北、西三面环山，东临太湖。境内有大小山峰300余座，全县地处亚热带季风区，年均气温15.6℃，年降水量1600毫米左右，全年无霜期达235天，山区早晚云雾弥漫，土壤以黄、红壤和石沙土为主。茶树大部分分种于山坞，当地称之为"界"。以西坞界、竹坞界、方坞界、高坞界等地种植最多。由于自然环境适宜茶树生长，新梢长势旺，发芽整齐，叶片毛茸较多，产量亦高，为制作红、绿茶兼适的优良品种。

采制工艺与茶质：每年于清明节前至谷雨期间，采摘一芽一叶或一芽二叶初展，其制作程序，经摊青、杀青、理条、摊凉、初烘、复烘等工序。制成的极品紫笋茶叶相抱似笋；上等茶芽挺嫩叶稍长，形似兰花。成品色泽翠绿，银毫明显，香孕兰蕙之清，味甘醇而鲜爽；茶汤清澈明亮，叶底细嫩成朵。该茶被誉为"青翠芳馨，嗅之醉人，啜之赏心"。

长兴县顾渚山产茶历史悠久，从唐代中期即负有盛名。相传唐代茶人陆羽在唐大历年间，曾在顾渚茶山设置茶园，亲自采制品尝，并写有《顾渚山记》一卷，是记述顾渚山茶事的专著（今已失传），而在其所著《茶经》中有"紫者上，绿者次，笋者上，芽者次"的记载，并将顾渚紫笋评为天下第二名茶。唐皇室为监制贡茶，曾在顾渚山建立贡茶院。据《吴兴志》记载，自唐大历五年（770），在顾渚源建草舍三十余间，引金沙泉水制作贡茶。每逢春三月采制春茶时节，湖州刺史都奉召亲赴顾渚茶山修茶。湖州刺史杜牧在《茶山》诗中有"山实东南秀，茶称瑞草魁"、"泉嫩黄金涌，芽香紫壁裁"赞赏顾渚紫笋之名句。顾渚紫笋自唐广德年间（763—764）被列为贡品，直到明洪武八年（1375）罢贡，历时长达600余年，其贡奉历史之长，在全国贡茶中也是罕见的。其制作方法亦经历了由饼茶、龙团茶而为散茶；由蒸青而为炒青。该茶于1982年被商业部评为全国名茶，1985年被农牧渔业部评为全国优质名茶。1986年再次被商业部评为全国名茶，1990年由长兴县土特产公司生产的顾渚牌顾渚紫笋，又获全国名茶称号。

### 36. 秦巴雾毫

秦巴雾毫，以注册商标"秦皇牌"名世。系陕西省镇巴县秦巴雾毫开发公司（其前身是陕西省镇巴县林茶站），于1984年开发成功的绿茶新品名茶。

秦巴雾毫产区地处汉中地区大巴山群峰之首。具有高纬度（北纬32.5°）、高海拔（800~1200米）、多云雾（年平均日照率只有28%）、富含硒（0.76ppm）、无污染等得天独厚的生态环境。这里北有巍峨的秦岭耸立，阻挡西北寒流的长驱直入，南有巴山峡谷，牵引温暖气流青云直上，年均降水量1310.2毫米，年均气温只有13.8℃，可谓是雨量充沛，气候温和，夏无酷暑，冬无严寒，是大西北的小江南——三秦大地的常绿园，是天然的高山云雾茶的产地。

巴山产茶历史悠久，陆羽《茶经·一之源》记载："茶者，南方之嘉木也……

其巴山峡川有二人合抱者。”镇巴产茶始于秦汉，盛于唐宋，以雌鸡岭茶著名，故原名雌鸡岭茶。据史载，东汉大将班超，于汉明帝永平年间，奉命出使西域，息戈宁国，建树功勋，封为定远千户候，食邑镇巴，岁奉“雌鸡岭贡茶”。从此，“雌鸡岭茶”、“白河井泉水”口碑书传至今，名扬大西北。

镇巴县的山水茶园，历经千载沧桑，自新中国成立后，在党和人民政府的关心和大力扶持下，茶叶生产有了长足的进步，现有茶园近三万亩，年产名、优茶近30万公斤。茶叶生产被列为镇巴县六大多种经营项目之首，成了山区农家脱贫致富的骨干产业。

镇巴茶山（茶园）多分布于群峰壁立，众溪纵横，青竹滴翠、绿树蔽荫之间，土层深厚，酸性适中，自然肥力好，茶树（多为本地区的紫阳槠叶种，为国家推广的优良品种之一）常年生长于云雾之中。茶树生长旺季，水、热匹配天缘，有利茶叶有效成分的合成与蕴蓄。据中国茶叶研究所测定，秦巴雾毫的有效成分含量为：氨基酸3.04%、咖啡碱4.80%、茶多酚27.81%、硒0.76ppm。

秦巴雾毫的采制工艺与成茶品质：高档雾毫，选采明前一芽一叶与一芽二叶初展、整齐化一的鲜嫩芽叶，在摊放适度后，“经高温杀青”、“压实蕴华”、“提毫定型”、“去杂精化”、“复火焙香”等工序精制而成。其品质特点是：条扁壮实，色泽绿润，茸毫尚显，滋味醇和回甘，栗香浓郁持久，汤色清澈明亮，叶底嫩绿，完整成朵。

秦巴雾毫的研制与开发：该县茶叶科技人员综合镇巴县产茶的历史经验，茶区的生态环境，及茶树品种的特性，溶汇国内诸家名茶制作的先进工艺，根据现代的制茶理论和采用先进技术、设备、历经长时期的艰辛探讨，终于研制成功了绿茶中的这一新品名茶。因该茶于1978年春，在泾洋公社七里沟大队茶厂小试告捷，遂命名为“七里芳”。当年在省茶叶评比会上获“优质茶”称号；1980年列入汉中地区“秦巴山区经济发展计划”。

镇巴茶叶的经济开发与新品绿茶“七里芳”的研制成功，引起了国内茶学界的高度重视，1984年11月23日，世界著名茶学专家、安徽农业大学茶叶系教授陈椽和二十多位茶学界专家教授莅临镇巴古城，对“七里芳”进行技术和品质鉴定。认为：研制依据正确，技术路线科学，茶叶品质优异，符命名茶要求。并由陈椽教授提议，正式命名为“秦巴雾毫”。1988年夏，在陕西省召开的名茶开发研讨会上，经中国茶叶学会名誉理事长、安徽农业大学茶叶系教授王泽农等茶学界的知名专家、学者，对全省名茶进行严格审评、科学比较后，秦巴雾毫得分最高。年逾八旬的王泽农教授诗请激昂，挥毫题词：

泰巴多佳茗，仙雾舞银毫。翠绿鲜醇嫩香飘，妖娆体态披茸毛。午子山奇含柏翠，龙安细旋碧玉条。老树新花放，百艳争妍在今朝。

戊辰六月参加陕西省名茶开发研讨会，秦巴雾毫被评茶荣占鳌头，作此以庆贺。

八十三叟王泽农书于西安

1988 年，秦巴雾毫荣获四项殊荣：陕西省十一个地方名牌的第一名；国家星火计划成果奖；中国首届博览会银奖；中国优质保健品金鹤奖。

秦巴雾毫面世以来，深受国内外茗饮者的青睐，畅销于北京、天津、上海、南京、广州、西安等各大中城市，并远销日本东京都、美国洛杉矶。

### 37. 秦巴毛尖

秦巴毛尖，产于陕西省镇巴县，是镇巴秦巴雾毫开发公司继该省第一个通过专家鉴定的名茶秦巴雾毫之后，研制开发的又一绿茶新品。

镇巴县产茶历史悠久，相传秦汉时代即产雌鸡岭毛尖贡茶。后称“中园毛尖”、“定远毛尖”、“镇巴毛尖”，属晒青茶，以“紫阳毛尖”面市。随着时代的前进，人民生活水平的不断提高，品位较低的晒青茶逐渐为新的名茶品种所代替。该县茶叶科技人员为适应消费市场对高质量新品名茶的需求，在成功创制秦巴雾毫的技术基础上，于 1987 年研制成功了西北地区绿茶新秀——秦巴毛尖，并于同年 6 月通过了专家的技术鉴定。

秦巴毛尖的产区，在巍巍巴山的腹地，生态环境十分优越，北有南北分界的高大秦岭耸立，阻挡西北寒流的长驱南下；南有千谷万壑牵引温暖气流缓慢北上，形成了西北降水中心，最高年降水量高达 2600 毫米以上，水、热同季，匹配天缘。优良的紫阳楮叶种茶树即生长在这峰峦叠翠，竹木交荫，溪涧飞流，花果飘香的高山云雾笼罩之下，沃土甘霖育润之中，芽肥叶壮，内质优异。经安徽农业大学茶叶系审评专家陈慧春教授对大量的秦巴优质茶的审计结果发现，秦巴茶区是我国罕见的“高香茶区”。这里纬度高、海拔高、云雾几率高，富含硒、无污染，茶叶内含物质丰富，持嫩性强，适制性好，是生产名优茶的理想地方。

秦巴毛尖的采制工艺与品质：选用一芽二叶和一芽三叶初展的春茶鲜嫩芽叶为原料，经摊放、杀青、风凉、揉捻、解块、毛火、足干而成。成茶外形细紧，色泽绿润显毫，汤色黄绿明亮，香气栗香高久，滋味浓醇回甘，叶底嫩绿完整。经农业部茶叶质量检验测试中心审评检测后认为“质量上乘，适销北方市场”并称“陕西又一茗，秦巴毛尖茶”。中国农业科学院茶叶研究所原所长、学部委员、年近七旬的阮宇成研究员啜呷秦巴毛尖神情振奋，挥毫题写：“秦巴名茶放光彩，毛尖一杯精神爽”。中国茶叶学会理事长程启坤研究员品饮后写下了“秦巴毛尖茶，色香味形佳”的赞幅。

秦巴毛尖，在北京、天津、西安、兰州、银川、西宁、乌鲁木齐受到了普遍的厚爱。该茶采用半机械化生产，批量较大、效益高，一直产销两旺，久盛不衰。

### 38. 珠峰绿茶

珠峰绿茶，属绿茶类，优质炒青。产于西藏自治区林芝地区易贡茶场。因为她产自世界上海拔最高的茶园，所以易贡茶场生产的绿茶，以世界上第一高峰——珠峰（珠穆朗玛峰，海拔 8848. 13 米。“珠穆”藏语为女神之意，“朗玛”是女神的名字）的美丽名字来命名绿茶，并以其名为注册商标。

西藏高原，地势高亢，气候干燥、寒冷，藏族同胞主食以糌粑、牛羊肉、酥油及奶制品为主。由于长期的生活习惯和自然环境的影响，茶品成了当地人民日常生活的必须品。据《滴露缦录》记载：“以其腥肉之食，非茶不消，青稞之热，非茶不解。”藏族民间素有“宁可三日无粮，不可一日无茶”之说。可见茶叶在藏族人民生活中的重要地位了。可是西藏地区由于它的特殊地理环境，认为不适宜生产茶叶，所需饮用茶叶全靠内地运去，千里迢迢，马驮车载，从唐时开始，已有千年。

1964 年敢为西藏先的易贡茶场，从四川名山县蒙顶茶场引进了四川中小叶种，采取有性繁殖方法试种成功，并在八十年代进行大面积扩种。至 1994 年茶园面积已发展到二千一百多亩，年产茶叶 12 万公斤，其中大茶 8 万公斤，细茶 4 万公斤。并拥有相当规模的机械生产设备，为茶叶生产以手工为主，向机械加工转化奠定了基础。据中央电视台报道：“今年（1994）国家为了大力发展西藏的茶叶生产，已将易贡茶场的扩建作为援助西藏的 62 项工程之一，拨专款一千八百万元兴建电站和其他生产设备。”人们相信，已揭开了西藏无茶历史，在海拔 2000 米以上的世界屋脊上试种成功优质茶叶的易贡茶场的广大职工和茶叶科技人员，将会生产出更多更好的茶叶，为中国西藏地区的茶学事业创造出光辉的业迹。

易贡茶场，作为西藏地区重要的茶叶生产基地之一，具有得天独厚的良好生态环境。“易贡”藏语的意思是美好的地方，地处西藏高原东南部，喜玛拉雅山脉东段、念青唐古拉山以南的波密县易贡湖畔。位于东经 94°52’，北纬 30°19’。离它不远便是世界之最的雅鲁藏布江大峡谷——雅鲁藏布江大拐湾，是天然的宜茶之地。地势呈南北走向，纵深约 30 公里，宽不过 3 公里，平均海拔高度 2250 米。茶园土壤多为砂壤和黄棕壤，土壤植被为阔叶混交林。由于易贡地区相对海拔较低，又处于特殊的地理环境，仍属亚热带型气候，气候温和、湿润，有“世外桃源”之美称。逶迤千里的群山，层峦叠嶂；远处山岭上白雪冰封，近处峰峦之间云雾缭绕，原始森林郁郁苍苍，充满生机的茶园，犹如一条宽宽的翡翠宝带，隐现在这青山、冰峰、白云之间；这里最富有诗情画意的要数易贡湖和雄伟的铁山了。山临湖，湖映山，山湖相连，融为一体，犹如桂林山水，铁山湖一边像利剑劈下来那样光滑陡峭，宛若落差千丈的黑色瀑布；而那湖水却凝然不动，像一缸浓浓的绿色美酒，令人陶醉，留连忘返；湖面上海鸥、野鸭等水鸟成群戏水，湖中鱼类多种，为垂钓者所青睐。这湖与山的拼合，分明是大自然赋予人间的一处仙境，或者是神奇的艺术大师精心雕就的巨型盆景。这美丽的湖水与四周雪山的水汽蒸发，使易贡年均降水量可达 960. 4 毫米，相对湿度 73%，年均气温 11. 4℃，年积温 3109. 6℃，极端最低温度 -10. 20℃，极端最高温度 32. 8℃，日照率 41%，无霜期 219 天。自然生态环境为茶树的生长提供了良好的条件。

珠峰绿茶的品质特色：由于茶场地处高原，海拔高，故采摘时间较迟，一般在每年4月底开采。春茶鲜叶标准为一芽二、三叶的鲜嫩芽叶。经鲜叶摊放、杀青、炒青、初揉、炒二青、复揉、炒三青、辉锅等多道工序精制而成。成茶条索细紧有锋苗、露毫；色泽深绿光润，高香持久；汤色黄绿明亮，味醇厚回甘；叶底嫩匀，黄绿明亮。

当中央电视台记者组赴易贡采访茶园时，易贡茶场帕加场长自豪地说："易贡山的云雾滋润了这片茶园，喜玛拉雅山的雪水浇灌了这片土地，使这里的茶叶没有任何污染，因而获得了国家绿色食品证书。"

珠峰绿茶，1993年经国家茶叶质量监督检验中心检测，水浸出物含量为47.4%，高于国际标准3%；茶多酚含量为34.3%；六六六含量为0。珠峰绿茶投放市场以来，颇受国内外茶学界的青睐，在国内、国际参展评比中屡获殊荣：1989年在全国星火计划产品展销会上获银质奖；1990年在全国新产品展销会上获优秀奖；1992年在全国首届农业博览会上获铜质奖；1993年荣获中华首届"陆羽杯"茶文化精品展金奖和"申奥杯中华旅游食品展金奖"；同年珠峰绿茶在马来西来国际博览会上荣获了惟一的一块金奖。

易贡茶场，继珠峰绿茶之后，于1994年又创制了"雪域银峰"和"易贡云雾"两品名茶。

雪域银峰茶的采制工艺与品质特色：1. 采摘时间：每年4月10日至5月10日左右；2. 采摘标准：一芽一叶开展～一芽二叶初展，要求芽长于叶，不采对夹叶、紫色叶和病虫叶；3. 工艺流程：全部以手工操作，经杀青、一揉、二炒、二揉、三炒、三揉、做形提毫、烘焙等8道主要工序精制而成；4. 成茶品质特征：条索紧细挺秀，茸毫披露，银峰显翠，香气高爽，滋味甘醇鲜爽，汤色清澈明亮，叶底鲜嫩匀整。是天然、优质的绿色食品。

易贡云雾茶：采摘时间、选芽叶标准、工艺流程与雪域银峰茶基本相同，其中关键工序是做形提毫，经茶师以灵活的手法，热团搓揉，而形成了易贡云雾茶秀美的外形。成茶品质特征：条索紧细卷曲，白毫如云；色泽翠绿油润；香气浓郁持久，滋味鲜醇回甘；汤色碧绿清澈，叶底嫩绿匀齐。

此外，易贡茶场还生产金尖茶、红茶、花茶，以及金银花茶、果香茶等。当前主销西藏，部分销往内地，拟逐步开拓海外市场，销往日本等地。

### 39. 桂平西山茶

桂平西山茶，产于广西桂平市西山，又名思灵山。该山耸立于浔江之滨。地处北回归线南侧，属亚热带季风气候，年均气温21.4℃，年均降水量1715.4毫米。茶树均植于阳坡，地势较高，阳光充足，夜间气温较低，晨间常有云雾缭绕与雨露滋润；同时花岗岩风化的土壤，土质疏松、肥沃、微带酸性。

采制工艺与茶品：采摘标准为一芽二叶，长度不超过 4 厘米，并须轻采轻装。采后及时摊开，以散发水分及保持芽叶新鲜，然后及时加工。一般实行“三炒三揉”，即将鲜叶入铁锅翻炒杀青，杀青后须及时摊凉。然后以手捻成细条状，再下锅烘炒。如此炒揉反复三次，以达到茶叶细紧、茶梗干脆及气味香醇的要求。成品茶条索紧细匀称，色泽青翠；茶汤碧绿清澈，滋味香醇。

西山茶，早于明代已享有盛誉。《浔州府志》称：“西山茶，色清而味芬芳，不减龙井。”《桂平县志》谓：“西山茶，出西山棋盘石乳泉井观音岩下，矮株散生，根汲石髓，叶迎朝暾，故味甘腴而气芬芳，杭州龙井未能逮也。”乳泉水有“深峪乳泉，众试皆甜”，“泉清洌，如杭州龙井”之誉。如以乳泉水泡西山茶，那更会有“西湖龙井虎跑水”之绝佳。西山茶于 1986 年在全国名茶评比会上被评为全国名茶、部优产品。1990 年在商业部召开的全国名茶评选会上，由桂平市西山茶场生产的棋盘石牌西山茶，再次被评为全国名茶、部优产品。产品主要内销，少量出口港、澳等地。

### 40. 峨眉毛峰

峨眉毛峰，原名凤鸣毛峰，1978 年改今名。产于四川省雅安市凤鸣乡桂花村。茶产区地处北纬 30°，东经 103. 3°，为四川盆地西部边缘，与西藏高原东麓接壤，四面环山，雨量充沛，气候温和，冬无严寒，夏无酷暑。茶园分布于海拔 1000 米上下的山区，长年云雾缭绕，烟雨蒙蒙，阳光漫射，温湿同季，无霜期年均长达 280 多天；土层深厚，土质肥沃，酸度适宜，茶树长势良好，芽肥叶壮，持嫩性强，内含物质丰富，为生产名茶提供了优质原料。

四川雅安地区栽培生产名茶历史悠久，始于唐代，见载于陆羽《茶经》。迄今已有 1200 余年。1978 年雅安地区茶叶公司与桂花村联合，在原有生产工艺基础上，选早春一芽一叶初展优质原料，采用炒、揉、烘交替进行的工艺，创制了特种绿茶名品——峨眉毛峰。其成品条索紧卷，嫩绿油润，银芽秀丽，白毫显露，香气鲜洁，滋味浓爽，汤色微黄而碧，叶底嫩绿匀整。于 1982 年和 1983 年被商业部、农牧渔业部评为全国优质名茶；1985 年 9 月在里斯本举办的第二十四届世界优质食品评选会上，峨眉毛峰受到高度评价并荣获金质奖。该茶销于北京、天津等大城市，出口日本、香港等国家和地区。

### 41. 峨　蕊

峨蕊，绿茶类，产于四川省峨眉山区。峨眉山座落在川西南，景色雄奇，巍峨挺秀，有云海奇观之胜境，被誉为“峨眉天下秀”、“天下第一名山”；也是古今名茶产地。据《峨眉志》载：“峨眉山多草药，茶尤好，异于天下。今黑水寺后的绝顶处产一种茶，味初苦终甘，不减江南茶。”唐初，峨眉山茶已做为贡品进献宫廷。南宋时期其名声尤著，诗人陆游有诗赞曰：“雪芽近自峨眉得，不减红囊顾渚春。”

峨蕊，主要栽培在海拔800~1200米的黑水寺、万年寺、龙门洞一带。这里光照适度，雨量充沛，土壤深厚肥沃，茶园处于群山环抱、云雾弥漫之中。茶树生长繁茂，芽叶肥壮，质地柔嫩，内含物质丰富。

采制工艺与茶质：以每年清明节前采摘的一芽一叶初展的鲜嫩芽叶为原料，用手工精制，经高温杀青、初揉、二炒、二揉、三炒、三揉、四炒、烘干等工序，严格控制火温，由高到低，配以变化多样的炒揉手法，最后经摊晾、包装、贮于防潮容器中。峨蕊茶，外形紧结纤秀，全毫如眉，似片片绿萼开放，朵朵花蕊吐香；叶底匀嫩，汤色清澈；滋味馥郁清香，饮后回甜。

峨眉山产茶已有1100多年历史。峨蕊是50年代在历史名茶“峨眉白芽”的制作技术基础上，不断完善而形成的。1960年获全国名茶称号，1995年5月在第三届“中国名茶与瓷文化展”期间，由四川康乐茶业有限公司出品的峨蕊，再次荣获中国传统名茶奖。1979年起出口日本、新加坡、美国等国家。

### 42. 高桥银峰

高桥银峰，因茶条白毫似雪，堆叠如山而得名。产于湖南省茶叶研究所实验茶厂。该研究所的前身为湖南省茶事试验场高桥分场，建于1932年。建国后于1954年开始茶叶科学研究工作，在高桥乡的弥谷山丘上建成了新型茶园，种植了良种茶树，采用科学方法进行培育管理，开展制茶工艺研究。高桥银峰茶，就是该研究所于1959年向建国十周年国庆献礼研制开发的绿茶新产品。

高桥茶园地处玉皇山麓之下，东南临浏阳，北靠平江，多属丘陵山地，平均海拔200~300米，山塘密布，河溪纵横，气候温和，雨量充沛，冬无严寒，夏无酷暑，土层深厚，土质多为紫色板页岩红壤，含磷丰富，酸碱度适中，实为宜茶之地。高桥，在历史上一向为长沙县茶叶主产区与茶叶集散地，素有茶乡之誉。

采制工艺与银峰特色：每年于清明前后四五天开始采摘，选采标准严格，规定红叶、紫叶、病虫伤叶不采，散叶、雨露叶不采；多以福鼎大白茶与白毫早良种的一芽一叶初展鲜叶为原料，其标准长度约为2.5厘米，制每公斤干茶约需1.2万个芽头，且细嫩完整，芽身长短、色泽均匀一致。鲜叶采回后进行薄摊，使水分含量达70%左右即行付制。经杀青、清风、初揉、初干、做条、提毫、滩凉和烘焙八道工序精湛加工而成。

高桥银峰，在探索科学工艺过程中，形成了其独具特色的关键性工序：其一是，初干后在锅内边干燥、边做条。茶工双手握茶于掌心中间，灵活适度运用掌力，回转搓揉。揉搓做条与干燥交替进行，这样既能使茶芽叶细胞破损，又无茶汁外溢，减少内含物质损耗，又保持了茶芽条身表面色泽翠绿明净，塑造了紧结而小巧的优美外形。其二，独到的工序是“提毫”，是形成银峰茶品质风格的关键之所在。“提毫”这一工序，是该茶首创，以后被一些新创名茶所采用。提毫的作用在于充分发挥茶之香气，固定已形成的外形；最重要的作用是破坏在炒制过程中由于茶条表面茶汁干燥而形成的胶状薄膜结构，使芽叶的全部白毫显露而竖立在茶条上，如银妆素裹，独具妙韵。其三，为保持银峰茶已形成的品质与风格，所以在提毫工序完成后，立即出锅。在滩凉后，改用焙笼烘干。烘焙时，在焙芯上铺衬上柔软的棉布，然后上茶，用文火烘至足干。出焙后，以软白纸包成小包，置石灰缸中密封贮藏，防止受潮，可经数月不变。银峰茶成品条索紧细微曲，银毫似雪，色泽翠绿；内质香气鲜浓，滋味醇厚，汤色清澈明亮，叶底嫩匀光洁。

高桥银峰，于 1959 年研制成功，1960 年经商业部茶叶局、中国农业科学院茶叶研究所、上海茶叶进出口公司和湖南省棉麻茶烟局等单位鉴评认为：其品质优良，符合名茶要求。经化验含茶多酚 18%，氨基酸 3.98%，可溶性糖 2.56%，水溶性物质总量 37%。

1964 年前中国科学院院长、全国人民代表大会常务委员会副委员长郭沫若，在品尝了银峰茶后，即兴挥毫《为湖南茶业研究所题诗——咏高桥银峰茶》赞曰：“芙蓉国里产新茶，九嶷香风阜万家。肯让湖州夸紫笋，愿同双井斗红纱。脑如冰雪心如火，舌不饾饤眼不花。协力免叫天下醉，三闾无用独醒嗟。”

当年郭老以其清新优美的诗句，赞赏高桥银峰茶品格高趣，清新芳鲜，味重滑喉，饮之可以清心明目，醒脑益思；其清香醇的品质，岂能总让顾渚紫笋独享饮誉之名，也可以同今古闻名的江西修水双井名茶一争高下呢。郭老在诗中同时还对湖南茶业科研人员和高桥广大茶农提出了希望——应创造生产出更多更好的茶叶投放市场，让人们多饮一些好茶，少饮一些酒，这样就可以使三闾大夫屈原不必忧虑天下人都喝醉了。

高桥银峰茶，正如郭老在诗中赞美的那样，从创制以来，颇受茗饮者的青睐，许多名人、画家、艺术家为其作画、赋诗、题联、谱曲咏赞。而在全省、全国的优质名茶评比中亦屡获殊荣：高桥银峰多次获湖南省名茶称号，1987 年获湖南省科学大会奖，1989 年农牧渔业部在西安召开的名茶评比会上，高桥银峰获全国名茶称号。

### 43. 涌溪火青

涌溪火青，因其制法类似炒青，为区别于徽茶炒青，将“炒”改为“焀”（xiá 霞，火貌）字，曾称“涌溪焀青”。新中国成立后，改为今名，简称“火青”，为我国极品绿茶之一。火青产于安徽省泾县城东 70 公里涌溪山的丰坑、盘坑、石井坑、湾头山一带。产区山高谷深，河溪密布，清泉长流。茶园多分布于群山环抱的谷坑中。空气湿度大，土层深厚肥沃。茶园周围松竹苍翠，风景秀丽。

采制工艺与茶品：每年清明后3～5天开采。每隔1～2天采一批，共采10天左右。采摘标准为一芽二叶，身长为3厘米左右，匀净整齐。鲜叶经拣剔、杀青、揉捻、炒干、做形、筛选等工序制成，全过程需要20～22小时。该茶的关键工序，是炒干做形过程全部以手工操作，在深锅内进行，炒时手心向上，五指拼拢，手掌伸直，由锅心至锅面翻炒，边炒边出风，至初具虾形，5～6成干时起锅，摊于软扁容器内晾1～2小时，后定型干燥，至茶叶全部卷曲成螺旅圆珠，每公斤800颗左右，颗粒细嫩重实，色泽墨绿莹润，银毫密披。冲泡形似兰花舒展，汤色杏黄明亮，香气浓高鲜爽，并有特殊清香。可冲泡4～5次，以第2～3次最好。

火青茶，始制于17世纪初叶，自明代起即被列为贡品。据《泾县志》记载：清顺治二年（1645）“由磨盘山南起至涌溪，广阔三十余里，多产美茶并杉木”。至咸丰年间（1851～1861），为火青生产的最旺盛时期，年产量曾达百担。后来断产，从1956年恢复生产，1982年在长沙全国名茶选评会上评为全国名茶，同年被商业部评为优质产品，1983年获经贸部出口荣誉证书。销往北京、天津、上海、南京等大城市，部分出口。

### 44. 浙江骆驼牌珍眉

浙江骆驼牌珍眉，由于原料选用优质毛茶，自然品质优良，工艺合理，设备先进，成品茶外形与内质均具独特风格。该茶生产已有30余年历史。浙江以其优越的自然环境和精湛的制茶工艺，向以出产优质绿茶著称于世，是中国绿茶的主产省。以中国土产畜产浙江茶叶进出口公司经营的珍眉绿茶，其外形苗秀似眉，色泽绿润起霜，汤色碧而明亮，香气高而久长，滋味浓酽鲜爽，是绿茶中的珍品。1986年在第25届世界优质食品评选中，这家公司的天坛牌特级珍眉荣获金质奖；1992年在第31届世界优质食品评选中，这家公司的骆驼牌特级珍眉再获金质奖。浙江珍眉绿茶，除销往上海、北京、西安、广州、杭州等大中城市外，已出口美国、荷兰、摩洛哥、阿尔及利亚、巴基斯坦、新加坡、香港等国家和地区。

### 45. 黄山毛峰

黄山毛峰，属绿茶类的今古名茶。产于中国十大游览胜地之一——安徽省歙县黄山境内。黄山产茶历史悠久，据《徽州府志》记载：“黄山茶始产于宋之嘉祐（仁宗年号之一，1056—1063），兴于明之隆庆（穆宗年号，1567—1572）。”《黄山志》载：“莲花庵旁石隙养茶，多清香、冷韵，袭人断腭，谓之黄山云雾。”明代钱塘人许次纾在《茶疏》（成书于万历二十五年，1957）中论述历史名茶时写道：“天下名山，必产灵草，江南地温，故都宜茶……唐人首推阳羡（今之宜兴茶），宋人最重建州。”“近日所尚者，为长兴之罗岕，……吴之虎丘，钱塘之龙井，香气浓郁，并可与岕雁行。次甫亟称黄山，黄山亦在歙中。然去松罗远甚。”又据陈椽教授在《安徽茶经》一书中考证认为，黄山毛峰的起源是在清光绪年间（1875—1908），先由该地谢裕大茶庄符带收购的一小部分“毛峰”运销关东；于1913年前后，华北、山东等地的茶商前来黄山一带收购“烘青”。毛峰的生产随之有了发展。1926—1937年间为旺盛时期，年产达100担以上。后毛峰生产一度中断，到1940年至1949年才恢复生产。新中国成立后黄山毛峰又得到很大发展。至1957年时生产一至三级毛峰已超过100担，裕谷庵等出产的特级毛峰已超过二百斤。

黄山毛峰，产于素以奇峰、劲松、云海、怪石四绝而闻名于世的黄山区的桃花庵、松谷庵、吊桥庵、云谷寺、慈光阁与歙县东乡的汪满田、木岑后、跳岑、岱岑等地。这里的气候温和，年均气温为15—16℃；雨量充沛，年降雨量2000毫米左右。山高谷深，林木密布，云雾迷漫，湿度大。茶树多生长在高山坡上、山坞深谷之中，海拔高度一般在700米以下，四周树林遮阴，溪涧纵横滋润；土层深厚，质地疏松，透水性好，保水力强，含有丰富的有机质和磷钾肥，为乌沙士，呈酸性，适宜茶树生长，芽叶肥厚，持嫩性强。

毛峰茶的制作工艺；黄山毛峰分为特级和一至三级。一般以特级为代表。三级以下便是歙县烘青，歙县烘青也比其他地区烘青质量好。清明至谷雨前采制特级名茶，以一芽一叶初展为标准，当地称之为“麻雀嘴稍开”。鲜叶采回后即摊开，防止湿闷，并进行拣剔，一切操作轻巧，不伤芽叶，去除老叶、茎、杂，保持芽叶匀整、纯净。当天将鲜叶制成毛茶，做到现采现制，减少有效成分损失，以保持香高味厚。以晴天采制的毛峰品质特佳，阴天次之。

杀青用深底平锅（俗称桶锅），下锅温度为150℃，火湿先高后低，每锅投入鲜叶约半市斤，迅速用手翻炒，双手交替进行。特点是“五要”：手势要轻，翻得要快，扬得要高，撒得要开（叶子落下犹如天女散花平铺锅面，均匀着热），捞得要净（每次翻捞叶子不留余叶在锅，避免留叶着热过度，枯焦化）。杀青至叶质柔软，青气消逝，熟香初现，这时降低锅温，在锅壁上将叶子抓捏几下，起轻揉和理条作用。而后要立即起锅，借助竹制茶杷，将杀青叶扫入蔑盘，抖散热气，进行下一道工序——烘焙。

杀青是制好黄山毛峰的关键工序，要求杀青手法熟练、准确无误，做到杀匀、杀透、不焦、不生；保持杀青优质不仅有好的杀青师傅，还要有好的烧火师傅的配合，否则仍难制好黄山毛峰。

烘焙用炭火、烘笼，分毛火和足火二道工序。毛火配制四只烘笼，依次翻烘，火温由高逐只降低。第一烘笼温度90℃（多度），以下三个烘笼逐次降低10℃。一烘笼叶量为一锅杀青叶，摊叶要匀，翻烘要干净，不留余叶在烘顶；动作要轻快，不损伤芽叶，不落叶地灶内，烘至七、八成干下烘，摊放数小时，然后集中八至十只烘笼的毛火叶打足火。足火要文火漫烘，开始烘温约60℃，一直烘到足干为止。毛茶要妥善保藏，出售前仍要经拣剔去杂质，再行复火，掌握适当火候，达到茶香透发，而后趁热装入铁筒内，加盖密封，存贮待运。

黄山毛峰的优异品质：特级黄山毛峰成茶条索细扁，形似“雀舌”，带有金黄色鱼叶（俗称“茶笋”或“金片”，有别于其他毛峰特征之一）；芽肥壮、匀齐、多毫；色泽嫩绿微黄而油润，俗称“象牙色”（有别于其他毛峰特征之二）；香气清鲜高长；滋味鲜浓、醇厚，回味甘甜；汤色清澈明亮；叶底嫩黄肥壮，匀亮成朵。黄山毛峰品质优异，主要原因有二：一是自然环境优越，培育出优质鲜叶；二是制作技术精湛，充分发挥鲜叶内含物质，恰当地转化为优质成份，构成其香高、味醇、汤清、色润的品质。

黄山毛峰，在建国初期，曾被列为全国十大名茶之一；于1982年6月、1986年5月，由商业部在湖南长沙、福建福州召开的全国名茶评比会上，连续两届被评为全国名茶；1987年2月被商业部授予部级名茶称号；于1990年9月，商业部在河南信阳市召开的全国名茶评比会上，由歙县茶业公司生产的迎客松牌黄山毛峰第三次被评为全国名茶。主要销往北京、上海、广州、合肥等大城市，并出口法国、英国及东南亚等国家和地区。

### 46. 黄石溪毛峰

黄石溪毛峰，产于安徽省青阳县陵阳镇黄石村。相传在唐代末年昭宗天复年间（901～904），有一僧一道在九华山之巅的天台山后一石洞中修行，以采集树根和其他野果为食，由于长时期营养不良，头昏脑胀，面部浮肿。后来采回了野生新鲜茶叶煮饮。结果治好了病。为了方便饮用，继而将茶晒干收藏。常日晒在溪边一块石板上，天长日久，这块石板上便渐渐留印下黄褐色的斑痕。因此，人们便称此石为“黄石”，天台区暴流经洞侧而下，自成一溪，故又称此地为“黄石溪”。后来亦将这一带采制的茶叶取名为“黄石溪茶叶”。

黄石溪的茶树生长环境优越：“峰峦九九，天台芳华；泉流潺潺，雾蒙露滴；云烟冉冉，竹啸松鸣；百花盈盈，山水漂香。”

黄石溪毛峰的制法，分杀青、揉捻、烘焙三道工序。其成品茶的品质特点：条索匀称，嫩绿微黄，茸毫披露；开汤时雾气结顶，水色碧绿明净，清香高爽，滋味鲜醇，回味甘美，冲泡数次，香味犹存；叶底黄绿多芽，厚实匀整。

黄石溪名茶，在宋朝已列入贡品。于1915年前曾荣获巴拿马国际食品博览会金质奖章；新中国成立后，一直列为安徽省名茶；黄石溪毛峰还曾被国家中央机关指定为“礼茶”——国务会议用茶。由于该茶产于佛教圣地——九华山之巅的天台山，素有“佛茶”之誉，深受前来九华、天台朝圣的海外广大侨胞的青睐，作为馈赠亲友的礼品，争以相购。该茶目前除畅销国内部分大中城市外，还远销德国与港台地区。

### 47. 黄山绿牡丹

黄山绿牡丹，产于安徽省歙县科学技术实验站。歙县黄山花型名茶技术开发部，为花朵型的高级炒青绿茶。这是在风光壮丽、气象万千、以奇松、怪石、云海、温泉著称的天下奇观——世界著名旅游胜地黄山，继太平猴魁、黄山毛峰之后，又一品质优良和外型美观而独树一帜的佳茗新品。该茶是由安徽省级有突出贡献的中青年专家汪芳生工程师（歙县科技实验站长）于1986年研制成功的。1988年12月在合肥市通过了省级鉴定。安徽省人民政府为表彰汪芳生对科学研究事业做出的突出贡献，特决定从1993年7月起发给省政府特殊津贴并颁发证书。

绿牡丹是歙县目前创新名茶中最走俏的珍品，以其有：色绿、毫显、香高、汤清、味甜、形美六绝而著称，既有饮用价值，又有观赏价值，其别具韵格的特色是：花蒂花瓣排列匀齐，形圆不松散，花朵直径在5.5公分左右，每朵约4~5克，内干足干。

绿牡丹的精湛制作工艺：鲜叶采自优良品种的茶树；时间在清明后、谷雨前；采摘标准是一芽二叶初展。制作分杀青轻揉、初烘理条、选芽装筒、造型美化、定型烘焙、足干贮藏等六道工序。

杀青轻揉：杀青在八桶锅内进行。每锅投叶量在200~300克左右，鲜叶下锅后，手势要求捞、带、净、扬、抖、散、轻、快。做到不闷黄，无红梗、红蒂、无焦边焦点。杀青叶出锅时趁热轻揉几把，茶汁溢出即可。

初烘理条：在竹制或铁丝笼上进行，以木炭作燃料，电烘更好。温度在90~110℃之间。翻烘要求轻、净、快，每翻一次理条一次，使芽叶平直，略呈兰花瓣型。至4~5成干时，下烘摊放片刻进行选芽。

选芽装筒：选大小长短匀齐的数十根芽叶为一朵绿牡丹茶的原料，理顺放齐在竹制造型筒上，筒全长7公分，直径5公分~3.5公分为正中竹节。茶芽放于竹筒两头准备造型。

造型美化：先准备好定型板、板芽板、压花板，然后将竹筒内芽叶，加工成圆形的芽叶花瓣和芽蒂花托，芽叶的直径不得大于5.5公分和小于5公分，芽蒂的直径不得大于1.5公分或小于1公分，茶花正反两面要求圆而平整。

定型烘焙：分两步进行。第一步将造型美化的绿牡丹排列在压板上，花与花之间要留一定距离，再用另一块压上（压力一般五十公斤），时间6秒钟左右，拿下盖板上烘。第二步，把定型的茶花移上特制的竹烘专用圈内，再加上烘笼盖定紧上烘。使用的燃料炭要干，炭头要取净（以炭头燃烧时炭烟影响茶香），当温度升到°90~110℃即上烘。要先烘茶蒂一面，再烘芽叶一面，每隔1~2分钟翻动一次，受火力要匀。当烘到7~8成干时，下烘摊凉3~4小时。

足干贮藏：足干的温度要先高后低，火文慢烘，烘温要控在70°~80℃，掌每两分钟翻动一次，直烘至手捻成粉时，即下烘趁热装箱贮藏。

黄山绿牡丹茶的研制成功和投放市场，受到海内茶学界与客商的好评与欢迎。商业部茶学专家评论它是“既有宜人的饮用价值，又有感人的观赏价值”；台湾（省）陆羽茶艺代表团团长李瑞贤先生称赞它是“世界上第一朵茶叶制成的花”；日本客商赞扬它“使历史悠久的中国茶又添新花”。当“黄山绿牡丹”相继出现在广州交易会、上海小型国际交易会、北京国际发明展览会、黄山国际旅游节上，出现在泰国、独联体、科威特等国家的时候，都受到高度赞赏与欢迎，先后已有数十个国家与地区的客商求购。

黄山绿牡丹，已成为结婚、祝寿、招待贵宾的珍贵礼品。自它从八十年代中期研制成功投放市场以来，先后受到奖励与荣誉称号（或证书）二十余次：如，1986年6月安徽省名茶评比会上被列为具有独特风格创新优质茶；1987年5月在上海经济老区84种名茶品赏会上被评为第二名；1988年7月被评为安徽省发明三等奖；同年10月获北京国际发明展览会荣誉证书；1989年被评为安徽省特种优质茶；同年8月在全国名茶评比大会上受通报表扬；1990年10月获中国发明协会颁发的中国发明银牌奖；同年12月分别获黄山市科技进步一等奖和安徽省科技星火三等奖；1991年4月获安徽省科技成果博览会二等奖；同年10月获国家专利局颁发的国家“茶”发明专利证书；同年11月获“七五”全国星火计划成果博览会优秀奖；1992年列为国家级重点新产品试制鉴定计划并获国家级新产品证书；同年6月被评为安徽省名茶；同年7月获国家专利局颁发的国家“茶叶花”发明专利证书；1992年12月获联合国技术信息促进系统（TIPS）中国国家分部发明创新科技之星奖；1994年6月荣获中国茶叶与陶瓷文化展大会最畅销产品奖。

### 48. 麻姑茶

麻姑茶，产于江西省南城县西南10公里处的麻姑山区。麻姑山素有“洞天福地，秀山东南”之誉。这里山势磅礴，峰峦叠嶂，溪瀑飞流，风光秀丽。山上有著名的神功泉、丹霞洞天、寻真寺、半山阁、仙都阁等名胜古迹。

南城县麻姑山产茶，迄今已有一千多年历史。据《南城县志》载：麻姑茶的制作盛于唐代。关于麻姑茶的来历，当地还流传着一个美妙动人的故事：相传，在东汉时，有一仙女麻姑曾云游仙居此山修炼，春时常常采摘山上茶树的鲜嫩芽叶，汲取清澈甘美的神功泉石中乳液，烹茗款客，其茶味鲜香异常。这也许就是麻姑茶的来历吧？

麻姑山茶园大多分布于海拔600～1000米的山地，常年云雾缭绕，气候温和，年均气温15℃，年降水量2300毫米，日照短，空气湿润，相对湿度85%以上；土壤多为石英砂岩母质风化而成的碎屑状紫色土，土层深厚，吸水力强，腐质层厚，土质肥沃。

采制工艺与品质特色：采摘初展一芽一叶或一芽二叶制成。制作分采青、杀青、初揉、炒青、轻揉、炒干等六道工序。各道工序均要求按规范精细操作。其成品茶具有条索紧结、整匀，色泽银灰翠润，香气鲜浓清高，汤色明亮，滋味甘郁等特点。成品分为特、一、二、三、四共五个等级。特级茶含氨基酸 3.5%。有明显益思、止渴、利尿、提神、解忧之功效。对伤风感冒、腹胀吐泻、肠胃不适有一定疗效，亦能防牙蛀、抗病毒。1985 年被评为江西省优质传统名茶。除销于国内，还出口香港及东南亚地区。

### 49. 婺源茗眉

婺源茗眉，属绿茶类珍品之一。因其条索纤细如士女之秀眉而得名。产于江西省婺源县。鄣公山、溪头、江湾、大畈、沱川、古坦、段莘、秋口等地为茗眉茶的天然产地。其地处赣东北山区，为怀玉山脉和黄山余脉所环抱，地势高峻，峰峦耸立，年均气温 16.7℃，昼夜温差 10℃以上，年降水量 2000 毫米左右，相对湿度 83%，无霜期达 250 天，全年雾日 60 天以上。土质多为红、黄壤，腐殖层深厚。山崖幽谷间，常为云雾笼罩，茶树多受辐射光照射，萌芽期早，叶质肥厚柔嫩，营养成分丰富。

采制工艺与茶质：鲜叶采摘标准为一芽一叶和一芽二叶初展，选其芽壮叶肥，白毫茂密者，经摊放、杀青、揉捻、烘坯、锅炒、复烘等六道工序精制而成。其中锅炒是形成婺源茗眉茶独特品质的关键工序。其法是在保持锅温 90℃左右时，每锅投叶量约 1 公斤，四指并扰，手掌张开，拇指朝上，小指向锅，运用腕力和臂力，双手将茶叶从锅底徐徐推向锅沿，当茶叶由上自由翻落时，双手捧茶轻轻搓捻，抖散结块，周而复始，当炒至六成干时，白毫显露出锅，再以焙笼文火烘干。该茶由于生长在得天独厚的良好环境之中，本身含有丰富的营养成分和芳香物质，尤其蛋白质、氨基酸、维生素、咖啡碱、儿茶素、水浸出物等含量均高。其成品，香气清高持久，茶味醇厚清爽，汤色黄绿清澈，叶底柔嫩；其外形细紧纤秀，挺锋显毫，色泽翠绿光润，为眉茶中的极品。

婺源县早在唐代即栽培生产茶叶，已有1200 年的历史。而茗眉茶是选自“上梅州”（灌木、中叶、早芽）良种和大叶种茶树鲜芽叶，在婺源茶传统制作工艺的基础上，于 1958 年由婺源茶厂研制成功的新品。1959 年在全国农业展览会上，商业部评定该茶为“世界茶叶珍品”；1982 年被评为全国名茶；1986 年和 1990 年由商业部召开的全国名茶评比会上，由婺源茶厂生产的江山牌茗眉又连续两届被评为全国名茶。

### 50. 雁荡毛峰

雁荡毛峰，又名雁荡云雾茶、古时曾曰白云茶，俗称雁山茶。产于浙江省乐清县境内的雁荡山。雁荡山为括苍山支脉，亦称北雁荡山、简称雁山。以山水奇秀闻名。号称“东南第一山”。雁荡知名唐初，至北宋太平兴国元年（976）以后声誉渐著，寺庙亭院相继而兴，当时曾有十八古刹、十六亭、十院；至明朝百二奇峰（102 座山峰）的名称已全部形成，风景点共三百八十多处，成为浙东南的最大风景区。其中以百岗尖为最高峰，海拔1150 米。雁荡山自古产茶，雁山茶世称雁荡“五珍”（雁茗、香鱼、观音竹、金星草、山乐宫鸟）之一。

雁荡山高、雨多、气寒、雾浓。著名产茶区均在风景区之内，有龙湫背、斗蟀（室）洞及雁湖岗等处，均位于海拔 800 米以上。龙湫背茶园即在我国著名的大龙湫瀑布的峰岭侧后。水从高约 190 余米的连云峰凌空而下，白练飞泻，十分壮观。清代袁牧有诗云：“龙湫山高势绝天，一线瀑走飞罗绵，五丈以上尚是水，十丈以下全是烟，况是百丈至千丈，云水烟雾难分焉。”而雁湖岗茶区海拔 900 ~ 1046 米，山顶原有北、中、东三个湖泊（今已干涸，只留一口小池塘），芦苇丛生，秋雁南归，常宿此荡，徐霞客称其为“鸿雁之家”，雁湖全年云雾缭绕，所产之茶列为上品。

雁荡山产茶历史悠久，约在千年以上。《温州府志》记载：“温州府五县具有茶叶，乐清有雁荡山龙湫背为上，白云茶亦称龙湫茗，味绝佳。宋代梅晓臣《遣碧霄峰茗诗》：‘到山春已晓，何更有新茶。峰顶应多雨，天寒始发芽，采时林狖静，蒸处石泉佳。持作衣囊秘，分来五柳家。’”北宋大中祥符年间（1008—1016）以后，名传四方，明代列为贡品。新中国成立后，大力发展新茶园，老茶区亦广泛种植茶树，产量不断扩大。因茶园地处高山，气温低，茶芽萌发迟缓，采茶季节推迟，为雁荡茶之特点。其中以龙湫背所产之茶质量最佳。茶树终年处于云雾荫蔽之下，生长于深厚肥沃土壤之中，芽肥叶厚，色泽翠绿油润。个别茶树生长于悬崖缝隙间，人力采摘困难，古时有山僧驯猴攀援悬崖峭壁采集香茗。所集茶叶称为“猴茶”。猴茶因终年吸取雨露滋润及岸隙间有效矿物质成分，茶味极佳，并有较高营养价值。

采制工艺与茶质特色：雁荡山茶，品目繁多。据《雁山志》载：“浙东多茶品，而雁山者称最，每春晴日采摘芽茶进贡，一旗一枪，而白色者曰明茶；谷雨日采者曰雨茶，此上品也。”毛峰茶是于清明、谷雨间采摘新梢初发一芽一叶至一芽二叶肥嫩芽叶制成。鲜叶先经摊放、杀青、摊凉、揉搓、初烘、摊凉、复轻揉，复烘至足干，再筛去茶末，冷却后及时装箱密封。成品茶外形秀长紧结，茶质细嫩，色泽翠绿，芽毫隐藏；泡饮时，汤色浅绿明亮，芽叶朵朵相连，茶香浓郁，滋味醇爽，异香满口，妙不可言。本品耐贮藏，有“三年不败黄金芽”之誉。

### 51. 敬亭绿雪

敬亭绿雪，历史悠久，品味独特，为绿茶中珍品，以其芽叶色绿、白毫似雪而得名。明清时期曾列为贡茶，是安徽省最早的名茶之一。产于宣州市敬亭山。敬亭山为黄山和九华山支脉，原名“昭亭山”，晋初泰始二年（266）为避晋文帝司马昭名讳，改“昭”为“敬”，遂更名至今。六朝南齐著名诗人谢朓出任宣州太守，筑楼于斯，赋诗吟颂，于是敬亭山为世人所瞩目。唐代大诗人李白，与宣州敬亭有不解之缘，多次登临此山，写有数首咏山诗篇，其中《独坐敬亭山》：“众鸟高飞尽，孤云独去闲，相看两不厌，只有敬亭山。”脍炙人口，意境幽远。此后，文人墨客、访古寻幽者纷至沓来，“竟为高人逸士所必仰止而快登也”，从而留下无数诗篇和墨宝，名胜古迹甚多。因此，敬亭山又称“江南诗山”。

敬亭山，有悠久的产茶历史，早在公元二世纪就有采制茶叶的记载，公元三世纪有贡茶生产。《茶名大成》记述：“敬亭绿雪产安徽敬亭山。茶品细嫩，白毫处其上，不易多得……”《宣城县志》载：“松萝茶处处有之，味苦而薄，然所用甚广。唯敬亭绿雪最为高品。”清代诗人施闰章有“酌向素瓷浑不辨，乍疑花气扑山泉”之赞誉。清代画家梅庚称颂：“持将绿雪比灵芽，手制还从座客夸，更著敬亭茶德颂，色澄秋水味兰花。”

敬亭绿雪，在往昔确曾闻名江南，饮誉中华，但至清末民初，生产逐渐衰微，到抗日战争期间，其采制工艺失传，已经断产。在七十年代中期，宣州敬亭山茶场组织科技人员，在安徽农业大学茶业系著名茶学尊师陈椽教授的关注指导下，重新恢复研制，获得成功，使失传多年的历史名茶再度饮誉神州大地。

敬亭绿雪，是以其优越的生态环境和精湛的制茶工艺，形成了它所具有优异的内在品质和独特风格。敬亭山区，岩谷幽深，山石重叠，云蒸雾蔚，日照短，漫射光多，气候温和湿润，茶园多分布于山坞之中，竹木荫浓，阳光遮蔽，乌沙土肥沃疏松，茶树支条生长繁茂，芽叶肥壮鲜嫩。每年清明至谷雨间开园采摘，专采“一叶抱一芯”即尚未展开的细嫩一芽一叶，或一芽二叶初展，身长一寸，经杀青、整形、提毫、干燥等多道工序精制而成。成茶外形色泽翠绿，全身白毫似雪；形如雀舌，挺直饱润；芽叶相合，不离不脱；朵朵匀净，婉如兰花；汤色清碧，叶底细嫩；回味爽口，香郁甘甜。连续冲泡两三次香味不减。

敬亭绿雪，在中国茗苑里重展芳容，深获各界的厚爱，1976 年原全国人大常务委员会副委员长郭沫若欣然为“敬亭绿雪”命笔题名；1983 年荣获国家外经部颁发的荣誉证书；1989 年获安徽省首届科技大会奖。1994 年敬亭山茶园面积已达 6000 亩，拥有相当规模的制茶设备和生产能力，并经国家注册销售，深得中外人士推崇。目前敬亭山茶场已形成了以敬亭绿雪为龙头的 10 多种名优茶系列产品。

### 52. 湘波绿

湘波绿，产于湖南省茶叶研究所实验茶厂。该茶是湖南茶叶研究所继 1959 年研制成功高桥银峰名茶之后，为适应市场，满足消费者的需求，于 1961 年又创制了绿茶名品湘波绿。

湘波绿，伴随着高桥银峰问世以来，颇受广大茗饮者的喜爱和社会各界的高度赞誉。1980 年，著名电影艺术家赵丹和画家富华，在上海合作一幅画，画中为一古色古香的茶壶，以花卉作背景，茶香飘溢的意境跃然纸上，并题写“一壶湘波绿，满纸银峰香”，以此来赞赏湘波绿和高桥银峰茶的超逸品格和茗韵幽长。1990 年，长沙电视台来湖南省茶叶研究所拍摄了电视片《湘波绿》，以郭沫若的题词（《为湖南茶叶研究所题诗——咏高桥银峰茶》）作主题歌，由著名歌唱家何纪光演唱。1992 年 4 月，著名画家李立、虞逸夫、王超尘等云集湖南省茶叶研究所。举办茶文化联谊活动，品茗、作画、题联——李立、袁海潮、陈惠生联袂为该所合绘一幅 2 米长的《春满茶乡》国画；79 岁的虞逸夫先生书写汉隶联“佳茗八百延年药，香味万千醒梦丹”；全国五大隶书家之一的王超尘先生题写了隶书联“赏心悦目谈书画，煮宗品茗色味香”——画家、书法家以及社会各界贤达们，以其技法超群、功力深厚的书画佳作，来高度评价和礼赞湖南省茶叶研究所创制湘波绿、银峰茶等为现代茶叶科学所作出的贡献。

湘波绿的采制工艺及其茶品：该茶原料是选采自白毫早、福鼎大白茶、湘波绿、楮叶齐等良种茶树的一芽二叶初展的鲜叶制成，一般在清明前后开采。鲜叶要求色泽黄绿，芽叶匀齐，百芽重约 20 克，最好晴天采摘，不采虫伤和紫、红芽叶。与高桥银峰相较，湘波绿的鲜叶略粗壮，在加工工艺上适当加重揉捻，增加芽叶细胞破损，以增进茶汤的浓度，塑造紧结的外形。具体制造工艺分为杀青、清风初揉、初干、复揉、复干做条、摊凉、烘焙等七道工序。其中复揉具体做法是、当茶坯初干适度时，即茶坯由黄绿变成暗绿，粘性大减，减重约 40～45%，将茶坯出锅，盛入小蔑盘中，趁热进行复揉，用双手握茶坯，向同一方向作圆周揉捻，掌握轻重轻的加压原则，用力程序较初揉时略大些，复揉时间约 1 分钟。复揉完成后，要将茶团彻底抖散，然后再进锅复干做条。其后工序同高桥银峰基本相同。湘波绿的品质特点是：条索紧细弯曲，色泽翠绿显毫，汤色清澈明亮，香气清高鲜爽，滋味醇厚爽口，叶底黄绿明亮。湘波绿自 1982 年以来，参加湖南省名优茶评比会，多次评为湖南省名茶；1989 年在“首届茶与中国文化展示周”活动中展销，深受中外客商赞誉。1991 年湖南省农业厅授予湘波绿“湖南省名茶杯奖”。

### 53. 绿玉兰茶

绿玉兰茶，产于安徽省歙县科学技术实验站、歙县黄山花型名茶技术开发部。是由歙县茶叶专家黄山绿牡丹发明人汪芳生的又一创新绿茶品种。该茶于 1989 年开始研制，经反复改进，现已小批量生产，试销于上海、广州、北京、合肥等城市，深受消费者的青睐。我国著名茶学家陈椽教授等对绿玉兰的色、香、味、形都给予高度评价。

绿玉兰茶的采制工艺精细：在谷雨前后，当茶树有 15% 的芽梢达到一芽一、二叶初展时，即可开园分批采。采摘标准是一芽一、二叶初展；留鱼叶、留茶蒂在茶枝上，带叶柄采下。采摘方法是：茶工以食指与拇指合力紧拉带下，不得用指甲采，免得茶汁变红。在采茶时要做到四拣：拣山，选云雾笼罩无污染的茶山；拣棵，选生长健壮的茶棵；拣枝，选挺直有力的嫩枝；拣芽，符合标准的芽叶。还要做到十二不要：即凡芽叶过大、过小、芽梗过长、无芽梗、单芽、单叶、瘦弱、色淡、紫芽、无尖、病虫害、冻害茶叶一律不要。

对鲜叶的摊青与再精心拣剔：采回的鲜叶要轻摊在光滑的木板上进行拣剔。要求做到三个一致：即老嫩一致、芽叶一致、芽梗长短一致，拣去老叶杂质等。拣后的芽叶要轻轻地摊青在阴凉通风处，使部分水分蒸发，逐步消除鲜叶的青涩味。在室温保持20～25℃的情况下，摊青三小时左右，当芽叶变软时即进行杀青。

杀青工艺：首先要将杀青锅洗净磨光。以小块干柴为燃料，当锅温升至100℃左右时，投叶量60～100克。用手工翻炒，每分钟约40～60次，翻炒时要“捞得净、带得轻、扬得高、抖得开”。均炒至梗折不断，青气消逝，茶香透露，色叶暗绿而不沾手时，为杀青适度，随即迅速出锅，轻摊散在蔑盘中，待叶子慢慢伸直后上笼烘焙。

烘焙是保证绿玉兰茶独具韵味的关键工序，分为头烘与加烘三次进行；每锅配竹蔑烘笼二只，用炭火烘。第一烘温度为100℃左右；第二烘为80℃左右。烘焙时火温要求均衡，烘笼要干净、无异味。杀青叶上笼后，每隔40秒钟翻烘一次，每翻烘一次前轻捺压叶片整形，使其平直，当烘焙至6成干时，立即下烘摊凉40～60分钟，摊的厚度不超过2厘米。第二烘温度控制在80℃左右。每个烘笼竹蔑上摊放头烘叶300～400克，每隔1分钟左右翻烘一次，并用棉制软垫轻捺固定茶叶玉兰花干状，烘至九成干下笼摊凉3小时左右，摊的叶子不超过3厘米。第三烘，又叫打老火，烘温控制在50℃左右，每烘摊放叶量500～1000克，待匀烘至茶梗能一折即断，含水量降至3～5%时即可下烘，趁热装箱，待茶叶冷却后，再加箱盖密封存放。

绿玉兰茶，色泽翠绿，形似玉兰花。冲泡后花朵徐徐舒展，犹如一枝枝玉兰花悬立于杯中，汤色明亮，叶底钱绿，香气青幽如玉兰，滋味鲜醇回甜。

绿玉兰选用高山良种茶树特级芽叶，采用特殊工艺，科学精制而成，是黄山绿茶名苑中一枝别具天姿幽韵的新“花”，它既有饮用、观赏价值，且有防衰保健之功效。该茶于1994年6月荣获北京中国茶叶与陶瓷文化展大会最畅销产品奖。

### 54. 遂川狗牯脑

遂川狗牯脑，产于江西省遂川县汤湖乡的狗牯脑山，该山形似狗头，故所产之茶名曰狗牯脑。该山海拔900米，林木茂密。山内有汤湖、温泉，泉水四时不绝，热气蒸腾，结成浓雾，紧绕全山；土壤腐殖层深厚，土质松软多少，呈微酸性；年均气温18℃，降水量1558毫米。茶园一年四季都处于良好的生态环境之中，芽叶柔嫩，叶面多披白色茸毛。

采制工艺与茶品特色：春茶多于每年清明前3至5天采摘。先采一芽一叶初展，以叶背多白茸毛的茶尖为原料。制作全系以手工进行，经摊青、拣剔、杀青、初捻、初干、揉条、整条、提毫、干燥等多道工序精制而成。其中杀青工艺是高温、少量：杀青在铁锅中进行，锅温保持150～180℃，制作特级茶每锅投叶量为0.2～0.6公斤，一级为0.3～0.4公斤。炒约4～6分钟，待叶质柔软，毫显茶香时即时出锅。整形亦在锅中进行，温度先高后低，用双手轻轻抓炒、揉团提毫，从炒坯至整形共约15分钟。干燥过程是以烘炒结合。含水量要求在3～5%时出锅，稍经摊凉，以铁罐盛装密封。成茶叶片细嫩均匀，碧色微露黛绿，表面覆盖一层柔细软嫩的白绒毫，泡一杯茶，仅需5～7片茶叶，茶汤清澄而略带金黄，味清凉芳醇，经久不绝。据对10月份所采的一芽一、二叶制作的秋茶测定：含多酚类21.45%，不浸出物48.26%，茶生物碱2.88%。

遂川狗牯脑茶，始制于明代末年，迄今已有三百多年的历史。相传，在清嘉庆元年（1796），茶农梁传溢（一作梁木镒）夫妇，在狗牯山侧的石山梗中开辟茶园数亩，采取祖传的工艺制作的茶叶品质极佳。后来遂川茶商李玉山采用狗牯脑茶树鲜叶制成银针茶，于1915年参加巴拿马万国博览会，受到高度评价，并荣获金质奖章和特等奖状，于是遂川狗牯脑便成为饮誉世界的名茶。梁氏的后裔梁德梅，为保护狗牯脑茶的正宗牌号和信誉，进一步扩大销路，以“遂川汤湖上南乡狗牯脑石山茶祖传精制青水发客诸君光顾认清图书为记。梁记兴。”为该茶品商标，遂将其生产的狗牯茶直接销往广东、湖南。1930年获浙赣特产联合展览会甲等奖状。1982年在江西省名茶评选会上评为江西省名茶，1985年被评为江西省优质名茶。

### 55. 普陀山佛茶

普陀山佛茶，又称普陀山云雾茶，是我国绿茶类古茶品种之一。产于浙江省舟山群岛中的普陀山。该山为我国四大佛教名山之一。环岛约40公里，素有“海天佛国”之称。有以普济、法雨、慧济三大寺院为主的建筑群；岛上还有白华山、佛顶山、梅福院、杨柳院、文物馆、西天门、望海亭等名胜古迹，展宇巍峨，风景壮丽，为游览、朝佛胜地。

普陀山茶，因其最初由僧侣栽培制作，以茶供佛，故名佛茶。早年佛茶外形似圆非圆，似眉非眉，形似小蝌蚪，故又称凤尾茶。普陀山为丘陵性岛屿，地处我国东海之滨的东端，山丘海拔200米左右，属亚热带海洋性季风气候，冬暖夏凉，四季分明，年均气温16.5℃，年均降水量1187毫米；山丘土壤多为红黄壤土，腐殖丰富，土层肥厚，林木茂盛。

佛茶制作工艺与品质特色：普陀山茶一年仅采一季春茶，于谷雨前开园，采摘一芽一、二叶初展，经拣剔、摊放、杀青、轻揉捻、炒二青、炒三青、烘干或辉炒干燥等工序，其制作略同洞庭碧螺春。该茶从栽种到采制，特别注重洁净，茶树从不施肥，仅耕除杂草，以草当肥；对炒茶用锅，每炒一次，须刷洗一次。其成品茶，色泽翠绿微黄，茶汤明净，香气清馥，滋味隽永，爽口宜人。

普陀山种茶，约始于1000年前的唐代，其时佛教正在中国兴盛起来。寺院提倡僧人种茶、制茶，并以茶供佛。僧侣围坐品饮清茶，谈论佛经，客来敬茶，并以茶酬谢施主。据《定海县志》载："定海之茶，多山谷野产。……普陀山者，可愈肺痈血痢，然亦不甚多得。"清康熙、雍正年间，始少量供应朝山香客。清末，由于轮渡通航，香客及游览者大增，从而促进了佛茶的发展。新中国成立后，茶园扩展较大，并建立了茶场。1980年以后开始正式对外销售。

### 56. 湄江茶

湄江茶，产于贵州省湄潭县湄江河畔的贵州省国营湄潭茶场。湄江茶属高档扁形绿茶，以其色翠、馥郁、味醇、形美"四绝"而著称于世。

湄江茶创制于1943年，迄今已有五十年的历史，1954年正式命名为湄江茶，1980年改为湄江翠片，1993年恢复原名——湄江茶。

湄潭茶场，地处黔北湄潭县城区境内。湄江河沿湄潭县城流经全境。三面环水，山青水秀，两岸茶山连片，素有茶乡的美称。湄江河两岸质地优良，土层深厚肥沃、疏松而湿润，多为酸性或微酸性砂质土壤，气候温和，雨量充沛，常年气温在15℃左右，年降雨量在1100~1200毫米，空气清新，云雾缭绕，夏无酷暑，冬无严寒，雨热同季，暖湿共节。茶园海拔750~1200米，昼夜温差大，加之年日照率较低（在35%以下），散射光较多，光和作用平缓，茶叶纤维不致突然变粗变老，较长地保持芽叶柔嫩，有利于茶叶内芳香物质、蛋白质、氨基酸、咖啡碱、维生素、茶多酚等营养物质的形成和聚集。

湄潭江茶的采制工艺及其成品特色：产品原料采用全国十大名茶品种之一——湄潭苔茶群体品种的鲜嫩芽叶精制而成。该品种具有生长旺盛、节间较长、叶质肥嫩、芽叶肥壮的特点。于每年清明前后5至7天开园采摘，以清明前为最佳；采摘标准为碧绿或黄绿的一芽一叶初展、幼嫩成朵的茶叶。鲜叶要求无机械损伤，鲜嫩匀齐，当天采的鲜叶当天加工完毕。其加工采取手工炒制方法，经摊晾、杀青、理条、摊晾、二炒整形、再摊晾、辉锅磨光定型，再经筛分拣剔、拼配包装等工序。手工操作中有拉、抖、带、拓、摊、磨、压、甩等多种手势，工艺精细，保证了湄江茶的独特风格。其成品茶外形似瓜子仁，平直光滑匀整；色泽翠绿，油润有光；香气清高持久，回甜浓厚；叶底嫩绿微黄明净，匀齐完整；若泡在杯中品饮，一旗一枪，匀嫩成朵，芽叶直立、栩栩如生，别有一番韵致。

湄江茶为中国名茶之一，产品质量上乘。1986年至1992年连续评为省优质产品；1988年荣获部优产品称号；已撰文编入《中国名茶研究选集》和《中华食品大全贵州传统食品》等书出版。品名载入《贵州改革开放的十年》一书。湄江茶已销往国内大中城市及宾馆饭店，并出口港澳地区。

**57. 蒙山甘露**

蒙山甘露，以蒙山牌为注册商标（注：蒙山甘露，与古今名茶蒙顶甘露为同一品种，因生产厂家注册商标不同，故茶名有“山”与“顶”之别），产于四川省名山县蒙山山区——四川省国营名山县茶厂。

相传，西汉末年甘露寺普慧禅师（又称吴理真禅师）在蒙山主峰上清种茶树七株，从此蒙山开创了产茶的历史。

蒙山茶，自古就被视为茶中珍品。唐宋以来有不少诗文赞颂蒙顶茶。如唐代大诗人白居易有“琴里知闻唯渌水，茶中故旧是蒙山”；宋代诗人、画家文同有“蜀土茶称圣，蒙山味独珍”的诗句；明代进士陈逄引用民谣“扬子江心（一作“中”）水，蒙山顶上茶”来赞美蒙山茶为茶中珍品。

蒙山，在改革开放的大潮中，自1987年列为四川省十大风景旅游区，与峨眉山、青城山、都江堰、乐山大佛齐名以来，以其秀丽多姿的风光和悠久而丰富的民族茶文化为特色，已成为海内外游人、客商游览观光，购茶品茗与开展茶文化交流的胜地。名山县人民政府，为发扬和光大祖先给名山人民留下的宝贵遗产——让“蒙山茶”走向全国、走向世界，真正体现产量大、品质优、价格合理的优势，于1994年7月成立了“四川蒙山茶叶集团公司”。国营名山县茶厂，是该公司最大的茶叶生产厂家，主要产品有蒙山黄芽、石花、甘露、万春银叶、玉叶长春、蒙山毛峰、春露名茶等名品类的优质名茶。而蒙山甘露，是蒙顶茶传统珍品之一。

甘露茶的采制工艺：于每年清明前后，采摘鲜嫩匀齐的一芽一叶初展的芽叶精制而成。其工艺为：1. 三炒：指杀青、炒二青和炒三青；2. 三揉：头揉在杀青后进行，以初卷成条为适度，要细心轻揉保护全芽整叶，二揉在炒二青后趁热揉捻，要掌握先轻、中重、后轻的原则，以防芽断叶碎，三揉在全叶紧卷成细条，显毫为适度；3. 做型，采取紧团翻滚传统炒法，边炒边搓条，使茶身紧结，炒成八成干时为宜，满显白毫，茶叶含水量降至12～14%为适度；4. 初烘含水量达7～8%，适度摊凉后，及时进行复烘，烘至茶含水量达5%时随即下烘笼，趁热装箱。

蒙山甘露成品茶的特色：条索紧卷多毫，叶嫩芽壮纯整；色泽浅绿油润；汤微黄碧，清流明亮；香馨高爽，味醇甘鲜。蒙山甘露不仅外形秀美，内质也极佳，是蒙山传统名茶中色、香、味、形的统一典型，是名绿茶中之珍品。

**58. 韶山韶峰**

韶山韶峰，产于湖南湘潭韶山市毛泽东的故乡——韶山乡茶厂（今名已改为

"湖南省韶山市茶厂"),是于1968年创制的独具风味的地方名茶。其采制工艺,日臻完善。其制法分杀青、揉捻、初烘、初炒、复炒、复烘等工艺精制而成。

韶山韶峰,其成品茶外形条索紧圆壮直,锋苗挺秀,银毫显露;色泽翠绿光润;内质香气清香芳郁;汤色清澈,滋味鲜爽;叶底嫩匀,芽叶成朵。

热情好客的韶山人民,用自己辛勤栽培、精心研制的韶山香茗招待来自国内外瞻仰毛泽东旧居的客人,杯杯芳茶敬佳宾,以表达自己的深情厚意——请您尝尝这杯韶山茶吧!尝尝这茶有多鲜醇,尝尝毛泽东故乡的水有多甜美,人民的情谊有多纯真。

韶峰茶面市以来,深受人们的喜爱与好评:机制炒青绿茶、手工制作炒青绿茶于1990年获省优质茶称号;1991年被评为湖南省名茶;同年在"中国杭州国际茶文化节"上获一等奖;并相继获农业部全面质量管理杯奖;省人民政府新技术、新产品创新金杯奖;省农业厅名茶金杯奖。

### 59. 碧螺春

碧螺春,又名洞庭碧螺春,为绿茶中珍品。产于江苏省吴县洞庭东、西山。关于该茶名之来历,清代陈康棋《郎潜纪闻》卷五云:"洞庭东山碧螺峰石壁,岁产野茶数株,土人称曰'吓杀人香'。康熙己卯(康熙三十八年,1699),车驾幸太湖,抚臣宋荦购此茶以进。上以其名不雅驯,题之曰:'碧螺春'。自是地方有司,岁必采办矣。"关于茶名来历除康熙皇帝巡幸太湖时钦赐之外,亦有传说在明代时已有碧螺春茶名了。又一妙解是取其色泽碧绿,卷曲似螺,春时采制,又得自碧螺峰等特点,定命为碧螺春。该茶历史悠久,清代康熙年间,即已为成宫廷贡茶了。

碧螺春,茶产区洞庭东、西山在吴县西南,万倾碧波的太湖东南部水域,东山为半岛连接陆地;西山则是屹立于太湖之中的岛屿。气候温和,年均气温在15.5℃—16.5℃,降水量在1200~1500毫米,太湖上空,云蒸雾蔚,空气清新湿润,土壤呈酸性或微酸性,土质疏松肥沃,实乃天然的宜茶之地。主产区分布于洞庭东山的杨湾、前山的涧桥、俞坞、湖湾与后山的尚绵、屯湾等四个乡的18个村。东山乡尚绵村尚保留一株古茶树,围径36厘米,树幅3米余,高4.5米,树令约300余年。吴县东山镇与西山镇的茶农,具有丰富的培育茶树经验,把茶树与枇杷、杨梅、柑桔等20余种果树相间种植,生态环境协调,桃、李、梅、白果、石榴等果树,既可为茶树挡风蔽雪,掩映骄阳;又能使茶果树根脉相通,枝叶相袭,茶吸果香,花窨茶味——这也许是碧螺春茶独具天然花香果味优异品质的奥妙所在。

采制工艺与茶质:每年三月下旬至四月中旬,茶芽长至1—2厘米时,采摘嫩梢初展一芽一叶(俗称一旗一枪),叶的背面密生茸毛,长约500~700微米,肉眼可见。所采的鲜叶越幼嫩,制成干茶后白毫越多,品质越佳。嫩叶经拣剔、杀青、揉捻、搓团、干燥等工序,全部由手工操作。一斤干茶约有6万余片嫩叶,分4锅焙炒，每锅约用45分钟。经各道工序精心制作的碧螺春茶，成品外形紧密，条索纤细，嫩绿隐翠，清香幽雅，鲜爽生津，汤色碧绿清澈，叶底柔匀，饮后回甘。冲泡时应注意先注沸水于杯，稍后再投茶叶于杯，让其徐徐下沉，或用80℃的开水冲泡，茗饮者可在瞬息之间，领略杯中那种雪花飞舞，芽叶舒展，春满晶宫，清香袭人的奇观神韵，那真是赏心悦目，妙不可言！

碧螺春茶，于1982、1986、1990年商业部分别在长沙、广州与河南信阳市召开的三届全国名茶评比会上，连续三次被评为全国优质名茶。目前国内销于华北、东北、西北等地共二十多个省、市、自治区，并出口美国、日本、德国、新加坡及港澳等国家和地区。

### 60. 武夷岩茶

年年春自东南来，建溪先暖冰微开。
溪边奇茗冠天下，武夷仙人自古栽。

宋·范仲淹

武夷山有“奇秀甲于东南”之誉。三弯九曲溪蜿蜒贯穿山中，三十六峰七十二岩，峰岩交错，怪石嶙峋。在这溪坑岩壑之间，点缀着丛丛茶树、片片茶园，竟然是有岩皆茶，非岩不茶，此茶故称武夷岩茶。这突兀的武夷奇岩，萦回的九曲清溪，满山的青翠茶树，交相辉映，构成了武夷山的天然美景。

“臻山川精英秀气所钟，品具岩骨花香之胜。”武夷山平均海拔650米，群峰相连，峡谷纵横，溪流萦回，气候温和，冬暖夏凉，优越的自然条件孕育的武夷岩茶，具有一种独特的“岩韵”。岩茶外形肥壮匀称，紧结卷曲，色泽绿褐鲜润；香气馥郁隽永，其味浓而愈醇，鲜滑回甘，汤色橙黄，清澈艳丽；叶底软亮，叶缘朱红，叶中央则淡绿带黄，称为“红镶绿玉片”。更有一种岩茶树与梅花、木瓜相邻，染得梅花之香、木瓜之味，独具“花香”之胜。清代文学家袁枚在《随园食单》中对武夷岩茶的知赏有一段精到的描述：

> 余向不喜武夷茶，嫌其浓苦如饮药。然丙午秋（乾隆五十一年，1786年）余游武夷，到曼亭峰天游寺诸处，僧道争以茶献，杯小如胡桃，壶小如香橼，每斛无一两，上口不忍遽咽，先嗅其香，再试其味，徐徐咀嚼而体贴之，果然清芬扑鼻，舌有余甘。一杯之后，再试一二杯，令人释躁平矜怡情悦性，始觉龙井虽清，而味薄矣；阳羡虽佳，而韵逊矣。颇有玉与水晶，品格不同之故。武夷享天下盛名，真乃不忝，且可以瀹至三次，而其味犹未尽。

随园老人是钱塘（今杭州）人，喝惯了水清茶绿的雀舌、旗枪，平素不喜武夷茶，然一旦上口，竟体贴入微，心领神会，与之结缘，可见武夷岩茶之“岩韵”不凡。

武夷岩茶因其茶树所植地点的不同，分正岩茶、半岩茶和洲茶。正岩茶是岩茶中品质最好的，产于慧苑坑、牛栏坑和大坑口；这“三大坑”范围之外所产的叫半岩茶；武夷山平地茶园和沿溪两岸所产的叫洲茶。

岩茶品米繁多，品质各有特色。采自正岩制成的，称“正岩奇种”或“奇种”；在正岸中选择优良茶树单独采制的，称为“单枞”，品质在“奇种”之上；各岩又专选一二株品质特优的茶树单独采制，称为“名枞”，如“大红袍”、“铁罗汉”、“白鸡冠”、“水金龟”等，称为“四大名枞”。此外，或以茶树生长环境命名的，如长在山阴之下不易见到太阳处生长的叫“不见天”，长在两块巨大岩缝之间，茶树根又与两岩相连的，叫“金锁匙”等；或以茶树形状命名的，如“醉海棠”、“钩金龟”等；或以茶树叶形命名的，如“瓜子金”、“金槲条”等；或以茶树发芽迟早命名的，如“迎春柳”、“不知春”等；或以成茶香型命名的，如“白瑞香”、“石乳香”等；还有以传说之栽植年代命名的，如“正唐树”、“宋王树”等。这些“名枞茶叶”产量极少，成品外形、内质各有特点，加上动人的传说乃成为珍品。此外，用无性繁殖优良茶树品种制成的岩茶，如“水仙”、“毛蟹”等，则分别以该茶树品种名称作为茶名，其品质每每独树一帜，各具特色。目前，武夷岩茶主要分为武夷水仙和武夷奇种两大类。

武夷水仙的品质特点为：外形条索肥壮紧结匀整，叶端折皱扭曲，如蜻蜓头，色泽青褐黄绿，油润有光，具有“三节色”特征；内质香气浓郁清长，“岩韵”显著；汤色金黄、深而鲜艳，滋味浓厚而醇，具有爽口回甘的特征，叶底肥嫩明亮，红边绿叶。

武夷岩茶的许多名品，都有一个美好的故事和传说。那生长在慧苑坑天心岩的九龙窠峭壁上的“大红袍”，曾是向封建朝廷进贡的上品。据传，古代某皇帝御驾武夷山游览，突然患病，天心寺僧献上山茗，皇帝喝了几次，竟病痛不药而除，便命人披大红袍于茶树上，以示褒奖。美好的传说，给这两棵茶树抹上了瑰丽的色彩。其实，“大红袍”得名的真正原由还是茶树生态上的特点。早春时节，茶树幼芽勃发，嫩芽呈红色，满树艳红似火袍。大红袍品质优异，只可惜仅有两棵，千百年来，人们面对这“武夷岩茶之冠”，无法繁殖，只好“望茶兴叹”。在此应当感谢原崇安县茶叶研究所的科研人员，是他们致力于培植“大红袍”名种，经多年努力，终于繁殖成功，如今“大红袍”有了“亲子女”。

武夷山产茶在唐代已闻名。唐才子徐寅在《谢尚书惠腊面茶》诗中，已对武夷茶作了生动的描述，诗云：

武夷春暖月初圆，采摘新芽献地仙。
飞鹊印成香腊片，啼猿溪走木兰船。
金槽和碾沉香末，冰碗轻函翠缕烟。
分赠恩深知最异，晚铛宜煮北山泉。

宋代以降，武夷茶日趋兴盛，列为贡品，品类有龙团、粟粒、铁罗汉等。“当代茶圣”吴觉农先生曾说：“到了宋朝，武夷茶似已走上了新兴之路，假定唐代是武夷茶晨曦微露的时候，在宋代应该是朝霞初放了。”元承宋制，在武夷设御茶园，创官焙局，临制贡茶。据说，当年这里有个“喊山台”，每年惊蛰这一天，都要举行隆重的仪式，有司率众于台上致祭后，一面鸣金击鼓，一面高喊“茶发芽”。这里原还有一口水井，每当喊山仪式完毕，清澈甘冽的泉水旋即盈满井口，因此，名为“喊来泉”。如今遗迹尚存。

至明初，武夷罢贡龙团，改制为散茶，茶名有探春、先春、次春、紫笋等。明末，武夷岩茶已开始少量运销欧洲。清初，夷武茶渐多从厦门运销国外，以致荷兰、英国等西方国家的饮茶习俗，也多仿效武夷茶的品饮。武夷茶在西方国家风行后，还引起了科学界的兴趣，世界首创植物命名方法的瑞典植物学家林奈，于公元1762年再版《植物种类》一书时，把“武夷变种”作为中国茶树代表。公元1840年前后，西欧科学家还把从茶叶中分析出来的没食子酸混合物，称为“武夷酸”。可见武夷岩茶在世界茶叶史上的地位和深远影响。

武夷岩茶还是乌龙茶的始祖。明末清初诗人阮文锡，后来在武夷山当和尚，释名超全。他作有一首《武夷茶歌》，对武夷岩茶的加工过程和工艺特点有准确的描述：“……种茶辛苦甚种田，耘锄采摘与烘焙。谷雨届期处处忙，两旬昼夜眠餐废。凡茶之候视天时，最喜天晴北风吹。若遭阴雨南风来，色香顿减淡无味……如梅斯馥兰斯馨，大抵焙时候香气。鼎中笼上炉火温，心闲手敏工夫细。”这是300年前诗人对武夷岩茶采制工艺的形象纪实，和现在乌龙茶产区老茶农的所谓“天、地、人”的经验，一脉相承。可以推断，这武夷岩茶的制法就是现代乌龙茶制法的前身。到公元1717年，王草堂的《茶说》对武夷岩茶的制焙方法有详细记述：“武夷茶自谷雨采至立夏，茶采后，以竹筐匀铺，架于风日中，名曰晒青。俟其青色渐收，然后再加炒焙。阳羡岕片，只蒸不炒，火焙以成；松萝龙井，皆炒而不焙，故其色纯。独武夷炒焙兼施，烹出之时，半青半红，青者乃炒色，红者乃焙色也。茶采而摊，摊而摝（振动意），香气发越即炒，过时不及皆不可。既炒既焙，复拣去其中老叶枝蒂，使之一色。”这武夷岩茶的制法，实已属于现代的乌龙茶制法。武夷山应为乌龙茶的发祥地。

**61. 蒙顶茶**

扬子江心水，蒙山顶上茶。

清·刘献廷

以擅长墨竹名世的北宋画家文同（字与可），在四川邛州任上时，得友人寄奉蒙顶新茶。画家以千里之外的无锡惠山泉水烹饮，他“一啜咽云津”，顿觉身心清爽，“羽翼要腾身”了，欣喜之余作《谢人寄蒙顶茶》，诗云：

蜀土茶称圣，蒙山味独珍。
灵根托高顶，胜地发先春。
几树惊初暖，群篮竞摘新。
苍条寻暗粒，紫萼落轻鳞。
的砾香琼碎，蓬松绿趸均。
漫烘防炽炭，重碾敌轻尘。
惠锡泉来蜀，乾崤盏自秦。
十分调雪粉，一啜咽云津。
沃睡迷无鬼，清吟健有神。
冰霜凝入骨，羽翼要腾身。
落人真贤宰，堂堂作主人。
玉川喉吻涩，莫厌寄来频。

“蜀土茶称圣。”古代巴蜀，是我国早期茶事孕育地之一。四川的茶叶生产，其源可追溯到巴蜀建国的初期，即战国时期。四川产名茶，不但起源早，而且种类多，声誉高。历史上多称蜀茶为“上品”、“极品”、“仙品”等。直到初唐，“贡茶亦以蜀为重”（《岁时广记》）。历代诗人文士都争相称颂蜀茶，白居易有诗云：

蜀茶寄到但惊新，渭水煎来始觉珍。
满瓯似乳堪持玩，况是春深酒渴人。

诗人在春深酒渴时，适逢新蜀茶寄到，即呼童汲来渭水烹煎，其欣喜之状，跃然纸上。

“郊寒岛瘦”的苦吟派诗人孟郊，独嗜蜀茶，当他身边“蒙茗玉花尽，越瓯荷叶空”时，急如星火地向在朝廷当官的朋友呈诗“乞茶”：“锦水有鲜色，蜀山饶芳丛”，“幸为乞寄来，救此病劣躬”。

蜀茶的珍品出自蒙山，故有“蒙山味独珍”之谓。白居易爱蜀茶，最爱的亦是蒙山茶：“琴里知闻唯《渌水》，茶中故旧是蒙山。”琴与茶是白居易晚年“穷通行止长相伴”的心爱之物。弹琴他最爱听《渌水》一曲，饮茶则把蒙山茶当作老朋友般喜爱。孟郊乞讨的“蒙茗玉花”，也就是蒙山茶。宋文彦博在《赞蒙顶茶》中说：“旧谱最称蒙顶味，露芽云液胜醍醐”，誉蒙顶茶如云之脂膏，赛过醍醐。宋吴中复《谢人惠茶诗》有“吾闻蒙山之岭多秀山，恶草不生生淑茗”之句。李肇在《唐国史补》卷下说：“茶之名品益众，剑南有蒙顶石花，或小方，或散芽，号为第一。”

可是，陆羽在《茶经》中未列蒙山茶。诗人黎阳王对陆羽未能品尝到这绝品茶，感到十分惋惜，吟有《蒙山白云岩茶》云：

闻道蒙山风味佳，洞天深处饱烟霞。
冰绡剪碎先春叶，石髓香粘绝品花。
蟹眼不须煎活水，酪奴何敢问新芽。

若教陆羽持公论，应是人间第一茶。

自唐后，“扬子江心水，蒙山顶上茶”一直被人们视为难得的珍品，盛传不衰。

蒙顶茶产于四川蒙山。蒙山跨名山、雅安两县，山势巍峨，峰峦挺秀，绝壑飞瀑，重云积雾，景色与峨眉山、青城山齐名。古人说这里“仰则天风高畅，万象萧瑟；俯则羌水环流，众山罗绕，茶畦杉径，异石奇花，足称名胜”。蒙山有上清、菱角、毗罗、井泉、甘露等五顶，亦称五峰。相传2000多年前，僧人甘露普慧禅师吴理真，“携灵茗之种，植于五峰之中”。蒙山五顶，中顶上清峰最高。吴理真在上清峰栽了七株茶树。这茶树“高不盈尺，不生不灭，迥异寻常”，“味甘而清，色黄而碧，酌杯中，香云罩覆，久凝不散”，久饮此茶，有益脾胃，能延年益寿，故有“仙茶”之誉。

古时采制蒙顶茶极为隆重而神秘。每逢春至茶芽萌发，地方官即选择吉日，一般在“火前”，即清明节之前，焚香淋浴，穿起朝服，鸣锣击鼓，燃放鞭炮，率领僚属并全县寺院和尚，朝拜“仙茶”。礼拜后，“官亲督而摘之”。贡茶采摘由于只限于七株，数量甚微，最初采六百叶，后为三百叶、三百五十叶，最后以农历一年三百六十日定数，每年采三百六十叶，由寺僧中精制茶者炒制。炒茶时寺僧围绕诵经，制成后贮入两银瓶内，再盛以木箱，用黄缣丹印封之。临发启运时，地方官又得卜择吉日，朝服叩阙。所经过的州县都要谨慎护送，至京城供皇帝祭祀之用，此谓“正贡”茶。在正贡茶之后采制的，是供宫廷成员饮用的，制法亦精，有雷鸣、雾钟、雀舌、白毫、鸟嘴等品目。

如今，蒙顶茶是四川蒙山各类名茶的总称，有传统名茶，也有新创制的，其中品质最佳的有“蒙顶甘露”、“蒙顶黄芽”等。今日这些“凡茶”，其实早已胜过昔日的“正贡”仙茶了。

蒙顶甘露采摘细嫩，每年春分时节，当茶园中有5%左右的茶芽萌发明，就开园采摘，标准为单芽或一芽一叶初展。加工工艺分为高温杀青、三炒三揉、解块整形、精细烘焙等。

蒙顶甘露品质特征为：外形紧卷多毫，嫩绿色润；内质香气馥郁，芬芳鲜嫩；汤色碧清微黄，清澈明亮，滋味鲜爽，浓郁回甜，叶底嫩芽秀丽、匀整。

### 62. 径山香茗

天子未尝阳羡茶，百草不敢先开花。
不如双径回清绝，天然味色留烟霞。

清·金虞

前面这首诗，题为《径山采茶歌》。径山，在浙江的余杭，径山香茗就产于此。径山有东西两径，东径通余杭，西径通临安的天目山，故又有“双径”之称。

径山有凌霄、堆珠、鹏博、宴座、御爱五大峰，茶树多分布在四壁坞、黑山坞一带，茶叶品质最佳者产于凌霄峰。此处群峰环绕，松林茂盛，浓荫蔽日，溪流清澈，是产茶的好地方。

径山产茶，始于唐代。据县志说，是开山祖法钦手植培育，用来供佛。僧人法钦于唐代宗年间结庵手宴座峰。相传，法钦觅建寺之址时曾有奇遇。一日，法钦徘徊径山，遇一白衣老叟，引他至宴座峰，指点适宜建寺之处，旋即风雨大作，老叟化为一龙，腾空而起，俯穿入湫。雨止后，湫涨为平陆，龙没而出现深穴，穴中泉涌，乃称“龙井”。此一传奇之神话，传至京城为宫廷所闻，代宗皇帝李豫召法钦至京，赐号“国一禅师”，拔款建寺，寺称“真庵”。至宋大中祥符六年（1013）改称“镇国院”，政和七年（1117）改称“径山能仁禅寺”。南宋孝宗皇帝赵汙曾御笔书写“径山兴圣万寿禅寺”。

唐宋时之径山寺，是江南游览胜地之一。苏东坡曾以《游径山寺》为题留诗一首：

众峰来自天目山，势若骏马奔平川。
途中勒破千里足，金鞍玉镫相回旋。
人言山佳水亦佳，下有万古蛟龙渊。
道人天眼识王气，结茅宴座荒山巅。

径山茶因径山寺的名望而日渐远播。当时，径山寺盛行研讨佛经，禅师高僧围坐讨论时，常烹煮径山茶，边品饮边谈论，称为“茶宴”。蔡襄游径山时，见泉甘白可爱，曾汲之煮茶。张京元游径山，有“泉清茗香，洒然忘疲”之赞誉。

南宋开庆年间，日本佛教高僧大应禅师来径山寺研究佛学，修业五年，于景定四年（1263）回国时，带去径山寺的“茶道具”、“茶台子”，传播径山寺之“点茶法”与“茶宴”，促进了日本茶道的兴起。

南宋时期，还有日本圣一禅师，来径山寺研究佛学，回国时带去茶籽，播种于安倍川与藁科川，并带去饮茶器具，传播径山寺的“研茶”制法。至今，日本还传颂着圣一禅师从中国传入茶籽和制茶方法的功德。

径山茶采制技术考究，嫩采早摘是径山茶采摘的特点。径山茶以谷雨前采制品质为佳。采摘标准为一芽一叶或一芽二叶初展。通常 1 千克“特一”径山茶需采 6.2 万个左右的芽叶。

径山茶属烘青绿茶。手工炒制，小锅杀青，扇风散热是径山茶的加工特点。具体分为：鲜叶摊放、小锅杀青、扇风摊凉、轻揉解决、初烘摊凉、文火烘干等工序。

径山茶条索纤细苗秀，芽锋显露，色泽绿翠；香气清幽；汤色嫩绿莹亮，滋味鲜醇，叶底嫩匀明亮，经饮耐泡。

### 63. 平水珠茶

越州日铸茶，为江南第一。

平水珠茶是浙江独有的传统名茶，素以形似珍珠、色泽绿润、香高味醇的特有风韵而著称于世。几百年来，外销不衰，成为我国主要出口绿茶产品，其中尤以“天坛”、“骆驼”牌特级珠茶为佼佼者。1984年9月，在西班牙马德里举行的第23届世界优质食品评选会上，特级珠茶荣获金质奖。此前，在1981年获国家优质产品银质奖。

平水茶区包括嵊县、绍兴、新昌、余姚、上虞、奉化、鄞县、东阳等市、县。整个茶区为会稽山、四明山、天台山诸大名山所环抱。境内峰峦起伏，云雾缭绕，溪流纵横，土地肥沃，气候温和，景色秀丽，茶树生长茂盛。

平水，是绍兴东南一个著名的集镇。唐时这里已是有名的茶酒集散地。

平水茶区所产茶叶，古称越州茶。陆羽早就高度评价浙东茶叶“以越州为上”。其后，品评、鉴别、研究者颇多。宋代越州茶著名的有日铸茶、卧龙茶、瀑布茶、大昆茶、剡溪茶等，以日铸茶为最。宋吴处厚在《青箱杂汇》中说：“越州日铸茶，为江南第一。日铸茶芽纤白而长，味甘软而永，多啜宜人，无停滞酸噎之患。”日铸茶产于平水东首的日铸岭。相传，欧冶子为越王铸剑，他处都不能铸成，而至此仅一日便铸成，故名“日铸岭”。岭下阳坡朝暮常有日，产茶奇绝。宋时列为贡品，但产量甚微，有“日铸雪芽”之称。明、清两代在这里开辟“御茶湾”，专为皇室采制御茶。明许次纾在《茶疏》中说：“浙之产，又曰天台之雁荡、括苍之大盘、东阳之金华、绍兴之日铸，皆与武夷相伯仲。”日铸作为皇家珍品，声誉极高。

平水珠茶的形成有着一个漫长的演变过程。早在宋代，当其他茶区还是沿袭团饼茶制法时，平水茶区已是不团不饼，改用炒青制法了。陆游在他那首吟赞日铸茶的《安国院试茶》诗后注云：“日铸则越茶矣，不团不饼，而曰炒青，曰苍鹰爪，则撮泡矣。”这是一条有很重要史料价值的诗注，从中可知，在800年前陆游那个时代，平水茶区已出现了类似现今的炒青散茶，采取了与今人相仿的用开水冲泡饮用的方法。由于炒青制法历史悠久，茶农摸索出一整套掬、挪、撒、扇、炒等工艺和收藏方法，使日铸茶的内在品质得以充分发挥。大约到了清代，平水茶区的炒制方法又有新的改变，即产生了珠茶制法，制成的茶叶揉成一团，外形成颗粒状，细圆紧结，宛如珍珠，故名珠茶。

珠茶为我国最早出口的茶品之一，17世纪即有少量输出海外。18世纪初期，珠茶以“熙春”、“贡熙”的茶名曾风靡欧陆茶坛，被美誉为“绿色的珍珠”。“熙春”是取晋潘岳”于是凛秋暑退，熙春寒往”之句，含有冬去春来，茶芽初发于早春采制而成的意思。“贡熙”，则是夸耀此茶的名贵，是进贡皇室的“贡品”。也有一种附会说法：即此茶曾进奉过康熙皇帝，故名贡熙。到19世纪中后期，珠茶出口达鼎盛期，年输出量约1万吨。珠茶输出初期以销欧、美为主，20世纪20年代起，以销西、北非为主。如今珠茶已行销40多个国家和地区。

珠茶出口时，它的英译名还有一段趣闻。珠茶英译名为“Gunpowder”，中文意为枪用火药弹。在来复枪发明前，枪弹是浑圆如珠的，珠茶外形恰如早期的枪弹，可见译者用心之到家，但由此也带来一些不必要的误解。1981年初，有位香港商人曾郑重其事地建议我国有关口岸公司，珠茶译名应改一改，好端端的珠茶怎么取了个火药枪弹的怪名？但我口岸公司感到此名对外沿用已久，若轻易其名，即便新名再雅再美，仍有弄巧成拙、妨碍外销之虞，便未采纳这位热心人的进言。1984年初，浙江省茶叶进出口公司绿茶贸易小组去同我国建交不久的象牙海岸洽谈贸易，在当地经商的一位印度商人，看了珠茶样品，印象甚佳，但当签订合同时，却一再要求我方，品名栏只能以“中国绿茶”笼统称之，切勿显示“Gunpowder”字样。理由很简单，就是免得被当地海关误认为是一笔军火交易。其实，近年来，随着珠茶生产的发展，珠茶在“Gunpowder”的译名下，销区不断扩大，外销量逐年增加。有的外商与我方洽谈珠茶业务时，干脆把外销经营单位呼作“Gunpowder 公司”，甚至戏称我洽谈珠茶业务人员为“Gunpowder 先生”。此名之深入人心，可见一斑。

### 64. 泉岗辉白

越人遗我剡溪茗，采得金芽爨金鼎。
素瓷雪色缥沫香，何似诸仙琼蕊浆。

唐·释皎然

剡溪在浙江嵊县境内，这里产的茶叶在唐代就受到人们的欢迎和赞誉，成为名品。对“剡山茶品”，释皎然具体列出有10种：瀑布茶、五龙茶、真如茶、紫岩茶、培坑茶、大昆茶、少昆茶、唐苑茶、细坑茶、焦坑茶。岁月流逝，物换星移。由于茶叶采制技术的进步和饮用方式的变化，昔日的“十大茶品”已不复见，后起的剡溪茶名品——泉岗辉白却声誉更高。

辉白茶主产于嵊县东北与上虞毗邻的前岗村，因所产成茶色泽绿翠起霜，故以“前岗辉白”名之。后改前岗为泉岗。

泉岗辉白的外形似圆非圆，若长非长，盘花卷曲，呈颗粒状，绿中辉白，芽毫藏隐，叶底嫩绿带玉白色；冲泡后汤色嫩黄清澈，芽锋直立其间，香气清鲜，滋味浓醇爽口，有鲜甜回味；其外形内质均具鲜明特色。

泉岗辉白和平水珠茶一样，有一个演变的过程。唐宋时的剡溪茶是制成团饼的，宋末明初改制成散茶，至于何时形成这种似圆非圆形状，尚未见确切记载。但茶学界多数认为泉岗辉白要早于平水珠茶，就是说浑圆的平水珠茶是从似圆非圆的泉岗辉白演变而来的。这样，泉岗辉白的外形至少在清初已形成。清康熙、雍正年间，海禁大开，平水珠茶开始外销，到嘉庆、咸丰年间逐年扩大，至同治、光绪年间达到鼎盛。为了适应外销的需要，不断改进炒制工艺，提高圆结程度，增进外形的美观。而泉岗辉白仍保持清初原有的制形。于是两者各行其道，一为出口绿茶名品，一为内销的名茶。

泉岗辉白产区位于四明山的支脉复嶝山上，前岗村就在半山腰。复嶝山海拔800多米，气候温和，雨量充沛，土地肥沃，雾露蒙密，夕阳早落，晨曦晚照。山上古木蔽荫，猛兽时有出没。当地农民描述前岗村的地理形势是："前岗大岭头，走路碰鼻头，云雾绕山头，老虎蹲岩头。"优越的自然环境，为出产名茶提供了良好的条件。

泉岗辉白采制工艺十分精湛，一丝不苟。一般在谷雨前后开始采摘鲜叶，采摘标准要求严格，上档茶原料为一芽二叶初展，普通茶原料为一芽二叶到一芽三叶初展。鲜叶采回后，要进行挑选，达到芽叶洁净、大小匀嫩整齐。然后分级分档摊放，分档加工。整个制作工艺，分为杀青、初揉、初烘、复烘、炒二青，辉锅6道工序。

泉岗辉白似圆非圆的特殊外形的形成，主要是在辉锅工序。茶叶在斜锅内，用双手将茶叶向锅壁徐徐推动，不停转动，茶叶随着转动慢慢卷成圆形。辉锅全过程约经3个小时，直到茶叶盘花卷曲、辉白起霜为止。

### 65. 雁荡白云菜

雁顶新茶味更清，仙人采下白云英。
直须七碗通灵后，自习清风两腋生。

明·朱谏

雁荡白云茶，又称雁荡毛峰，产于浙江乐清的雁荡山。该山位于乐清东北部，属括苍山支脉，山顶有平湖，芦苇丛生如荡，春雁南归，常宿于此，故有雁荡之称。相传东晋永和年间，阿罗汉诺讵那率弟子300人居雁荡山，诺讵那于大龙湫观瀑坐化为开山始祖。北宋时著名学者沈括著《梦溪笔谈》，称"天下奇秀，无逾此山"，于是雁荡山的名声更名扬于天下。境内群峰巍立，山谷深邃，飞瀑流泉，绿树荫浓，素以山奇水秀而著名。名胜有百又二峰，六十一岩，四十六洞，十二瀑，十七潭、十四障，十岭八谷，四水二湖。

名茶产地龙湫背茶园旁之大龙湫瀑布，落差约190余米，泉水劈空而泻，犹如万马奔腾，又似满天星斗，蔚为奇观。清代诗人袁枚畅游雁荡山后，即写诗一首，描述大龙湫飞瀑，诗云：

龙湫之势高绝天，一线瀑走兜罗绵。
五丈以上尚是水，十丈以下全为烟。
况复百丈至千丈，水云烟雾难分焉。

高峰百岗尖，海拔1150米，巍耸云霄，气势雄伟。名茶的又一产地雁湖岗，海拔 1040 米，茶园在雁湖之滨，终年云雾笼罩，古人有诗云：

山顶平湖拍碧天，倚空不辨水云连。

一行风影晴空上，十里涛光晓日边。

雁荡面海背山，气候温和，雨露滋润，茶树生长良好。雁荡山种茶，自有一番来历。相传，开山始祖诺讵那居龙湫时，一日忽遇一老翁。老翁对诺讵那说："感谢神师恩德，使我得以安居。"诺讵那问："为何感恩?"老翁说"恩师居于龙湫，日常用水，倾于山地，勿流溪间，保全山泉洁净，为报答恩师，特赐茶树一株，保你终生受用。"诺拒那又问："贵人尊姓，家居何方？愿日后相见。"老翁曰："远在天边近在眼前，若要相见，就在明晨。"诺讵那一觉醒来，原是一梦。第二天清晨，诺讵那走出家门，站在龙湫背上，向四周细看，但见龙湫上端，龙头哗哗吐水，远处山边，有龙尾隐约摆摇，一瞬间，不复再见，方才大悟，老翁原是老龙化身。当他回得家来，竟见庭院之中有一株大茶树，枝叶茂盛。此后，正如老翁所言，日采日发，终年饮之不尽。从此，雁荡山有了茶树繁殖。

雁荡山的茶叶，远在明代已被列为贡品。据明隆庆《乐清县志》记载："近山多有茶，唯雁山龙湫背清明采者极佳。"《雁山志》中也说："浙东多茶品，而雁山者称最，每春清明日采摘芽茶进贡，一旗一枪，而白色者曰明茶，谷雨日采者曰雨茶，此上品也。"

雁荡白云茶产于雁荡山的龙湫背、斗室洞以及雁湖岗等海拔 800 米以上的高山上，其中尤以龙湫背所产者为佳。龙湫背为南北向的山谷，北面有高山屏障，山谷两岸多为冲积灰壤，土层深厚肥沃。茶树终年在云雾荫蔽下生长，承受云雾滋润，芽叶肥壮，长势甚好。另有一些茶树，生长在悬岩隙缝之间，相传古代有山僧训练猿猴攀登悬岩绝壁采茶，所采茶叶称为"猴茶"。

雁荡白云茶除鲜叶品质优越以外，加工特点有三：一是讲究鲜叶原料，二是加工精细，三是成茶贮存保藏得法。茶叶在清明、谷雨间采摘，鲜叶标准为一芽一叶至一芽二叶初展。采回后，先经摊放，再在平锅内用手杀青，投叶量约 1000 克。当锅中有水气蒸腾时，一人从旁用扇子扇去；杀青至适度后，移入大圆匾中轻轻搓揉，然后初烘。初烘叶要经过摊凉，最后复烘干燥。烘干后，除去片末，及时装箱密封，不使茶走气失色。其品质特点是：外形秀长紧结，茶质细嫩，色泽翠绿，芽毫隐藏；汤色浅绿明净，香气高雅，滋味甘醇，叶底嫩匀成朵。在品饮时，一闻浓香扑鼻，再闻香气芬芳，三闻茶香犹存；滋味头泡浓郁，二泡醇爽，三泡仍有感人茶韵。耐贮藏，有"三年不败黄金芽"之誉。

雁荡山茶佳，水亦佳，"雁荡茶，龙湫泉"自古闻名，清代陈朝酆曾用龙湫水沏雁荡茶，顿觉其味无穷，旋即赋诗一首，其诗曰：

雁山峰顶露芽鲜，合与龙湫水共煎。

相国当年饶雅兴，愿从此处种茶田。

不负诗人雅意，这里现在已发展新茶园数百亩，其中斗室洞、龙湫背等产区，已广种茶树，香飘满山。

明代冯时可把雁荡山之茶，与观音竹、金星草、山药以及官香鱼，列为雁荡山五种珍品，以白云茶为五珍之冠。

### 66. 瀑布仙茗

炒青已到更阑后，犹试新分瀑布泉。

清·黄宗羲

瀑布仙茗产于浙江余姚四明山区的道士山。该山在瀑布岭山腰，海拔400多米，中有大瀑布，落差数十米，飞瀑落处，云山石泉，声如雷鸣，蔚为奇观。其四周树竹茂盛，溪流交错，茶树常年沉浴在云蒸雾霭之中，形成特有的天然品质。

据《神异记》所载："余姚人虞洪入山采茗，遇一道士，牵三青牛，引洪至瀑布山，曰：'予丹丘子也，闻子善具饮，常思见惠。山中有大茗，可以相给，祈子他日有瓯招之余，乞相遗也。'因立尊祀，后常令家人入山，获大茗焉。"虞洪为晋代人，丹丘汉代仙人，距今已有2000余年的历史。

唐陆羽在《茶经》中说，余姚用大茶树的芽叶制成的茶叶，品质特优，称之仙茗。据宋嘉泰《会稽山志》载：'会稽茶唯卧龙与日铸相并，其次余姚之化安瀑布茶。"

清初，黄宗羲《咏余姚瀑布茶》诗中道："檜溜松风方扫尽，轻阴正是采茶天。相要（邀）直上孤峰顶，出市都争谷雨前。两莒东西分梗叶，一灯儿女共团圆。炒青已到更阑后，犹试新分瀑布泉。"可见，瀑布仙茗已久负盛名。

古老的瀑布仙茗的加工工艺失传已久。现今的瀑布仙茗创于1979年，并在1980年在浙江省名茶评比会上荣获一类名茶称号。

瀑布茶的采摘标准为一芽一、二叶，加工工艺分杀青、轻揉、二青理条、炒干4道工序。二青理条是瀑布茶炒制过程的关键工序，通过理条做形达到纤细苗秀的外形。瀑布茶的品质特征是：外形紧细，苗秀略扁，色泽绿润；内质香气清鲜，滋味鲜醇；汤色绿而明亮，叶底嫩匀成朵。

### 67. 惠明茶

滋云蓄雾玉泉液，嫩芽初出含清真。
寒食清明都过了，采焙谷雨趁芳辰。

明·严用光

惠明茶是浙江畲族人民创制的名茶，产于景宁赤木山惠明寺周围，历史已很悠久。相传，在唐大中年间，有一个畲族老翁，名叫雷太祖，带着四个儿子，从广东逃荒到达江西，途中遇到一个和尚，相处得十分亲热，一路同行到浙江。分手以后，雷太祖便在景宁的一个叫大赤坑的荒凉深山坞里搭起了茅棚，父子五人靠垦荒种地度日。后来豪强硬说雷太祖侵占了他的土地，就把雷太祖父子赶下了山。雷太祖父子只得重过到处流浪的生活。事有凑巧，他们又在景宁鹤溪遇见了那个和尚，和尚非常同情雷太祖的遭遇，就把他们带到自己的寺院里。原来这个和尚就是赤木山惠明寺的开山始祖。和尚嘱咐雷氏父子在惠明寺周围辟地种茶，这就是传说中的惠明茶的由来。

1915 年，为庆祝巴拿马运河开通，在美国举办巴拿马万国博览会，浙江省政府征集各地著名丝绸织品、土特产品等出国赴赛，惠明茶荣获一等奖证书和金质奖章，自此茶名远扬，人称其为“金奖惠明”。

惠明茶产区，自然条件十分优越。明人严用光在《惠明寺茶歌》中，对惠明寺附近风光作了生动的描述，诗曰：“古柏老松何足数，山中茶树殊超伦，神僧种子忘年代，灵根妙蕴先天春。……滋云蓄雾玉泉液，嫩芽初出含清真。寒食清明都过了，采焙谷雨趁芳辰。”惠明茶主要产于赤木山区，其中以惠明寺及附近为主要产地。惠明寺海拔 630 米，赤木山主峰海拔 1500 米，峦接云霄。山上林木葱茏，云山雾海，气象变化万千。每当春秋朝夕，站在山顶远眺，但见山下茫茫烟霞，经久不散。这里土壤以酸性沙质黄壤土和香灰土为主，土质肥沃，雨量充沛。由于当地土壤气候条件特殊，在长期的生产实践中，逐渐形成了本地茶树群体品种的特点。茶农把这里生长的茶树，分为大叶茶、竹叶茶、多芽茶、白芽茶和白茶等种。大叶茶因叶片宽大而出名，是制作惠明茶的优良品种。其次是多芽茶，就是每个叶腋间的潜伏芽能同时迸发，如肥培管理适当，其芽梢可以同时齐发并长。此茶叶略呈圆形，叶质厚实隆起，持嫩性很强，也是加工惠明茶的良好原料。

惠明茶的鲜叶标准以一芽二叶初展为主，采回后进行筛分，使芽叶大小、长短一致。加工工艺分为摊青、杀青、揉条、烬锅 4 道工序。鲜叶稍经摊放，即行杀青。杀青在锅中进行，锅温 200℃左右，每锅投叶量 500 克。杀青后期逐步降低锅温，在锅中边揉条，边抛炒，当茶条初具弯曲时，改用滚炒与抛炒相结合的手法整形，此时锅温再度略升，以有利于茶香的形成和发展，最后再在锅中烬干。

惠明寺附近茶佳，水也佳。山上树林繁茂，泉眼很多，涓涓细流，大旱不涸。最著名的惠明寺边的一口“南泉”，水质澄清甘冽，四季不涸，矿物质丰富，表面张力大。1979 年 4 月，浙江省有关各级部门在现场作了一次有趣的实验，用 300 毫升茶杯盛满南泉水，然后向杯中水面慢慢投入镍币（有一分、二分、五分），共投一元五角一分，投到最后一分币时，始见有泉水从杯口溢出。“惠明茶，南泉水”，素负盛名。景宁山区畲族人民都将泉水用去节的毛竹片引到家里，用木桶贮存。这种木桶，也为该山区所特有，采用大木一段，将中心挖空，留下底部，即成“自然”的木桶。由于长年累月装水，桶的四壁长满青苔，桶水更显清澈，别具风味。

### 68. 天尊贡芽

邑天尊岩产茶最

芳辣，宋时充贡。

《桐庐县志》

天尊贡芽是半烘炒绿茶中的名茶，因产于浙江桐庐歌舞乡天尊峰东侧的天尊岩而得名。宋代曾作为贡品，系历史名茶。

桐庐产好茶，远在三国时的《桐君采药录》中就有记载，说是“武昌、庐江、晋陵好茶，而不及桐庐”。唐代陆羽《茶经·八之出》中也说：茶“浙西以湖州上，常州次。睦州生桐庐峪，与衡州同”。到了宋代，这里产茶已甚普遍。北宋文学家范仲淹在《潇洒桐庐郡》诗中对当时浙江桐庐、建德、淳安等地风物盛况，描写得十分清楚，其中一诗曰：

潇洒桐庐郡，春山半是茶。

轻雷何好事，惊起雨前芽。

相传伍子胥曾避难到桐庐乡下，他十分喜欢歌舞，后人就把这里称为歌舞乡。境内有天尊岭，层峦叠嶂，岩石嶙峋，云雾缭绕，土壤肥沃。茶树遍布岩缝石壁之中，相传是由神仙撒籽播种的。用这种鲜嫩的茶树芽叶精心制作之茶，品质特好，味甘香幽。《桐庐县志》载：“邑天尊岩产茶最芳辣，宋时充贡。”宋高宗赵构建都临安（今杭州）时，朝臣曾将此茶进贡朝廷。赵构饮后，顿觉爽心悦目，下旨把这“飘溢香兰花香味”的好茶，每年进贡，并封生产此茶的歌舞乡直坞山为宋家山。

《紫桃轩杂缀》云：“分水贡芽，本出不多。”当时这里不仅生产贡芽，还有雀舌、莲心等茶生产。但随着历史的变迁，几经沧桑，古代名茶已经失传。近年来，桐庐有关部门发掘古代遗产，继承和发扬了天尊贡芽的生产，加工工艺较前有了改进，成茶品质更有提高。

天尊贡芽采用一芽一叶初展鲜叶，经鲜叶摊放、杀青、轻揉、初焙、摊凉、复焙等工序制成。特点是：薄摊吐芳，轻炒保色，理条造形，轻揉促质，低温焙香，将传统制法与新的加工技术融于一体，使成品形质兼美，堪称珍品。此茶冲泡后，嫩芽朵朵，状如雀舌；香气清高持久；汤色绿而明亮。干茶亦十分美观，形似寿眉，银毫披露，绿中透翠。

### 69. 婺州举岩

金华则碧而清香，乃知择水当择茶也。

明·田艺蘅

婺州举岩，又称金华举岩，属半烘炒绿茶，产于浙江金华北山村一带。产地峰石奇异，巨岩耸立，此石犹如仙人所举，因而此处所产之茶名曰“举岩茶”。

婺州举岩远在宋代已被列为全国茶苑的中一枝名秀。宋代吴淑在《茶赋》中，不仅描述了当时举岩茶的品质，并描述了它的保健功效。赋曰：“夫其涤烦疗渴，换骨轻身，茶荈之利，其功若神，则渠江薄片，西山白露，云垂绿脚，香浮碧乳……”

到了明代，婺州举岩被列为贡品。明代田艺蘅《煮泉小品》中记载：“余尝清秋泊钓台下，取囊中武夷、金华二茶试之，固一水也，武夷则芡而燥冽，金华则碧而清香，乃知择水当择茶也。”说明同用富春江七里泷的水泡茶，婺州举岩品质超过久已闻名的武夷茶。

婺州举岩的茶树大都生长在岩石缝隙中，也有栽植在四周山岗斜坡上的。这里气候条件特殊，曾有“云暗雨来疑是夜，山深寒在不知春”的诗句，说明这里经常出现高空阳光灿烂，山中云雾翻腾，低空细雨蒙蒙，室内暗淡无光的特殊景象。这里山高林茂，云多、雾重、雨多、泉清，构成了独特的生态条件，再加上土壤肥沃，土层厚达1米左右，腐殖质丰富，极利茶树生长。

举岩茶采于清明至谷雨间，采摘标准为一芽一叶和一芽二叶初展，炒制1千克干茶需采6万个左右的芽叶。主要工艺分鲜叶摊放、杀青、理条、挺直、烘干5道工序。

举岩茶品质特征为：外形茶条紧直略扁，茸毫依稀可见，色泽银白交辉；香气清香持久，具有花粉芬芳香味，滋味鲜醇甘美；汤色嫩绿清亮，叶底嫩绿匀整。

### 70. 瑞草魁

山实东吴秀，茶称瑞草魁。

唐·杜牧

瑞草魁产于安徽南部的鸦山。鸦山为天目山脉一支南北走向的余脉，东与广德的相华尖并立，南与宁国的高峰山对峙，北与南漪湖相望，西连宣州的碧山龙泉洞，古属宣城，今属郎溪，处在郎溪与宣城交界处。

鸦山上有鸦山寺，下有鸦山街，是郎川八大风景区之一。这里古树参天，林苍竹翠，溪水叮咚，云雾缭绕，山花遍野，雨量充沛，年平均温度16℃，成土母质为石英质砂岩，土壤为含砂粒黄棕壤土，有机质含量丰富，PH值5.5—6左右，昼夜温差较大，为茶树生长提供了良好的环境。

瑞草魁生产历史悠久，唐代著名诗人杜牧在《题茶山》诗中，对瑞草魁倍加赞赏，诗曰：

山实东吴秀，茶称瑞草魁。

剖符虽俗史，修贡亦仙才。

古宣州鸦山产茶，唐代陆羽《茶经》中就有记载。五代蜀毛文锡《茶谱》记载：“宣城县有丫山（即鸦山），小方饼横铺茗牙装面。其山东为朝日所烛，号曰阳坡，其茶最胜，太守尝荐于京洛人士，题曰丫山阳坡横纹茶。”北宋梅尧臣《答宣城张主簿遗鸦山茶次其韵》诗云：

昔观唐人诗，茶韵鸦山嘉。

鸦衔茶子生，遂同山名鸦。

重以初枪旗，采之穿烟霞。

江南虽盛产，处处无此茶。

纤嫩如雀舌，煎烹比露芽。

竟收青蒻焙，不重洒酒纱。

明王象晋《群芳谱》指明：“丫山阳坡横纹茶，一名瑞草魁。”明曹学佺《名胜志》云：“鸦山在文脊山北，产茶，充贡茶。经云：味与蕲州同。梅询有茶煮鸦山雪满瓯之名。”

清张所勉在《鸦山辨》中写道：“按一统志，鸦山产茶旧常入贡，属建平，故辨之。”郎溪县古称建平，始建于宋端拱元年（988）。清谈迁《枣林杂俎》和阿世坦《清会典》都记有建平岁贡芽茶二十五斤的记载，因郎溪无其他历史名茶，这里的贡茶即指瑞草魁。又据清《宣城县志》记载：“阳坡山下，旧产佳茶，名瑞草魁，一名横纹。”

瑞草魁，品质优异，名噪全国，是具有千年以上悠久历史的古代名茶。

1985 年至 1986 年间，郎溪姚村乡永丰村经过试验，创制了现今的瑞草魁。

瑞草魁于清明至谷雨间开采，开始采一芽一叶，芽长于叶，制一等茶；中期采一芽二叶初展，芽叶基本等长，制二等茶；后期采一芽三叶，制三等茶。要求不采鱼叶，不采病虫为害叶，不采紫色芽叶，不采不符标准的芽叶。采茶时应轻采轻放，防止损伤芽叶。一般上午采，及时送回，摊放 4—6 小时即可付制。

瑞草魁的制作分杀青、理条做形、烘焙 3 道工序。

瑞草魁的品质特点是：外形挺直略扁，肥硕饱满，大小匀齐，形状一致，色泽翠绿，白毫隐现；内质香气高长持久；汤色淡黄绿，清澈明亮，滋味鲜醇爽口，回味隽厚，叶底嫩绿明亮，均匀成朵。

**71. 松萝茶**

松萝山中嫩叶荫，卷绿焙鲜处处同。

清·吴嘉纪

松萝茶产于安徽休宁城北的15千米的松萝山。山高882米，与琅源山、金佛山、天保山相连。山势险峻，石壁悬空，峰峦耸秀，松萝交映，蜿蜒数里，风景秀丽。“松萝雪霁”昔日曾列为休宁海阳八景之一。唐时松萝山有松萝庵。茶园多分布在该山600－700米之间。此间气候温和，雨量充沛，常年云雾弥漫，土壤肥沃，土层深厚，所长茶树称“松萝种”，树势较大，叶片肥厚，芽叶壮实，浓绿柔嫩，茸毛显露，是加工松萝茶的上好原料。

松萝茶古今闻名。明代袁宏道有“近日徽有送松萝茶者，味在龙井之上，天池之下”的记述。明代谢肇淛云：“今茶之上者，松萝也，虎丘也，罗岕也，龙井也，阳羡也，天池也。”清代冒襄《岕茶汇抄》云：“计可与罗岕敌者，唯松萝耳。”清代江澄云《素壶便录》中亦云：“茶以松萝为胜，亦缘松萝山秀异之故。山在休宁之北，高百六十仞，峰峦攒簇，山半石壁且百仞，茶柯皆生土石交错之间，故清而不瘠，清则气香，不瘠则味腴。而制法复精，故胜若地处产也。”又云：“徽茶首推休宁之松萝，谓出诸茶之上，夫松萝妙矣。”清代吴嘉纪在《松萝茶歌》中有“松萝山中嫩叶茵，卷绿焙鲜处处同”之句，赞誉松萝茶品质。

松萝茶的采制技术，早在三四百年前就达到精湛的程度。明代闻龙《茶笺》记载：“茶初摘时，须拣去枝梗老叶，惟取嫩叶，又须去尖与柄，恐其易焦，此松萝法也。炒时须一人从旁扇之，以祛热气，否则色香味俱减。予所亲试，扇者色翠。令热气稍退，以手重揉之，再散入铛，文火炒干入焙。盖揉则其津上浮，点时香味易出。”从理论上与实践上，与现今的炒青绿茶制法无异。

松萝茶的品质特点是：条索紧卷匀壮，色泽绿润；香气高爽，滋味浓厚，带有橄榄香味；汤色绿明，叶底绿嫩。

松萝茶还有一个特点是其药用价值甚高。在《秋灯丛话》一书中，记载着这样一段故事：“北人贾某，贸易江南，善食猪首，兼数人之量。有精于岐黄者见之，问其仆曰：‘每餐如是，有十余年矣。’医者曰：‘疾将作，凡医不能治也。’候其归，尾之北上，将为奇货，久之无恙。复细询前仆，曰：‘主人食后，必满饮松萝数瓯。’医者爽然曰：‘此毒惟松萝可解。’然后而返。”

松萝茶具有较高的药用价值，古医书中多有记载。《本经蓬源》云：“徽州松萝，专于化食。”吴兴钱宋和《兹惠小纶》云：“病后大便不通，用松萝茶三钱，米白糖半盅，先煎滚，入水碗半，用茶叶煎至一碗服之，即通，神效。”《梁氏集验》云：“治顽疮不收口，或触秽不收口，上好松萝茶一撮，先水漱口，将茶叶嚼烂，敷疮上一夜，次日揭下，再用好人参细末拦油胭脂涂在疮上，二三日即愈。”1930年赵公尚编著的《中药大辞典》记载：“松萝茶产地徽州，功用：消积、滞油腻，消火，下气，降痰。”近年来，一些高血压、肾炎等患者试服松萝茶治疗，症状有所减轻。

## 72. 狗牯脑茶

茶香最忆狗牯脑。

当代·陈迟

狗牯脑茶又名狗牯脑石山茶，也曾一度称其为玉山茶，产于江西遂川汤湖乡的狗牯脑山，该山形似狗头，取名“狗牯脑”，所产之茶即从名之。

狗牯脑茶始于清代，距今已近200年历史。相传，在清嘉庆元年（1796）前后，有个木排工梁为镒，因放木筏，不幸被水冲散，流落南京。次年，夫妻两人携带茶籽，从南京返乡，买下谢家石山草屋，定居种茶，是为狗牯脑种茶之始。1915年，遂川县茶商李玉山采用狗牯脑山的茶鲜叶，制成银针、雀舌和圆珠各1千克，分装3罐，运往美国旧金山参加巴拿马国际博览会，荣获国际评判委员会授予的金质奖和奖状，被誉为“顶上绿茶”。1930年，李玉山之孙李文龙将此茶改名为“玉山茶”，送往浙赣特产联合展览会展出，荣获甲等奖。由于两次获奖，狗牯脑所产之茶名声大震。随着历史的变迁，“玉山茶”改名为“狗牯脑茶”。1982年被评为江西省名茶，1985年被评为江西省优质名茶，并选送全国名茶展评会。

狗牯脑山矗立于罗霄山脉南麓，其山南北分别有五指峰和老虎岩遥相对峙，东北约5千米处，有著名的汤湖温泉。这里苍松劲竹，百鸟高歌，清泉不绝，云雾弥漫，更有肥沃的乌沙壤土，昼夜温差较大，确是一个栽培茶树的绝妙佳境。

该茶采制十分精细。一般在4月初开始采摘，高级狗牯脑茶的鲜叶标准为一芽一叶初展。要求做到不采露水叶，雨天不采叶，晴天的中午不采叶。鲜叶采回后还要进行挑选，剔除紫芽叶、单片叶和鱼叶。

此茶加工工艺分为：杀青、揉捻、整形、烘焙、炒干和包装6道工序。

成茶品质特点为：外形秀丽，芽端微勾，白毫显露，香气清高；泡后茶叶速沉，液面无泡，汤色清明，滋味醇厚，清凉可口，回味甘甜，为茶中珍品。

## 73. 井冈翠绿

井冈翠绿，茶美石姬。

当代·梅重

井冈翠绿是江西井冈山垦殖场茨坪茶厂经过10余年的努力创制而成的。1982年被评为江西省八大名茶之一，1985年分别被评为江西省和农牧渔业部的优质名茶，1988年被评为江西省新创名茶第一名。由于产地为井冈山，色泽翠绿，故名井冈翠绿。

井冈山位于罗霄山脉中段，是风景秀丽的国家重点风景名胜区。五百里井冈，气势磅礴，峰峦叠翠，峡谷溪流，嶙峋怪巧，云海瀑布、温泉溶洞、高山田园、十里杜鹃等绮丽多姿的自然风光，构成了8个风景区，230余个景物景观。这里，春天山花烂漫，夏天云海翻腾，秋天红叶辉映，冬天银装素裹，全年四季如画。我国现代文学家郭沫若游览了井冈山小井龙潭瀑布，即兴赋诗一首，诗曰："井冈山上有龙潭，瀑布奔流叠作三。樵径断残成绝境，军工开拓免垂毡。三潭交响千峰静，一井苍穹万木酣。土地归农思雨露，潜龙焉肯锁深岚。"井冈山的风景美，井冈山的茶叶更美。

井冈山产茶，流传着一个美丽的神话。相传很早以前，天上有一位仙姑名叫石姬，因看不惯天上权贵的淫威，来到人间。她云游了无数名山大川，最后到了井冈山的一个小村。该材农户每家泡了自己做的上等好茶热情接待，她深受感动，同时又看到山村风景特别秀丽，于是决定长住下来。石姬向农民学习种茶与制茶的技艺，经过几年努力，石姬种的茶树长得非常好，加工的茶叶品质也特别好吃。从此，这个村生产的茶叶名声越来越大，销区越来越广，这里农民的生活得到了很大的改善。为了纪念石姬的功劳，后人就把这个村叫作"石姬村"，这个村所在的山窝叫作"石姬窝"，流经这里的一条溪叫作"石姬溪"。现在不仅石姬村产茶，井冈山的花果山、桐木岭、梨坪一带均有茶叶生产。

井冈翠绿的鲜叶标准为一芽一叶至一芽二叶初展，多采自谷雨前后。鲜叶采后，略经摊放，经过杀青、初揉、再炒、复揉、搓条、搓团、提毫、烘焙8道工序制成。

井冈翠绿的品质特点是：条索细紧曲勾，色泽翠绿多毫；香气鲜嫩；汤色清澈明亮，滋味甘醇；叶底完整嫩绿明亮。该茶放入杯中冲泡，芽叶吸水散开，宛如天女散花，徐徐而降，再等片刻，芽叶散开更大，又如兰花朵朵在水中盛开，颇有艺术欣赏价值。

### 74. 攒林云尖

只因寻药来欧岭，恰悟倾茶到赵州。

明·朱谋垾

攒林云尖产于江西永修云居山。该山位于九岭山脉东端，高山峻岭，连绵起伏，丛林密布，云雾缭绕。因茶树与林木相共杂生，故名攒林云尖。

云居山，上有五老峰、五龙潭、碧溪桥、谈心石、真如寺等著名风景区。这里是"云山绿苍苍，秀雾白茫茫，满山皆青翠，遍野是茶香"。山上有块巨石，平整面宽，相传当年为开创江西诗派的北宋人黄庭坚与友人促膝谈心之处，故名"谈心石"。巨石刻有"石床"两字，字迹遒劲，系苏东坡手迹。真如寺是我国著名佛教禅院，梵宇庄严，清幽绝谷，殿楼鳞次栉比，气势雄伟壮观，苏东坡描写这里是"一片楼头耸天上，数声钟鼓落人间"。寺前的赵州关，是攒林云尖主要产地。赵州关风景十分迷人，早为人们所向往。明代诗人朱谋垏有："只因寻药来欧岭，恰悟倾茶到赵州"之句，道出了诗人有幸畅游赵州关的喜悦心情。攒林云尖历史悠久，远在南宋时已列为贡品。清光绪三十二年（1906）《建昌（今永修）乡土志》记载："此茶不由人莳，产于林木中，吸取精华，饱食云雾，山人披荆采之始得，色香味皆佳，常州阳羡、浙江龙井、君山银针无以过焉！"这里把攒林云尖列为与江苏宜兴的阳羡茶、浙江杭州的龙井茶和湖南的君山银针茶齐名，可见该茶远在唐宋时已甚著名。

为挖掘历史名茶，80年代初，永修农牧局等单位组织力量，寻老访僧，查阅资料，制订了该茶采制方案。从1983年起先后在真如寺和江上茶场进行试制，一举成功，并将原名"云雾尖"改名为"攒林云尖"。

攒林云尖的采制工艺十分精细，一般在清明后四五天采摘，由于原料嫩度不同，分为特级、一级和二级加工。整个加工工艺分为摊青、杀青、散热、揉捻、整形和干燥6道工序。

该茶品质特征为；外形条索浑圆，挺直而尖，白毫显露；汤色清澈明亮，香气鲜爽而持久，滋味醇厚回甘，叶底嫩绿均匀。攒林云尖多次参加江西省和九江市名茶评比，均获得好秤，被列为江西省名茶之一。

### 75. 双井绿茶

西江水清江石老，石上生茶如凤爪。
穷腊不寒春气早，双井芽生先百草。

宋·欧阳修

双井绿茶已有千年历史，产于北宋诗人黄庭坚的家乡、江西修水杭口乡"十里秀水"的双井村。修水在隋、唐属洪州，毛文锡约公元935年所著《茶谱》载："洪州双井白芽，制造极精。"宋时列为贡品。

山谷家乡双井茶，一啜犹须三日夸。
暖水春晖润畦雨，新枝旧柯竞抽芽。

这是北宋诗人、书法家黄山谷（字庭坚）对家乡所产双井茶赞美的诗作。黄庭坚还常以精制的"双井茶"分赠京师族人及好友欧阳修和苏东坡等，友人也常和诗赞赏。黄庭坚在《双井茶送子瞻》（子瞻为苏东坡字）诗中曰："人间风日不到处，天上玉堂森宝书。想见东坡旧居士，挥毫百斛泻明珠。我家江南摘云腴，落硙霏霏雪不如。为君唤起黄州梦，独载扁舟向五湖。"黄庭坚把珍贵的双井茶送给老师苏东坡，自有一番尊师之心。诗中对苏东坡十分崇敬赞赏，说是："天上玉堂森宝书"，"挥毫百斛泻明珠"。同时也告诉他的老师说，双井茶的品质十分优异，"我家江南摘云腴，落硙霏霏雪不如"。

苏东坡品尝了双井茶之后，也赞不绝口，即回赠一首《鲁直（即黄庭坚别名）以诗馈双井茶，次其韵为谢》，诗曰：

江夏无双种奇茗，汝阴六一夸新书。
磨成不敢付僮仆，自看雪汤生玑珠。
列仙之儒瘠不腴，只有病渴同相如。
明年我欲东南去，画舫何妨宿太湖。

此诗对黄庭坚所赠双井茶作了一番赞扬和表示谢意，说黄庭坚是“江夏无双”，书法亦甚佳；又称赞双井茶为“奇茗”，并且从泡到饮，都亲自动手，不叫僮仆去做。苏东坡对此茶之珍爱，可见一斑。欧阳修也曾赋诗一首称颂双井茶，其诗曰：

江西水清江石老，石上生茶如凤爪。
穷腊不寒春气早，双井芽生先百草。
白毛囊以红碧纱，十斤茶养一两芽。
长安富贵五侯家，一啜犹须三日夸。
宝云日注非不精，争新弃旧世人情。
岂知君子有常德，至宝不随时变易。
君不见建溪龙凤团，不改旧时香味色。

欧阳修在此诗中对双井茶作了高度评价，他认为双井茶的品质所以较好，首先是这种茶萌发得早，“穷腊不寒春气早”，因而采摘极早而很细嫩，“十斤茶养一两芽”，接着说茶芽上白毫很多，茶叶包装也很精致，用红纱做茶袋，令人悦目。特别是此茶味道好，使得“长安富贵五侯家，一啜犹须三日夸”了。

司马光以《双井茶赠范景仁》亦写诗一首，曰：

春睡无端巧逐人，驱呵不去苦相亲。
欲凭洪州真茶力，试遣刀圭报谷人。

明代李时珍《本草纲目》，对双井茶亦甚赞誉，谓：“昔贡所称，大约唐人尚茶，茶品益众，双井之白色……皆产茶有名者。”

元代柳贯有诗云：“旧闻双井龙团美，近受麻姑乳酒香；不到洪都领佳境，吟诗真负九回肠。”诗中既赞扬了双井茶，又赞美了江西南城所产的麻姑茶。清代龚鸿著有《双井歌》一首，歌曰：

茶叶妙品称无双，双井闻名在修江。
春到庄前芽先吐，云腴竞摘吠村厐。
士女纷纷归来晚，筠篮满贮唤小双。
问道今年何处好，明月湾前与钓矶。

这些诗文，将“双井绿”独特之色、香、味、形，描绘得淋漓尽致，无怪双井绿问世以来，名扬天下。

古代“双井茶”属蒸青散茶类，用蒸气杀青，再烘干、磨碎、煮饮。如今的

“双井绿”，分为特级和一级两个品级。特级以一芽一叶初展，芽叶长度为2.5厘米左右的鲜叶制成；一级以一芽二叶初展的鲜叶制成。加工工艺分为鲜叶摊放、杀青、揉捻、初烘、整形提毫、复烘6道工序。

鲜叶进厂后，薄摊2－5小时，然后用铁锅杀青，每锅投入鲜叶150－200克，锅温为120－150℃，炒至含水58－60%为杀青适度。稍经揉捻后，即用烘笼进行初烘，烘温约80℃，烘至三成干，转入锅中整形提毫，待茶叶白毫显露，再用烘笼在60－70℃下烘焙，烘至茶叶能手捻成末，茶香显露，此时含水量约为5－6%，趁热包封收藏。

此茶品质特点为：外形圆紧略曲，形如凤爪，锋苗润秀，银毫显露；内质香气清高持久；汤色明亮，滋味鲜醇，叶底嫩绿。

### 76. 周打铁茶

风流皇帝下江南，乞茶巧遇周打铁。

秀才进京送乡茶，有官不做甘种茶。

当代·浩耕

周打铁茶产于江西丰城荣塘乡，品质优异，外形条索紧结，稍弯曲，色泽油润；香气纯正、持久；汤色黄绿明亮，滋味醇和，饮后清凉爽口，叶底嫩绿。它以一芽一叶或一芽二叶初展的鲜叶为原料，采用杀青、清风、揉捻、炒坯搓条、滚炒足干等工序加工而成。

周打铁茶的名称有一番来历，也十分有趣。相传清代时，丰城荣塘乡有个秀才，名叫周打铁，因屡考不中，便隐居山中，与妻子耕种茶园度日。当时正值乾隆皇帝下江南，乾隆打扮成布商微服出访。一日，周秀才上山采茶，有两个布商来到他家讨水喝。周妻忙泡茶接待，客人喝了茶赞不绝口，兴奋之余，提笔在纸上留下隐语，辞谢而去。周秀才回到家时，其妻忙拿出纸来，只见上面写着：“秋后请送四斤上等茶到京市棉布庄。”但未留下姓名。春去夏至，夏尽秋来，周秀才按语意送茶进京，一路上晓行夜宿，风雨兼程，很快到达京城。一日天高云淡，阳光和煦，只见前面车马仪仗，鸣锣开道，好不威风，原来是乾隆离宫外出。周秀才拦路询问，侍卫上去喝止。周秀才说明来意，并递上纸条，侍卫接过纸条、茶叶、交与乾隆。乾隆大喜，知是自己下江南时亲笔所题，因深感下江南时他家进茶之情，意欲留下秀才。周秀才丢不下辛勤耕作的茶园，执意回家。后乾隆降旨，赐周打铁种的茶为“周打铁茶”，并定为贡品。从此周打铁茶名扬四方，流传后世。

### 77. 山谷翠绿

山谷茶人，翠绿流芳。

山谷翠绿茶产于江西修水。修水是北宋著名诗人和书法家黄山谷（黄庭坚）的故乡。黄庭坚对茶叶颇有研究，写下了不少赞颂茶叶的著名诗篇。茶名冠以“山谷”，是表明对这位宋代爱茶人的纪念。

山谷翠绿系在历代沿袭下来的传统制茶工艺基础上，加以现代科学技术精心制作而成。其鲜叶在清明前后采摘，标准为一芽一叶初展，要求做到“嫩、匀、鲜、净”。加工工艺分为杀青、揉捻、初烘、整形和复烘5道工序。鲜叶采回后，略经摊放，开始杀青。杀青叶扇凉后，进行揉捻，然后在烘笼中初烘。烘至叶子不粘手，入60－80℃的锅中整形。以双手回转搓揉的手法搓紧茶条，并边搓揉边翻炒，至茶条紧结，改用团炒，炒至八成干，降低锅温至40－50℃，改用两手捧茶，以向不同方向旋转的手法进行提毫，至银毫披露，近九成干时出锅，再在烘笼中复烘至干，趁热包装贮存。

此茶外形紧略曲，色泽绿润，满披银毫；香高持久；汤色翠绿明亮，滋味鲜洁爽口，叶底嫩绿匀整。1985年江西修水茶厂生产的越海牌山谷翠绿在全省名茶评比中得到专家们的一致好评，荣获江西省名茶评比总分第二名，被评为江西省优质名茶。

修水产茶历史悠久，早在唐代这里已盛产茶叶。到北宋时，这里的茶叶更是名闻遐迩。当时黄山谷常以其故乡所产的名茶赠送友人。欧阳修、苏东坡等在得到茶叶后纷纷赋诗传颂，使得这里的茶叶名声更盛。

### 78. 新江羽绒茶

此茶鲜活多毫，酷似鸭绒鸟羽。

《江西名茶》

新江羽绒茶产于江西遂川的新江乡花果山，品质十分优异，外形纤细洁白，白毫特多，满披芽间，宛如鸟、鸭羽绒，十分美丽；茶香高浓，似板栗香；汤色清澈明亮，滋味甘爽，叶底芽叶完整、嫩绿明亮。近年来，此茶连年被评为江西省吉安地区优质名茶。

这里的茶区有一个美丽的故事。相传古代有一位俏丽的姑娘，因厌恶封建婚姻，单身躲进了渺无人烟、四季如春的新江花果山上，以采食野果和培育花木为生。有一天，一位英俊的青年从将军岭下山春游，路过花果山，被那花团锦簇的野花迷住，久久不愿离去，刚好被花果姑娘窥见，两人一见钟情，最后结为伉俪。那青年从马山上采来茶籽，播于花果山上，夫妻两人精心培育，长出一片茂盛的茶林，从此花果山便成了有名的茶叶产区。这里的茶树，枝叶发达，育芽力极强，茸毛特多，经过反复试制，遂形成今日的新江羽绒茶。

### 79. 九龙花

龙泉水烹龙嶂茶，何其此际断津涯。

更深月上难成寐，古寺钟声带漏挝。

清·涂方略

九龙茶产于江西安源九龙嶂。这里地势由东南向西北伸展，最高处海拔1040余米，九峰矗立，龙潭九坎，山势巍峨，登高远眺，形如九龙飞舞，势如五虎下山。相传在隋唐以前这里就有茶树种植，多分布在寺院附近的山坡道旁。其中天龙庵、玄女庙、真空寺、古亭殿等都是茶叶集中产地。据《安源县志》记载："尔乃披荒阜之捺荆兮，艺蒙顶之芬丛；树经冬而含秀兮，芽乘春而程工；发馨香于岩壑兮，媲源滏奚帛崇；以陆羽之元经兮，还生卢仝之腋风；会上贡于九重兮，何羡乎六安、武夷之青葱。"从这段记载里，可知九龙茶历史之悠久。

南宋末年，民族英雄文天祥和他的好友邹元彪，曾来到九龙嶂，组成九龙寨；一面招募乡勇扩军，一面筹备军饷鼓励耕织，号召当地人民垦荒种茶，茶园面积有了很大发展。到了明代初叶，这里产茶更有发展，并由生产团茶改为散茶，茶叶的花色品种有上春、二春、大庄、匀庄、子芽头、茶末等多种。到了清初作为贡茶，所贡茶叶都是细嫩芽叶。长期以来，九龙山人民常以载歌载舞来表达丰收的喜悦和对九龙茶的颂扬。古代的"赣南采茶戏"以及现代的《茶童歌》和电影《茶童戏主》，都是以九龙茶为背景编制而成的。

九龙茶属于炒青绿茶，采制精巧。上等九龙茶实为一种芽茶，春分后，当茶芽初伸如谷粒大小时，开始采摘，全由未开展的肥嫩茶芽制成。采摘要求严格，阴雨天不采，露水芽不采，紫芽、病伤芽、瘦小芽不采。采后必须选拣和适当摊放。初制以高温杀青、经过二炒二揉、初干、整形、理条、提毫、摊凉和烘焙等工序制成。品质特点为，外形条索紧结、壮实，茸毛披露；香高持久；汤色碧绿，滋味甘醇，叶底翠绿、匀亮。品质十分优异。

自古名茶伴名水，好茶还得好水泡。九龙茶和龙泉水是江西安源久享盛名的双绝，早为民间所传颂。九龙泉坐落在安源东北的龙泉山，距龙泉寺一箭之遥，相传是九条龙在九龙山龙潭戏水作腾飞时，用龙尾凿开的一个泉眼，清泉冽冽，终年不断，称为"龙泉"。此山因泉得名，称为龙泉山，中有一寺，称为龙泉寺。其实龙泉山石为透水性能好的石英岩，上面林木茂盛，植被丰厚，雨水浸蕴于地表和岩石缝隙中，顺着岩层的斜面向下渗透迸泻出来。龙泉水含可溶性杂质少，清澈见底，味甘甜，有利于九龙茶色、香、味的发挥。

80. **东固龙舞茶**

东固山势高，峰峦如屏障。
此是东井冈，会师天下壮。

现代·陈毅

龙舞茶产于江西吉安的东固山。该茶的采制要求严格，鲜叶在清明前后开采，以一芽一叶初展为标准。加工工艺分为杀青、揉捻和干燥3道工序。揉捻工序又分初揉和复揉，在初揉中理条，在复揉中定型。干燥工序又分初烘、复烘和再烘3个步骤。再烘后，茶叶已足干，此时茶香四溢，出烘笼，置于干燥处摊凉，凉后包装密封贮藏。由于采制方法讲究，茶叶品质十分优异。外形似麻花，独具一格。条索紧结，色泽翠绿，满披白毫；香气嫩香清高；汤色碧绿，清澈明亮，滋味甘鲜，叶底嫩绿明亮。形、质俱佳，逗人喜爱。

吉安位于赣西赣南之间，茶园分布在连绵起伏的山坡上，中有深约7米的泉水井，无论晴雨，井水始终保持在离井面1米左右，清澈见底，水味甘甜。其间有着一个美妙的故事。相传很久以前，东固山区久旱无雨，山泉断流，草木枯死，男女老少齐往主峰大乌山焚香祈雨，结果感动了观音菩萨。一时狂风四起，乌云滚滚，霹雳一声，在山坡下开出一口泉井来。还有一天，一条绿色彩龙飞舞在井之上，顷刻间山坡上长出几十颗枝叶茂盛的茶树来，后人用此茶树采制的茶叶泡茶，清凉甘爽，回味无穷，故称龙舞茶。

81. **瑞州黄檗茶**

黄檗春芽大麦粗，倾山倒谷采无余……
耿耿清香崖菊淡，依依秀色岭梅如。

宋·苏辙

瑞州黄檗茶产于江西高安，1985年进京参加全国优质农产品展览会，被评为全国优质农产品。

黄檗茶历史悠久，根据《瑞州府志》记载，远在唐代已作贡品。宋人所著《萍州可谈》中就有“江西瑞州黄檗茶，号称绝品”的记载。北宋文学家苏辙贬谪筠州（瑞州）时，写有茶花诗二首，其一《咏前寺茶花》诗曰：

黄檗春芽大麦粗，倾山倒谷采无余。
只疑残枿阳和尽，尚有函花霰雪初。
耿耿清香崖菊淡，依依秀色岭梅如。
经冬结子犹堪种，一亩荒园试为锄。

作者以黄檗春芽只有大麦粒那么大，来表明采摘的黄檗茶之幼嫩、细小，采摘时倾山倒谷，几乎把幼芽都摘光了。诗人担心茶树经过如此细致几番的采摘，它的养分会耗尽，元气会大伤，没有能力再繁育了。但想不到冬天它还能开放出许多茶花来。这种花清香如崖菊，秀色如岭梅。结下茶籽，又可拿来播种，再长成茶树。从此诗可见，黄檗茶远在宋代，其产、制都已积下了丰富经验。该茶在元、明两代，均被列为贡品，年进贡达 15 千克。但自清代至民国，瑞州绿茶逐渐衰落。到了本世纪 40 年代，瑞州绿茶几乎面临绝境，年产总量仅 250 千克。现瑞州绿茶有了很大发展。近来又恢复和发展黄檗茶生产。该茶品质特征为：外形挺秀多毫；香气清高；汤色明净，滋味醇厚，叶片嫩绿明亮。采用炒生锅、炒熟锅、摊凉、烘焙、足火等工序加工而成。

82. **碣滩茶**

唯有碣滩茶最好，知音海外话田中。

《湖南名茶》

碣滩茶产于湖南西部武陵山区沅水河畔的沅陵碣滩山区。

高档碣滩茶的品质，外形条索细紧，圆曲，色泽绿润，匀净多亮；香气嫩香、持久；汤色绿亮明净，滋味醇爽、回甘，叶底嫩绿、整齐、明亮。碣滩茶多次被评为湖南省优质名茶，1985 年被列为农牧渔业部优质产品。

碣滩茶冲泡后，开始芽嘴冲向水面，渐渐吸水后浸大张开，竖立游空，接着徐徐下沉杯底，三起三落，宛如戏虾。碣滩茶场对面有座银壶山，附近有条小溪，名叫碧水。相传，唐代有人用碧水冲泡碣滩茶，近杯觉得香气不高，离杯远些则感到浓香扑鼻，难以形容。更让人惊叹的是：相传有位老人平素爱惜碣滩茶如同珍宝，将此茶藏于秘密地方，舍不得饮用；太想念忍不住时拿出来看一看，闻一闻，身体不舒服时，也只饮少量，就会顿感全身舒爽，病痛全消。

碣滩茶历史悠久，距今已有 1300 多年。这里流传着一个传说：唐高宗第八个儿子李旦，被其母武后贬到辰州（即今沅陵），流落在胡家坪胡员外家当佣人，与员外之女胡凤姣产生了爱情。武后退位，李旦回朝做了皇帝，即后来的唐睿宗。李旦称帝后不久，便差人接胡凤姣进京。官船由辰州东下，途至碣滩，凤姣品尝到碣滩茶，觉得甜醇爽口，十分欣赏，便带回朝廷，赐文武百官品饮，大家都赞不绝口。此后，碣滩茶被列为贡品，朝廷每年派人督制茶叶。此茶后来流传到日本，因此，1973 年日本首相田中角荣访华时，特向周恩来总理问及此茶，自此碣滩茶有了进一步恢复和发展。今日碣滩，十五峰和十八谷已被 1000 余亩绿油油的茶树妆扮起来，茶园生机盎然，茶的加工工艺亦有进一步改进，碣滩茶在国内外又重享盛名。

## 83. 五盖山米茶

悠扬喷鼻宿醒散，消峭彻骨烦襟开。

唐·刘禹锡

五盖山米茶，产于湖南郴县的五盖山。该山为岭南山脉之一，山峰耸立，直插云霄，峰顶常年被云、雾、雨、露、雪所盖，故称五盖山。五盖山山势雄伟，绿林苍翠，涧流淙淙，冬无严寒，夏无酷暑，土质肥沃，为花岗岩母质发育的灰砂土，堪为种茶之佳境。人称“五盖山七十二峰，峰峰有宝；一峰无宝，也有黄连甘草”，可见这里资源之丰富。

五盖山米茶在明代就被列为贡品，当时米茶系清明时采摘“未开苞”的芽叶制成。此茶叶外形芽头紧秀重实，米粒大小。据说一筒茶有一筒米重，“米茶”之名，由此而来。茶芽茸毛特多，色泽银光隐翠；内质香气清鲜高雅，滋味清甜，毫味重；汤色谷黄嫩绿明净，叶底翠绿匀齐。

米茶冲泡后，杯中热气初时犹如一朵白云盖碗，然后变为线状袅绕上升至二尺余才散去；杯中茶芽芽尖朝上，柄端朝下，儿起几落，品饮后觉得“茶味清洌，颊齿留香”。由于米茶特别珍贵，当地人们连祭祀庙里的菩萨之前，也要先饮上好的米茶作为洗涤肠胃，以表对菩萨之敬意，祈祷菩萨保佑自己。五盖山不仅茶叶好，泉水也好。唐代陆羽曾品评了天下各地名泉共有20处，五盖山郴州南7.5千米处的园泉，被陆羽称为“天下第十八泉”。该泉水质清洁，水色晶莹，水温冬夏无异，恒温18℃左右，用以沏茶，香气格外清纯，滋味尤为甘美，古时历代名士过往郴州，都慕名前往，以一饮米茶、园泉水为快。宋代留下的“天下第十八泉”石刻，至今还完好地保存着，成为郴县八景之一。

五盖山米茶制造方法业已失传。1980年以来，经湖南省有关单位组织力量多次试制而成功。产品经湖南省名茶评比和有关单位鉴定，均获得高度评价，被誉为湖南名茶中的一颗明珠。

## 84. 桂东玲珑茶

形如环钩，奇曲玲珑。

《湖南名茶》

桂东玲珑茶产于湖南桂东铜罗乡的玲珑村。桂东地处湖南的东南隅，位于罗霄山脉中段南端。东北靠万洋山，东南临渚广山，西有八面山。八面山的最高峰达2042米，《桂东县志》云：“上有八面山，下有朐膛山，离天三尺三。”可见其山之高。境内山岭绵亘，千姿百态，溪流众多，遍及全县。气候温和，冬无严寒，夏无酷暑，属中亚热带季风湿润气候区。历年平均相对温度为82%，经常夜雨日晴，终年云雾缭绕。土壤为沙质壤土，结构疏松，深厚肥沃。“高山出好茶”，玲珑茶就生长在这美好的环境中。

桂东玲珑村产茶历史悠久。相传在明末清初年间，玲珑山上有一位山母仙，怜悯远道求生之客，一夜，亲自骑马到村里传授制茶仙法，对各农户都教三遍。一到拂晓，她来不及喂马，就匆匆腾云离去，至今玲珑山顶上还有一处称为马归槽的地方，形如马槽，终年蓄水不竭。玲珑茶以采摘细嫩、制工精巧而蜚声各地，近年来，制茶工艺又经科学改进而更臻完善。

玲珑茶的品质特点是：外形条索紧细，状如环钩，色泽绿润，银毫披露；香气持久；汤色清亮，滋味浓醇。饮后甘爽清凉，余味无穷，一经品尝，无不交口赞美。玲珑茶多次被评为湖南省优质名茶，1985年荣获农牧渔业部优质产品奖。

该茶形如环钩，奇曲玲珑，又产于玲珑村，故有“玲珑茶”之雅称。

### 85. 河西园茶

桔园茶园园连园，茶香桔香香外香。

当地民谣

河西园茶是产于湖南长沙的传统名茶。长沙市郊的湘江之滨、岳麓山麓，与长岛桔子洲相望，海拔45米，东南群山环抱，西北江水相依，土壤肥沃，气候温和，是一个宜茶的天然环境。相传唐宋时代，岳麓山寺僧侣从安化带来茶籽，在寺周辟地种茶，每年春末夏初，采制茶叶款待游客。清咸丰年间，当地开始引种桔树，以后茶、桔树面积逐渐扩大，自岳麓山至回龙洲、白沙洲等沿湘江一带约30千米，普遍种植。桔园与茶园相连，桔树与茶蓬相间，故曰“园茶”。

湖南人饮茶，常有把茶叶都吃进去的习惯，不惟饮其汁，并将茶叶咀嚼吃下，认为饮其汁后嚼其叶，齿颊留芳，别其风味，所用的茶叶大都就是河西园茶。

河西园茶所用鲜叶原料较一般名茶粗老，大都以一芽二、三叶为主，整个加工工艺分为杀青、初揉、初烘、渥坯、复揉、再干、再渥坯、三揉和全干9道工序。加工的主要特点是：既渥坯，又用特殊的干燥方法。鲜叶经杀青、初揉和初烘以后，在六七成干的情况下，进行渥坯工序，经过渥坯，叶色由青绿色变为黄绿色，使茶汤橙黄，滋味醇厚。在全干工序中，用少量枯枝明火再加上两三根黄藤，或三四个水湿枫球，小火慢烘。全干后的茶叶完整，提起呈串钩状，俗称“挂面茶”，很少单叶。这种茶叶，既有茶香，又有烟香外带桔香，颇具特色。

### 86. 官庄毛尖

官庄介亭毛尖，唐代盛行。

清乾隆时期作为贡品。

《沅陵县志》

官庄毛尖产于湖南沅陵官庄的介亭、黄金坪一带。沅陵官庄，是我国古代从东向西，进入大西南的首镇驿站。官庄前面的辰龙关地势险峻，历代为兵家必争之地，素有“湘西门户”和“南天锁钥”之称。远在300余年以前，吴三桂引清兵入关，继而又与清兵相抗衡，兵驻辰龙关，与清兵在这里大开战场，殊死搏斗。1914年，爱国名将蔡锷为讨伐窃国大盗袁世凯，曾率领革命军，凭借着雄关和广大人民的支持，英勇奋战，把袁世凯的10多万军队歼灭在辰龙关外。这里群峰插天，谷径幽回，终年云雾缭绕，土质肥沃，是茶树生长的合适环境。

官庄一带产茶历史悠久。历史上的贡茶“介亭毛尖”，就产于官庄附近的黄金坪。

官庄毛尖属半烘炒绿。传统的官庄毛尖为“两揉”、“两烘”的烘青，新中国成立后，由烘青改为半烘炒。其品质特点为：茶条肥壮紧细，色泽翠绿，白毫显露完整；香气清爽；汤色翠绿明亮，滋味浓郁，饮后有余甘。

## 87. 隆中茶

探古寻访诸葛，煮泉品茗隆中。

现代·学著

隆中茶产于湖北襄城之西约13千米的隆中。这里是我国三国时期杰出的政治家、军事家诸葛亮隐居躬耕的地方。“诸葛大名垂宇宙，隆中胜迹水清幽。”隆中，正是以其秀丽的景色和诸葛亮遗迹，享誉中外，成为人们的游览胜地。隆中茶以其特有的芳香，吸引着拜访诸葛孔明遗迹的游客，给隆中胜迹增添了光彩。

这里山不高而秀雅，水不深而澄清，地不广而平坦，林不大而茂盛。猿鹤相见，松篁交翠，景色十分幽雅。

在“地不广而平坦”的隆中，有一山隆然耸立，称为“隆中山”。拾级缓登，不远处，一座壮丽的古建筑——武侯祠便出现在眼前。武侯祠之右侧，是当年刘备偕同其二弟关羽、三弟张飞求教于诸葛孔明，三次登门拜访，所谓“三顾茅庐，定隆中决策”的“三顾堂”，上书“帝子再三寻”五个大字，十分庄严肃穆。古诗云：

庐中先生独幽雅，闲来亲自勤耕稼。
专待春雷惊梦回，一声长啸安天下。

这里还有很多古迹，其中有“洞门风雨水深寒，天巧潜通石眼宽”的老龙洞，“野色堆红叶，溪云锁翠微”的野云庵，还有“山弯溪亦绕，一曲湛寒流”的半月溪，或亭桥相映，或古木参天，如今，这些已成为珍贵的历史文物。

现在的古隆中，又新添了郁郁葱葱的茶树，万绿丛中，茶中有林，林中有茶。

隆中茶现有炒青型和翠峰型两个品种。高档炒青和翠峰，采摘细嫩，制工精细。每年清明后的4月上旬采制。加工的第一道工序为杀青，杀青完成后，用特制的电扇吹风冷却，以保持叶色明翠。经适度揉捻，转入炒二青，出锅后，仍以吹风冷却。再经锅炒干燥。翠峰型绿茶二青后，则在特制的整形焙灶上，用手工以“揉、搓、扎”等手法，使茶条形成紧直的外形，然后烘干。

炒青的品质特征是：外形条索紧结重实，色润而绿；香高味厚，回味甘甜。翠峰则以外形紧直，翠绿显毫；汤色清澈明亮，香气清高持久，滋味鲜爽回甘为其特点。

隆中茶用该地“一泓碧水，清澈见底”的老龙洞泉水冲泡，茶味格外鲜美，茶香扑鼻。这里建有一座幽雅别致的两层游廊式的卧龙茶室，游客在畅游隆中胜迹之余，在此煮泉烹茗，凭栏观望隆中景色，别有情趣。

隆中茶曾获1992年湖北名茶称号。

88. **仙人掌茶**

茗生此中石，玉泉流不歇。
根柯洒芳津，采服润肌骨。

唐·李白

仙人掌茶产于湖北当阳境内的玉泉山。该处远在战国时期就被誉为“三楚名山”，山势巍峨，磅礴壮观，翠岗起伏，溪流纵横。据考察，仅树木品种就多达300余种。更有香飘四海的月月桂，花瓣千枚的千瓣莲，自然资源十分丰富。特别是这里山间云雾弥漫，地下乳窟暗生，山麓右侧有一泓清泉喷涌而出，清澈晶莹，喷珠漱玉，名为珍珠泉。用此水泡茶，茶味更具鲜醇。生产仙人掌茶的玉泉寺，是我国佛教的著名寺院，它与江苏南京的栖霞寺，浙江天台的国清寺，山东长青的灵岩寺，素称为“天下四绝”。据载：北宋天禧末年，玉泉寺规模之大为“楼者九，能殿者十八，三千七百僧舍”，常住和尚1000余人。此后屡遭兵劫，几经重修。如今这里办起了玉泉寺茶场。1981年开始，恢复了“仙人掌茶”的试制工作，一举成功，多次被评为湖北省的优质名茶。

常闻玉泉山，山洞多乳窟。
仙鼠白如鸦，倒悬清溪沘。
茗生此中石，玉泉流不歇。
根柯洒芳津，采服润肌骨。
丛老卷绿叶，枝枝相接连。
曝成仙人掌，似拍洪崖肩。
举世未见文，其名定谁传。

宗英乃禅伯，投赠有佳篇。

清镜烛无盐，顾惭西子妍。

朝坐有余兴，长吟播诸天。

这是唐代著名诗人李白在品尝了仙人掌茶后，写下的诗篇。据《当阳县志》及《玉泉寺志》记载，仙人掌茶的创始人是玉泉寺的中孚禅师，此僧俗姓李，是诗人李白的族侄。中孚禅师不仅喜爱品茶，而且自己能制得一手好茶。每当春茶竞相迸发之际，他就在珍珠泉水汇流成玉泉溪的乳窟洞边，把采来的茶芽叶，制出扁形如掌、清香滑熟、饮之表芬、舌有余甘的名茶。在唐肃宗上元元年（760），中孚禅师云游江南，在金陵（今南京）恰遇其叔李白，中孚就以此茶为见面礼。李白品饮之后，觉得此茶其状如掌，清香芬芳，与自己品尝过的不少名茶相比，别具一番风味。又听中孚介绍，此茶是他在玉泉寺亲自创制出来的，遂命名为仙人掌茶。李白赞叹之余，诗兴勃发，旋即作了上述诗篇。

从此，仙人掌茶更名扬天下。明代李时珍所著的《本草纲目》中，有“楚之茶，则有荆州之仙人掌”的记载。明代黄一正所辑的《事物甘珠》，也把“仙人掌茶”列在全国名茶中。清代李调元撰写的《井蛙杂记》中亦有“品高李白仙人掌”的美称。但千年玉泉寺，几经兴衰，仙人掌茶也一度失传。

现今，仙人掌茶的品质特点是：外形扁平似掌，色泽翠绿，白毫披露；冲泡之后，芽叶舒展，嫩绿纯净，似朵朵莲花挺立水中，汤色嫩绿，清澈明亮；清香雅淡，沁人肺腑，滋味鲜醇爽口。初啜清淡，回味甘甜，继之醇厚鲜爽，弥留于齿颊之间，令人心旷神怡，回味隽永。

目前，玉泉寺为全国重点文物保护地之一。这里竹木幽深，花艳竹翠，铁塔棱金，亭台如画，游客络绎不绝，仙人掌茶也是游客慕名必尝的佳茗。

### 89. 天山绿茶

香味天成天山绿。

《福建名茶》

天山绿茶为福建烘青绿茶中的极品名茶，原产于西乡天山冈下章后的中天山、铁坪坑和际头的梨坪村。主产地是从无坪山的“中心葫”延伸，东接章后，西连际头，南达留田，北至芹屿，分布在里、中、外天山，方圆约 10 千米，近百个村落。

这里产茶历史已颇悠久。据载，远在唐代，中天山一带已有栽茶。所产茶叶的品种、花色，几经变革，遂形成现今的“天山绿茶”。1781 年前后，天山“芽茶”曾被列为贡品。

历史上天山绿茶的花色品名繁多。按采制季节分为雷鸣、明前、清明、谷雨等；按形状分为雀舌、凤眉、凤眼、珍眉、秀目、蛾眉等；按标号分为岩茶、天上丁、一生春、七杯茶、七碗茶等。其中以雷鸣、雀舌、珍眉、岩茶最为名贵。

雷鸣茶是用早春“一声雷”时节采摘的茶芽制成，冲泡后芽尖向上，竖直悬浮于杯中，犹如破土春笋，颇有情趣；雀舌系“一旗一枪”初展芽叶制成，十分细嫩，形似雀舌；珍眉采制精细，成茶形状如弯眉，颇为秀丽；岩茶采自石隙岩缝所长茶树之嫩叶制成，馨香深远，真是繁花似锦，美不胜收。这些产品花色，有的业已失传，有的如天山雀舌、凤眉、明前、清明等都已恢复生产，并创出不少新品种，如清水绿、天毛峰、天山银毫、四季春、毛尖等。这些绿茶品质远胜于传统名茶，其品质上的共同特点是：苗锋挺秀，香高，味浓，色翠，耐泡。自从恢复生产以来，曾多次在地、省及全国名茶评比会上获奖。宁德茶厂以“天山一路银毫”为原料窨制的“天山银毫”茉莉花茶，在1979年全国内销花茶评比会上名列前茅。

闽东天山山势雄伟，主峰宝顶海拔1143米，坡谷延绵，双溪萦回，宛如玉带，河岸多危崖陡壁。茶园多辟于岩上、溪边或山坡谷地。土壤以砂质壤土为主，腐殖物较多，有利于茶树生长。无怪乎诗人要称这里是“深山奇石嵯峨立，峡谷悬岩茶味香”了。

天山绿茶的品质特征为：色泽翠绿，汤色碧绿，叶底嫩绿，素以“三绿”著称。其外形条索紧细、匀整、翠绿，锋苗挺秀，茸毛特多；香似珠兰，清雅持久，滋味浓厚回甘；汤色清澈明亮。该茶很耐冲泡，泡饮三四次以后，余香犹存。

### 90. 南安石亭绿

石亭绿，以具有“三绿”、“三香”驰名中外。

《福建名茶》

南安石亭绿，又名石亭茶，系炒青绿茶，以具有“三绿三香”的品质风格而著称。它外形紧结，身骨重实，色泽银灰带绿，汤色清澈碧绿，叶底明翠嫩绿，是为集“三绿”之美；滋味醇爽，香气浓郁，似兰花香，又似绿豆及杏仁等香气，誉为“三香”。

石亭绿产于福建南安丰州乡的九日山和莲花峰一带。

“四序有花常见雨，一冬无雪却闻雷”，这是唐代诗人韩偓咏九日山的诗句，确为这里自然气候的真实写照。这里地处闽南沿海，气候温和，罕见霜雪。同时受沿海季风的影响，阴晴相间，光照适当，土质肥沃疏松，给茶树生长提供了良好的自然条件。据《泉州府志》所载，九日山，因“邑人以重九日登高于此”而得名。山高百米，东西北三峰环拱，山上存有摩崖石刻七十四方，都是很有价值的历史文物。

莲花峰，古称莲花岩，因裂石八瓣、状似莲花而得名，“孤帆远影生云际，双刹高悬捧日来”。登莲花峰，前看，有金鸡断桥，锁尽东西溪水，碧波荡漾，水光映天；平视，清源、双阳两山列于东北，气象万千；远眺，东西双塔，阳光闪耀，威镇鲤城；近看，丛丛茶树郁郁葱葱，这里盛产着名茶石亭绿。

莲花峰上有一个石亭，又称不老亭，建于明正德元年（1506）。相传，宋末延福寺僧人净业、胜因两人在莲花峰岩石间发现茶树，便加以精心培育，细加采制，制成的茶为僧家供佛之珍品。至石亭建成后，香客日多，游人渐增，茶叶成为招待和馈赠之佳品。

由于茶叶质量优异，又出自佛门，求茗者日众。石亭因茶而增荣，茶也因石亭而出名，石亭绿名声更盛。

这里有一处记述茶事的摩崖石刻，上写道："嘉泰辛酉（1201）十有一月庚申，郡守倪思正甫遵令典祈风于昭惠庙，既事，登九日山憩怀古堂，回谒唐相姜公墓，至莲花岩斗茶而归。"可见九日山、莲花峰产的石亭绿名茶已有近千年的历史。到了清道光年间，莲花峰已从少数僧人种茶，发展到众多农民普遍种茶，并以莲花峰为中心，乌石山、西坑、石马山、法华山、五华山等数十座山间均发展了石亭茶的生产。

采制早，登市早，是石亭茶的生产特点。每年清明前开园采摘，谷雨前新茶登市，故有"不老亭首春名茶"之说。石亭绿的鲜叶原料采摘标准不同于一般的红、绿茶，又区别于乌龙茶，介于乌龙茶和绿茶之间。即当嫩梢长到即将形成驻芽前，芽头初展呈"鸡舌"状时，采下一芽二叶，要求嫩度匀整一致。

精湛的工艺技术是石亭绿品质形成的保证。主要的工艺有轻萎凋、杀青、初揉、复炒、复揉、烽炒、足干7道工序。

## 红 茶

红茶，以适宜制作本品的茶树新芽叶为原料，经萎凋、揉捻（切）、发酵、干燥等典型工艺过程精制而成。因其干茶色泽和冲泡的茶汤以红色为主调，故名。

红茶开始创制时称为"乌茶"。红茶在加工过程中发生了以茶多酚酶促氧化为中心的化学反应，鲜叶中的化学成分变化较大，茶多酚减少90%以上，产生了茶黄素、茶红素等新的成分。香气物质从鲜叶中的50多种，增至300多种，一部分咖啡碱、儿茶素和茶黄素络合成滋味鲜美的络合物，从而形成了红茶、红汤、红叶和香甜味醇的品质特征。

红茶按其制造方法不同，又分为小种红茶、工夫红茶和红碎茶。

**小种红茶：**开创了中国红茶的纪元。起源16世纪。最早为武夷山一带发明的小种红茶。1610年荷兰商人第一次运销欧洲的红茶就是福建省崇安县星村生产的小种红茶（今称之为"正山小种"）。至18世纪中叶，又从小种红茶演变为工夫红茶。从19世纪80年代起，我国红茶特别是工夫红茶，在国际市场上曾占统治地位。小种红茶是福建省的特产，有正山小种和外山小种之分。正山小种产于崇安县星村乡桐木关一带，也称"桐木关小种"或"星村"小种。政和、坦洋、古田、沙县及江西铅山等地所产的仿照正山品质的小种红茶，统称“外山小种”或“人工小种”。在小种红茶中，唯正山小种百年不衰，主要是因其产自武夷高山地区，崇安县星村和桐木关一带，地处武夷山脉之北段，海拔1000～1500米，冬暖夏凉，年均气温18℃，年降雨量2000毫米左右，春夏之间终日云雾缭绕，茶园土质肥沃，茶树生长繁茂，叶质肥厚，持嫩性好，成茶品质特别优异。

**工夫红茶：**是我国特有的红茶品种，也是我国传统出口商品。当前我国十九个省产茶（包括试种地区新疆、西藏），其中有十二个省先后生产工夫红茶。我国工夫红茶品类多、产地广。按地区命名的有滇红工夫、祁门工夫、浮梁工夫、宁红工夫、湘江工夫、闽红工夫（含坦洋工夫、白琳工夫、政和工夫）、越红工夫、台湾工夫、江苏工夫及粤红工夫等。按品种又分为大叶工夫和小叶工夫。大叶工夫茶是以乔木或半乔木茶树鲜叶制成；小叶工夫茶是以灌木型小叶种茶树鲜叶为原料制成的工夫茶。

**红碎茶：**我国红碎茶生产较晚，始于本世纪的50年代后期。近年来产量不断增加，质量也不断提高。红碎茶的制法分为传统制法和非传统制法两类。传统红碎茶：以传统揉捻机自然产生的红碎茶滋味浓，但产量较低。非传统制法的红碎茶：分为转子红碎茶（图外称洛托凡（Ro to va ne）红碎茶）；C. T. C. 红碎茶和L. T. P.（劳瑞制茶机）红碎茶。如以C. T. C揉切机生产红碎茶，彻底改变了传统的揉切方法。萎雕叶通过两个不锈钢滚轴间隙的时间不到一秒钟就达到了破坏细胞的目的，同时使叶子全部轧碎成颗粒状。发酵均匀而迅速，所以必须及时进行烘干，才能达到汤味浓强鲜的品质特征。以不同机械设备制成的红碎茶，尽管在其品质上差异悬殊，但其总的品质特征，共分为四个花色。叶茶：传统红碎茶的一种花色，条索紧结匀齐，色泽乌润，内质香气芬芳，汤色红亮，滋味醇厚，叶底红亮多嫩茎；碎茶：外形颗粒重实匀齐，色泽乌润或泛棕，内质香气馥郁，汤色红艳，滋味浓强鲜爽，叶底红匀；片茶：外形全部为木耳形的屑片或皱折角片，色泽乌褐，内质香气尚纯，汤色尚红，滋味尚浓略涩，叶底红匀；末茶：外形全部为砂粒状末，色泽乌黑或灰褐，内质汤色深暗，香低味粗涩，叶底暗红。红碎茶产区主要是云南、广东、海南、广西、湖南、贵州、江苏等省、自治区。

红茶为我国第二大茶类，出口量占我国茶叶总产量的50%左右，客户遍布60多个国家和地区。其中销量最多的是埃及、苏丹、黎巴嫩、叙利亚、伊拉克、巴基斯坦、英国及爱尔兰、加拿大、智利、德国、荷兰及东欧各国。

### 1. 广东红碎茶

广东红碎茶，产于广东省广州市及英德县等地，是近年来在国际上获得金奖的红茶类佳品。高品茶质，得自于茶区的良好自然环境和优良的茶树品种。产区气候温暖，雨量充沛，空气湿度大，夏无酷暑，冬无严寒，无霜期长；丘陵山区土壤深厚，地质疏松，含有丰富的有机质和各种微量元素，最适宜不耐寒的大叶型茶树生长。故当地栽培品种为云南大叶种、凤凰水仙种和海南大叶种，含有效化学物质多，茶多酚类等含量高，约占30%，较中小叶品种高10%左右。经酶促氧化发酵，汤色红艳，香气鲜爽，营养价值高。

红碎茶系属19世纪末国外兴起的分级红茶，1962年由英德茶场开始创制。花色有：彩花澄毫、澄毫、彩花碎澄毫、碎澄毫、白毫、片茶、末茶。成品外形细碎，形成颗粒，重实匀净，色泽乌润，金毫显露，内质香气馥郁芬芳；汤色艳红带金圈，滋味浓强鲜爽，饮后回甘。单独冲饮或加奶糖冲泡均宜。冲泡时应将茶叶放于壶中，以沸水冲泡，将茶汤倾入茶杯再加奶、加糖，最为清香甘醇。

广东红碎茶，近年来产区不断扩展，包括北回归线以南、东江以西的南粤山区与丘陵山区，地区广阔，茶场（厂）分布其间，种植、加工、经营三者密切结合，逐步形成了商品生产基地。现已出口英、美、新西兰、澳大利亚、独联体、波兰等30多个国家和地区。广东省茶叶进出口公司第一茶厂生产的金帆牌英德红碎袋泡茶，于1986年获国际美食旅游协会颁发的国际商品金牌奖——金桂奖。

### 2. 云南红茶

云南红茶，简称滇红。产于云南省南部与西南部的临沧、保山、凤庆、西双版纳、德宏等地。其境内群峰起伏，平均海拔1000米以上。属亚热带气候，年均气温18～22℃，年积温6000℃以上，昼夜温差悬殊，年降水量1200～1700毫米，有“晴时早晚遍地雾，阴雨成天满山云”的气候特征。其地森林茂密，落叶枯草形成深厚的腐殖层，土壤肥沃，致使茶树高大，芽壮叶肥，着生茂密白毫，即使长至5～6片叶，仍质软而嫩，尤以茶叶的多酚类化合物、生物碱等成分含量，居我国茶叶之首。

工艺与茶质：滇红制作系采用优良的云南大叶种茶树鲜叶，先经萎凋、揉捻或揉切、发酵、干燥等工序制成成品茶；再加工制成滇红工夫茶，又经揉切制成滇红碎茶。上述各道工序，长期以来，均以手工操作。此工艺从1939年在凤庆与勐海县试制成功后，产销历史已近50余年。成品茶外形条索紧结、雄壮、肥硕，色泽乌润，汤色鲜红，香气鲜浓，滋味醇厚，富有收敛性，叶底红润匀亮，金毫特显，毫色有淡黄、菊黄、金黄之分，为外销名茶。

滇红碎茶，又称滇红分级茶，1958年试制成功。以中、小叶种红碎茶拼配形成，定型产品有叶茶、碎茶、片茶、末茶4类11个花色。其外形各有特定规格，身骨重实，色泽调匀，冲泡后汤色红鲜明亮，金圈突出，香气鲜爽，滋味浓强，富有刺激性，叶底红匀鲜亮，加牛奶仍有较强茶味，呈棕色、粉红或姜黄鲜亮，以浓、强、鲜为其特色。

滇红工夫和滇红碎茶，在国家历次优质食品和全国名茶评比会上，屡获殊荣：

1986年1月，在北京召开的1985年国家优质食品授奖大会上，凤庆茶厂所产的滇红一级工夫茶和勐海茶厂所产的红碎1号分获国家优质食品银质奖；在大会上同时获国家优质食品称号的红茶有：勐海茶厂的二级滇红工夫茶、一级滇红碎茶，凤庆茶厂的一级、三级滇红工夫茶，江城农场的2号滇红碎茶、普文农场的2号滇红碎茶；1986年商业部在广州召开的全国名茶评比会上，凤庆茶厂的滇红工夫茶被评为全国名茶；1989年农业部在西安召开的全国名茶、优质茶评选会上，昌宁茶厂生产的滇红工夫一级被评为全国名茶，勐海茶厂生产的滇红碎茶1号获优质茶称号；1990年9月商业部在河南信阳市召开的全国名茶评比会上，凤庆县茶场生产的中茶牌滇红工夫再次荣获全国名茶称号。滇红出口独联体、伊朗、东欧及非洲、美洲等40多个国家和地区。

### 3. 中国龙牌红茶袋泡茶

中国龙牌红茶袋泡茶，产于上海市。由上海市茶叶进出口分公司茶厂，选用上等红碎花配成后，装入过滤纸袋，饮用时连袋泡入杯中，不见叶渣，而色、香、味不减。每袋供一次饮用，饮后一并弃去，清洁卫生，饮用方便。宾馆、饭店多以此茶待客。亦便于旅游者饮用。本品于50年代末试制成功，60年代初以“龙牌”进入国际市场。茶袋用国产高级精薄的过滤纸，质量性能与卫生指标经专门检测合格。成品茶叶颗粒匀细，滋味浓爽，汤色红亮。该茶已享誉国际市场。1985年获马德里《国际商业评论》社颁发的国际最优质量、服务奖（双优奖）；1986年又获巴黎国际美食旅游协会颁发的国际商品金桂冠奖；1986年获上海市商品出口质量奖。

### 4. 正山小种

正山小种，属红茶类，与人工小种合称为小种红茶。18世纪后期，首创于福建省崇安县桐木地区。历史上该茶以星村为集散地，故又称星村小种。鸦片战争后，帝国主义入侵，国内外茶叶市场竞争激烈，出现正山茶与外山茶之争，正山含有正统之意，因此得名。

茶区分布与自然环境：现在产地仍以桐木为中心，另崇安、建阳、光泽三县交界处的高地茶园均有生产。产区四周群山环抱，山高谷深，气候寒冷，年降水量达2300毫米以上，相对湿度80～85%，雾日多达100天以上，日照较短，霜期较长，土壤水分充足，肥沃疏松，有机物质含量高。茶树生长茂盛，茶芽粗纤维少，持嫩性高。

经过精心采摘制作的成品茶，条索肥壮，紧结圆直，色泽乌润，冲水后汤色艳红，经久耐泡，滋味醇厚，似桂元汤味，气味芬芳浓烈，以醇馥的烟香和桂元汤、蜜枣味为其主要品质特色。如加入牛奶，茶香不减，形成糖浆状奶茶，甘甜爽口，别具风味。

正山小种生产历史悠久，1917 年崇安县令陆适著《续茶经》中即称：“武夷茶在山者为岩茶，水边者为洲茶……其最佳者名曰工夫茶，工夫茶之上又有小种……”19 世纪 70 年代已销欧美各国，现出口德国、英国等地。

**5. 宁红工夫**

宁红工夫，简称宁红，是我国最早的工夫红茶珍品之一，主产于江西省修水县。修水在元代称宁州，清代称义宁州，故名。

修水产茶，迄今已有 1000 余年的历史。宁红制作则始于清代中叶。清代叶瑞延著《纯蒲随笔》载：“宁红起自道光季年（约 1850 年之前），江西估（在此读（gǔ））客收茶义宁州，因进峒（按：峒（音 dòng），在此泛指江西修水少数民族所居地区）教以红茶做法。”清《义宁州志》载：“道光年间（1821 - 1850），宁茶名益著，种莳殆遍乡村，制法有青茶、红茶、乌龙、白毫、花香、茶砖各种。”至清光绪十八年（1892）宁红已成为著名红茶，大量外销，出口额占全国总量的 80%。曾获俄、美等八国商人所赠之“茶盖中华，价甲天下”奖匾。光绪三十年（1904），宁红的珍品太子茶被列为贡品，故又有贡茶之称。后因外患内战，帝国主义掠夺，茶园荒芜，茶庄倒闭，茶市凋零，至 1949 年修水产茶仅 7000 担。

新中国成立后的四十五年，修水县的茶叶生产逐步得到恢复与发展，至 90 年代初修水茶园面积已达 10 万余亩，拥有国营茶场 14 个、精制茶厂 3 个、乡镇茶厂（场）280 多个，年产量达 5 万担，年出口量 4 万担。

宁红茶产区，修水及与之毗邻的武宁、铜鼓两县都有部分种植。产区峰峦起伏，林木苍翠，年降水量 1600 ~ 1800 毫米，日照时数 1700 ~ 1800 小时，在春夏之间，正当茶树萌发之时，常云凝深谷，雾罩山岗，浓雾日达 80 ~ 100 天，相对湿度 80% 左右；土层深厚，多为红壤粘土，土质肥沃，有机物质含量丰富，给茶树发育生长以良好的生态环境。

采制工艺与茶质：每年于谷雨前采摘其初展一芽一叶，长度 3 厘米左右，经萎凋、揉捻、发酵、干燥后初制成红毛茶；然后再筛分、抖切、风选、拣剔、复火、匀堆等工序精制。成品茶分为特级与一至七级，共 8 个等级。特级宁红要求紧细多毫，锋苗毕露，乌黑油润，鲜嫩浓郁，鲜醇爽口，柔嫩多芽，汤色红艳。

宁红于 1984 年获江西省优质产品称号；特级宁红工夫于 1985 年获农牧渔业部金杯奖和国家优质产品银质奖。除国内一些大中城市销售外，已出口港澳、日本、欧洲、美洲、非洲诸国和地区。

**6. 祁门红茶**

祁门红茶，简称祁红，产于黄山西南的安徽省祁门县。祁红是红茶中的佼佼者，屡次获得国际和国家级的金奖。过去也有人将与之毗连的黟（yī）县、东至、石台、贵池等地所产的红茶统称祁红。如今这些地区所产的红茶已称“池红”。

产地的自然环境：祁门境内峰峦起伏，山势陡峻，林木丰茂，茶园多分布于海拔100～350米的山坡与丘陵地带，气候温和，无酷暑严寒，年均气温在15.6℃，无霜期年平均为232天以上；空气湿润，相对湿度为80.7%；雨量充沛，年降水量在1600毫米以上，尤以产茶的4～6月份雨量多，超过200毫米；土壤主要为紫色页岩等风化而成的黄壤或红黄壤，土质肥厚，结构疏松，透水、透气及保水性强，酸度适中，PH值为5～6，含有较丰富的氧化铝与铁质。特别是春夏季节，由于雨雾弥漫，饱经湿润，适度光照，使茶树茶叶的持续柔嫩得以延长。

采制工艺：祁红于每年的清明前后至谷雨前开园采摘，现采现制，以保持鲜叶的有效成分。鲜叶按质分级验收。特级祁红以一芽一叶及一芽二叶为主。其制作分初制、精制两大过程。初制包括萎凋、揉捻、发酵、烘干等工序；精制则将长、短、粗、细、轻、重、直、曲不一的毛茶，经筛分，整形，审评提选，分级归堆，为了提高干度，保持品质，便于贮藏和进一步发挥茶香，再行复火、拼配，成为形质兼优的成品茶。

祁门红茶独具的特色是：外形条索紧细秀长，金黄芽毫显露，锋苗秀丽，色泽乌润；汤色红艳明亮，叶底鲜红明亮；香气芬芳，馥郁持久，似苹果与兰花香味。在国际市场上誉为“祁门香”。如加入牛奶、食糖调饮，亦颇可口，茶汤呈粉红色，香味不减，不仅含有多种营养成分，并且有药理疗效。

祁门红茶从1875年问世以来，为我国传统的出口珍品，久已享誉国际市场。1915年获巴拿马万国博览会金质奖章。1980、1985、1990年由祁门茶厂生产的特级、一、二级祁红连续三次获国家优质食品金质奖。1986年被商业部评为全国优质名茶。1987年又获第二十六届世界优质食品金质奖章。1992年获中国旅游新产品“天马金奖”；1993年被国家旅游局评为国家级指定产品，祁门茶厂被定为国家旅游产品定点生产企业。该茶在国际市场上与印度大吉岭、斯里兰卡乌伐红茶齐名，并称为世界三大高香名茶。已出口英、北欧、德、美、加拿大、东南亚等50多个国家和地区。

#### 7. 英德红茶

英德红茶，产于广东省英德县。茶区峰峦起伏，江水萦绕，喀斯特地形地貌，构成了洞邃水丰的自然环境。大小茶场即建于地势开阔的丘陵缓坡上。属南亚热带季风气候，年均气温20.7℃；年均降水量1883.9毫米，年相对湿度79%；无霜期长，霜日不足十天；土层深厚肥沃，土壤酸度适宜，PH值4.5～5之间。所栽培的茶树以云南大叶与凤凰水仙两优良群体为基础，选取其一芽二、三叶为原料。经适宜萎凋、揉切、发酵、烘干、复制、精选等多道工序精制而成。

英红的花色与品质：产品分为叶、碎、片、末4个花色，各花色中又包含了不同等级的多个茶号。成品外形紧结重实，乌润细嫩，金毫显露，香气浓郁，滋味鲜爽浓强，汤色红艳明亮，叶底嫩匀红亮。其茶多酚含量超过35%，较一般品种多10%，对人体有良好的药效作用，如有收敛、杀菌、消炎、抗癌等功效。此外，咖啡碱、蛋白质、氨基酸，以及各种维生素及矿物质等含量丰富。该茶可凉热净饮，单独泡饮或加糖、奶调饮。

英红从1958年问世以来，经国际和国内茶叶专家评定，认为已达到国际红茶高级水平。1980年在全国红碎茶二套样评比中，名列前茅；1984年获商业部红碎茶评比之冠；1985年中国工业食品协会在江西南昌举办全国优质食品评选，英德华侨农场所产金帆牌1号红碎茶获国家优质产品银质奖。该茶已销往德国、英国、美国、波兰、苏丹、澳大利亚等40多个国家和地区。

### 8. 宜宾早白尖工夫红茶

宜宾早白尖工夫红茶，为川红珍品，由四川省宜宾茶厂生产。早白尖茶树为优良品种，分布于宜宾、高县、筠连、珙县和宜宾市。产区地处川南，一年四季气候温和，夏无酷暑，冬无严寒，年均气温18℃左右，极端最低气温不低于4℃。年降水量1000～1300毫米，年均相对湿度90%以上，土壤质地大多为酸性黄壤或棕壤，腐殖质含量较高。所植茶树具有春芽萌发早的特性。

早白尖工夫红茶，成品条索紧细，毫峰显露，色泽乌润，香气鲜嫩，滋味醇爽，汤色红亮均匀。该茶为我国在国际市场上应市较早的一个茶叶品种。每年四月即可进入国际市场，以早、嫩、快、好的突出特点及优良品质，博得国内外茶界的赞誉。1985年在里斯本第二十四届世界优质食品质量评选会上，峨眉牌早白尖工夫红茶获金质奖章。产品出口独联体、东欧等国。

### 9. 政和工夫

政和工夫，为福建省三大（坦洋、白琳）工夫茶之一，亦为福建红茶中最具高山品种特色的条型茶。原产于福建北部，以政和县为主产区，境内山岭重叠，丘陵起伏，海拔200～1000米，年均气温约18.5℃，年降水量1600毫米以上，相对湿度78%，全年无霜期为260天左右。茶园多开辟于缓坡处的森林迹地，土层深厚肥沃，土壤酸度适宜。所种植的政和大白茶良种，叶色浓绿具光泽，芽梢粗壮肥大，芽心满披白毫，色黄绿略带微红，水浸出物及多酚类化合物等内含物丰富。

制茶工艺及品质：茶叶初制经萎凋、揉捻、发酵、烘干等工序。成品茶系以政和大白茶品种为主体，适当拼配由小叶种茶树群体中选制的具有浓郁花香特色的工夫红茶。故在精制中，对两种半成品茶须分别通过一定规格的筛孔，提尖分级，分别加工成型，然后根据质量标准将两茶按一定比例拼配成各级工夫茶。成品茶条索肥壮重实、匀齐，色泽乌黑油润，毫芽显露金黄色，颇为美观；香气浓郁芬芳，隐约之间颇似紫罗兰香气；汤色红艳，滋味醇厚，既宜清饮，又宜掺和砂糖、牛奶调饮。政和工夫茶于19世纪中叶最为兴盛，年产量曾达万余担。以后逐渐衰退，几乎绝迹，至1949年年产量仅900余担。新中国成立后着力恢复其传统质量风格，并经上海口岸出口独联体、美、英、法、伊朗、科威特等国。

**10. 贵州红碎茶**

贵州红碎茶，统称黔红。产于（晴隆县）花贡、（罗甸县）上隆、（贵阳市）羊艾、（长顺县）广顺、（湄潭县）湄潭、（黎平县）桂花台等地茶场。

贵州的产茶历史悠久，在陆羽的《茶经》里已作了明确的记述。贵州位于东经103°36’～109°35’，北纬24°37’～29°13’，地处云贵高原的东坡，地形差异悬殊，地貌变化复杂。全省茶产区气候温和，冬暖夏凉，多云多雾，雨量充沛，昼夜温差较大，多散射光。年均气温在15℃以上，年均降水量1100毫米左右。山地土壤疏松肥沃，多为酸性和微酸性，具备了茶树生长的良好条件，芽叶肥壮，氨基酸和茶多酚的含量尤其丰富，为创制优质名茶提供了天然的物质基础。

贵州红碎茶的生产和发展与全国同步。其生产工艺在洛托凡型转为揉切机/C. T. C. 的基础上。对“C. T. C. 型”与“L. T. P. 型”（劳瑞制茶机）经过不断改进、溶化、配套，形成“三合一”的独特工艺。以这些先进的机械设备加工的红碎茶，其颗粒细匀，内质上具有浓、强、鲜的特点。

贵州红碎茶的花色类型多，约占全国统一标准中的3/4，这在全国是惟一的。在二套样中，花贡茶场的红碎茶5号，自1987年以来一直保持省优；在三套样中，羊艾茶场的碎红茶1号上档和2号上档，从1983年至1991年连续三次获省、部双优，1988年又获首届中国食品博览会金奖；广顺茶厂的红碎茶1号上档和2号上档，从1987年至1991年连续两次获省、部双优；在四套样中，湄潭茶场的红碎茶1号上档和2号上档，从1983年至1991年连续两次获省、部双优。湄潭茶场由于在近年来进行了大面积的良种改植和工艺改进，红碎茶品质明显提高，已达到三套样的品质标准。

贵州红碎茶颗粒紧结匀整，色泽乌黑油润，净度好，香气鲜高带花香，滋味鲜浓，汤色红亮，叶底嫩匀，尤以“羊艾风格”享誉国内外，深受广东口岸的欢迎，曾原箱出口英国、美国、荷兰、德国等十多个国家，深受赞誉。如荷兰客户（vries-thee）来信中说：“我们审评过这些茶样，并认为品质优异，茶汤品质胜过我们在漫长的茶叶贸易经验中所审评过的中国茶叶……其鲜爽和香味可与优质的锡兰茶比美。”

**11. 浮梁工夫红茶**

浮梁工夫红茶，简称浮红。因其产地景德镇古称浮梁，故名。该茶产于瓷都江西省景德镇市的山区和丘陵地带。浮红茶园一部分分布于东部和北部海拔500米以上的山地，一部分分布于100~500米的丘陵地带。年均降水量1763.5毫米，年均气温17℃，无霜期长达247天。土壤多为红、黄壤，土层疏松深厚、土质偏酸，植被丰富，含腐殖质多。由于林密谷深，溪流飞瀑，终年云雾缭绕，空气湿润。所栽培茶种有浮梁槠叶茶种和祁门种，具有较强的耐寒性和适应力。

采制工艺与浮红特色：优质工夫红茶，一般于谷雨前三、四天采摘一芽二、三叶。叶质柔嫩，色黄绿，茶芽挺显，内含物质丰富。因产地与安徽祁门、东至两县山水相依，草木绵连，气候、土壤条件和茶树品种、制作技术、产品规格与祁门红工夫茶一致。成品分为精制工夫茶、碎茶、片茶、末茶等花色。正品工夫茶外形条索紧细，显毫有锋苗，色泽乌润；香气鲜甜如蜜糖，苹果滋味鲜醇，汤色红艳明亮。该茶具有止渴、消食、除痰、提神、利尿、明目、益思、除烦、去腻之功效。

景德镇产茶历史已有1200余年。唐代大诗人白居易在《琵琶行》中“前月浮梁买茶去”之诗句，说明景德镇在唐元和年间（805－820）已成为江西的茶叶集散地。清光绪二三年间（1876－1877）受至德仿制闽红成功的影响，于浮梁磻村设庄监制红茶。光绪十年（1884）后红茶生产遍及浮梁，名声日盛。浮红精制工夫茶于1983年获对外经贸部品质优良荣誉证书；1984年精制工夫茶二、三、四级获江西省优质产品证书，二、三级获农业部优质产品证书；1985年精制工夫茶二级获商业部优质产品证书。

### 12. 湖南红碎茶

湖南红碎茶，产区分布娄底地区和邵阳市各县，以及安化、桃源、石门、桃江、平江、浏阳、长沙、江华、兰山等县。产区属中亚热带季风气候区。日照时数1373.8~1664.9小时，大于或相等于10℃的积温5089.5~5383℃；年降水量1311.8~1691.2毫米；土壤以红、黄壤为主，呈微酸性。所种茶树大多为中小叶种，经采摘和初、精加工制成红碎茶。

1958年安化县茶叶试验场在全国最先以鲜叶直接制作红碎茶取得成功。随后迅速向平江、涟源、双峰等县推广，1963年推广初、精联合加工工艺。湖南红碎茶外形颗粒、色泽及内质香气均较佳。其产品占全国同类产品产量的40%。1978年全国出口红茶座谈会上，四套样红碎茶共评出14个优质奖，其中湖南即有12个。长沙县金井乡茶厂生产的红碎茶，于1985年获国家优质产品银质奖。新化县炉欢茶厂制作的红碎茶，于1982年评为省优质产品；红碎茶上档一、二号于1983年、1984年分别被外贸部、商业部评为优质产品。该产品现出口英国、新西兰、美国、独联体及东欧国家。

## 花 茶

花茶，亦称熏花茶、香花茶、香片。花茶是以绿茶、红茶、乌龙茶茶坯及符合食用需求、能够吐香的鲜花为原料，采用窨制工艺制作而成的茶叶。一般根据其所用的香花品种不同，划分为茉莉花茶、玉兰花茶、珠兰花茶等亚类，其中以茉莉花茶产量最大。每种亚类又根据其加工原毛茶坯的产地、质量与制作工艺的精细程度划分出若干等级，有特级、一、二、三、四、五级等六至七个等级。

花茶是集茶味与花香于一体，茶引花香，花增茶味，相得益彰。既保持了浓郁爽口的茶味，又有鲜灵芬芳的花香。冲泡品啜，花香袭人，甘芳满口，令人心旷神怡。花茶不仅仍有茶的功效，而且花香也具有良好的药理作用，裨益人体健康。

花茶在国际与国内市场上行销量大的是茉莉花茶。这是因为茉莉的香气为广大饮花茶的人所喜爱，被誉为可窨花茶的玫瑰、蔷薇、兰蕙等众花之冠。宋代诗人江奎的《茉莉》诗赞曰：“他年我若修花史，列作人间第一香。”

我国花茶的生产，始于南宋，已有1000余年的历史。最早的加工中心是在福州，从12世纪起花茶的窨制已扩展到苏州、杭州一带。明代顾元庆（1564－1639）《茶谱》一书中较详细记载了窨制花茶的香花品种和制茶方法：“茉莉、玫瑰、蔷薇、兰蕙、桔花、栀子、木香、梅花，皆可作茶。诸花开时，摘其半含半放之香气全者，量茶叶多少，摘花为茶。花多则太香，而脱茶韵；花少则不香，而不尽美。三停茶叶，一停花始称。”但大规模窨制花茶则始于清代咸丰年间（1851－1861），到1890年花茶生产已较普遍。花茶是我国特有的茶类。主产区为福建、浙江、安徽、江苏等省，近年来湖北、湖南、四川、广西、广东、贵州等省、自治区亦有发展，而非产茶的北京、天津等地，亦从产茶区采进大量花茶毛坯，在花香旺季进行窨制加工，其产量亦在逐年增加。花茶产品，以内销为主，从1955年起出口港澳和东南亚地区，以及东欧、西欧、非洲等地。

### 1. 金华茉莉花茶

金华茉莉花茶，简称金华花茶，产于浙江省金华市，以精制茶用茉莉花窨制而成。已有三百多年生产历史。是我国当前销往国际市场花茶的主要产地之一。其品种有茉莉毛峰茶、茉莉烘青花茶（分1～6级）、茉莉炒青花茶（分为1～6级），以茉莉毛峰品质最佳。制作花茶所用毛茶一般均种植于海拔700～800米的高山上，兰溪毛峰即产于兰溪市的北山与蟠山上，举岩毛峰即产于北山上端的鹿田庄。其他多属山高、气寒、雨多、雾重、林茂、泉清，自然环境优越；土壤均为砂质红壤，土层深厚，结构疏松，富含腐殖质，有利于茶树生长及芳香物质的形成。

茉莉花的著名产地就在金华市罗店乡。其地之土壤、雨量、气候均宜，更有双龙洞清澈泉水浇灌，加之当地有众多富有经验的花农，精心培植，不仅产量丰富，且质量上乘，具有头圆、粒大、饱满、洁白、光润，含芳香量高等优点。用以窨制花茶，风味超群。

花茶的窨制工艺：先将毛茶进行精制，为花茶的窨制提供优质茶坯。窨制前先烘干茶坯，使茶叶含水量降至4～5%，然后自然冷却至30～33℃，开始窨花。茶、花配比量依其品种、级别而定。如高档茉莉毛峰，每100公斤茶叶配150公斤茉莉花。经重复窨花6次，最后经提花、出花及匀堆装箱等工序即为成品。花茶加工技术要求高，必须抓住鲜花吐香，茶坯吸香、复火保香3个重要环节，并须讲究窨制工艺过程中“干、凉、匀、快”的独特要求。

茉莉毛峰茶的特点为：全身银毫显露，芽叶花朵卷紧；色泽黄绿透翠，汤色金黄清明；茶香浓郁清高，滋味鲜爽甘醇；旗枪交错杯中，形态优美自然。饮用该茶不仅有茶叶裨益人体健康之功效，且具有茉莉花的药理效果。1979年全国茉莉花茶评比，金华茶厂生产的特级、一级、二级茉莉花茶评为商业部优质产品。1992年3月商业部在福建省崇安县召开的全国花茶、乌龙茶优质产品评比会上，金华一级、二级茉莉花茶，被评优质产品。本品销于北京、天津、上海、河北、山西、山东、江苏、辽宁等省市；出口法国、日本、东南亚各国及港澳地区。

### 2. 京华牌茉莉花茶

京华牌茉莉花茶，是北京茶叶总公司暨北京市茶叶加工厂生产经销的“京华”茶叶的主要系列产品。公司（茶厂）自1950年建立以来，迄今已有四十多年的历史。茶叶的生产加工，已从解放初期以手工操作为主，转变为机械化、电脑化管理，营销网络遍布“三北”地区。目前核子秤配比已引入茶叶加工，制茶拼配流程自动控制程度明显增强，产品质量日益提高。年产量以5%的速度递增，至1994年产量已达6500吨，销售金额1.4亿元。拼配加工量占北京市的80%左右，产销吞吐量超过万吨。

“京华”茉莉花茶，是按照北京人自清代以来就喜爱饮香片（花茶）的传统习俗，从江苏、浙江、福建、安徽、四川等主要产茶区选进优质原料，采用独特配方，精制加工，拼配而成。“京华”茶品的特点是：它溶汇了主要产茶区各香型茶叶的不同特色与韵味，扬长弃短，集优质于一身，使其成为适应北京口味，独具特色的、多品种规格的茉莉花茶系列。最近又推出了京华大白毫、京华香片、京华白雪峰、京华毛尖等一批著名茶品。成品外型紧结美观，香气浓郁，滋味醇厚，汤色清澈，是花茶中上乘饮品之一。

“京华”花茶，除批量散装外，袋装茶选用铝箔包装，图案设计古朴典雅，美观大方。一种图案按销售单位重量共分三种规格，每种规格又按不同档次，以十种颜色区分。这种袋装茶密封性能极强，可防止吸附异味，对茶叶的品质有良好的保护作用。

名茶新品种“京华大白毫”，已于1994年初面市。该茶采用名山所产优质早春“明前绿茶”为茶坯，以每100公斤茶叶配140公斤优质茉莉鲜花，经过六次窨制，一次提花而成。具有“条壮、毫显、香浓、味鲜、耐泡”五大优点，冲泡三次茶味花香犹存。“京华大白毫”包装袋采用高阻隔亚光复合材料制成，是目前国际市场流行的新型包装材料。表层为丙烯磨砂膜，有良好的印刷性能，经传统工艺处理，给人以色彩柔和的视觉效果，案图设计古朴，素雅端庄，具有良好的隔氧、防潮、阻气、遮光性能。这种袋装高级茉莉花茶，适于在冰箱冷藏条件下低温保鲜。可令饮者“一年四季喝新茶，色香味型不走样”。

“京华”茉莉花茶，在诸花茶品种中，独树一帜，誉满京城，在两次茶品及包装评比中屡获殊荣。京华牌“老寿星茉莉花茶”，在1988年首届中国食品博览会上荣获银奖。京华牌茉莉花茶，1992年荣获首届全国百家涉外饭店畅销商品金奖。高级茉莉花茶铝箔袋包装，在1987年全国商业供销系统包装评比中获一等奖。“京华”商标，于1992年被评为北京市著名商标。1994年被市技术监察局评为北京市“好产品”。

“京华”茉莉花茶，品质稳定，信誉日增，自开发投放市场以来，以其名牌效应吸引了众多消费者，使冠有“京华”商标的茶品畅销不衰，日益受到北京以及东北、华北、西北地区广大饮茶者和中外来京旅游者的青睐。京华牌茶叶，已成为北方地区茶叶市场最畅销的地方名茶。

**3. 苏州茉莉花茶**

苏州茉莉花茶，高档花色品种有“一级三窨”、“重熏茶”、“高窨茉莉小叶”、“苏萌毫”等诸名。产于江苏省苏州茶厂，是我国的传统名花茶，生产历史悠久，始于南宋。在260多年前的清代雍正、乾隆年间，就销往我国东北、华北和西北地区。在建国后苏州茶厂生产的茉莉花茶在产品数量与质量方面都有了很大的提高，在国内外市场上颇受消费者的青睐，除国内销往北京、天津、上海、广州等各大中城市外，1955年开始出口香港、东南亚、欧洲、非洲等20多个国家和地区。

苏州茉莉花茶选料精良，工艺精湛：其毛茶系选用苏、浙、皖三省吸香性能好的烘青绿茶为坯料，配以香型清新而又成熟粒大、洁白光润的茉莉鲜花精工窨制而成。窨制工艺有一套完整、独特的技术措施。坯料处理分干燥、冷却过程；鲜花处理有摊、堆、筛、凉等维护过程；吸香通过拌和、摊凉、收堆、起花、重窨、精窨吸附和干燥（据窨花次数而定，窨花四次即须干燥三次，窨花六次即须干燥五次）过程，共有十数道工序。其中，控制窨花水分的变化和掌握烘干火候的稳定最为重要，严、细、精、勤与视气温变化而灵活、适时控制关键工序进程，是形成苏州茉莉花茶高品格的工艺精髓。以如下两品高档花茶为例：

一级三窨茉莉花茶：茶与花的配比量为100：95，经三次窨花、一次提花，轻花多窨，逐次递减；还配以适量的白兰鲜花进行谐调。使茶叶与花香溶为一体，形成外观条索紧细匀整，白毫显露，色泽油润；内质极佳，茶汤清澈透明，叶底幼嫩；香气鲜美、浓厚、纯正、清高，入口爽快，持续性能好等特色。1982年苏州茶厂生产的虎丘牌一级三窨茉莉花茶荣获国家优质食品银质奖。苏州一级、二级、三级茉莉花茶被商业部评为优质产品。

苏萌毫：茉莉苏萌毫，是苏州茶厂创制的特种花茶。该茶采用高档烘青绿茶和优质茉莉鲜花经“六窨一提”精工窨制而成，是花茶中高档名品，以香气鲜灵，滋味醇厚鲜爽而深受消费者喜爱。其品质特点是：外形条索紧细匀直，色泽绿润显毫，香气鲜灵持久，汤色黄绿明亮，滋味醇厚鲜爽，叶底嫩黄柔软。1982、1986、1990年商业部分别在长沙、广州、河南信阳市召开的全国名茶评比会上，该茶连续三次被评为全国名茶。

#### 4. 福建茉莉花茶

福建茉莉花茶，系选用优质烘青绿茶，用茉莉花熏制而成。主产于福建省福州市及闽东北地区。其品质规格分为特种花茶、特级和一至六级花茶，名目繁多。特种花茶有福州的大毫、银毫、春风、崔舌，宁德的天山银毫、天山春毫，福安的白云，福鼎的太姥香云、太姥银毫，政和的雄峰银芽，寿宁的福寿银毫等。

制作花茶的条件与工艺：福建省地处亚热带，气候温和，雨量充沛，茉莉花遍地栽培，品种优良，花农有丰富的种植经验，故鲜花数量和质量都居东南之冠。所选制花茶的原料烘青茶，亦产于省内的各绿茶生产区。制作花茶，须经花香养护、茶坯处理、窨花、起花、复火（转窨）、提花、匀堆、装箱等工序。其配花量和转窨次数，因不同级别的茶坯而异，级别高，下花量则多，同时须掌握茶坯的吸香性能和花香的吐香性能，使时间和程度掌握得恰到好处，始能相得益彰。故每次窨花后的复火（烘干）工序至关重要，既须排除多余水分利于转窨；又须避免香气的过多损失，故工序相当精细。高级的提香，则仅用少量香花，提后筛去花渣而不复火，以提高产品的香气鲜爽度。

福建茉莉花茶，外形秀美，毫峰显露，香气浓郁，鲜灵持久，泡饮鲜醇爽口，汤色黄绿明亮，叶底匀嫩晶绿，经久耐泡。不仅为良好的高香饮料，且有一定的药理功效。

福建的茉莉花茶历史悠久，早在16世纪即有制作此茶的记载。清咸丰年间（1851～1861）已大量生产。新中国成立后，福建茉莉花茶的产、质量不断提高。1987年以来，在省、部及全国花茶评比会上，有20多个品种，获奖30余次。1982年，宁德天山茉莉银毫、特级茉莉花茶，福州明前二、三、四级，政和二、三级分获商业部优质产品称号。福州闽毫茉莉花茶及寿宁福寿银毫分别于1978、1986年被评为全国名茶。1985 年 6 月和 1986 年 10 月在巴黎举办的国际美食旅游协会评奖会上，福建的茉莉花茶（91010 唛）和福建新芽牌茉莉花茶袋泡茶，相继分获金桂奖。1990 年由商业部召开的全国名茶评选会上，由福州茶厂生产的罗星塔牌茉莉闽毫和寿宁县茶厂生产的福寿牌福寿银毫分别被评为全国名茶。福建茉莉花茶除销往北京及北方地区等地，还出口港澳地区和东南亚各国。

### 5. 歙县珠兰花茶

歙县珠兰花茶，产于安徽省歙县，现由安徽省黄山市绿牡丹茶叶公司、安徽省歙县黄山花茶公司分别生产同一品名的珠兰花茶。该茶生产始于清乾隆年间（1736－1795），迄今已有 200 余年。其窨制工艺分两个阶段：一为制茶坯，二为窨花，又称“熏花”。花茶的档次以制坯原料品质高低而异，用毛峰、大方毛茶制坯窨制的花茶属高档名茶；用烘青原料窨制的为大宗花茶。制作茶坯系将毛峰、大方、烘青等毛茶原料，分级分批通过筛分制坯工艺，按标准样精制成各级素茶坯，称精制素茶。窨花工艺，系将精制素茶窨以新鲜珠兰鲜花，使原料茶吸收花香，经一次或多次窨花之后，便制成商品珠兰花茶。

珠兰花茶的特色：珠兰花香浓而不烈，清而不淡，故其窨制的烘青珠兰花茶清香幽雅，鲜纯爽口，外形条索匀齐，色泽深绿光润，冲后整朵成串，汤色黄绿清明，叶底芽叶肥壮柔软。珠兰花茶有珠兰黄山芽峰、珠兰大方、珠兰烘青等品种。珠兰黄山芽峰在 1954 年全国花茶质量评比中获第一名，1979 年获全国供销总社优质产品称号，1982 年、1984 年两次获安徽省优质产品称号。销于山东、华北、东北和边疆兄弟民族地区。

## 乌龙茶

乌龙茶，亦称青茶、半发酵茶，以本茶的创始人而得名。是我国几大茶类中，独具鲜明特色的茶叶品类。乌龙茶的产生，还有些传奇的色彩，据《福建之茶》、《福建茶叶民间传说》载：清朝雍正年间，在福建省安溪县西坪乡南岩村里有一个茶农，也是打猎能手，姓苏名龙，因他长得黝黑健壮，乡亲们都叫他“乌龙”。一年春天，乌龙腰挂茶篓，身背猎枪上山采茶，采到中午，一头山獐突然从身边溜过，乌龙举枪射击，但负伤的山獐拼命逃向山林之中，乌龙也随后紧追不舍，终于捕获了猎物，当把山獐背到家时已是掌灯时分，乌龙和全家人忙于宰杀、品尝野味，已将制茶的事全然忘记了。翌日清晨全家人才忙着炒制昨天采回的“茶青”。没有想到放置了一夜的鲜叶，已镶上了红边了，并散发出阵阵清香，当茶叶制好时，滋味格外清香浓厚，全无往日的苦涩之味，并经细心琢磨与反复试验，经过萎雕、摇青、半发酵、烘焙等工序，终于制出了品质优异的茶类新品——乌龙茶。安溪也遂之成了乌龙茶的著名茶乡了。

乌龙茶综合了绿茶和红茶的制法，其品质介于绿茶和红茶之间，既有红茶的浓鲜味，又有绿茶的清芬香，并有“绿叶红镶边”的美誉。品尝后齿颊留香，回味甘鲜。乌龙茶的药理作用，突出表现在分解脂肪、减肥健美等方面。在日本被称之为“美容茶”、“健美茶”。

形成乌龙茶的优异品质，首先是选择优良品种茶树鲜叶作原料，严格掌握采摘标准：其次是极其精细的制作工艺。乌龙茶因其做青的方式不同，分为“跳动做青”、“摇动做青”、“做手做青”三个亚类。商业上习惯根据其产区不同分为：闽北乌龙、闽南乌龙、广东乌龙、台湾乌龙等亚类。乌龙茶为我国特有的茶类，主要产于福建的闽北、闽南及广东、台湾三个省。近年来四川、湖南等省也有少量生产。

乌龙茶是由宋代贡茶龙团、凤饼演变而来，创制于1725年（清雍正年间）前后。据福建《安溪县志》记载：“安溪人于清雍正三年首先发明乌龙茶做法，以后传入闽北和台湾。”另据史料考证，1862年福州即设有经营乌龙茶的茶栈，1866年台湾乌龙茶开始外销。现在，乌龙茶除内销广东、福建等省外，主要出口日本、东南亚和港澳地区。

### 1. 文山包种茶

文山包种茶，为轻度半发酵乌龙茶。产于伟大祖国的美丽宝岛——台湾省北部的台北市和桃园等县。“包种”名之由来是，在清光绪初年，因向宫廷进贡，将四市两茶叶用两张方形毛边纸内外相衬包成四方包，以防茶香外溢，外盖茶名及行号印章，光绪帝对此茶赐封为“包种”，至今已有百年历史了。

台北县的文山地区是台湾茶叶的发源地，1881（清光绪七年）年，人们从福建引进包种茶的制作方法，在台北县建立第一座包种茶精制茶厂以来，现已发展到二十多家。文山茶区包括台北市（县）的新店、坪林、石碇、深坊、汐止等乡镇，茶园面积二千三百多公顷，至八十年代中期，产量已达一百三十多万公斤。

文山包种茶的采制工艺十分讲究，雨天不采，带露不采，晴天还要在上午十一时至下午三时这段时间采摘。这时的鲜叶，经过夜露的滋润，又经一段晨光的照射，叶面的露水珠已蒸发，茶叶所含水分适中，叶片鲜嫩。春秋两季要求采“二叶一心”的茶菁，采时需用双手弹力平断茶叶，断口成圆形，不可用力挤压断口，如挤压出汁随即发酵，茶梗变红影响茶质。每装满一篓就要立即送厂加工，以免破坏茶叶的新鲜度。制作工艺，分初精两步。初制包括：日光萎凋、室内萎凋、搅拌、杀青、揉捻、解块、烘干等工序，以翻动做青为关键，每隔一至二小时翻动一次，一般须翻动四五遍，以达到发香的目的。炒茶重在控制火候。精制以烘焙为主要工序，初制茶放进烘焙机后，在70℃恒温下不断翻动发香，使叶性较温和。成品茶外形自然卷曲，茶汤金黄，有天然幽雅芬芳气味。入口滋味甘润、清香，齿颊留香久久不散。具有香、浓、醇、韵、美的特色。素有“露凝香”、“雾凝春”之美誉。文山包种茶含有丰富的营养保健成分，可强心、利尿、消除疲劳，有解除尼古丁及酒精中毒的功能，更有消除血脂肪、防止血管硬化的妙效。除销本省，还外销日本、新加坡、马来西亚、英国、德国、法国、意大利、西班牙、美国、加拿大及香港等二十多个国家和地区，占台湾外销茶的第三位。

### 2. 凤凰单枞

凤凰单枞，属乌龙茶类。产于广东省潮州市凤凰镇乌岽（dóng）山茶区。该区濒临东海，气候温暖，雨水充足，茶树均生长于海拔1000米以上的山区，终年云雾弥漫，空气湿润，昼夜温差大，年均气温在22℃以上，年降水量1800毫米左右，土壤肥沃深厚，含有丰富的有机物质和多种微量元素，有利于茶树的发育与形成茶多酚和芳香物质。凤凰山茶农，富有选种种植经验，现在尚存的3000余株单枞大茶树，树龄均在百年以上，性状奇特，品质优良，单株高大如榕，每株年产干茶10余公斤。

采制工艺与茶品特性：单枞茶，系在凤凰水仙群体品种中选拔优良单株茶树，经培育、采摘、加工而成。因成茶香气、滋味的差异，当地习惯将单枞茶按香型分为黄枝香、芝兰香、桃仁香、玉桂香、通天香等多种。因此，单枞茶实行分株单采，当新茶芽萌发至小开面时（即出现驻芽），即按一芽、二三叶标准，用骑马采茶手法采下，轻放于茶罗内。有强烈日光时不采，雨天不采，雾水茶不采的规定。一般于午后开采，当晚加工，制茶均在夜间进行。经晒青、晾青、碰青、杀青、揉捻、烘焙等工序，历时10小时制成成品茶。其外形条索粗壮，匀整挺直，色泽黄褐，油润有光，并有朱砂红点；冲泡清香持久，有独特的天然兰花香，滋味浓醇鲜爽，润喉回甘；汤色清澈黄亮，叶底边缘朱红，叶腹黄亮，素有“绿叶红镶边”之称。具有独特的山韵品格。

凤凰单枞的产销历史已有900余年。1955、1982、1986年获商业部全国优质名茶称号，1986年在全国名茶评选会上被评为乌龙茶之首。1990年由汕头市茶叶进出口公司潮州分公司生产的金帆牌凤凰单枞被商业部评为全国名茶。1989年农牧渔业部在西安召开的名茶评比会上获名茶金杯奖。1991年在“中国杭州国际文化节”上荣获“文化名茶奖杯”。在国内主销闽、粤，出口日本、新加坡、泰国、港澳等国家和地区。

### 3. 石古坪乌龙茶

石古坪乌龙茶，原产于广东省潮州市潮安县凤凰镇石古坪。产地海拔多在1000米以上，高山重叠，丘陵起伏，竹林茂密，岩泉长流，土层深厚，质地疏松，富含有机质，气候温暖，昼夜温差大，雨量充足，常年云雾缭绕。当地茶农实行优选，择叶质嫩厚有油光的母树，培育插穗，短穗纤插育苗，建立新式茶园。茶树生长旺盛，芽叶肥嫩而柔软，富含氨基酸与芳香物质。

采制工艺与茶质：采茶时采用“骑马式”采茶法，轻采轻放勤送。采茶时间规定为晴天上午至下午4时，不采露水茶、雨水茶、黄昏茶，且不同茶山、不同老嫩分别采摘，以保证鲜叶质量。其加工均在夜间进行。分晒青、凉青、摇青、静置、杀青、揉捻、焙干等7道工序。其中摇青为形成该茶品质关键工序。摇青与静置需5~6次，均由有经验的茶师亲自掌握。全过程需18个小时。其成品茶外形油绿细紧，香气清高浓郁，滋味鲜醇爽口；汤色黄绿清澈，叶底嫩绿，叶边呈一线红。以精制茶壶冲泡，冲饮多次，茶香外溢，茶味不减。新茶贮存一年以后，色、香、味仍能保持如初。本品具有防治高血压、慢性哮喘及痢疾、蛀牙等功效。

石古坪地区，多为畲族同胞居住，已有400余年的植茶历史。至清末始创造半发酵茶加工技术，出产本品。如今茶区已扩大至大质山山脉各个村落，但因受气候、土壤及品种等条件影响，不能广为种植，故其产量较少，更为珍贵。1985年由农牧渔业部和中国茶叶学会在南京召开的名茶评比会上，被评为优质农产品与金杯奖。出口东南亚及港澳地区。

#### 4. 永春佛手

永春佛手，系用佛手品种茶树嫩梢制成的乌龙茶。因叶形与香橼柑叶片相似，故别名又称“香橼”。主产区福建省永春县，地处载云山下，境内山峦起伏，树木苍翠，四季如春。佛手茶树系无性系品种，灌木型、大叶类、中芽种，适应性广，抗逆性较强，单产高，一芽三叶嫩梢重1.5克，为一般适制乌龙茶品种的1.3~2倍。树姿形态奇特，分枝稀疏，枝条细软似蔓，披张铺地，成叶大如掌，卵圆形，多水平着生，叶面扭曲隆起，主脉弯曲，叶缘锯齿稀钝，缺刻较不明显。

永春佛手，经精心采摘、制作的成品茶，条索紧结肥壮卷曲，色泽砂绿乌润，香气浓郁清长，滋味醇厚回甘，汤色澄黄明亮，具有独特果香。茶中所含生物碱、多酚类物质、水浸出物等含量较高。本品生产历史已60余年，产区群众常用以制作盐茶和柚米茶，治疗痢疾、中暑、高血压等症。1985年松鹤牌一级香橼，被评为福建省优质产品。1985年6月农牧渔业部在南京召开的全国名茶、优质茶评选会上，永春茶厂生产的永春佛手被评为全国优质产品，出口港澳及东南亚各地。

#### 5. 安溪铁观音

安溪铁观音，属乌龙茶之极品。以其成品色泽褐绿，沉重若铁，茶香浓馥，比美观音净水而得此圣洁之名。铁观音产于福建省安溪县尧阳乡。产区海拔100~1000米，群山环抱，峰峦绵延，常年云雾弥漫，属亚热带季风气候区，西北有闽中大山为屏障，阻挡冬季干燥寒风侵袭，东南临台湾海峡，在海洋性气候的影响下，年均气温为15～18.5℃，年均无霜期长达292天，年降水量1700～1900毫米，相对湿度78%左右；土壤大部分为酸性红壤，土层深厚，有机物含量丰富。

安溪种植单株选育的无性系茶树品种铁观音，始于清乾隆初年，迄今已有200多年的历史。铁观音茶树的特征是：其树冠披展，枝条斜生，叶形椭圆；叶尖下垂略歪，叶缘齿疏而钝，略向背面翻卷；叶肉肥厚，叶面呈波浪状隆起，具有明显肋骨形；叶色浓绿油光，嫩梢肥壮，略带紫红。以铁观音茶树鲜叶和其制茶工艺制成的铁观音茶，为正宗产品。

采制工艺：铁观音茶树萌发期为春分前后，每年一般分四次采摘：春茶在立夏，夏茶在夏至后，暑茶在大暑后，秋茶在白露前。春茶最好，约占年产量的50%，香高味重、耐泡；夏茶叶薄带苦味，香气较差，产量约占25%；暑茶较夏茶好；秋茶香气高锐，但茶味不及春茶浓厚。采摘须在茶芽形成驻芽，顶芽形成小开面，及时采下二三叶，以晴天午后茶品质量最佳。毛茶制作，经晒青、晾青、做青（摇青、做手）、杀青、揉捻、初焙、包揉、文火慢焙等10多道工序。其中做青为形成色、香、味的关键。毛茶经筛分、风选、拣剔、干燥、匀堆等精制过程，即为成品茶。

铁观音茶质高超，独具风韵：其成品茶外形条索卷曲，肥壮圆结，沉重匀整；色泽油亮，带砂绿色，红点明显，具有蜻蜓头、螺旋体、青蛙腿，砂绿带白霜；汤色金黄，浓艳清澈；叶底肥厚明亮，呈绸面光泽；滋味醇厚甘鲜，回甘悠长，香锐而浓，素有“茶中之王”、“绿叶红镶边，七泡有余香”之誉。本品属半发酵茶，兼有红茶的甘醇，绿茶的清香，并有兰花香味，风格独特。富含维生素、儿茶素、芳香油等化合物。饮之具有清心明目、防止动脉硬化、减轻辐射伤害、降脂减肥、益寿延年之功效。

铁观音茶驰名中外，饮誉世界，屡获名优称号。1945年王联丹茶庄配制的泰山峰牌铁观音，在新加坡获得一等金牌奖；1950年在泰国评奖时，碧天峰铁观音获特等奖。特级铁观音于1979年、1985年获福建省优质产品称号，1981年获国家优质产品金质奖，1982年与1986年获商业部全国名茶称号，1990年安溪茶叶公司送选的凤山牌铁观音在商业部召开的优质名茶评选会上，再次被评为全国优质名茶。历史上出口东南亚、港澳地区，近年又出口日本、美国及欧洲等国家和地区。

**6. 冻顶乌龙茶**

冻顶乌龙茶，产于台湾省南投县凤凰山支脉冻顶山一带。主要种植区鹿谷乡，平均海拔500～900米，年均气温22℃，年降水量2200毫米，空气湿度较大，终年云雾笼罩。茶园为棕色高粘性土壤，杂有风化细软石，排、储水条件良好。

冻顶与茶名之由来：从茶园所处的自然环境来看，即是冬季也并无严寒相侵，雪冻冰封，那么为何名冻顶呢？据说是因冻顶山迷雾多雨，山路崎岖难行，上山的人都要绷紧脚趾，台湾俗称“冻脚尖”，才能上得去，这即是冻顶山名之由来，茶亦因山而名。

采制工艺与茶质：冻顶茶一年四季均可采摘，春茶采期从3月下旬至5月下旬；夏茶5月下旬至8月下旬；秋茶8月下旬至9月下旬；冬茶则在10月中旬至11月下旬。采摘未开展的一芽二、三叶嫩梢。采摘时间每天上午10时至下午2时最佳，采后立即送工厂加工。其制作过程分初制与精制两大工序。初制中以做青为主要程序。做青经轻度发酵，将采下的茶菁在阳光下暴晒20～30分钟，使茶菁软化，水分适度蒸发，以利于揉捻时保护茶芽完整。萎凋时应经常翻动，使茶菁充分吸氧产生发酵作用，待发酵到产生清香味时，即进行高温杀青。随即进行整形，使条状定型为半球状，再经过风选机将粗、细、片完全分开，分别送入烘焙机高温烘焙，以减少茶叶中的咖啡因含量。冻顶乌龙茶成品外形呈半球型弯曲状，色泽墨绿，有天然的清香气。冲泡时茶叶自然冲顶壶盖，汤色呈柳橙黄，味醇厚甘润，发散桂花清香，后韵回甘味强，饮后杯底不留残渣。其茶品质，以春茶最好，香高味浓，色艳；秋茶次之；夏茶品质较差。

台湾乌龙茶，系在清康熙年间（1662～1722），由福建省安溪县引种并传入采制方法，1866年即开始出口。据《台湾通史》载："乌龙茶叶大、味浓，出口甚多。"近年来出口东南亚、欧美、香港等国家和地区。冻顶乌龙茶在台湾省历年优质茶叶的评比中，均名列第一。

### 7. 岭头单枞

岭头单枞，属乌龙茶类极品名茶。产于广东省饶平县坪溪镇岭头村。单枞是继岭头奇兰之后，在乌龙茶中又一特殊品种的新发现。饶平地处粤东南部，濒临南海；而岭头地处凤凰山麓，海拔400余米，境内山岭连绵，竹木交荫，云雾弥漫，气候温和，雨量充沛，土壤肥沃，地质疏松，实乃天然的宜茶之地。岭头村种茶迄今已有近一百年的历史了。

岭头单枞茶树品种，是坪溪镇岭头村茶农于1961年至1963年在该村捆龙子山茶园中选出一株叶色较黄白、发芽早的本地水仙茶树，其后几经试制，经省、市、县等有关部门及专家鉴定，认为该品种茶质量极佳，独具风味。其特点是：

1. 早熟：春茶采摘时间为每年3月28日至4月5日前后。比其他品种茶早采一至两周左右。

2. 高产：岭头单枞茶介乎于乔、灌木型之间，株形呈冠状，具有高产性能。新梢生长具有早、齐、匀等优点，当年种植可当年采摘，隔年亩产可达25公斤至50公斤。第三年亩产可达150公斤至250公斤干茶。采摘新梢长8至15厘米，叶片呈椭圆形，叶尖为短尖状，边缘呈锯齿状，叶片长6.5至9.5厘米，宽一般为3.5至7厘米左右。持嫩性时间为二至三周（指吐芽梢到采摘时间）。一般每年可采五至七次茶叶。岭头单枞茶比同类其他茶亩产量可高3至5倍。

3. 优质：冲泡时早出香气，滋味醇爽，回甘力强。其成品茶具有微带浓蜜香气的特殊韵味。

4. 适应性广，抗逆力强：无论高山、丘陵、平原地区均可种植。通过制作后均能表现出岭头单枞茶的特殊韵味（蜜香味）。除在本县、本省内推广种植外，还引种至福建、海南、湖南等省部分宜茶山区种植。岭头村现有茶园面积已达一千亩左右，全县达到四万八千亩，广东省已达三千公顷。

岭头单枞茶的采制工艺与茶品特色：每年采摘时间为春茶在每年清明前后；夏茶在5月下旬至7月初；秋茶在9月下旬；冬茶在11月中旬。采摘标准为一芽二至三片叶。其制作工序，经晒青、凉青、碰青、杀青、揉捻、烘干等程序精制而成。其成品茶特征为：外形条索微弯曲，色泽黄褐似鳝鱼色。内质香气花蜜清高，滋味醇爽回甘，汤色橙红明亮，叶底笋色红边明亮（也称朱边绿腹）。是当今乌龙茶类的极品。

岭头单枞乌龙茶新品的问世，受到社会、特别是受到茶学界的重视，屡获殊荣：1986年5月商业部在福州召开的全国名茶评选会上被评为全国名茶；1988年获广东省名茶称号；同年参加欧共体在巴基斯坦拉合尔市举行的亚太地区农产品新技术新产品博览会上获最受欢迎奖；1989年获国家卫生部授予的“绿色食品”称号；1990年商业部在河南省信阳市召开的全国名茶评比会上，金帆牌岭头单枞再次被评为全国名茶；在1991年中国杭州国际文化节上获“中国文化名茶”称号；1994年被评为广东省名茶，获金奖。

**8. 岭头奇兰**

岭头奇兰，属乌龙茶类。系采大叶奇兰种鲜叶制成。原产于广东省饶平县坪溪镇岭头村，现在茶园已发展到本县许多乡镇及其临近村落，但仍以岭头所产质量最佳。岭头地处凤凰山麓，海拔400余米，境内山岭蜿蜒，竹木苍翠，云雾笼罩，土壤肥沃，质地疏松。茶园多选用无性系大叶奇兰茶苗种植和施用花生麸培育，茶树生长茂盛，鲜叶内含芳香物质丰富。

采制工艺与奇兰佳质：新中国成立前采用手工制作，工艺极为繁复；建国后采用机械或半机械生产。从采茶至制成干茶，共需14个小时以上，鲜叶采回后，一般经晒青、碰青（摇青）、杀青、揉捻、烘干等多道工序制成。其工艺流程多半在夜间进行，各道工序均凭茶师经验“看茶做茶”，审其茶菁物理化学变化规律，精细制作。其成品条索细长沉重，叶蒂小，叶肩窄，色泽黄绿，乌亮油润，砂绿隐含；香气清醇，似兰花味，滋味清醇略厚，且甘鲜，耐冲泡；叶脉主脉浮现稍白，叶身棱形清秀而有光泽，汤色清黄或金黄。

奇兰茶的冲饮方法，与一般红、绿茶不同，最好以煮沸的清泉水与精雅小巧的红陶或紫砂茶具冲泡，才能充分发其茶香，领略品茗的高雅意境。

饶平县平溪镇岭头地区种茶自清末开始，并由当地侨胞销往泰国、香港和东南亚等地。新中国成立后大力繁育种苗，推广优良品种，扩建茶园。茶叶生产已成为岭头发展经济的支柱产业。岭头奇兰在历次评比中，曾多次荣获广东省优质名茶称号。

9. **武夷肉桂**

武夷岩茶，在我国茶叶发展史上，具有特殊的地位与悠久的历史。据茶叶史料记载，早在南朝宋末年（479）就曾以“晚甘侯”（古茶名）闻名于世。唐代成为士大夫上层贵族的馈赠佳品。唐代诗人徐夤（一作寅，福建莆田人）有诗赞武夷茶曰：“臻山川秀气所钟，品具岩骨花香之胜。”宋、元两朝入贡宫廷，盛极一时。北宋苏东坡的咏茶诗里就有“武夷岩边粟粒芽，前丁后蔡相宠加”的诗句。说的是北宋年间先后担任过福建转运使、主管宫廷贡茶的丁谓、蔡襄及诗作者本人对武夷岩茶的赞赏。元朝为焙制进贡的武夷岩茶——“龙团”、“石乳”，于元大德六年（1302）在武夷山四曲卧龙潭溪水南岸建“御茶园”（又称“焙局”），直到明代嘉靖年间（1522－1566）——这二百多年贡茶从未间断。在明朝初期虽罢造龙团，又改蒸青团茶为炒青散茶，随后又制“三红七绿”（指成茶红绿相间的颜色）的乌龙茶，即现在所称的“岩茶”的前身。所以武夷茶是始于明代，盛于清代。十七世纪时即远销西欧，蜚声海外。

武夷岩茶，历经沧桑，在新中国成立之后，茶山、茶树重新回到了人民的手中，便日益兴旺发展起来，如今茶园遍布武夷山峰峰岭岭、丘壑峡谷之间。尤其在改革开放以来，岩茶的生产又有了很大的发展，武夷山市岩茶总公司所属茶场的茶园面积迄今（1994）已发展到八万四千多亩（其中优良品种已达六万六千多亩、采摘面积已达五万亩）。著名的武夷岩茶品种，除原有的奇种之外，又先后引进和培育了若干珍贵品种：如白瑞香、素新兰、铁罗汉、白鸡冠、水金龟、半天腰、白牡丹、金钥匙、不知春、不见天、雀舌、老枞水仙，以及“十二金钗”（十二个名枞）等等好几十个优良品种。以这些名枞制成的茶叶，无论香气、滋味、汤色，都各具风韵。如今的武夷茶园已形成了一个多品多姿的岩茶系列，深受国内、国际茶叶市场的青睐与欢迎。

武夷肉桂，亦称玉桂，由于它的香气滋味有似桂皮香，所以在习惯上称“肉桂”。据《崇安县新志》载，在清代就有其名。该茶是以肉桂良种茶树鲜叶，用武夷岩茶的制作方法而制成的乌龙茶，为武夷岩茶中的高香品种。肉桂茶产于福建省武夷山市境内著名的武夷山风景区，最早是武夷慧苑的一个名枞，另一说原产是在马枕峰。本世纪四十年代初已是武夷山茶园栽种的十个品种之一，到六十年代以来，由于其品质特殊，逐渐为人们认可，种植面积逐年扩大，现已发展到武夷山的水帘洞、三仰峰、马头岩、桂林岩、天游岩、仙掌岩、响声岩、百花岩、竹窠、碧石、九龙窠等地，并且正在大力繁育推广，现在已成为武夷岩茶中的主要品种。

武夷山茶区，是一片兼有黄山怪石云海之奇和桂林山水之秀的山水胜境。三十六峰，九曲溪水迂回、环绕其间。山区平均海拔 650 米，有红色砂岩风化的土壤，土质疏松，腐殖含量高，酸度适宜，雨量充沛，山间云雾弥漫，气候温和，冬暖夏凉，岩泉终年滴流不绝。茶树即生长在山凹岩壑间，由于雾大，日照短，漫射光多，茶树叶质鲜嫩，含有较多的叶绿素。

武夷肉桂，为无性系品种，茶树为大灌木型，树势半披张，梢直立。树高与宽幅可达 2 米以上。自然生长者高、幅达 3 米以上，分枝尚密，节距尚长（3 至 6 厘米）。叶片水平着生，叶长 6.6 厘米至 12 厘米，长者达 13.3 厘米；叶宽 2 至 4.7 厘米，叶幅最宽者 6 厘米；叶色淡绿，但随不同土质和施肥量多少而变深或变浅，叶肉厚质尚软，叶面内折，成瓦筒状，有大叶乌龙品种特征，叶缘略具波状，叶齿细浅，30 对左右；叶脉细稳，7 至 8 对左右，叶长椭圆形，叶尖钝，整株叶片差异大。育芽能力强，持嫩性尚好，抗寒性好。在武夷山这独得天钟地爱的生态环境中，每年四月中旬茶芽萌发，五月中旬开采岩茶，在一般情况下，每年可采四次，而且夏秋茶产量尚高，全年亩产可达 150 公斤以上。

采制工艺：须选择晴天采茶，俟新梢伸育成驻芽顶叶中开面时，采摘二三叶，俗称“开面采”。不同地形、不同级别的新叶，应分别付制，采取不同的技术和措施。现今制作，仍沿用传统的手工做法，鲜叶经萎凋、做青、杀青、揉捻、烘焙等十几道工序。鲜叶萎凋适度，是形成香气滋味的基础，做青系岩茶品质形成的关键。做青时须掌握重萎轻摇，轻萎重摇，多摇少做，先轻后重，先少后多，先短后长、看青做青等十分严格的技术程序。近年来做青多以滚洞式综合做青机进行。

肉桂外形条索匀整卷曲；色泽褐禄，油润有光；干茶嗅之有甜香，冲泡后之茶汤，特具奶油、花果、桂皮般的香气；入口醇厚回甘，咽后齿颊留香，茶汤橙黄清澈，叶底匀亮，呈淡绿底红镶边，冲泡六七次仍有“岩韵”的肉桂香。

武夷肉桂，1982 年以来连续五次获得国家级名茶光荣称号；1992 年在首届中国农业博览会上又荣获金奖。1994 年 7 月，武夷岩茶肉桂在蒙古国乌兰巴托国际博览会上荣获金奖；1994 年 10 月，参加在漳浦举行的由台湾（省）天仁集团主办的海峡两岸秋季乌龙茶展示会上，由本公司茶叶研究所选送的品种半天腰、肉桂双双荣获头等奖和金钥匙二等奖。现出口港澳、东南亚、日本、英国等国家和地区。

#### 10. 武夷大红袍

武夷大红袍，因早春茶芽萌发时，远望通树艳红似火，若红袍披树，故名。大红袍是中国茗苑中的奇葩，素有“茶中状元”之美誉，乃岩茶之王，堪称国宝。产于福建省武夷山市——武夷山东北部天心岩（峰）下天心庵（永乐禅寺）之西的九龙窠。山壁上有朱德题刻的“大红袍”三个朱红字。该处海拔 600 余米，年均降水量在2000毫米以上，相对湿度在80%左右，四季气候温和，年均气温约18.5℃。山间溪涧飞流，云雾缭绕。土壤全系酸性岩石风化而成。大红袍茶树为灌木型，树冠半展开，分枝较密集，叶梢向上斜生，叶近阔椭圆形，尖端钝略下垂，叶缘微向面翻，叶色深绿光泽，内质稍厚而发脆，嫩芽略壮，显毫，深绿带紫。

大红袍为千年古树，稀世之珍。现九龙窠陡峭绝壁上仅存4株，系植于山腰石筑的坝栏内，有岩缝沁出的泉水滋润，不施肥料，生长茂盛，树龄已达千年。于每年5月13日~15日高架云梯采之，产量稀少，被视为稀世之珍。从元明以来为历代皇室贡品。武夷大红袍，属于单枞加工、品质特优的“名枞”，各道工序全部由手工操作，以精湛的工作特制而成。成品茶香气浓郁，滋味醇厚，有明显“岩韵”特征，饮后齿颊留香，经久不退，冲泡9次犹存原茶的桂花香真味。被誉为“武夷茶王”。

#### 11. 闽北水仙

闽北水仙，系乌龙茶类的上乘佳品。该茶始产于百余年前闽北建阳县水吉乡大湖村一带。现主产区为建瓯、建阳两县，地域毗连，群山起伏，云雾缭绕，溪流纵横，竹木苍翠。年均气温19.9℃；年降水量1600毫米以上，相对湿度80%左右；土地肥沃，土层深厚疏松，有机质含量高，富含磷、钙、镁等矿物质，酸碱度适宜。所植水仙品种茶树为无性系良种，属中叶种小乔木型，主骨明显，枝条粗壮，呈椭圆形，叶肉厚，表面革质有油光，嫩梢长而肥壮，芽叶透黄绿色。

采制工艺与茶质：春茶于每年谷雨前后采摘驻芽第三、四叶，经萎凋、做青、杀青、揉捻、初焙、包揉、足火等工序制成毛茶。由于水仙叶肉肥厚，做青须根据叶厚水多的特点以“轻摇薄摊，摇做结合”的方法灵活操作。包揉工序为做好水仙茶外形的重要工序，揉至适度，最后以文火烘焙至足干。成品茶外形壮实匀整，尖端扭结，色泽砂绿油润，并呈现白色斑点，俗有“蜻蜓头，青蛙腹”之称；香气浓郁芬芳，颇似兰花。滋味醇厚，入口浓厚之余有甘爽回味；汤色红艳明亮，叶底柔软，红边明显。建瓯茶厂生产的北苑牌“闽北水仙一级乌龙茶”曾多次被评为省、部优质产品。1981、1982年荣获国家优质产品银质奖；1988年荣获首届中国食品博览会金奖；同年又荣获轻工业部优秀出口产品银牌奖；1989年被省消费者委员会誉为“消费者信得过产品”。该产品大部分供出口，主要销往港澳、日本、欧美及东南亚各国和地区。

### 白　茶

白茶，属轻微发酵茶，是我国茶类中的特殊珍品。因其成品茶多为芽头，满披白毫，如银似雪而得名。

白茶，目前产区主要在福建省（台湾省也有少量生产）建阳、福鼎、政和、松溪等县。境内丘陵起伏，常年气候温和，雨量充沛（如以福鼎为例，年均气温在18.5℃，年降水量在1661毫米左右）。山地以红、黄壤为主，主要种植福鼎大白茶、政和大白茶及水仙等优良茶树品种。

白茶的制作工艺，一般分为萎凋和干燥两道工序，而其关键是在于萎凋。萎凋分为室内萎凋和室外日光萎凋两种。要根据气候灵活掌握，以春秋晴天或夏季不闷热的晴朗天气，采取室内萎凋或复式萎凋为佳。其精制工艺是在剔除梗、片、蜡叶、红张、暗张之后，以文火进行烘焙至足干，只宜以火香衬托茶香，待水分含量为4~5%时，趁热装箱。白茶制法的特点是既不破坏酶的活性，又不促进氧化作用，且保持毫香显现，汤味鲜爽。

白茶主要品种有白牡丹、白毫银针。白牡丹何以冠此高雅之芳名？白牡丹因其绿叶夹银白色毫心，形似花朵，冲泡后绿叶托着嫩芽，宛如蓓蕾初放，故得美名。白牡丹是采自大白茶树或水仙种的短小芽叶新梢的一芽一二叶制成的，是白茶中的上乘佳品。而采自大白茶树的肥芽制成的白茶称为“白毫银针”，因其色白如银，外形似针而得名，是白茶中最名贵的品种。其香气清新，汤色淡黄，滋味鲜爽，是白茶中的极品。而采自菜茶（福建茶区对一般灌木茶树之别称）品种的短小芽片和大白茶片叶制成的白茶，称为“贡茶”和“眉茶”。贡茶的品质优于眉茶。

白茶，素为茶中珍品，历史悠久，其清雅芳名的出现，迄今已有八百八十余年了。宋徽宗（赵佶）在《大观茶论》（成书于1107－1110“大观”年间，书以年号名）中，有一节专论白茶曰：

> 白茶，自为一种，与常茶不同。其条敷阐，其叶莹薄，林崖之间，偶然生出，虽非人力所可致。有者，不过四五家；生者，不过一二株；所造止于二三胯（銙）而已。芽英不多，尤难蒸焙，汤火一失则已变而为常品。须制造精微，运度得宜，则表里昭彻如玉之在璞，它无与伦也。浅焙亦有之，但品不及。

宋代的皇家茶园，设在福建建安郡北苑（即今福建省建瓯县境）。《大观茶论》里说的白茶，是早期产于北苑御焙茶山上的野生白茶。其制作方法，仍然是经过蒸、压而成团茶，同现今的白茶制法并不相同。而白茶的生产，是于清嘉庆初年（1769）采芽茶制成银针。1885年改采福鼎大白茶制成白毫银针。

关于白茶的历史究竟起于何时？茶学界有些不同的观点。有人认为白茶起于北宋，其主要依据是“白茶”最早出现在《大观茶论》、《东溪试茶录》（文中说建安七种茶树品种中名列第一的是“白叶茶”）中；也有认为是始于明代或清代的，持这种观点的学者主要是从茶叶制作方法上来加以区别茶类的，因白茶的生产过程只经过“萎凋与干燥”两道工序。也有的学者认为，中国茶叶生产历史上最早的茶叶不是绿茶而是白茶。其理由是：中国先民最初发现茶叶的药用价值后，为了保存起来备用，必须把鲜嫩的茶芽叶晒干或焙干，这就是中国茶叶史上“白茶”的诞生。

### 1. 白毫银针

白毫银针，简称银针，又称白毫。因其成品多为芽头，满披白毫，色白如银，纤细如针，故得高俏雅名。白毫茶是属于仅有的白茶品种中之极品。它同君山银针齐名于世，历代为皇家的贡品。产于福建省福鼎县太姥山麓。地处中亚热带，境内丘陵起伏，常年气候温和湿润；年均气温 18.5℃，年均降水量 1660 毫米左右；红、黄土壤，土质肥沃，实为宜茶之地。主要种植福鼎大白茶。清嘉庆初年（1796 年之后）始制作银针白毫，以有性茶树群体菜茶的壮芽为原料；从 1885～1889 年间，改以福鼎大白茶和政和大白茶的壮芽为原料，而以台割更新后萌发的第一批肥壮春芽最为理想。一般在三月下旬至清明节采摘肥芽或一芽一叶，然后进行初制加工。

制作工艺与茶质：鲜叶采回后，一般在剔除鱼叶、真叶后，均匀摊于水筛晾晒至八九成干后采用 30～40℃ 文火慢烘至足干制成毛茶。精干工艺，再将毛茶用六、七号筛过筛，筛上为优质品，筛下为次等品，然后再用手工精心拣除梗片、杂物等，分批用文火烘至足干，趁热装箱，以保持茶品鲜香。银针成品茶芽肥壮，满披白色茸毛，色泽鲜白，闪烁如银，条长挺直，如棱如针，汤色清澈晶亮，呈浅杏黄色，入口毫香显露，甘醇清鲜。其性寒，有解毒、退热、降火之功效，被视为治疗麻疹的良药。本品从 1981 年开始出口，1982 年 6 月在长沙召开的全国名茶评比会上，被评为全国名茶之一。1986 年与 1990 年又分别两届被商业部评为全国名茶。现出口港澳、美国、德国等地。

### 2. 白牡丹

白牡丹，以绿叶夹银白色毫心，形似花朵，冲泡后绿叶托着嫩芽，宛若蓓蕾初放，故名。1922 年以前创作于福建省建阳县水吉乡。1922 年政和县亦开始制作，渐成为本品的主产区。目前产区分布于政和、建阳、松溪、福鼎等县。其原料采自政和大白茶、福鼎大白茶及水仙等优良茶树品种，选取毫芽肥壮、洁白的春茶加工而成。

白牡丹制作工艺与茶质：其制作工艺关键在于萎凋，要根据气候灵活掌握，以春秋晴天或夏季不闷热的晴朗天气，采取室内自然萎凋或复式萎凋为佳。精制工艺是在拣除梗、片、蜡叶、红张、暗张进行烘焙，只宜以火香衬托茶香，保持香毫显现，汤味鲜爽。待水分含量为 4～5% 时，趁热装箱。成品毫心肥壮，叶张肥嫩，呈波纹隆起，叶缘向叶背卷曲，芽叶连枝，叶面色泽呈深灰绿，叶背遍布白茸毛；香毫显，味鲜醇；汤色杏黄或橙黄清澈；叶底浅灰，叶脉微红。其性清凉，有退热降火之功效，为夏季佳饮。主要出口港澳地区。

## 黄 茶

黄茶，名之由来：人们从炒青绿茶中发现，由于杀青、揉捻后干燥不足或不及时，叶色即变黄，于是产生了新的品类——黄茶。

黄茶的制作与绿茶有相似之处，不同点是多一道闷堆工序。这个闷堆过程，是黄茶制法的主要特点，也是它同绿茶的基本区别。绿茶是不发酵的，而黄茶是属于发酵茶类。这道工序有的称之为、闷黄”、“闷堆”，或称之为“初包”、“复包”、“渥堆”。

黄茶，按鲜叶的嫩度和芽叶大小，分为黄芽茶、黄小茶和黄大茶三类。黄芽茶主要有君山银针、蒙顶黄芽和霍山黄芽；黄小茶主要有北港毛尖、沩山毛尖、远安鹿苑茶、皖西黄小茶、浙江平阳黄汤等；黄大茶有安徽霍山、金寨、六安、岳西和湖北英山所产的黄茶和广东大叶青等。

黄芽茶之极品是湖南洞庭君山银针。其成品茶，外形茁壮挺直，重实匀齐，银毫披露，芽身金黄光亮，内质毫香鲜嫩，汤色杏黄明净，滋味甘醇鲜爽。在国际和国内市场上都久负盛名，身价千金（现北京市场零售价每市斤已逾千元）。

安徽霍山黄芽亦属黄芽茶的珍品。霍山茶的生产历史悠久，从唐代起即有生产，明清时即为宫廷贡品。霍山黄大茶，其中又以霍山大化坪金鸡山的金刚台所产的黄大茶最为名贵，干茶色泽自然，呈金黄，香高、味浓、耐泡。

### 1. 北港毛尖

北港毛尖，以注册商标“北港”命名，唐代称“邕湖茶”，属黄茶类，产于湖南省岳阳市北港。茶区气候温和，雨量充沛，湖面蒸气冉冉上升，低空缭绕，微风吹拂，如轻纱薄雾散于邕湖北岸上空，形成了北港茶园得天独厚的自然环境。

毛尖茶采制工艺与品质：北港毛尖鲜叶一般在清明后五六天开园采摘，要求一号毛尖原料为一芽一叶，二、三号毛尖为一芽二、三叶。抢晴天采，不采虫伤、紫色芽叶、鱼叶及蒂把。鲜叶随采随制，其加工方法分锅炒、锅揉、拍汗及烘干四道工序。成品外形呈金黄色，毫尖显露，茶条肥硕，汤色澄黄，香气清高，滋味醇厚，甘甜爽口。本品在清代乾隆年间已有名气，由岳阳市茶叶公司生产的北港毛尖，于1964 年被评为湖南省优质名茶。

### 2. 君山银针

君山银针，以注册商标“君山”命名，为黄茶类针形茶。唐宋时，以其形似鸟羽，称黄翎毛、白鹤翎；清代，因其有白色茸毛，称之为白毛尖；1957 年始定今名。

银针茶产于湖南省岳阳市洞庭湖君山岛。君山位于西洞庭湖中，犹如一块晶莹的绿宝石，镶嵌在波光潋滟的碧湖之中。唐代诗人刘禹锡有诗赞曰：“遥看洞庭山水翠，白银盘里一青螺。”它东与江南第一名楼——岳阳楼隔湖对峙；西望洞庭，烟波浩渺；“南极潇湘”，斑竹泪韵；“北通巫峡”，神女奇观。古往今来，这洞庭君山就是一处令人神往的所在，高人雅士，慕胜登临，题咏赋诗，意韵流传。如今，湘妃——娥皇、女英墓前的引柱上，刻有清光绪年间彭玉麟“君妃二魄芳千古；山竹诸斑泪一人”的对联，上下联首字，巧妙地嵌成了“君山”二字。

这古老而富有神奇色彩的君山，物产万类，最为人们所乐道的就是这君山银针了。从古至今，以其色、香、味、奇并称四绝，闻名遐迩，饮誉中外。这总面积不到一平方公里，最高海拔不到80米的小小君山，土质肥沃，气候温和，湿度适宜，实为宜茶之地。茶园遍布于楼台亭阁，寺观庙宇，古墓曲径，诸多胜迹之间。君山产茶历史悠久，《巴陵县志》记载：“巴陵君山产茶，嫩绿似莲心，岁以充贡……盛产于唐，始贡于五代。”物以稀为贵，古时君山茶仅年产一斤多，直至清代尚有贡尖、贡蔸之分（即银针、毛尖）。“君不可一日无茶”的乾隆下江南时（1871. 乾隆四十六年），品尝君山茶后，即下诏岁贡十八斤。君山银针，现年产也只有300公斤，1994年春，产地的出厂价每公斤为1200元。

银针茶的采制工艺：每年清明前三、四天开采鲜叶，以春茶首摘的单一茶尖制作，制1公斤银针茶约需5万个茶芽。其制作工艺精湛，对外形则不作修饰，务必保持其原状，只从色、香、味三个方面下工夫。经摊青、杀青、初包、复烘、摊凉、复包、足火等工序，历时72小时。制作特点为杀青、烘焙均以较低温度进行；杀青动作须轻而快，既适度又避免芽断毫脱；烘包发酵时用桑皮纸包裹，历时长达60小时。近几年来在工艺上又作了改革，改“杀青”为“蒸青”，提高了芽头在杯中的竖起率。

君山银针，独具韵味，其成品外形芽头茁壮，坚实挺直，白毫如羽，芽身金黄光亮，素有“金镶玉”之美称；内质毫香鲜嫩，汤色杏黄明净，滋味甘醇甜爽，叶底肥厚匀亮。

这黄茶中的世间珍品，如若以玻璃杯冲泡，则别有一番奇美景象：当以沸水（稍待落滚）注入杯中时，芽头开始冲向水面，几分钟后，茶芽徐徐下沉，由横卧渐渐悬空竖立，沉浮起落，往复三次，趣称“三起三落”；气泡偶尔留于芽尖，如雀喙含珠；最后茶芽竖立于杯底，似鲜笋萌发，刀枪林立，茶形与汤色交相辉映，茶香四溢，丽影飘然。饮者在此时此际，目视杯中奇观，品尝银针鲜香，是何等赏心悦目，心旷神逸啊！

君山银针，以其高超品质，奇异风韵，赢得了中外茶学界和品茗者的极大兴趣和高度评价。湖南省岳阳市茶叶公司出品的君山银针，先后于1954年、1956年参加莱比锡博览会时引起轰动，并在1956年莱比锡博览会上获得金质奖章，从而驰名中外。自1980年以来，多次被评为湖南省优质名茶；1982年被商业部评为全国优质名茶，1983年获外贸部颁发的优质产品证书。近年来出口日本、美国和港澳地区；国内如北京等大城市有少量销售。

### 3. 沩山毛尖

沩山毛尖，产于湖南省宁乡县大沩山的沩山乡。沩山为高山盆地，自然环境优越，茂林修竹，奇峰峻岭，溪河环绕，芦花瀑布一泻千丈，常年云雾飘渺，罕见天日，素有“千山万山朝沩山，人到沩山不见山”之说。山中有唐宣宗（李悦）朝廷宰相裴休修葺——武则天所建“十方密印寺”，为佛教圣地，常年香火不断，寺内鼎盛时期僧侣多达一千余人，在日本、东南亚一带享有崇高声誉，故有“名山、名寺、产名茶”之称。这里年均降雨量达1670毫米，气候温和，光照少，空气相对湿度在80%以上，茶园土壤，为板页岩发育而成的黄壤，土层深厚，腐殖质丰富，茶树久受甘露滋润，不受寒暑侵袭，根深叶茂，芽肥叶壮。

沩山毛尖的制作工艺与成茶品质：采摘一芽一叶或一芽二叶，无残伤、无紫叶的鲜叶，经杀青、闷黄、轻揉、烘焙、熏烟等工艺精制而成。其中熏烟是沩山毛尖的独特之处。成茶外形微卷成块状，色泽黄亮油润，白毫显露，汤色橙黄透亮，松烟香气芬芳浓郁，滋味醇甜爽口，叶底黄亮嫩匀，颇受边疆人民喜爱。被视为礼茶之珍品，历代名茶驰名中外，畅销各地。1986年荣获名优证书；1988年获中国首届食品博览会铜牌奖。

沩山产茶历史悠久，远在唐代就已著称于世，清同治年间（1862－1874）《宁乡县志》载：“沩山茶，雨前采摘，香嫩清醇，不让武夷、龙井。商品销甘肃、新疆等省，久获厚利，密印寺院内数株味尤佳……。”“文革”中发现密印寺大佛像体内存有茶叶三十余斤，可见茶叶在佛祖中的地位，是“茶佛一味”又一生动见证。

在建国初期50年代，毛泽东主席品尝沩山毛尖后，托工作人员写信向沩山乡致谢。刘少奇主席生前把沩山毛尖作为家乡茶，款待国内外友人。华国锋同志题词称“沩山毛尖，具有独特风格”。谢觉哉、甘泗淇、周光召等宁乡籍革命老前辈，对故乡的沩山毛尖都给予了高度的评价。

### 4. 鹿苑茶

鹿苑茶，属黄茶类，产于湖北省远安县鹿苑寺，迄今已有750年历史。据县志记载，起初不过为寺僧在寺侧栽培，产量甚微；当地村民见茶香味浓，争相引种，逐渐扩大栽培范围。鹿苑寺的石碑上还刻有清代高僧金田于光绪九年（1883）来鹿苑寺讲法时，赞赏鹿苑茶的诗文：“山精石液品超群，一种馨香满面薰，不但清心明目好，参禅能伏睡魔军。”

鹿苑寺位于县城西北群山之中的云门山麓，海拔120米左右，龙泉河流经寺前，茶园多分布于山脚、山腰一带，峡谷中的兰草、山花与四季长青的百岁楠树，相伴茶树生长，终年气候温和，雨量充沛，红砂岩风化的土壤，肥沃疏松。茶树生长繁茂，形成其特有品韵。

鹿苑茶的工艺与茶质：于每年清明前数日至谷雨间采茶，标准为一芽、一、二叶，要求鲜叶细嫩、匀齐、纯净，不带鱼叶、老叶。经杀青、炒二青、闷堆、拣剔和炒干等工序。其中闷堆是形成鹿苑茶特有品质的重要工序，茶坯堆积在竹盘内，拍紧压实，上盖湿布，闷堆 5－6 小时，促其色泽黄变。其成品外形色泽金黄（略带鱼子泡），白毫显露，条索环状（环子脚），内质香气持久，滋味醇厚甘凉，汤色绿黄明亮，叶底嫩黄匀整。该茶于 1982、1986 年参加全国名优茶评比，被商业部评为全国名茶。

### 5. 蒙山黄芽

蒙山黄芽，以蒙山牌注册商标名世（注：蒙山黄芽，与古今名茶蒙顶黄芽为同一品种，因生产厂家注册商标不同，故茶名有“山”与“顶”之别），产于四川省名山县蒙顶山山区——四川省国营名山县茶厂。蒙山顶有五峰，最高为上清峰，海拔 1440 米。群峰竞秀，树木苍翠。产区土层深厚，PH 值 4.5～5.4；年均气温 13℃左右；年降水量 2000～2200 毫米；云雾日全年长达 220 多天，形成雨多、雾多、云多三大特点。在此得天独厚的自然环境中，茶树生长繁茂，茶芽鲜嫩，持嫩性强。

蒙山黄芽的采制工艺与茶品：以每年清明节前采下的鳞片开展的圆肥单芽为原料，经过一杀青、两色黄、一堆放、三复锅、二烘焙等制作工艺，使成茶芽条匀整，扁平挺直，色泽黄润，全毫显露；汤色黄中透碧，甜香鲜嫩，甘醇鲜爽；叶底全芽嫩黄。是黄芽类名茶极品。

蒙山茶栽培始于西汉，距今已有二千多年的历史了。唐元和八年（813）李吉甫撰《元和郡县图志》载：“严道县蒙山在县南十里，今每岁贡茶为蜀之最。”每年清明节前，名山县令择吉日，沐浴礼拜，朝服登山，请山上寺院主持大和尚焚香祷告，开启茶园。在“皇茶园”中采摘茶叶 360 片（合夏历全年日数），炒制成茶，存入两只银瓶，贡送京都，供帝王祭祖之用。同时，在蒙山上清峰、甘露峰、玉女峰、井泉峰、菱角峰等处采摘“凡种”茶叶，揉制成团，名“颗子茶”，贮于 18 只锡瓶之内，陪贡入京，称作陪茶。这正如有诗所云：“蒙茸香叶如轻罗，自唐进贡入天府。”蒙顶茶年年作为贡品奉献历代皇室享用，直到清末罢贡，长达一千一百多年。新中国成立后，（1959 年）蒙顶茶被评为全国十大名茶之一。

如今蒙山茶叶的开发生产已有了很大的发展，产量、质量都有很大提高。今属四川蒙山茶叶集团公司的企业，除国营名山县茶厂之外，还有名山县茶叶公司、名山县茶树良种繁育场、名山县蒙山茶场、名山县蒙峰茶厂、中外合资蜀名茶叶有限公司等六家茶厂都生产蒙山茶。蒙山茶的开发与生产已经进入了一个新的光辉历史发展阶段，将有更多、更好的蒙山茶投放市场，以满足茗饮者的需求。

### 6. 霍山黄芽

霍山黄芽，产于安徽省霍山县，因用细嫩芽叶，经闷黄工序制成，故称。属黄茶类极品名茶。产地分布于该县大化坪金鸡山的金刚台、金鸡垱、乌米尖、漫水河与金竹坪等地，而以金刚台所产品质最佳。产区位于皖西大别山区，海拔800米以上，终年云雾缭绕，日照短且弱，气候温暖湿润，年均气温14～16℃，年均降水量1300毫米以上，相对湿度80%左右；山地多为微酸性黄棕壤，PH值5～6，加之大量鸟类栖息，撒下大量粪便，致使土壤十分肥沃。其所产茶叶芽嫩，叶肥，品质优良。

采制工序及茶品特色：每年谷雨前3～5天拣山开园，采摘期10多天，专采最细最嫩幼芽，并保持新鲜。经炒青、做形、初包、初烘、摊放、复火等工序而成。成品茶芽叶挺直匀齐，色泽黄绿，细嫩多毫，形似雀舌；汤色明亮黄绿，带黄圈，叶底嫩黄；滋味浓厚鲜醇，甜和清爽，有熟板栗香，饮后有清香满口之感。

霍山（一名潜山，又名天柱山）产茶历史悠久，早在唐代已有生产。唐代秦韬玉《采茶歌》有“天柱香芽绿香发，烂研瑟瑟穿荻筏”赞誉霍山黄芽的诗句。又如唐代薛能在《谢刘阳公寄天柱茶》诗中云：偷嫌曼倩桃无味，捣药常娥药不香。”清光绪年间《霍山县志》称：“近县百里皆产茶，每岁雨前采制，贡之内府。”同治年间《六安州志》记载，明清时，霍山茶占全州3/4，每年采制雨前极品入贡。以后一度停产，至1971年恢复。1990年，由霍山县茶叶公司生产的大化坪牌霍山黄芽被商业部评为全国名茶。目前，主要销售于北京、江苏、天津、山东等地，出口港澳。

## 紧压茶

紧压茶，是以黑毛茶、老青茶、做庄茶及其他适制毛茶为原料，经过渥堆、蒸、压等典型工艺过程加工成的砖形或其他形的茶叶。由于该类茶的大宗品种主要销往边疆少数民族地区，成为边疆地区各民族的生活必须品，故商业上习惯称之为边销茶。其品种较多，原料、加工方法也不尽相同。多数品种配用的原料比较粗老。干茶色泽黑褐，汤色澄黄或澄红。其中六堡茶、普洱茶、沱茶等花色品种，不仅风味独特，且具有减肥、美容的效果。

紧压茶，根据堆积、做色方式不同，分为“湿坯推积做色”、“干坯堆积做色”、“成茶堆积做色”等亚类。我国紧压茶产区比较集中，主要有湖南、湖北、四川、云南、贵州等省。其中茯砖、黑砖、花砖茶主产于湖南；青花砖主产于湖北；康砖、金尖主产于四川、贵州；普洱茶之紧茶主要产于云南；沱茶主要产于云南、重庆。

紧压茶加工中的蒸压方法与我国古代蒸青饼茶的做法相似。紧压茶生产历史悠久，大约于11世纪前后，四川的茶商即将绿毛茶蒸压成饼，运销西北等地。到十九世纪末期，湖南的黑砖茶、湖北的青砖茶相继问世。紧压茶独具的品质特性是，除了它具有较强的消食却腻，适应各地少数民族特殊的烹饮方法之外，是它具有较强的防潮性能，便于运输和贮藏。由于过去产茶区大多交通不便，运输茶叶是靠肩挑、马驮，在长途运输中极易吸收水分，而紧压茶类经过压制后，比较紧密结实，增强了防潮性能，便于运输和贮藏。而有些紧制茶在较长时间的贮存中，由于水分和湿度的作用，还能增进茶味的醇厚。所以直到如今，以各种茶类加工制作的压缩茶，不仅在国内是兄弟民族日常生活的必须品，需要量多，而且在国际市场上也有一定的销售量。

### 1. 七子饼茶

七子饼茶，又称圆茶，系将茶叶加工紧压成圆饼形，每7块包装为1筒，故名。云南省西双版纳傣族自治州勐海县勐海茶厂生产。以普洱散茶为原料，经筛、拣、高温消毒、蒸压定型等工序制成，成品呈圆饼形，直径21厘米，顶部微凸，中心厚2厘米，边缘稍薄，为1厘米，底部平整而中心有凹陷小坑，每饼重357克，以白绵纸包装后，每7块用竹笋叶包装成1筒，古色古香，宜于携带及长期贮藏。出口饼茶亦有采用古朴典雅的纸盒包装的，每盒1块。

七子饼茶生产历史悠久，公元1000年以前即见证载，历来用为馈赠礼品。其外形结紧端正，松紧适度，洒面匀整，冲泡后水浸出物近40%，汤色红黄明亮，香气浓郁持久，滋味醇厚爽口。该茶于1983年7月与1987年9月先后两次被商业部评为优质产品；1983年12月获省优产品称号；1988年1月获省优质食品奖；1988年11月荣获全国优质保健食品“金鹤杯”奖；1988年12月获首届中国食品博览会银奖。1970年开始出口港澳地区。

### 2. 云南沱茶

云南沱茶，系云南省下关茶厂独家创制的紧茶上品，原用“中茶牌”注册商标，1993年1月起，改用“松鹤牌”注册商标。

云南沱茶，是中国茶苑里一株绚丽的奇葩，它植根于中华大地，始创于云南下关，从面世至今已有九十多年的历史。早在1902年，下关“复春和”等制茶商号就开始在一种称之为“团茶”的基础上进行沱茶的研制，1917年成功定型，其造型独特，状如碗臼。由于滇人习惯把块状物体称为“坨”，因此初始取名“坨茶”。当年下关茶厂生产的这种“坨茶”销往四川“叙府”（即今宜宾地区），用当地沱江水泡饮，其味甚佳。沱江水、下关茶，这一名茶佳水的完美结合，使“坨茶”声誉倍增，久而久之，“坨茶”也就逐渐演变成“沱茶”了。

云南沱茶，是选用云南大叶种优质茶为原料，经科学方法精制而成的紧压茶，分内销与外销两个品种。由于选料、处理方法不同，在成茶的色泽、香型、汤色、滋味和效益方面，都有明显的区别。

云南沱茶（内销），外形紧结端正，色泽乌润，白毫显露，汤色澄黄明亮，香气清正高洁，滋味醇爽回甘，叶底嫩匀，经久耐泡，畅销于全国 23 个省市，1991 年开始批量出口，深受国内外消费者的欢迎。

云南省下关茶厂生产的云南沱茶（甲级），于 1979 年、1984 年、1987 年三次获云南省优质产品称号；1981 年、1985 年、1990 年三次荣获国家银质奖；1989 年评为全国名茶。

云南沱茶（外销，曾用名“普洱沱茶”），其外形呈碗臼状，紧结端正，色泽褐红，汤色红浓明亮，陈香馥郁，滋味醇厚和平，水浸出物在 40% 以上。该茶不同于红茶，又有别绿茶，是一种温性茶，产品主要出口港澳及欧美等十多个国家和地区。

云南沱茶，不仅是茶中天然上乘饮品，而且还具有独特的医疗效能。据香港《成报》载：法国国立健康和医学研究所临床试验证明，常饮沱茶有促进人体脂肪新陈代谢、平衡和节制胆固醇的作用，血液脂肪过多的人每天喝三碗云南沱茶，一个月后患者的血液脂肪几乎减少四分之一；与之相比而饮用同样数量、其它茶品的患者的血液脂肪则无变化。由于该茶的独特品质和医疗效果，深受国际市场的欢迎，在国际优质食品博览评比中，屡获殊荣：于 1986 年、1987 年、1993 年三次荣膺“世界食品金冠奖”；1980 年获云南省优质产品称号；1987 年获商业部优质产品称号，1988 年获中国首届食品博览会金奖。

### 3. 云南边销茶

云南边销茶，属紧压茶类，因其主要供应边疆少数民族饮用而得名。产于云南省大理、昆明、景谷、勐海、盐津等市、县，系以滇南茶区大叶种晒青毛茶或滇东北茶区小叶种晒青毛茶为原料，经筛拣、蒸压等工序加工而成。成品外形紧结端正，汤色橙黄，滋味醇和，香气持久，适于冲泡及烹饮，且运输方便，耐长期保存。

边销茶的主要花色品种有：传统带把心脏形紧茶、圆饼形饼茶、正方形方茶、长方砖块形青砖茶、康砖茶。边销茶生产历史悠久，据《普洱府志》载，早在唐宋时即有生产，适于高原地区少数民族需要，有助于在多肉乳、少蔬菜的饮食中助消化，解油腻，从中摄取人体所需要的一些维生素，增强人体对高原低压的适应能力，已成为高原地区少数民族每日用餐的生活必须品。云南边销茶，主销西藏和本省西北部少数民族地区。1984 年下关茶厂生产的中茶牌云南紧茶，获云南省优秀民族用品称号。

### 4. 中茶牌花砖茶

中茶牌花砖茶，湖南省安化白沙溪茶厂生产。系由花卷茶（又称千两茶）演变而来。花卷茶长166厘米，直径18厘米，重达36公斤，为圆柱形，纯用手工制作，工艺复杂，劳动强度大，产量低，运输、销售不便。1958年起，改制成长35厘米、宽18.5厘米、厚3.5厘米、重2公斤的长方形茶砖。安化地处雪峰山麓，森林密布，河流纵横，年均气温16.2℃，年降水量1686.2毫米，无霜期274天，最长达320天，年相对湿度80%，全年雾日多，起雾早，收雾迟，土壤绝大部分为红壤和红黄壤，腐殖层深厚，土壤肥沃。安化种茶历史已逾千年。黑砖茶生产的历史已有400年。

制作工艺与茶砖品格：中茶牌花砖全部采用安化产二、三级黑毛茶，经科学方法处理精制而成。对毛茶要求：色泽乌黑油润，成泥鳅条，汤色澄黄，有松烟香味。精制按春夏茶配比，淘除劣异、蒸汽软化、高压定型、缓慢干燥等工序。成品平整光滑，棱角分明，色泽黑褐，香气醇正，滋味纯和尚浓，汤色红黄尚明，叶底黑褐较硬。1983年、1987年两次获商业部优质产品证书及湖南省优质产品称号。主销西北各省区。

### 5. 重庆沱茶

重庆沱茶，四川省重庆茶厂于1953年开始生产，以川东、川南地区14个产茶区的优质茶叶为原料，经精制加工而成，属上乘紧压茶。曾先后荣获国际金奖和国家银奖。

优质原料与精工制作：沱茶原料产区气候湿润，年均气温14~18℃，冬季暖和，少见霜雪，年降水量大都在1000~1200毫米，年均相对湿度70%以上。茶田多为酸性黄壤、棕壤，种植外形各异的大、中、小叶品种，其内质各具特色。制作时选用中上等晒青、烘青和炒青毛茶，运用传统工艺和现代化生产手段，对原料进行搭配、筛分、整形，再进行大拼堆、称料、蒸制、揉袋压形。烘焙发酵采用人工控温法，通过低温慢烘（温度为46℃~55℃；时间为48小时左右），既排除水分（含水量降至9%以下）又促进茶叶内含物质的发酵、转化。

重庆沱茶品质特性：其成品茶形似碗臼，色泽乌黑油润，汤色澄黄明亮，叶底较嫩匀，滋味醇厚甘和，香气馥郁陈香。含有对人体有益的咖啡碱、茶多酚、矿物质等多种元素，具有提神益脑，生津止渴，醒酒利尿，去腻消食，防止血管硬化和胆固醇增高之功效。沱茶每个净重100毫克，分筒装、六角形和组合形精包装三种，畅销国内。1980年起出口日本、意大利、香港等10多个国家和地区。1983年8月在罗马举行的第22届世界食品评选会上，经大会常务组织委员会评定："峨眉牌沱茶，经实验室分析测验及独立评判委员会对产品有机生化、工艺过程、外观和产品商品的审定证明，本品完全符合有关规定"，被授予金质奖章。1985年12月荣获国家优质产品银质奖。

## 黑茶

黑茶，在鲜叶选料、工艺流程和对其色泽、品质的要求上，都具有其独特的标准与风味，形成了同绿茶、红茶、白茶、黄茶、花茶等独占一个“黑”字的茶类。

绿色的鲜茶叶，是经过何种制作工序变成黑茶的呢？最早的黑茶是由四川生产的，由绿毛茶经蒸压而成的边销茶。四川的茶叶要运输到西北地区，由于交通不便，运输困难，必须减少体积，蒸压成团块。在加工成团块的过程中，要经过二十多天的湿坯堆积，所以毛茶的色由绿逐渐变黑。成品团块茶叶的色泽为黑褐色，并形成了茶品的独特风味，这即是黑茶之由来。

黑茶的采摘标准多为一芽五至六叶，叶粗梗长。其制作基本工艺流程是高湿杀青、揉捻、堆积做色、干燥。由于黑茶一般原料较粗老，加之制造过程中往往堆积发酵时间较长（在通常情况下，春季12~18小时，夏、秋季8－12小时），因而叶色油黑或黑褐，故称黑茶。黑茶主要供边疆少数民族饮用，所以又称边销茶。黑毛茶又是压制各种紧压茶的主要原料，各种黑茶的紧茶是藏族、蒙古族和维吾尔族等兄弟民族日常生活的必须品，有“宁可一日无食，不可一日无茶”之说。黑茶因产区和工艺上的差别，有湖南黑茶、湖北老青茶、四川边茶和滇桂黑茶之分。而其中云南黑茶是用滇青毛茶经潮水沤堆发酵后干燥而成，统称其为普洱茶。普洱散茶是黑茶品类中，独具浓醇陈香的品种。黑茶以边销为主，部分内销，少量侨销。

### 1. 六堡茶

六堡茶，产于广西壮族自治区苍梧县西北的六堡山区。苍梧县位于北回归线（北纬23°27’）上，太阳辐射较强，气温高、雨量丰，年均气温21.2℃，年均降水量1500.7毫米。而六堡山区气温较低，阴凉潮湿，土壤较肥沃，茶树高大，株高数米，叶大质软。制作分为鲜叶萎凋、揉捻、切碎、渥堆、烘干等工序。该茶特色在于“蒸”制，即将烘干的茶叶，分等级再投入大木桶中蒸软，然后摊入特制的方底圆身形竹篓中，进仓自然干燥，最后存放一两个月进行陈化，即为成品。其汤色红浓，滋味浓厚醇和，含槟榔香气，风味独特。该茶具有清热润肺，消滞去积之功效。六堡茶于1983年获商业部优质产品奖。

### 2. 普洱茶

云南普洱茶，产于云南省西双版纳傣族自治州。西双版纳旧属普洱县管辖，所产茶叶均由普洱县集散，故称。目前，勐海县勐海茶厂产量最大，占该茶区总产量的70%。茶树属乔木型大叶种，为优良品种之一。生长于澜沧江西岸的丘陵地带，年均气温18~20℃，冬春无霜，年降水量1000~1600毫米，相对湿度80~92%；

常年云雾缭绕，日照短，漫射光多，紫外光丰富，四季温差小，昼夜温差大。大叶种茶树具有发芽早，持嫩性好，芽叶肥壮，茸毛特多，叶质柔软，鲜叶的水浸出物高等特点。

普洱茶的采制工艺及其品格：初制毛茶分为春、夏、秋三个规格。春茶又分春尖、春中、春尾三个等级；夏茶又称二水；秋茶称为谷花。普洱茶中以春尖和谷花品质最佳。以其鲜叶为原料，经特殊工艺制作而成的普洱茶，香味浓郁，耐泡，汤黄明亮，香气清幽，滋味醇浓。其品种有散茶及以散茶加工成型的沱茶、方茶等紧茶。散茶外形肥大、紧直、完整，色泽黑褐或褐红，汤色红浓明亮，滋味醇和回甜，具有特殊的陈香气，耐贮藏，以越陈越香著称，适于烹用泡饮，解渴提神。

普洱茶具有明显的药疗效果。清赵学敏著《本草纲目拾遗》称："普洱茶清香独绝也，醒酒第一，消食化疾，清胃生津，功力尤大也。"

云南普洱茶历史悠久，名重天下。普洱茶作为专有名词出现，始于明谢肇淛所著的《滇略》中有"土庶所用皆普茶也"的记述。至清代普洱茶产销兴盛，声誉蜚然。《滇海虞衡志》称："普茶名重于天下，……入山作茶者数十万人，茶客收买运于各处，每盈路。"阮福著《普洱茶记》亦谓："普洱茶名遍天下，味最酽，京师尤重云。""于二月间采蕊极细而谓之毛尖以作贡，贡后方许民间贩茶。""采而蒸之揉为茶饼，其叶少放而犹嫩者名芽茶；采自三四月者名小满茶；而圆者名女儿茶，女儿茶为妇女采于雨前得之，即四两重圆茶也。"

实际上，历史所称的普洱茶，最初为滇南所产的大叶种晒青茶。以后随着贸易与加工技术的发展，才逐步形成当今的普洱茶。该茶于1986、1989年两次获省优质产品称号。目前除内销外，出口港澳地区及新加坡、马来西亚、日本、法国等10多个国家。普洱茶，尤其受到港澳地区同胞的喜爱，是我销往港澳最多的茶品类之一。

### 3. 湖南黑茶

湖南黑茶的生产迄今已有400多年的历史了，约兴起于十六世纪末期明万历初年。早期的湖南黑茶生产主要集中在安化，现在已扩大到桃江、沅江、汉寿、宁乡、益阳和临湘等地。

湖南黑毛茶的生产经杀青、初揉、握堆做色、复揉、干燥等五道工序而成。一般分为四个等级，高档茶较细嫩，低档茶较粗老。一级茶条索紧卷、圆直，叶质较嫩，色泽黑润。二级条索尚紧，色泽黑褐尚润。三级茶条索欠紧，呈泥鳅条，色泽纯净呈竹叶青带紫油色或柳青色。四级茶叶张较宽大粗老，条索松扁皱折，色泽黄褐。湖南黑毛茶内质要求香味醇厚，带松烟香，无粗涩味，汤色橙黄，叶底黄褐。以湖南黑毛茶为原料制的紧压茶有白沙溪茶厂生产的黑砖茶、花砖茶，益阳茶厂生产的特制茯砖茶，安化茶厂生产的湘尖茶等。主要销往新疆、青海、甘肃、宁夏等地。

4. **黑砖茶**

黑砖茶，因用黑毛茶作原料，色泽黑润，成品块状如砖，故名。现由湖南白沙溪茶厂独家生产。其原料选自安化、桃江、益阳、汉寿、宁乡等县茶厂生产的优质黑毛茶。白沙茶厂从70年代初对以往费工耗时的繁复工序进行了改革，按原来面茶、里茶的比例一次拼好、一次压制成型。制作时先将原料筛分整形，风选拣剔提净，按比例拼配；机压时，先高温汽蒸灭菌，再高压定型，检验修整，缓慢干燥，包装成为砖茶成品。每块重2公斤，呈长方砖块形，长35厘米，宽18.5厘米，厚3.5厘米。砖面平整光滑，棱角分明；茶叶香气纯正，汤色黄红稍褐，滋味较浓醇。该品为半发酵茶，去除鲜叶中的青草气，加以砖身紧实，不易受潮霉变，收藏数年仍不变味，且越陈越好，适于烹煮饮用，尚可加入乳品和食糖调饮。

湖南安化县生产黑茶历史悠久，早在明朝万历年间由户部正式定为运销西北地区以茶易马的“官茶”后，陕、甘、宁、晋地区的茶商，到朝廷在各地设置的茶马司以金（货币）易领“茶引”（按：明制茶课引规定：上引五千斤、中引四千斤、下引三千斤），至安化大量采购黑茶砖，运销西北地区以茶易马（按：明洪武二十二年所定茶易马分上、中、下三等：上等马每匹一百二十斤、中等马每匹七十斤、下等马每匹五十斤）。大都运往兰州再转销陕、甘、青、新、宁、藏少数民族地区。明末清初西北地区的“边茶”十之八九由安化黑茶供应，多在陕西泾阳压成茶砖。1939年，湖南省茶叶管理处在安化县设厂大批量生产黑砖茶，产品分“天、地、人、和”四级，统称“黑茶砖”。1947年，安化茶叶公司设厂于江南镇，在茶砖面上印有“八”字，称“八字茶砖”，供不应求。新中国成立后，中国茶业公司安化砖茶厂（白沙溪茶厂前身）积极扩大生产，产品改称“黑砖茶”，主销西北少数民族地区。

## 速溶茶

速溶茶，是以成品茶、半成品茶或茶叶鲜叶、副产品，通过提取、过滤、浓缩、干燥等工艺过程，加工成一种易溶于水而无茶渣的颗粒状、粉状或小片状的新型茶品饮料，具有冲饮携带方便，不含农药残留等优点。

我国的速溶茶，于70年代末和80年代初在上海、长沙、杭州进行试验和生产，先后研制了真空冷冻干燥和喷雾干燥的产品。真空冷冻干燥产品，由于干燥过程在低温状态下进行，茶叶的香气损失少，并可保持原茶的香味，但干燥时间长，能耗大、成本高；而喷雾干燥的产品在高温条件下雾化迅速干燥，芳香物质损失大，外形成颗粒状，溶解性能好，成本低。因此，国内外生产速溶茶产品都广泛使用喷雾干燥方法。由于茶叶中的可溶物质在高温下长时间受热时，会受到破坏、变性、氧化等，所以茶可溶物在浓缩时，在温度和时间上要求“低温短时”，在低压下进行。目前在速溶茶生产上使用最多的是真空浓缩、膜浓缩方法，其工艺特点是不加热、不蒸发水分、不存在相变过程，是一种对保持茶叶品质有利的浓缩方法。我国速溶茶的主要品种有速溶红茶、速溶绿茶、速溶乌龙茶、速溶保健茶等。

1. **绿源牌速溶茶**

绿源牌速溶茶，是福建龙马集团绿源食品有限公司（中外合资企业），于1993年开发的新产品。茶品名称的含意是：取自然界的绿色食品，为消费者健康服务。福建龙岩地区所处地理位置为东经115°51′~117°45′，北纬24°23′~26°02′，海拔320~1807米之间。年降水量在1500~1900毫米之间，年均气温为19.9℃，无霜期长达300天以上。土壤为黄壤，偏酸性，乃是天然的宜茶之地。龙岩市及其周围的长汀、永定、上杭、连城等县境，自古就是福建省的产茶区之一。

“绿源”速溶茶，即是选用当地生产的优质茶叶为原料，采用高新技术，经科学方法精制而成，无任何化学添加剂，产品质量符合国家GTB9679－88“茶叶卫生标准”及速溶茶ISO7513和ISO7514等国际标准规定的质量标准。

“绿源”速溶茶是100%纯茶制品，风味优雅纯正，最大程度地保留原茶叶中所含丰富的氨基酸、茶多酚、矿物质、生物碱等多种人体必需的营养、保健物质，具有止渴生津，提神健脑，明目清心，降压降脂，防心血管疾病等多种特殊功效。

“绿源”速溶茶分速溶乌龙茶、速溶茉莉花茶、速溶红茶、速溶绿茶及速溶奶茶，外形呈小颗粒空心球状，具有良好的溶解性。冲泡后汤色清亮透明，无任何杂质沉淀。在密封条件下长时间存放不产生第二次沉淀和色变。

各种不同品类的“绿源”速溶茶，分瓶装、盒装、袋装等各种规格的包装。速溶茶之所以受到品饮者的青睐，是饮用方便、卫生、快速；冲饮方法，每杯一克，用沸水或热开水冲泡，即冲即饮，浓淡随意。是居家、旅行的好伴侣；也是馈赠宾友的最佳饮品之一。“绿源”速溶茶，虽面市时间不长，却受到饮者的欢迎，该公司目前产各种级别的乌龙茶、茉莉花茶等20余个花色品种，近年开发生产的速溶乌龙茶、速溶茉莉花茶，速溶红茶、速溶奶茶等系列产品，远销美国、日本、东南亚等国家及台湾、香港地区，国内主要销往华北、华南等地区。

1993年12月新开发的绿源牌速溶茶系列产品荣获1993年（香港）国际食品博览会金奖，凤凰牌软包装乌龙茶获福建省食品工业名优特新产品展评会“武夷奖”。

## 附录之一：全国名优茶品名录表

附表（3－1）：1982 年 3 月商业部在福建省崇安县召开的全国花茶、乌龙茶优质产品评选会上评出的优质茶名录

| 序号 | 茶 类 | 茶 名 | 产地厂家 |
|---|---|---|---|
| 1 | 花茶 | 茉莉天山银毫 | 福建省 宁德茶厂 |
| 2 | 花茶 | 特级茉莉花茶 | 福建省 宁德茶厂 |
| 3 | 花茶 | 政和二级茉莉花茶 | 福建省 政和茶厂 |
| 4 | 花茶 | 政和三级茉莉花茶 | 福建省 政和茶厂 |
| 5 | 花茶 | 福州二级茉莉花茶 | 福建省 福州茶厂 |
| 6 | 花茶 | 福州三级茉莉花茶 | 福建省 福州茶厂 |
| 7 | 花茶 | 福州四级茉莉花茶 | 福建省 福州茶厂 |
| 8 | 花茶 | 苏州一级茉莉花茶 | 江苏省 苏州茶厂 |
| 9 | 花茶 | 苏州二级茉莉花茶 | 江苏省 苏州茶厂 |
| 10 | 花茶 | 苏州三级茉莉花茶 | 江苏省 苏州茶厂 |
| 11 | 花茶 | 诸暨一级茉莉花茶 | 浙江省 诸暨茶厂 |
| 12 | 花茶 | 诸暨三级茉莉花茶 | 浙江省 诸暨茶厂 |
| 13 | 花茶 | 金华一级茉莉花茶 | 浙江省 金华茶厂 |
| 14 | 花茶 | 金华二级茉莉花茶 | 浙江省 金华茶厂 |
| 1 | 乌龙茶 | 安溪特级铁观音 | 福建省 安溪茶厂 |
| 2 | 乌龙茶 | 安溪特级黄金桂 | 福建省 安溪茶厂 |
| 3 | 乌龙茶 | 一级闽南水仙 | 福建省 永春茶果场 |
| 4 | 乌龙茶 | 一级闽北水仙 | 福建省 建瓯茶厂 |
| 5 | 乌龙茶 | 一级凤凰浪茶 | 广东省 汕头茶厂 |

附表（3－2）：1982年6月商业部在长沙召开的全国名茶评选会上评出的全国名茶（30品）名录

| 序号 | 茶 类 | 茶 名 | 产 地 |
|---|---|---|---|
| 1 | 绿茶 | 西湖龙井 | 浙江省杭州市西湖风景区 |
| 2 | 绿茶 | 江山绿牡丹 | 浙江省江山县 |
| 3 | 绿茶 | 顾渚紫笋 | 浙江省长兴县 |
| 4 | 绿茶 | 金奖惠明 | 浙江省云和县 |
| 5 | 绿茶 | 古丈毛尖 | 湖南省湘西土家族自治州古丈县 |
| 6 | 绿茶 | 保靖岚针 | 湖南省保靖县吕洞茶场 |
| 7 | 绿茶 | 青岩茗翠 | 湖南省大涌县 |
| 8 | 绿茶 | 君山银针 | 湖南省岳阳市洞庭湖君山 |
| 9 | 绿茶 | 太平猴魁 | 安徽省太平县猴村 |
| 10 | 绿茶 | 黄山毛峰 | 安徽省歙县黄山 |
| 11 | 绿茶 | 涌溪火青 | 安徽省泾县涌溪乡 |
| 12 | 绿茶 | 六安瓜片 | 安徽省六安、金寨、霍山三县 |
| 13 | 绿茶 | 天山绿茶 | 福建省宁德县 |
| 14 | 白茶 | 白毫银针 | 福建省福鼎县 |
| 15 | 乌龙茶 | 武夷肉桂 | 福建省崇安县 |
| 16 | 乌龙茶 | 铁观音 | 福建省安溪县 |
| 17 | 花茶 | 茉莉闽毫 | 福建省福州 |
| 18 | 绿茶 | 碧螺春 | 江苏省吴县太湖之中洞庭东、西两山 |
| 19 | 绿茶 | 雨花茶 | 江苏省南京市中山陵、雨花台风景区 |
| 20 | 花茶 | 茉莉苏明毫 | 江苏省苏州 |
| 21 | 绿茶 | 庐山云雾 | 江西省九江市庐山风景区 |
| 22 | 绿茶 | 婺源茗眉 | 江西省婺源县 |
| 23 | 绿茶 | 金水翠峰 | 湖北省武昌县 |

| 序号 | 茶　类 | 茶　名 | 产　地 |
|---|---|---|---|
| 24 | 黄茶 | 鹿苑茶 | 湖北省远安县 |
| 25 | 绿茶 | 南糯白毫 | 云南省勐海县南糯山上 |
| 26 | 乌龙茶 | 凤凰单枞 | 广东省潮安县 |
| 27 | 绿茶 | 覃矿毛尖 | 广西僮族自治区 |
| 28 | 绿茶 | 信阳毛尖 | 河南省信阳县 |
| 29 | 绿茶 | 都匀毛尖 | 贵州省都匀县 |
| 30 | 绿茶 | 峨嵋毛峰 | 四川省峨嵋山 |

**附表（3－3）：1985年6月农牧渔业部和中国茶叶学会联合在南京召开的全国名茶、优质茶展评会上评出的名茶、优质茶名录**

| 序号 | 茶　类 | 茶　名 | 产　地 |
|---|---|---|---|
| 1 | 绿茶 | 天柱剑毫 | 安徽省 潜化县 |
| 2 | 绿茶 | 开化龙井 | 浙江省 开化县 |
| 3 | 绿茶 | 金山翠芽 | 江苏省 镇江市 |
| 4 | 绿茶 | 文君绿茶 | 四川省 邛崃县 |
| 5 | 绿茶 | 雨花茶 | 江苏省 南京市 |
| 6 | 绿茶 | 岳西翠兰 | 安徽省 岳西县 |
| 7 | 绿茶 | 径山茶 | 浙江省 余杭县 |
| 8 | 绿茶 | 洞庭春 | 湖南省 岳阳市 |
| 9 | 绿茶 | 黄花云尖 | 安徽省 宁国县 |
| 10 | 绿茶 | 顾渚紫笋 | 浙江省 长兴县 |
| 11 | 乌龙茶 | 安溪黄金桂 | 福建省 安溪县 |
| 1 | 绿茶 | 上饶白眉 | 江西省 上饶市 |
| 2 | 绿茶 | 井岗翠绿 | 江西省 井岗山县 |
| 3 | 绿茶 | 无锡毫茶 | 江苏省 无锡市 |
| 4 | 绿茶 | 金坛雀舌 | 江苏省 金坛县 |

| 序号 | 茶 类 | 茶 名 | 产 地 |
|---|---|---|---|
| 5 | 绿茶 | 前峰雪莲 | 江苏省 溧阳县 |
| 6 | 绿茶 | 龙虾茶 | 湖南省 大庸市 |
| 7 | 绿茶 | 玲珑茶 | 湖南省 桂东县 |
| 8 | 绿茶 | 狮口银芽 | 湖南省 古丈县 |
| 9 | 绿茶 | 泾县特尖 | 安徽省 泾县 |
| 10 | 绿茶 | 松峰茶 | 湖北省 蒲圻县 |
| 11 | 绿茶 | 峡州碧峰 | 湖北省 宜昌市 |
| 12 | 绿茶 | 桂林毛尖 | 广西壮族自治区 桂林市 |
| 13 | 绿茶 | 鸠坑毛尖 | 浙江省 淳安县 |
| 14 | 绿茶 | 遂昌银猴 | 浙江省 遂昌县 |
| 15 | 乌龙茶 | 永春佛手 | 福建省 永春县 |
| 16 | 乌龙茶 | 石古坪乌龙茶 | 广东省 潮州市 |

以上27种全国名优茶获农牧渔业部1985年优质产品奖

**附表（3－4）：1986年1月在北京召开的1985年国家优质食品授奖会上荣获国家金奖、银奖及优质产品奖茶品名录**

| 序号 | 茶类 | 茶 名 | 奖 级 | 产 地 |
|---|---|---|---|---|
| 1 | 绿茶 | 狮峰牌特级龙井 | 金质奖 | 浙江省杭州 |
| 2 | 红茶 | 中茶牌特级祁门红茶 | 金质奖 | 安徽省祁门 |
| 3 | 红茶 | 中茶牌一级祁门红茶 | 金质奖 | 安徽省祁门 |
| 4 | 紧茶 | 内销甲级沱茶 | 银质奖 | 云南省下关 |
| 5 | 红茶 | 一级滇红工夫茶 | 银质奖 | 云南省凤庆县 |
| 6 | 红茶 | 一号滇红碎茶 | 银质奖 | 云南省勐海县 |
| 7 | 红茶 | 一级滇红碎茶 | 优质产品 | 云南省勐海县 |
| 8 | 红茶 | 二级滇红工夫茶 | 优质产品 | 云南省勐海县 |

| 序号 | 茶类 | 茶　名 | 奖　级 | 产　地 |
| --- | --- | --- | --- | --- |
| 9 | 红茶 | 一级滇红工夫茶 | 优质产品 | 云南省凤庆县 |
| 10 | 红茶 | 三级滇红工夫茶 | 优质产品 | 云南省凤庆县 |
| 11 | 红茶 | 二号滇红碎茶 | 优质产品 | 云南省江城农场 |
| 12 | 红茶 | 二号滇红碎茶 | 优质产品 | 云南省普文农场 |
| 13 | 红茶 | 祁门工夫一级 | 优质产品 | 安徽省祁门 |
| 14 | 红茶 | 祁门工夫二级 | 优质产品 | 安徽省祁门 |
| 15 | 红茶 | 祁门工夫三级 | 优质产品 | 安徽省祁门 |
| 16 | 绿茶 | 屯绿特珍特级 | 优质产品 | 安徽省屯溪(今属黄山市) |
| 17 | 绿茶 | 屯绿特珍一级 | 优质产品 | 安徽省屯溪(今属黄山市) |
| 18 | 绿茶 | 屯绿珍眉一级 | 优质产品 | 安徽省屯溪(今属黄山市) |
| 19 | 绿茶 | 屯绿贡熙一级 | 优质产品 | 安徽省屯溪(今属黄山市) |
| 20 | 绿茶 | 舒绿珍眉一级 | 优质产品 | 安徽省舒城县 |
| 21 | 绿茶 | 舒绿珍眉二级 | 优质产品 | 安徽省舒城县 |
| 22 | 绿茶 | 芜绿珍眉四级 | 优质产品 | 安徽省芜湖县 |
| 23 | 绿茶 | 特级珠茶 | 优质产品 | 浙江省嵊县三界茶厂 |
| 24 | 绿茶 | 特级珠茶 | 优质产品 | 浙江省绍兴茶厂 |
| 25 | 绿茶 | 特级珠茶 | 优质产品 | 浙江省新昌茶厂 |
| 26 | 绿茶 | 眉茶特珍一级 | 优质产品 | 浙江省淳安茶厂 |
| 27 | 绿茶 | 雨茶一级 | 优质产品 | 浙江省淳安茶厂 |
| 28 | 绿茶 | 温绿珍眉一级 | 优质产品 | 浙江省温州茶厂 |

附表（3－5）：1986年5月商业部在福州召开的全国名茶评选会上评出的全国名茶（43品）名录

| 序号 | 茶 类 | 茶 名 | 产 地 |
|---|---|---|---|
| 1 | 绿茶 | 太平猴魁 | 安徽省 黄山市 |
| 2 | 绿茶 | 齐山名片 | 安徽省 金寨县 |
| 3 | 绿茶 | 黄山银钩 | 安徽省 歙县 |
| 4 | 绿茶 | 特级尖茶 | 安徽省 泾县 |
| 5 | 绿茶 | 黄山毛峰 | 安徽省 歙县 |
| 6 | 绿茶 | 磐安云峰 | 浙江省 磐安县 |
| 7 | 绿茶 | 鸠坑毛尖 | 浙江省 淳安县 |
| 8 | 绿茶 | 金奖惠明 | 浙江省 云和县 |
| 9 | 绿茶 | 顾渚紫笋 | 浙江省 长兴县 |
| 10 | 绿茶 | 临海蟠毫 | 浙江省 临海市 |
| 11 | 绿茶 | 西湖龙井 | 浙江省 杭州市 |
| 12 | 绿茶 | 雨花茶 | 江苏省 南京市 |
| 13 | 绿茶 | 金坛雀舌 | 江苏省 金坛县 |
| 14 | 绿茶 | 碧螺春 | 江苏省 吴县 |
| 15 | 绿茶 | 无锡毫茶 | 江苏省 无锡市 |
| 16 | 绿茶 | 茗眉 | 江西省 婺源县 |
| 17 | 绿茶 | 庐山云雾 | 江西省 九江市 |
| 18 | 绿茶 | 小布岩茶 | 江西省 宁都县 |
| 19 | 绿茶 | 安化松针 | 湖南省 安化县 |
| 20 | 绿茶 | 月芽茶 | 湖南省 新华县 |
| 21 | 绿茶 | 洞庭春 | 湖南省 岳阳县 |
| 22 | 绿茶 | 剑春茶 | 湖北省 咸宁县 |
| 23 | 绿茶 | 云雾毛尖 | 湖南省 随州市 |
| 24 | 绿茶 | 羊艾毛峰 | 贵州省 贵阳市 |

| 序号 | 茶 类 | 茶 名 | 产 地 |
|---|---|---|---|
| 25 | 绿茶 | 云海白毫 | 云南省 勐海县 |
| 26 | 绿茶 | 午子仙毫 | 陕西省 西乡县 |
| 27 | 绿茶 | 巴山银芽 | 四川省 重庆市 |
| 28 | 绿茶 | 竹叶青 | 四川省 峨嵋县 |
| 29 | 绿茶 | 西山茶 | 广西 桂平县 |
| 30 | 绿茶 | 信阳毛尖 | 河南省 信阳县 |
| 31 | 绿茶 | 天山四季春 | 福建省 宁德县 |
| 32 | 乌龙茶 | 铁观音 | 福建省 安溪县 |
| 33 | 乌龙茶 | 黄金桂 | 福建省 安溪县 |
| 34 | 乌龙茶 | 武夷肉桂 | 福建省 崇安县 |
| 35 | 乌龙茶 | 凤凰单枞 | 广东省 潮州市 |
| 36 | 乌龙茶 | 岭头单枞 | 广东省 饶平县 |
| 37 | 红茶 | 祁红 | 安徽省 祁门县 |
| 38 | 红茶 | 滇红 | 云南省 凤庆县 |
| 39 | 黄茶 | 鹿苑茶 | 湖北省 远安县 |
| 40 | 白茶 | 白毫银针 | 福建省 福鼎县 |
| 41 | 花茶 | 闽毫 | 福建省 福鼎县 |
| 42 | 花茶 | 福寿银毫 | 福建省 寿宁县 |
| 43 | 花茶 | 苏萌毫 | 江苏省 苏州市 |

**附表（3－6）：1989年农业部在西安市召开的全国名优茶评选会上评出的名茶（25品）、优质茶（15品）名录**

| 序号 | 茶 类 | 茶 名 | 产 地 |
|---|---|---|---|
| 1 | 绿茶 | 灵岩剑峰 | 江西省 婺源县 |
| 2 | 绿茶 | 荆溪云片 | 江苏省 宜兴市 |
| 3 | 绿茶 | 阳羡雪芽 | 江苏省 宜兴市 |
| 4 | 绿茶 | 南山寿眉 | 江苏省 溧阳县 |

| 序号 | 茶　类 | 茶　名 | 产　地 |
|---|---|---|---|
| 5 | 绿茶 | 前峰雪莲 | 江苏省 溧阳县 |
| 6 | 绿茶 | 二泉银毫 | 江苏省 无锡市 |
| 7 | 绿茶 | 无锡毫茶 | 江苏省 无锡市 |
| 8 | 绿茶 | 安吉白片 | 浙江省 安吉县 |
| 9 | 绿茶 | 临海蟠毫 | 浙江省 临海县 |
| 10 | 绿茶 | 望府银毫 | 浙江省 宁海县 |
| 11 | 绿茶 | 浦江春毫 | 浙江省 浦江县 |
| 12 | 绿茶 | 天华谷尖 | 安徽省 太湖县 |
| 13 | 绿茶 | 霍山翠芽 | 安徽省 霍山县 |
| 14 | 绿茶 | 齐山翠眉 | 安徽省 金寨县 |
| 15 | 绿茶 | 白霜雾毫 | 安徽省 舒城县 |
| 16 | 绿茶 | 棋盘山毛尖 | 湖北省 随州市 |
| 17 | 绿茶 | 永川秀芽 | 四川省 永川县 |
| 18 | 绿茶 | 汉水银梭 | 陕西省 南郑县 |
| 19 | 绿茶 | 安化松针 | 湖南省 安化县 |
| 20 | 绿茶 | 高桥银峰 | 湖南省茶叶研究所试验茶厂 |
| 21 | 绿茶 | 覃塘毛尖 | 广西壮族自治区贵港市 |
| 22 | 红茶 | 滇红工夫一级茶 | 云南省 昌宁县 |
| 23 | 乌龙茶 | 凤凰单枞 | 广东省 潮州市 |
| 24 | 乌龙茶 | 武夷肉桂 | 福建省 崇安县 |
| 25 | 紧压茶 | 甲级云南沱茶 | 云南省 下关市 |
| 1 | 绿茶 | 南京雨花茶 | 江苏省 江宁县 |
| 2 | 绿茶 | 白云春毫 | 安徽省 庐江县 |
| 3 | 绿茶 | 西施银芽 | 浙江省 诸暨县 |
| 4 | 绿茶 | 岳北大白 | 湖南省 衡山县 |

| 序号 | 茶　类 | 茶　名 | 产　地 |
|---|---|---|---|
| 5 | 绿茶 | 碣滩茶 | 湖南省 沅陵县 |
| 6 | 绿茶 | 洞庭春芽 | 湖南省 岳阳市 |
| 7 | 绿茶 | 前岭银毫 | 江西省 南昌市 |
| 8 | 绿茶 | 太白银毫 | 河南省 桐柏县 |
| 9 | 绿茶 | 雪青茶 | 山东省 日照市 |
| 10 | 绿茶 | 缙云毛峰 | 四川省 重庆市 |
| 11 | 红茶 | 滇红碎茶一号 | 云南省 勐海县 |
| 12 | 红茶 | 大叶红碎茶碎二 | 广东省 英德县 |
| 13 | 乌龙茶 | 南华牌奇兰茶 | 广东省 兴宁县 |
| 14 | 白茶 | 福建雪芽 | 福建省 福安县 |
| 15 | 花茶 | 凌云白毫茉莉 | 广西省 桂林市 |

**附表（3－7）：1990 年 9 月商业部在河南省信阳市召开的全国名茶评选会上评出的全国名茶（46 品）名录**

| 序号 | 茶类 | 商标和茶品 | 产地和企业名称 |
|---|---|---|---|
| 1 | 绿茶 | 太平牌太平猴魁 | 安徽省黄山市黄山区茶叶公司 |
| 2 | 绿茶 | 齐云牌齐山名片 | 安徽省金寨县茶叶公司 |
| 3 | 黄茶 | 迎客松牌黄山毛峰 | 安徽省歙县茶叶公司 |
| 4 | 绿茶 | 大化坪牌霍山黄芽 | 安徽省霍山县茶叶公司 |
| 5 | 绿茶 | 宣郎广牌绿霜 | 安徽省宣郎广茶叶联营公司(注) |
| 6 | 绿茶 | 云峰牌磐安云峰 | 浙江省磐安县土特产公司 |
| 7 | 绿茶 | 西湖牌西湖龙井 | 浙江省杭州茶厂 |
| 8 | 绿茶 | 鸠坑牌鸠坑毛尖 | 浙江省淳安县茶叶公司 |
| 9 | 绿茶 | 顾渚牌顾渚紫笋 | 浙江省长兴县土特产公司 |
| 10 | 绿茶 | 天宁牌临海蟠毫 | 浙江省临海市土特产公司 |
| 11 | 绿茶 | 狮牌西湖龙井 | 浙江省杭州狮峰茶叶公司 |
| 12 | 绿茶 | 龙顶牌开化龙顶 | 浙江省开化县茶叶公司 |

| 序号 | 茶类 | 商标和茶品 | 产地和企业名称 |
|---|---|---|---|
| 13 | 绿茶 | 钟山牌雨花茶 | 江苏省南京市中山陵园管理处茶厂 |
| 14 | 绿茶 | 百园春牌金坛雀舌 | 江苏省金坛县茅麓茶场 |
| 15 | 绿茶 | 洞庭山牌碧螺春 | 江苏省吴县茶厂 |
| 16 | 绿茶 | 惠泉牌无锡毫茶 | 江苏省无锡市茶叶品种研究所 |
| 17 | 绿茶 | 金鹿牌茅山青峰 | 江苏省金坛县茅麓茶场制茶厂 |
| 18 | 绿茶 | 岭峰牌阳羡雪芽 | 江苏省宜兴市茗岭岭下茶场 |
| 19 | 绿茶 | 银湖牌无锡毫茶 | 江苏省无锡市跃进茶果场 |
| 20 | 花茶 | 虎丘牌苏萌毫 | 江苏省苏州茶厂 |
| 21 | 绿茶 | 山江牌茗眉 | 江西省婺源茶厂 |
| 22 | 绿茶 | 小布岩牌小布岩茶 | 江西省宁都县小布岩垦殖场 |
| 23 | 绿茶 | 长山牌天工茶 | 江西省奉新县茶厂 |
| 24 | 绿茶 | 褒牌安化松针 | 湖南省安化县茶叶试验场 |
| 25 | 绿茶 | 连云山牌连云山金针 | 湖南省平江县供销社联营茶场 |
| 26 | 绿茶 | 随峰牌云雾毛尖 | 湖北省随州市云峰山茶场 |
| 27 | 绿茶 | 官山牌官山毛尖 | 湖北省保康县茶叶公司官山茶场 |
| 28 | 绿茶 | 羊艾牌羊艾毛峰 | 贵州省羊艾茶场 |
| 29 | 绿茶 | 神兰牌贵定雪芽 | 贵州省贵定县云雾湖水库茶场 |
| 30 | 绿茶 | 午子山牌午子仙毫 | 陕西省西乡县茶叶技术指导站 |
| 31 | 绿茶 | 飞凤山牌午子翠柏 | 陕西省西乡县茶厂 |
| 32 | 绿茶 | 峨眉牌竹叶青 | 四川省茶叶进出口公司 |
| 33 | 绿茶 | 雨芽牌雨城云雾 | 四川省雅安市茶叶公司 |
| 34 | 绿茶 | 棋盘石牌西山茶 | 广西区桂平县西山风景区茶场 |
| 35 | 绿茶 | 镇龙山牌黄练毛尖 | 广西区贵港市黄练供销社茶场 |
| 36 | 绿茶 | 龙潭牌信阳毛尖 | 河南省信阳县龙潭茶叶总场 |
| 37 | 绿茶 | 中茶牌早春绿茶 | 云南省凤庆县茶场 |
| 38 | 红茶 | 中茶牌滇红工夫 | 云南省凤庆县茶场 |

| 序号 | 茶类 | 商标和茶品 | 产地和企业名称 |
|---|---|---|---|
| 39 | 乌龙茶 | 凤山牌铁观音 | 福建省安溪茶叶公司 |
| 40 | 乌龙茶 | 凤山牌黄金柱 | 福建省安溪茶叶公司 |
| 41 | 乌龙茶 | 武夷牌武夷肉桂 | 福建省武夷山市茶叶公司 |
| 42 | 乌龙茶 | 金帆牌凤凰单枞 | 广东省汕头市茶叶进出口公司潮州分公司 |
| 43 | 乌龙茶 | 金帆牌岭头单枞 | 广东省汕头市茶叶进出口公司饶平分公司 |
| 44 | 白茶 | 玉龙杯牌白毫银针 | 福建省福鼎县茶叶公司 |
| 45 | 花茶 | 罗星塔牌茉莉闽毫 | 福建省福州茶厂 |
| 46 | 花茶 | 福寿牌福寿银毫 | 福建省寿宁县茶厂 |

注："宣郎广茶叶联营公司"：是指宣城、郎溪、广德三县茶叶联营公司。

**附录之二：茶叶公司、茶厂（场）、研究所等（部分）企业名录**

| 企业名称 | 通讯地址 | 电话号码 | 邮政编码 |
|---|---|---|---|
| 安徽省国营敬亭山茶场 | 安徽省宣州市敬亭山 | (0563)323346 | 242074 |
| 四川省国营名山县茶厂 | 四川省名山县蒙阳镇名车路199号 | (08461)2464 | 625100 |
| 云南省下关茶厂 | 云南省大理市下关建设西路141号 | (0872)25108 | 671000 |
| 湖南省茶叶研究所实验茶厂 | 湖南省长沙县高桥 | (0731)6154121 | 410145 |
| 浙江省常山县林场茶厂 | 浙江省常山县林场茶厂 | (05802)524043 | 324200 |

| 企业名称 | 通讯地址 | 电话号码 | 邮政编码 |
| --- | --- | --- | --- |
| 海南省国营白沙农场 | 海南省白沙县白沙农场 | 白沙县总机转 | 572812 |
| 广西桂平市西山茶场 | 广西桂平市西山茶场 | (07882)383912 | 537200 |
| 济南市瑞祥茶叶公司 | 济南市纬十二路155号 | (0531)7956027 | 250021 |
| 安徽省歙县黄山花茶公司 | 安徽歙县人民路12号 | (0559)612500 | 245200 |
| 上海茶叶进出口公司 | 上海市滇池路74号 | (021)3298888 | 200002 |

# 四、茶艺茶道

## （一）源流诗话

茶，是最为中国人所喜爱的饮品。“饮茶为整个国民的日常生活增色不少。人们或者在家里饮茶，或者去茶馆饮茶，有自斟自饮的，也有与人共饮的；开会的时候喝茶，解决纠纷的时候也喝；早餐之前喝，午夜也喝。只要有一壶茶，中国人到哪儿都是快乐的。”（林语堂《生活的艺术·饮食》）中国堪称喝茶历史最久远、喝茶人口最广泛、喝茶方式又最为多样的国家。

喝茶，既高雅，又极其大众化，是俗中有雅，雅俗同好。“茶圣”、“茶民”各有所好，各得其乐。

当唇焦舌干之时，茶是解渴释燥的佳物。版画家赵延年曾说：“三伏天，双抢时，烈日猛晒，田水烫脚，汗成串地滴下，此时若能到荫凉处一坐，捧起大壶茶，咕冬咕冬地喝个饱，其畅快之感，是雅人们再也体会不到的。”此类茶饮自古至今最为常见，从晋时的老姥提壶上街卖茶，宋代的提瓶沿门点茶，到现在北方街头的大碗茶和南方路边的凉茶摊，还有工厂车间和农村田头的大桶茶，一般都只求解渴，对茶、水和茶具都不作讲究。

茶也是中国老百姓招待客人和修身养性的一种手段。作家艾煊说过：“茶为内功，无喧嚣之形，无激扬之态。一盏浅注，清气馥郁。友情缓缓流动，谈兴徐徐舒张。渐入友朋知己间性灵的深相映照。”这是一种在解渴之外又带品尝，并兼有礼仪的茶饮。早在南北朝时就有“坐客竟下饮”的习俗，流传到如今，“客来敬茶”更为普遍。孵茶馆，是中国人生活中一大乐事，作家秦绿枝先生如是说：“我们这些做文字工作的人被工作和生活的担子压得不轻，思想上的弦又绷得很紧，能够有茶馆这种场所让精神松弛一下，未始不可收延年益寿之效。”上述奉茶以表敬意的待客茶和供人偷闲小憩的茶馆茶，则应是一种有一定选择和讲究的茶饮了。

再有一种是仰慕名茶美泉，亲临山水佳美处的品茶。如到杭州西湖细啜龙井茶虎跑水，去无锡惠山品尝洞庭碧螺春和惠山泉，往长兴顾渚山浅呷紫笋茶和金沙泉，还有到黄山云谷寺亲口尝一尝真正长在云海雾天中的黄山毛峰，去九曲溪畔领略一番武夷“大红袍”的韵味……在游览名胜、观赏佳山丽水的同时，品尝当地山水孕育的佳茗，这是一种对茶、对水和茶具都有比较讲究的茶饮。

还有一种就是讲究的品茶了，如《红楼梦》里描述的妙玉在栊翠庵品梅花雪。妙玉用的茶叶叫老君眉，产于福建武夷山一带，采时取老君眉茶树的嫩芽，制成银针白毫茶，清时列为贡品；用的水呢，是五年前收的梅花上的雪，装在那鬼脸青花瓮里，埋在地下，今年夏天才开的；这茶具更是珍奇，有明代官窑制的五彩小盏盅，有用犀牛角做成的点犀盉和用曲竹根雕出的蟠虬盏。妙玉称得上是一位品茶的行家了。刘鹗在《老残游记》中塑造的那位玙姑，其品茶之精到，与妙玉有异曲同工之妙。当子平初呷一口玙姑冲泡的绿茶时，便觉清爽异常，咽下喉去，觉得清香直到胃脘，那舌根左右，津液汩汩地翻上来，又香又甜，连喝两口，似乎那香气又从口中反窜到鼻子上去，说不出来的好受。子平问玙姑：这是什么茶叶，为何这么好吃?”玙姑回答说：“茶叶也无甚出奇，不过本山上出的野茶，所以味是厚的。却亏了这水，是汲的东山顶上的泉。泉水的味，愈高愈美。又是用松花作柴，沙瓶煎的。三合其美，所以好了。尊处吃的都是外间卖的茶叶，无非种茶，其味必薄；又加以水火俱不得法，味道自然差的。”山乡平民虽无王室贵族的富贵气，却因地制宜，另有一种讲究，同样达到品茶的极致。如今，在一些城市兴办的茶艺馆里，构筑起渊源于自然与传统的人文小环境，精心泡出一壶好茶来，供人品尝、沉思、对话，这是一种新的探求和推进，很具生命力。

从大碗茶到品梅花雪，从晋时老姥提壶卖茶到现代茶艺馆，喝茶真是代代相袭，老少咸宜，雅俗共赏。“柴米油盐酱醋茶”，茶虽居开门七件事之末，却偏偏唯独茶，早在唐代便有一部专门著作《茶经》问世，说明茶中之学问真不少呢。就饮茶而言，除日常喝饮之外，还有雅致、讲究的一面。这种讲究，有方法技艺的掌握，有情感礼仪的寄托，有人生哲理的参悟，因此，古人称之谓“茶道”。

最早提出“茶道”的是唐代曾任吏部郎中的封演，他在《封氏闻见记》卷六《饮茶》中说：“楚人陆鸿渐为茶论，说茶之功效，并煎茶炙茶之法，造茶具二十四事，以都统笼贮之。远近倾慕，好事者家藏一副，有常伯熊者，又因鸿渐之论广润色之，于是茶道大行，王公朝士无不饮者。”陆鸿渐便是陆羽，他写的《茶经》，奠定了中国茶道的基础。如此说来，早在唐代，茶已超越了日常饮用范围而成为一种优雅的生活艺术和精神文化。

诚然，唐之前，在王室和贵族中间，倡导以茶养廉，以茶示俭，以茶表礼，已不同程度地把饮茶提升为一种精神文化，如东晋吏部尚书陆纳以茶果接待卫将军谢安、扬州牧桓温“每宴饮唯下七奠拌茶果而已”、南齐世祖武皇帝萧颐遗诏中说“我灵座上，慎勿以牲为祭，但设饼果、茶饮、干饭、酒脯而已”等等。但全面总结唐以前的茶事，系统论述茶的采造煮饮，并融入了儒、道、释的精神，陆羽是第一人。

“茶之为用，味至寒，为饮最宜精行俭德之人。”陆羽《茶经》开首第一章，即明确赋予饮茶以“精行俭德”的功能，把饮茶当作励志、雅志的手段。

“天育万物，皆有至妙”，茶之采造煮饮皆应契合自然之美，这是贯穿通篇《茶经》的思想精髓。陆羽率先提出茶以清饮为佳，以保持茶的自然本色。唐末诗人皮日休曾有评说：“自周以降及于国朝茶事，竟陵子陆季疵言之详矣。然季疵以前，称茗饮者，必浑以烹之，与夫沦蔬而啜者无异也。”陆羽倡导茶的清饮，具有里程碑的意义。

“茶有九难，一曰造，二曰别，三曰器，四曰火，五曰水，六曰炙，七曰末，八曰煮，九曰饮。”陆羽首次把茶从造到饮的过程全面连结起来，并追求全过程的完美。陆羽这一“完美”的原则，为历代以至今日的茶人所努力遵循。

“体均五行去百疾”，“坎上巽下离于中”，陆羽在煮茶的风炉足上铸刻了这些铭文，把中国传统的“五行”、“八卦”等思想，在茶道器具上得以体现，使儒、道、释各家的思想自然地融入饮茶过程中。八卦中的坎为水、巽为风、离为火，而坎主水、风兴火、火能煮水，故陆羽认为坎、巽、离三者相结合才能煮出好茶来。他又认为这风炉（体）调和（均）五行：风炉以铁铸之得金象，炉上有盛水器皿而得水象，煮水需用木炭得木象，木炭燃之得火象，炉置于地上得土象。五行相生相克，阴阳调和，从而可以达到“去百疾”的养生目的。

陆羽《茶经》中虽未出现“茶道”一词，而其所记所述，无论是形而下的茶器、茶具，还是形而上的儒、道、释的思想，无不是中国茶道的精神。

陆羽之后的历代茶人，继承发扬陆羽《茶经》中阐述的茶道精神。宋人蔡襄因“昔陆羽茶经不第建安之品，丁谓茶独论产造之本，至于烹试曾未有闻”，于是他就福建建安茶之色、香、味，以及烹试中的炙、碾、罗、候汤、熁盏、点茶之法，作了全国论述。

自称“教主道君皇帝”的宋徽宗赵佶，在位时不理朝政，却醉心于艺文，也精于茶道。他在《大观茶论》中提出，饮茶要讲究“采择之精，制作之工，品第之胜，烹点之妙”，而且强调品茶人的意境与心态。他认为饮茶的精神功能在于“祛襟涤滞，致清导和”，“中澹间洁，韵高致静”。

明清以降，论述茶道之作纷出，从各个不同方面总结饮茶的程式、规范等。如明人张源在《茶录》的“饮茶”一节中说：“饮茶以客少为贵，客众则喧，喧则雅趣乏矣。独啜曰神，二客曰胜，三四曰趣。”又在“茶道”一节中说：“造时精，藏时燥，泡时洁。精、燥、洁，茶道尽矣。”如果说张源这“精、燥、洁”概括了茶道的物质方面，那“神、胜、趣”则是突出了茶道的精神方面。

当代爱茶、嗜茶者，也都从自己的经验中阐述饮茶有道，艺茶有术。

知堂老人在《喝茶》一文中说：“喝茶当于瓦屋纸窗下，清泉绿茶，用素雅的陶瓷茶具，同二三人共饮，得半日之闲，可抵十年的尘梦。喝茶之后，再去继续修各人的胜业，无论为名为利，都无不可，但偶然的片刻优游乃正亦断不可少。”梁实秋就非常欣赏周作人这品茶的氛围。他亦作有《喝茶》：“清茶最为风雅。抗战前造访知堂老人于苦茶庵，主客相对总是有清茶一盂，淡淡的、涩涩的、绿绿的。”这淡、涩、绿不正是茶人们所企求的吗！

林语堂的经验是“茶须静品”、“茶之为物，性能引导我们进入一个默想人生的世界。”为充分得到茶的享受，他还从技术上总结出十个要点，说得简明实用，不妨照录于后：

第一，茶叶娇嫩，茶易败坏，所以整治时，须十分清洁，须远离酒类香类一切有强味的物事，和身带这类气息的人；第二，茶叶须贮藏于冷燥之处，在潮湿季节中，备用的茶叶须贮锡罐中，其余则另贮大罐，封固藏好，不取用时不可开启，如若发霉，则须在文火上微烘，一面用扇子轻轻挥扇，以免茶叶发黄或变色；第三，烹茶的艺术一半在于择水，山泉为上，河水次之，井水更次，水槽之水如来自堤堰，因为本属山泉，所以很可用得；第四，客不以多，且须文雅之人，方能鉴赏杯壶之美；第五，茶的正色是清中带微黄，过浓的红茶即不能不另加牛奶、柠檬、薄荷或他物以调和其苦味；第六，好茶必有回味，大概在饮茶半分钟后，当其化学成分和津液发生作用时，即能觉出；第七，茶须现泡现饮，泡在壶中稍稍过候，即会失味；第八，泡茶必须用刚沸之水；第九，一切可以混杂真味的香料，须一概摒除，至多只略加些桂皮或代代花，以合有些爱好者的口味而已；第十，茶味最上者，应如婴孩身上一般的带着“奶花香”。

进入20世纪80年代以来，随着茶业经济的发展、饮茶的普及与提高，茶文化得到弘扬。茶学界以及文学、艺术、历史、考古、新闻、医药等各界的专家们，著述了大批茶文化论著。袁鹰先生编的《清风集》，收有冰心、杨绛、秦牧、萧乾、汪曾祺、黄裳等50位著名作家的撰文，最富情趣。袁鹰先生在《清风小引》中表达了他的卓见，他说：“饮茶，真个是老少咸宜，雅俗共赏，无论是喝大海碗的大碗茶，或是小酒盅似的工夫茶，无论是喝‘大红袍’一类的贡茶，或是四级五级花茶末，甚至未经焙制的山茶，其消乏解渴、称心惬意，大致都是相同的。何况春朝独坐、寒夜客来之际，身心困顿、亲朋欣聚之时，一盏在手，更能引起许多绵思遐想、哀乐悲欢、文情诗韵、娓娓情怀、款款心曲……以致历史、地理、哲学、宗教、科学、技艺、民俗等等方面思维情愫的流动和见闻知识的涉猎，都能给纷扰或恬静的生活平添几缕情趣。酒使人沉醉，茶使人清醒。几杯茶罢，凉生两腋，那真是‘乘此清风欲归去’了。”这一个“清”字妙极，可谓道尽茶道矣！

讲究真，追求美，是中国茶道的根本所在。

中国茶家历来都注重“品真”。明人程用宾在《茶录》中说：“茶有真乎？曰有，为香，为色，为味，是本来之真也。”就是说，品茶以得到茶的本色、真香、全味为上。品真，首要是择茶，选择采摘其时、始造之精、又藏之得法的好茶；有了好茶还须有好水，再加上煮水火力和煮沸点的掌握得当。唯有如此，方能沏泡得一杯好茶。

本色、真香、全味的一杯好茶，充分体现了茶的自然美，为茶家首先所追求。此外，茶家还有对茶具衬益美和品茶环境美等的追求。这种充分展现茶的风采神韵，也表达了茶家的美学追求。

苦茶斋主周作人说：“我的所谓喝茶，却是在喝清茶，在鉴赏其色与香与味，意未必在止渴，自然更不在果腹了。”“茶道的意思，用平凡的话来说，可以称作‘忙里偷闲，苦中作乐’，在不完全的现世享受一点美与和谐，在刹那间体会永久。”这样的喝茶，完全是一种闲逸生活的消遣与享受，追求的是体味“闲中之趣”。

茶实在是一种颇具灵性的东西。它不但能启发我们如何去享受怡情养性的乐趣，也使我们能在品茶艺术的空间中提高生活品质的层次。郑板桥饮茶又听吹笛，飘然若离开尘世，他在寄弟家书中说：“坐小阁上，烹龙凤茶，烧夹剪香，令友人吹笛，作《落梅花》，真是人间仙境也。”施蛰存先生课后闲暇，品茗间赏石观景，更得一乐，有句云：“罢讲闲居无个事，茗边坐赏玉玲珑。”元代诗人卢挚则另有体验：“闷来时石鼎烹茶，无是无非快活煞，锁住心猿意马。”一杯色泽美好的香茗在握，细细品尝，潇洒自如，块垒尽释。昔日杭州有“一市秋茶说岳王”之谚，说的是杭州平民在茶馆里边喝茶，边听说书人讲“岳传”。还有在济南茶馆里听梨花大鼓，在苏州茶馆里听评弹，人们在得到饮茶之乐的同时，还获得文化的滋养，说不定还会派生出几位文艺家来。

“茶不在浓，有情则酽。”作为生活艺术的茶艺，是情感的流露，让情感通过具体的茶事活动现形于直觉，使茶的品饮与内心情感融为一体，交互共鸣。明人蔡复一在《茶事咏》中说：“雪是谷之精，却与茶同调。……泉山忆雪遥，得雪茶神足，无雪使茶孤，不孤类有竹。”扫雪烹茶，寄托了主人清逸出尘的品格。苏轼有诗云：“自临钓石取深情”，“自看雪汤生玑珠”。他亲自汲泉取水，候火煮水，烹茶待客，表达了他对挚友的情真意笃。抗日战争时期老舍先生流居云南，生活日渐降格，他常烤几罐土茶，邀朋友相聚，大家围着炭盆，一谈就谈几个钟头，颇有“寒夜客来茶当酒”的儒雅之风。有道是“酒韵美如兰，茶神清如竹”，一罐土茶更见其精神。

“或饮一瓯茗，或吟两句诗。内无忧患迫，外无职役羁。此日不自适，何时是适时?”白居易在《首夏病间》中的这几句，道出了品茶的真谛，品茶与吟咏一样，需要有一种闲适的心境。这“闲”，并非仅仅是空闲，而是一种摒除了俗虑，心地纯净，心平气和的悠闲心境。这样从容的啜品，才能悟得三昧。这是中国茶道由技术而艺术、艺术而晋升至心境的奇妙历程。诗人与嗜茶者都有此种体悟：“至味心难忘，闲情手自煎”（文徵明），“云脚春芽一啜间，尘心为洗觉清闲”（宋儒），“僧馆高闲事事幽，竹编茶灶沦清流”……难怪乎洪应明在《菜根谭》中说：“从静中观动物，向闲处看忙人，才得超尘脱俗的趣味；遇忙处会偷闲，处闹中能取静，便是安身立命的工夫。”如此之闲人，当为福人。

当今社会生活节奏加快，奔走在喧嚣繁华都市里的“弄潮儿”，涉足于险风恶浪市场经济的“下海”者，也需要有一个避风的港湾，要学会忙里偷闲，摆脱文山会海、商务羁绊，在歌罢曲终、酒阑人散之时，不妨安静地沏上一壶茶，或临窗独啜，或邀三两知己共饮，品味人生的真谛，感受生活给予的美好享受。

钱钟书先生曾经说过：“发现了快乐由精神来决定，这是人类文化又一进步”，“人生虽不快乐，而仍能乐观”。这不求解渴的茶和不求充饥的茶点，是一种精神的物化形式，是民族文化的积累，它使生命情调、人生情趣、心灵律动和审美观念，变得更加具体可感，使生活更加多姿多彩。

唐代诗人卢仝在《走笔谢孟谏议寄新茶》中唱道：“一碗喉吻润，二碗破孤闷。三碗搜枯肠，惟有文字五千卷。四碗发轻汗，平生不平事，尽向毛孔散。五碗肌骨清，六碗通仙灵。七碗吃不得也，唯觉两腋习习清风生。蓬莱山，在何处?玉川子乘此清风欲归去!”茶，天然冲淡的真滋味，使人在宁静平和、舒适怡悦之中萌动蓬勃的生机，强烈的挚爱。茶诗化了生活，人们从中得到美的享受和人生的感悟。

有位哲人说：品着茶似乎是品味着人生。的确，中国茶道，不仅是艺术与生活的关系，而且蕴含着人生哲理。品茶是一种享受，也是一种熏陶，犹如淋沐着带音乐的日光浴。杯茗在手，神驰八极，苦涩回甘的茶味，委实如绵长的人生之路，回味的是从艰难足迹寻得的人生哲理。

首先，茶性尚情，和爱茶人的性情相近。唐代诗人韦应物《喜园中茶生》诗云：

性洁不可污，为饮涤尘烦。

此物信灵味，本自出山原。

聊因理郡余，率尔植荒园。

喜随众草长，得与幽人言。

诗人说，茶其性精清，其味淡洁，不得有半点玷污；其用涤烦，其功濯尘，属通灵性之物，是山中精英，不失其高洁的本性。诗人在赞茶，也是在颂人，借茶而言志。

明人陆树声和徐渭都作有《煎茶七类》，又都在论述茶品之前先论人品，把“人品”列为第一。陆树声说：“煎茶非漫浪，要须其人与茶品相得，故其法得传于高流隐逸有云霞泉石磊块胸次间者。”徐渭说：“煎茶虽微清小雅，然要须其人与茶品相得，故其法传于高流大隐、云霞泉石之辈、鱼虾麋鹿之俦。”与其说陆树声、徐渭爱饮茶，倒不如说他们更注重于饮茶人的人品。与他们同时代的许次纾在《茶疏》中有“论客”一节说：“宾朋杂沓，止堪交错觥筹，乍会泛交，仅须常品酬酢，惟素心同调，彼此畅适，清言雄辨，脱略形骸，始可呼童篝火。”茶品出于人品，一个道德和审美趣味低下的人，必然领略不到中国茶道的真谛。

中国茶道，还引入了儒家和道家的“内省”思想。孔子的“见不贤而内自省也”（《论语·里仁》），老子的“致虚”、“守静”（《老子·第十六章》），曾子的“吾日三省吾身”（《论语·学而》）都是强调通过内省这种独特的思想修养方式，达到道德和理智的自我完善。历代茶人追求的就是物我相合，并以外物陶悦我心，把深层的文化素养与人格熏陶作为根本。卢仝的《走笔谢孟谏议寄新茶》诗，也颂扬了这种精神与境界。

唐诗僧皎然有《饮茶歌诮崔石使君》，诗中描绘了一饮、再饮、三饮的感受，与卢仝的《七碗茶歌》有异曲同工之妙。诗云：

一饮涤昏寐，情思朗爽满天地。

再饮清我神，忽如飞雨洒轻尘。

三饮便得道，何须苦心破烦恼。

此物清高世莫知……

孰知茶道全尔真，唯有丹丘得如此。

诗人品茶的过程即是以“自省”精神参悟得“道”的过程。心头郁积的烦恼排除，心境趋于平和，情感得到净化。

当代著名书法家费新我有一幅书法作品：茶话坐忘机。目观茶的绿的本色，品尝回味着苦的真味，智巧变诈的心计自然会得到荡涤。作家忆明珠说得好：“茶的绿，不但是茶的本色也是生命的本色；而茶的苦，不但是茶的真味也是生命的真味啊！”

茶，性洁不污，是人生道德理想的象征。人生似茶，品茶即是以审美的态度来对待人生，这是一种超越了物质需求的精神升化。

## （二）择茶心韵

中国产茶历史悠久，茶区辽阔，茶类品种繁多，堪称世界之最。俗话说：“学到老，茶叶名目认不了。”特别是近年来，随着市场经济的发展，名优新产品不断涌现，更是令人眼花缭乱。作为一名茶艺爱好者，可根据自己的喜爱、口味择茶，如作为经营型的茶艺馆，为适合不同年龄、层次、地区、民族的需要，应贮备具有各种特色的茶叶，供客人们选择饮用。

### 选择类型

鲜叶原料因加工工艺不同，可使茶分为六大类，即非酶性氧化的绿茶、黄茶、黑茶和经酶性氧化的红茶、乌龙茶和白茶。茶类不同，品质特征各异，质量好坏的标准也不一样，故首先要了解各类茶的品质特征。即使同一类茶，因鲜叶原料的大小和品种差异，炒制温度与手法的不同，也有各种的色香味形。

**1. 茶的色泽类型**

茶的色泽分为干茶色泽、茶汤色泽和叶底（冲泡后的茶渣）色泽。

（1）干茶色泽类型。

①绿茶类

银白隐翠型：又称银绿型。从多茸毛品种上采收的细嫩原料（指芽尖到一芽二叶初展，下同）制作的成品茶，叶色翠绿，外表披满白毫，如保靖岚针、巴山银芽、凌云白毫、乐昌白毛尖、高桥银峰、洞庭碧螺春、敬亭绿雪、望府银毫、双龙银针等。

翠绿型：又称嫩绿型。早春或高山采收的细嫩原料，只炒不揉或轻揉，有的花色在干燥时要将外表白毫摩擦脱落，干茶色泽绿中微带黄，如西湖龙井、顾渚紫笋、安化松针、古丈毛尖、信阳毛尖、六安瓜片、江山绿牡丹等。

深绿型：又称青绿、苍绿、菜绿型。细嫩采原料，品种叶色较深或炒制中揉捻较充分，干茶色泽青绿不带黄，如天目青顶、望海茶、婺源茗眉、青城雪芽、滇青、南京雨花茶、太平猴魁、古劳茶、高绿茶等。

墨绿型：嫩采制作的名茶，如涌溪火青，以及适中采原料（指一芽二三叶及相应对夹叶，下同）制成的炒青、烘青以及精制成的眉茶、珠茶、雨茶等。

黄绿型：适中采制作的名茶，如舒城小兰花；或原料以一芽三叶和相应的对夹叶为主，制作正常的中、下档烘青、炒青。

金黄隐翠型：俗称象牙色。单芽或一芽一叶为原料，如黄山毛峰等。

黑褐型：粗老采大叶种原料（一芽三四叶，且对夹叶占较大比例，下同）制成晒青，精制成半成品后，经过湿热渥堆，促进茶叶中多酚类物质转化，形成黑褐的色泽，如普洱茶等。

②黄茶类

嫩黄型：细嫩采原料，制造中有闷黄工序，干茶嫩黄或浅黄，茸毛满布，如蒙顶黄芽、莫干黄芽、建德苞茶、平阳黄汤等。

金黄型：细嫩采原料，芽头肥壮，芽色金黄，芽毫闪光，如君山银针（有“金镶玉”之美称）、沩山毛类（俗称“寸金茶”）、远安鹿苑、北港毛尖等。

黄褐型：适中采或粗老采原料，闷堆过程时间较长，内含物部分聚合变化，成不溶性物质留在叶底使之成黄褐色，如黄大茶等。

③黑茶类

黑褐型：粗老采原料，有渥堆发酵（微生物作用）工序，在湿热作用下，使可溶性小分子聚合成不溶性大分子，聚合量较黄大茶多，干茶呈黑褐色，如黑毛茶、湘尖茶、六堡茶等。

④红茶类

乌黑型：适中采原料，制成的高级工夫红茶（即高级条红茶）和传统法制的中、上档红碎茶，干茶色泽乌黑有光泽。

棕红型：适中采原料，如用转子机或C. T. C制成的红碎茶。

黑褐型：中、下档红茶及米砖（红茶末制成的砖茶）。

橙红型：细嫩采原料，芽叶多茸毛，发酵较重，偏红茶型，如白毫乌龙等。

⑤乌龙茶

砂绿型：又叫鳝鱼色。粗老采原料，火功足，干茶色泽砂绿并光润，俗称“砂绿润”，如铁观音、乌龙等典型色泽。

青褐型：粗老采原料，叶张厚实，干茶色泽褐中泛青，如水仙、武夷岩茶等。

灰绿型：粗老采原料，轻发酵，偏绿茶色泽，如翠玉乌龙等。

⑥白茶类

银白型：单芽或一芽一叶原料，多毫品种，保毫制法，如白毫银针等。

灰绿型：细嫩采原料，毫心银白，叶面灰绿，如白牡丹等。

灰绿带黄型：适中采原料，外形芽心较小，色泽灰绿稍黄，如贡眉，其中品质较差的称寿眉。

（2）汤色色泽类型。

①绿茶类

浅绿型：原料细嫩，轻揉捻，制造及时，大部分名绿茶类属此类型，如太平猴魁、庐山云雾、高桥银峰、惠明茶、望海茶、望府银毫以及各种毛尖、毛峰。

杏绿型：又称嫩绿型。原料细嫩，鲜叶黄绿色，炒制得法，如西湖龙井、六安瓜片、天山烘绿等。

绿亮型：包括绿明、清亮、清明。原料细嫩，揉捻适中，如古丈毛尖、安化松针、信阳毛尖等。

黄绿型：适中采原料，炒制成的大众化绿茶的典型汤色，如烘青、眉茶、珠茶等。

橙黄型：绿茶原料制成的紧压茶，如沱茶等。

②黄茶类

杏黄型：或称淡杏黄色。鲜叶为单芽或一芽一叶初展炒制而成的高级黄茶的典型汤色，如蒙顶黄芽、莫干黄芽、君山银针、建德苞茶等。

橙黄型：细嫩采或适中采原料制成的黄茶汤色，如广东大叶青、沩山毛尖、黄大茶、平阳黄汤等。

③黑茶类

橙黄型：湿坯渥堆做色蒸压的黑茶，如茯砖。

橙红型：湿坯渥堆做色蒸压的黑茶，如花砖、康砖。

深红型：干坯沤堆做色或成茶堆积做色的蒸压或炒压茶，如方包茶、六堡茶。

④红茶类

红亮型：适中采原料制成的工夫红茶的汤色。

红艳型：原料较嫩的工夫红茶或用快速揉切制成的高档红碎茶的最优汤色。

深红型：原料较老制成的低档红碎茶、工夫茶及红砖茶。

⑤乌龙茶类

金黄型：俗称茶油色，如铁观音、黄金桂、闽南青茶、广东青茶等。

橙黄型：如闽北青茶、武夷岩茶等。

橙红型：火工饱足的乌龙茶及重发酵乌龙，如白毫乌龙等。

橙绿型：轻发酵乌龙茶，如翠玉乌龙等。

⑥白茶类

微黄型：高档白茶的典型汤色，如白毫银针、白牡丹等。

黄亮型：一芽二三叶制成的贡眉，品质不如前者。

黄褐型：贡眉中品质较差的寿眉即属此型。

（3）叶底色泽类型。

①绿茶类

嫩黄型：细嫩采原料制成的部分名绿茶，如黄山毛峰、洞庭碧螺春、涌溪火青等。

嫩绿型：即翠绿型。细嫩采原料制成的名绿茶，多属此型，如西湖龙井、六安内山瓜片、正天山绿茶、太平猴魁、蒙顶甘露、南京雨花茶、高桥银峰、庐山云雾以及各种毛尖、毛峰。

鲜绿型：蒸青绿茶的特有色泽，如恩施玉露以及高级煎茶。

绿亮型：包括绿明型，如浙江旗枪、休宁松萝以及高级烘青。

黄绿型：适中采原料制成的舒城兰花以及大众绿茶。

②黄茶类

嫩黄型：高级黄茶的典型叶底色泽，如君山银针、蒙顶黄芽、莫干黄芽等。

黄褐型：包括黄暗型，如方包茶以及中低级黑毛茶。

棕褐型：如康砖、金尖。

黑褐型：包括暗褐色，加工中进行渥堆或陈醇化，如黑砖、茯砖、六堡茶。

③红茶类

红亮型：优良工夫红茶的典型叶底色泽。

红艳型：是红碎茶最优的叶底颜色。

④乌龙茶类

绿叶红镶边型：为乌龙茶的典型叶底色泽，如武夷水仙、安溪铁观音、闽北乌龙、闽南青茶、凤凰水仙、广东色种等。

黄亮叶镶红边型：部分乌龙茶属此，如黄金桂、浪菜、闽北水仙等。

橙红型：发酵程度重而原料细嫩，如白毫乌龙等。

⑤白茶类

银白型：用多茸毛品种芽头制成的白茶，芽周披满银白色茸毛，如白毫银针等。

灰绿型：用多毛或中毛品种芽叶制成的白茶，叶面灰绿色，而叶背披茸毛，有“青天白地”之称，叶脉带红色，如白牡丹等。

黄绿型：用中毛或少毛品种的适中原料制成的白茶、叶脉、梗带红色、如贡眉、寿眉。

### 2. 茶的香气类型

因鲜叶品质、加工方法的不同，成品茶的香气类型可分为：

毫香型：凡有白毫的鲜叶，嫩度为单芽或一芽一叶，制作正常，白毫显露的干茶，冲泡时有典型的毫香，如白毫银针以及部分毛尖、毛峰。

清香型：香气清纯、柔和持久，香虽不高但缓缓散发，令人有愉快感。嫩采现制的茶所具有的香气，为名绿茶的典型香气。另外，少数闷堆程度较轻、干燥火工不饱满的黄茶和摇青做青程度偏轻，火工不足的乌龙茶也属此香型。

嫩香型：香高洁细腻，新鲜悦鼻，有的有似熟板栗、熟玉米的香气。鲜叶原料细嫩柔软，制作良好的名优绿茶香气，如峨蕊、泉岗烨白以及部分毛尖、毛峰。

花香型：散发出各种类似鲜花的香气，分为清花香和甜花香两种。清花香有兰花香、栀子花香、珠兰花香、米兰花香、金银花香等；甜花香有玉兰花香、桂花香、玫瑰花香和墨红花香等，铁观音、色种、乌龙、水仙、浪菜、台湾乌龙均属此。各种花茶因窨制用花的不同，各具不同的花香。部分绿茶天然具有兰花香，如舒城兰花、涌溪火青、高档舒绿；祁门红茶则有玫瑰香。

果香型：散发出类似各种水果香气，如毛桃香、蜜桃香、雪梨香、佛手香、桔子香、李子香、香橼香、菠萝香、桂圆香、苹果香等。闽北青茶及部分品种茶属此型，红茶常带苹果香。

甜香型：包括清甜香、甜花香、干果香（枣香、桂圆香）、蜜糖香等。适中采鲜叶制成的工夫红茶有此典型香气。

火香型：包括米糕香、高火香、老火香和锅巴香。鲜叶原料较老、含梗较多，制造中干燥时火工高、足，糖类焦糖化而形成，如黄大茶、武夷岩茶、古劳茶等。

陈醇香型：原料较老，加工中经渥堆陈醇化过程制成的茶，均具有此种香气，如普洱茶及大部分压制茶。

松烟香型：凡在制造过程中干燥工序用松柏或枫球、黄藤等熏烟的茶，如小种红茶、六堡茶、沩山毛尖等。

### 3. 茶的滋味类型

清鲜型：清香味鲜且爽口，鲜叶原料细嫩，制造及时合理的绿茶和红茶，如洞庭碧螺春、蒙顶甘露、南京雨花茶、都匀毛尖、白琳工夫等。

鲜浓型：包括鲜厚型。味鲜而浓，回味爽口，似吃新鲜水果的感觉。鲜叶嫩度高，叶厚芽壮，制造及时合理而成，如黄山毛峰、婺源茗眉等。

鲜醇型：包括鲜爽型。味鲜而醇，回味鲜甜爽口。鲜叶较嫩，新鲜，制造及时，揉捻较轻者，如太平猴魁、顾渚紫笋、白牡丹以及高级烘青，还有揉捻正常的高级祁红、宜红。

鲜淡型：味鲜甜舒服，较淡。鲜叶嫩而新鲜，因原料内含物含量和加工工艺所致，如君山银针、蒙顶黄芽等。

浓烈型：有清香或熟板栗香，味浓而不苦，富收敛性而不涩，回味长而爽口、有甜感。凡芽肥壮、叶肥厚，嫩度较好的一芽二三叶，内含物丰富，制茶合理的均属此型，如屯绿、婺绿等。

浓强型：味浓厚粘滞舌头，刺激性大有紧口感。鲜叶适中采，内含物丰富的良种或大叶种，萎凋程度偏轻，揉切充分，发酵偏轻的红碎茶属此型。

浓厚（爽）型：有较强的刺激性和收敛性，回味甘爽。细嫩采原料，叶片厚实，制造合理，如凌云白毫、南安石亭绿、舒绿、遂绿、滇红、武夷岩茶等。

浓醇型：收敛性和刺激性较强，回味甜或甘爽。鲜叶嫩度好，制造得法，如优良的工夫红茶、毛尖、毛峰以及部分乌龙。

甜醇型：包括醇甜、甜和、甜爽。鲜甜厚之感，原料细嫩而新鲜，制造讲究，如安化松针、恩施玉露、白毫银针、小叶种工夫红茶。

醇爽型：不浓不淡，不苦不涩，回味爽口。鲜叶嫩度好，加工及时、合理，如蒙顶黄芽、霍山黄芽、莫干黄芽以及一般中、上级工夫红茶。

醇厚型：味尚浓，带刺激性，回味略甜或爽，鲜叶内质好，制工正常的绿茶、红茶和乌龙茶均有此味型，如涌溪火青、高桥银峰、古丈毛尖、庐山云雾、水仙、乌龙、色种、铁观音、祁红、川红以及部分闽红。

醇和型：味欠浓鲜，但不苦涩有厚感，回味平和较弱，如中级工夫红茶、天尖（包括贡尖、生尘）、六堡茶。

平和型：清淡正常，不苦涩有甜感。粗老采原料，芽叶一半以上老化，制茶正常的低档红茶、绿茶、乌龙茶以及中下档黄茶、中档黑茶。

陈醇型：陈味带甜。制造中经渥堆陈醇化，如普洱茶、六堡茶。

#### 4. 茶的形状类型

茶的形状类型可分为干茶形状和叶底形状。

（1）干茶形状类型

针型：茶条紧圆挺直，两头尖似针状，如白毫银针、安化松针、南京雨花茶、恩施玉露、保靖岚针、君山银针、蒙顶石花等。

雀舌型：茶条紧扁圆挺直，芽尖与第一叶尖等长，顶部似雀嘴微开，如顾渚紫笋、敬亭绿雪、黄山特级毛峰等。

尖条型：干茶两叶抱芽扁展，不弯、不翘、不散开，两端略尖，如太平猴魁、贡尖、魁尖等。

花朵型：芽叶相连似花朵，基部如花蒂，芽叶端部稍散开，如白牡丹、舒城小兰花、江山绿牡丹、沩山毛尖等。

片型：叶缘略向叶背翻卷，形似瓜子，如六安瓜片等。

扁型：包括扁条型和扁片型，如龙井、旗枪、大方、湄江翠片、天湖凤片、仙人掌茶、千岛玉叶等。高级龙井扁平光滑挺直尖削，芽长于叶，形似“碗钉”，即两头尖、中间为韭菜扁形。

卷曲型：条索紧细卷曲，白毫显露，如洞庭碧螺春、高桥银峰、都匀毛尖、蒙顶甘露、湘波绿、南岳云雾等。

圆珠型：包括腰圆形、拳圆形、盘花形。颗粒细紧滚圆，形似珍珠的有珠茶；腰圆形的有涌溪火青；茶条卷曲紧结如盘花的有泉岗辉白、临海盘毫；拳形的有切口的贡熙。

环钩型：条索细紧弯曲呈环状或钩状，如鹿苑毛尖、歙县银钩、桂东玲珑茶、广济寺毛尖、九曲红梅等。

条型：茶条的长度比宽度大好几倍，有的外表浑圆，有的外表有棱角、毛糙，但均紧结有苗锋，如绿茶中的炒青、烘青、晒青、特珍、珍眉、特针、雨茶；红茶中的工夫红茶、小种红茶；红碎茶中的花橙黄白毫、橙黄白毫、白毫等；黑茶中的黑毛茶、天尖、贡尖、生尖、六堡茶；乌龙茶中的水仙；名绿茶中的韶山韶峰、休宁松萝、庐山云雾、青茶莲心以及各种毛尖、毛峰。

螺钉型：茶条顶端扭成圆块状或芽菜状，枝叶基部翘起如螺钉状。顶端扭成圆块状的，如闽南青茶、铁观音、乌龙、色种等；顶端扭成芽菜状的，如闽北青茶、武夷岩茶等。

颗粒型：紧卷成颗，略具棱角，如绿碎茶、红碎茶中的花碎橙黄白毫、碎橙黄白毫、碎白毫等。

碎片型：屑片皱褶隆起，形似木耳，质地稍轻，如红碎茶中的碎橙黄白毫片、白毫片、橙黄片等。屑片皱褶少而平，形似纸屑，如秀眉、三角片。

粉末型：体形小于 34 孔/英寸的末茶，均属此类。

束型：在制造过程后期，将一定数量的芽梢用丝线（或棉线）捆扎成不同形状，最后烘干定型。有束成菊花形的，如墨菊、绿牡丹；有扎成毛笔头状的，如龙须茶。

团块型：毛茶精制后经过蒸炒压造成团块的形状。有薄型长方形的黑砖、花砖、茯砖、老青砖、米砖等；有筑造成枕形的金尖和砖形的康砖、紧茶；方形的普洱茶和碗臼形的沱茶；圆形的七子饼茶；方包形的方包茶；圆柱形的六堡茶。

（2）叶底形状类型

叶底即冲泡后的茶渣。从茶渣的老嫩、整碎、色泽、匀净等方面可以判断出原料品质和加工中的问题。同时，在名优茶冲泡中，常欣赏冲泡过程中的茶芽舒展情况和叶底形状、色泽。

芽型：由单芽组成的叶底，如君山银针、白毫银针、蒙顶石花等。

雀舌型：一芽一叶初展的原料炒制后，芽叶基部相连，端部如雀嘴张开，如黄山毛峰、莫干黄芽、敬亭绿雪等。

花朵型：叶底芽叶完整，自然展开似花朵，如涌溪火青、太平猴魁、白牡丹、江山绿牡丹、龙井、旗枪、舒城小兰花、各种毛尖、毛峰、泉岗辉白等。

整叶型：由芽或单叶组成，如六安瓜片、炒青、烘青、红毛茶等。

半叶型：经精制加工切碎，叶片断碎多呈半叶状，如工夫红茶、眉茶、雨茶等。

碎叶型：经过揉切等破碎工艺，如红碎茶的碎片型茶、绿碎茶等。

末型：干茶体形小于34孔/英寸的茶末。

## 精挑细选

当我们走进一家专业茶叶商店时，各种古朴典雅的茶名，绚丽多彩的包装，富有特色的口味，会令人眼花缭乱、目不暇接，一时间会难以选择。因此，这里介绍一些选购茶叶的一般原则与方法，供大家参考。

**1. 选购的原则**

选购茶叶时，一般可依用途、季节、地区及民族习惯等进行有目的地选择。

（1）以用途分

自饮：作为一般居家自己饮用，可讲究实在，宜选用价廉物美、适合家人口味的品种，重内质而不重外形，重茶质而不重包装。家庭成员因年龄、身体状况、口味上的差异，对茶的偏爱不一，可选购二三种茶作为日常饮用。

待客：客来敬茶是中国人民的传统习惯，奉清茶一杯，深表主人对客人的敬意，因此，必须以好茶待客。对茶叶既要重内质又要重外形，而包装可不讲究（购回后均自行置茶罐中贮存）。为适合来客的不同口味，一般宜购置红、绿、乌龙及花茶几种，大体可满足南北各方的客人所需。

礼品茶：中国人虽一贯认为礼轻情意重，但作为礼品的茶叶，除去根据对方的口味选择外，还应辅以精致美观的包装，不仅表示高档，而且也间接表明对他人的尊重。一般宜选购较名贵的茶叶，若有地方名种，即使不昂贵，也具有特别的意义，作为土仪馈赠他人也有古风。

（2）以季节分

茶树是一种常绿木本植物，一年之中可多次发芽、多次采摘。通常按季节分可称为春茶、夏茶、秋茶、冬茶（只产于海南、广东、云南、台湾等地）。采摘季节不同，制成茶叶后的品质也不同，如绿茶、黄茶、白茶均以春茶为贵，秋茶次之，夏茶因味带苦涩而最美；红茶恰好相反，春季气温低，嫩叶茶多酚含量较少，加上发酵困难，品质反不如夏茶；乌龙茶亦以夏茶为佳，秋茶次之，春冬者较差；花茶的茶坯以春茶为佳，但窨制的香花，如茉莉花以伏花（7－8月）最香，故新花茶要在九月方能上市。所以，选购的茶类不同，应在不同季节候其新茶上市时购买，以保证茶的品质。

另一层意思是在不同的季节宜饮用不同的茶类。春季正是许多名优绿茶、黄茶、白茶上市的季节，又值万象更新之际，以佳茗一盏尝春水春意为人生一大乐事。夏季天气炎热，人们喜欢喝凉茶或冰茶，此时可用大茶壶或陶钵泡大众红、绿茶（红茶久置汤色变化小，绿茶会从黄绿变成橙褐），冷却后加冰饮用，一则补充人体大量水分，二则有解暑降温之功效。秋高气爽之时，新花茶上市，此时蟹肥菊黄，边享用美味佳肴边啜饮花茶，十分相宜。在寒冷的冬季，人体需水量少，此时宜选乌龙茶，以小壶冲沏，雾气氤氲，小杯亦用沸水烫过，注茶后持杯品饮，香气袭人，茶汤温暖，细细啜饮，但觉一股暖流传遍全身，将寒意涤荡殆尽。

（3）以地区习惯而定

我国地域辽阔，民俗民风十里不同，对茶类的嗜好差异很大，设在各地的茶庄、茶店以及茶艺馆、茶馆在备茶时，应从本地的消费习惯出发考虑。一般说来，浙江、江苏、安徽、江西、河南、湖北、广西均以饮用绿茶为主，花茶次之，红茶更少。山东、北京、天津、河北、陕西、贵州以及东北各地均以饮用花茶为主，次为绿茶。广东以红茶为主，次为乌龙茶和绿茶，再为花茶。福建则以乌龙茶、花茶为主，次为绿茶。台湾大部分饮用乌龙茶，少数饮红茶、绿茶。四川少数民族主饮砖沱茶，城市多饮花茶，绿茶少量。西藏、青海、宁夏、新疆等地均饮用紧压茶。海外各地侨胞善饮乌龙茶、普洱茶、黄茶、白茶以及名绿茶。

（4）依饮泡方法而定

现在市售的商品茶，除六大类茶的散茶之外，已经出现了多种品牌的袋泡茶，有红、绿、乌龙、普洱、花茶等，还有与各种可食用中药及营养品配伍的苦丁茶、菊花茶、杜仲茶、参花茶、七叶胆茶（南参茶、甘露茶）、罗布麻茶以及各种美容、减肥、健身茶等。此外，将茶的有效成分提取、浓缩、干燥制成的各种速溶茶，有纯茶也有加入各种花、果、奶、滋补品的复合型茶。从欣赏茶的色、香、味、形和泡茶情趣考虑，当推散茶为佳；从冲泡的快速方便来讲，以速溶茶最捷，但风味最差；袋泡茶可欣赏茶的色、香、味，冲泡时内含物易溶解，清洗杯具无茶渣，十分方便，为办公、娱乐、餐饮、旅游和居家调节口味时的最佳选择，挑选时应注意品牌的选择。

2. 选购方法

当确定自己欲购的茶类后，究竟怎样区分各种茶的花色、等级及另外一些品质指标呢？一般先从特色、价格等方面考虑，然后请营业员取出茶样，通过感观辨别进行判别。主要诀窍是：

一摸：样茶以手触摸，可判别茶的干燥程度。选一茶条，以手轻折易断，断片放在拇指与食指之间用力一研即成粉末，则干燥程度是足够的，若为小碎粒，则干燥度不足，即使购买，也需事后加以处理，否则茶的品质不易保存。切忌大把抓取，尤其是天气炎热时，手上汗水会使茶叶受潮，冬季涂抹的护肤品香气会混入茶味，同时也不可多次抓取，以免茶叶断碎，增添不必要的麻烦。

二看：将茶样放入样盘中（若无，可以白纸代替），双手持盘顺或逆时针旋转摇动，看干茶外形是否具该花色的特色，色泽是否理想，匀净度和整碎度良否。如合乎要求的即可选购。

三嗅：嗅闻干茶的香气高低和香型，并辨别有否烟、焦、酸、馊、霉等劣变气味和各种夹什的气味。

四尝：当干茶的含水量、外形、色泽、香气均符合要求后，取数条干茶放入口中含嚼辨味，根据味感进一步了解茶的内质优劣，但这一点需有审评的基本功方能做到。

五泡：茶的内质优劣，可能的话，最好能开汤审评，最简单的可取一撮干茶（约3~4克）置杯或碗中，冲入沸水150~200毫升，名绿茶不必加盖，其他茶均需加盖，5分钟后将茶汤倒入另一杯或碗中，嗅叶底的香气，看汤色，尝味，观看和触摸叶底。

通过以上方法，基本上可辨别出茶的优劣和有无弊病，可以决定是否购买。当然有条件的话，最好用正规的审评杯碗等具，用标准的审评方法来评定质量之优劣和是否合意。下面简单介绍一下审评的基本程序。

（1）干看（干茶审评）

取样茶100~150克（必须有代表性）置茶样盘中，摇盘数次，使粗大茶叶浮在上面，细碎末下沉，分成面张、腰档、下身三段，即上、中、下三段。先看面张茶的大小、松紧、色泽的枯润、夹什物的多少以及面张茶所占比例；再看腰档茶的色泽、松紧、身骨轻重和所占的比例；最后看下身茶的断碎程度、片末的多少。综合评定三段茶的比例是否匀称，一般以中段茶多为好，如中段茶太少，被称为“脱档”；如果下身茶太多、太细碎，则要割末，若净度不好，要簸拣。同时，名优茶必须依各自的特殊工艺制作出独特的外形，审评时也要从美学观点来评定其欣赏价值的高低。

（2）湿看（开汤审评）

开汤，俗称泡茶或沏茶，为湿看内质的重要步骤。开汤前应将审评杯碗洗净按号码排列在评茶台上。取样时一般红、绿、黄、白茶，称取茶样 3 克置于审评杯内（200 毫升水容量的毛茶审评杯则用茶样 4 克），杯盖放在审评碗内，然后冲入沸滚适度的开水 150 毫升（正好齐杯口），立即计时，到 5 分钟即依次将茶汤倒入审评碗内。先嗅香气，快看汤色，再尝滋味，后评叶底。审评绿茶时，有时先看汤色再嗅香气。乌龙茶开汤审评，是用特别的有盖倒钟形杯（俗称茶瓯），容量为 110 毫升，冲泡前用沸水将杯碗冲洗烫热，置放茶样 5 克，沸水冲泡，须用杯盖刮去杯中水面浮沫，用开水冲去盖面浮沫，立即将杯盖盖好。至 2 分钟后，持盖闻香，倒出茶汤入碗，再冲泡 3 分钟嗅香后倒出茶汤。冲泡第三、第四次时各用 5 分钟，依次嗅香、倒出茶汤、观色、尝味、看叶底。

①嗅香气：香气依靠嗅觉辨别，故评茶前不能在室内抽烟、存放有异味的物品、涂抹化妆品和护肤品，以免干扰嗅觉。嗅香时，应一手拿住已倒出茶汤的审茶杯，另一手微揭杯盖，让杯内香气从夹缝中集中透出，鼻子靠近杯沿深嗅一下，一般为 3 秒左右（时间过长则使嗅觉疲劳，失去灵敏性）。嗅香时应热嗅、温嗅和冷嗅相结合进行。热嗅重点是辨别香气正常与否、香气类型及高低；有时因茶汤刚倒出，杯中热气很强烈，嗅觉神经受高温刺激，敏感性反而不高，故主要通过温嗅来辨别香气的优劣；冷嗅主要是辨别香气的持久程度。如果同一茶类多只样茶一起审评，则以香气的类型、高低、持久程度以及有无异味而排出次序。乌龙茶的嗅香气方法则与上述方法不同，要在茶汤未倒之前，先揭盖碗之盖，沿盖闻香：将杯盖竖起靠近鼻端，此时茶香随水汽蒸发从盖沿散发，用鼻深吸几次，辨别香气类型及高低。其持久性则从数次冲泡中每次嗅闻的减低程度而判别。

②看汤色：汤色又称水色，俗称汤门或水碗。审评看汤色要及时，因为茶汤中的成分和空气接触后很容易发生变化，绿茶常先看汤色再嗅香气也是这个原因。汤色易受光线、碗色、容量深浅、排列位置、沉淀物多少、冲泡时间长短的影响，故应注意操作，移位比较，用铜丝网将叶渣捞出，用茶匙在碗中打一圈，让沉淀物集中于碗底中央，再按汤色深浅、明暗、清浊等评定优劣。

③尝滋味：滋味靠味觉来区别，茶叶的味感是由舌面上的味蕾接触到茶汤后，因茶叶中呈味物质的数量与组成比例不同，受到不同刺激的兴奋波由神经传导到中枢神经，经大脑综合分析后，产生不同的滋味感。舌头的各部分的味蕾对不同的滋味感受不一样，如舌尖最易为甜味所兴奋，舌的两侧前部最易感觉咸味，而两侧后部易感受酸味，舌心对鲜味最敏感，近舌根部位易辨别苦味，所以尝味时，用瓷茶匙取茶汤一浅匙，吮入口中，嘴微张成一夹缝形，舌尖上翘顶上颚，向内吸气，使茶汤在舌的各部分打转，充分感受到茶中甜、酸、鲜、苦、涩五味。尝味后一般不下咽，以免喝多了影响其他样茶的审评，如样茶的只数少，也可以咽下。用过的匙需用白开水漂洗后，再尝第二只样，以免相互影响。茶汤入口的温度为50℃左右最佳，太烫舌头麻木，太冷不易辨味，且原溶在热汤中的某些成分析出，而使滋味改变，影响结果。最后，以浓淡、强弱、爽涩、鲜滞及纯异等评定优劣。为了不影响味蕾的感觉，评茶前不宜吃葱蒜、糖果等物，并不可吸烟、喝酒。

④评叶底：叶底指泡过的茶渣，从其老嫩、匀杂、整碎、色泽和是否开展来评定优劣。评名茶叶底时一般将叶底倒入漂盘，加入清水，使叶底分散，一目了然；其他茶可以倒入叶底盘或杯盖中，先将叶底拌匀、铺开、揿平，凭手感知其柔软度和叶厚薄，以辨别采摘标准相同的原料老嫩，再看芽头和嫩叶含量，叶张的卷摊、光糙、色泽、亮度、芽叶均匀和整碎度、净度等。

感观审评是需要实践经验的一种技能，初学者需用心练习，不断提高感觉的灵敏度，加深对每一种特征的色、香、味、形的记忆，逐步练就高超的审评技能。

**3. 产地选购**

不少爱茶者，一到新茶上市都会付出一定的精力和财力，觅购自己喜爱的花色品种。有经验者，常不在市镇茶叶商店购买，而是直接到产地或生产厂家购得，特别是茶叶经营者更是如此。茶艺馆和各种茶馆为保持经营特色，都希望商品正宗、上乘，有的店主或派专人深入茶区，指定要哪个山头的原料，要哪位师傅炒制，要何等级的茶，或亲临现场，跟随采制，购后带回。可见，好茶之诱惑力。不少生产者深谙消费者心理，在首都北京、上海等非产茶地，在茶店门口摆开了街头炒茶，空运原料，特聘技师，让来往行人驻足欣赏加工技艺之精湛。伴着徐徐释放的茶香，行人都欣然购买货真价实的新茶，以早尝为快。

## （三）品饮环境

中国人把饮茶既看作一种艺术，环境便要十分讲究。高堂华屋之内，或朝廷大型茶宴，或现代大型茶馆固然人员众多，容易形成亲爱热烈气氛，但传统中国茶道则是以清幽为主。即便是集体饮茶，也决不可如饭店酒会，更不可狂呼乱舞。唐人顾况作《茶赋》说："罗玳宴，展瑶席，凝思藻，间灵液。赐名臣，留上客，谷莺转，宫女濒，泛浓华，漱芳津，出恒品，先众珍，君门九重，圣寿万春。"这里讲朝廷茶宴，有皇室的豪华浓艳，但绝无酒海肉林中的昏乱。皎然则认为，品茶是雅人韵事，宜伴琴韵花香和诗草。看来皎然确实不是一个地地道道的和尚。所以，他在《晦夜李侍御萼宅集招潘述、汤衡、海上人饮茶赋》中说：

晦夜不生月，琴轩犹为开。
墙东隐者在，淇上逸僧来。
茗爱传花饮，诗看卷素裁。
风流高此会，晓景屡徘徊。

这场茶宴中有李侍御、潘述、汤衡、海上人、皎然，其中三位文士、官吏，一个僧人，一个隐士，以茶相会，赏花、吟诗、听琴、品茗相结合。陆羽、皎然、皇甫兄弟留下的茶诗或品茶联句甚多，可见在唐代，虽然也强调茶的清行俭德之功，但并不主张十分呆板。唐代《宫乐图》中，将品茶、饮馔、音乐结合，亦颇不寂寞。当然，在禅宗僧人那里，这种饮法是不可以的。百丈制禅宗茶礼，正式称为茶道，主要是以禅理教育僧众。皎然、百丈同为唐代僧人，但其饮茶意境大不相同。

宋代饮茶环境各阶层观点不同。朝廷重奢侈又讲礼仪，实际上主要是"吃气派"。有礼仪环境，谈不上韵味。民间注重友爱，茶肆、茶坊，环境既优雅，又要有些欢快气氛。文人反对过分礼仪化，尤其到中后期，要求回归自然。苏东坡好茶，以临溪品茗，吟诗作赋为乐事。

元明道家与大自然相契的思想占主要地位。尤其是明，大部分茶画都反映了山水树木和宇宙间广阔的天地。唐寅《品茶图》，画的是青山高耸，古木杈丫，敞厅茅舍，短篱小草，并题诗曰："买得青山只种茶，峰前峰后摘春芽，烹前已得前人法，蟹服松风朕自嘉"。晚明初清，文人多筑茶室茶寮，风雅虽有，但远不及前人胸襟开阔。文人们虽自命清高，而实际上透出无可奈何的叹息。如《红楼梦》中妙玉品茶，自己于小庵之中，虽玉杯佳茗，自称槛外之人，实际不过寄人篱下。自命清高而卑视刘姥姥，与陆羽当年“时宿野人家”的品格相去远矣。

其实，所谓饮茶环境，不仅在景、在物，还要讲人品、事体。翰林院的茶宴文会，虽为礼仪，而不少风雅。文人相聚，松风明月，又逢雅洁高士，自有包含宇宙的胸怀和气氛。禅宗苦修，需要的是苦寂，从寂暗中求得精神解脱，诗词、弹唱、花鸟、琴韵自然不宜。而茶肆茶坊，却少不得欢快气氛。家中妻儿小酌，茗中透着亲情；友人来访，茶中含着敬意。边疆民族奶茶盛会，表达民族的豪情与民族间兄弟情谊。总之，饮茶环境要与人事相协调。闹市中吟咏自斟，不显风雅，反露出酸臭气；书斋中饮茶、食脯、唱些俚俗之曲自然也不相宜。

中国人所以把品茗看成艺术，就在于在烹点、礼节、环境等各处无不讲究协调，不同的饮茶方法和环境、地点都要有和谐的美学意境。元人《同胞一气图》画了一群小儿边吃茶边烤包子。使人既感受到孩童的可爱和稚气，又体会“手足之情”。倘若让这些孩子正襟危坐，端了茶杯摇头晃脑的吟诗，便完全没有韵味了。所以，问题并不在于是否都有幽雅的茶室或清风明月。“俗饮”未必俗，故作风雅未必雅。中国各阶层人都有自己的茶艺，各种茶艺都要适合自己特定的生活环境和精神气质。这样，才能真正体会茶的作用。因此，评定茶艺高下很难一概而论，只有从相关的人事、景物、气氛及茶艺手法中综合理解，方能得中国茶道中艺术真谛。

中国历史上，好的茶人往往都是杰出的艺术家，唐代的饮茶集团、五代的陶谷、宋代苏轼、苏辙、欧阳修、徽宗赵佶，元代赵孟頫、明代吴中四杰，清代乾隆皇帝乃至近代文学大家，都是既有很高的文化修养、艺术造诣又懂茶理的。可见，中国人饮茶称方“茶艺”并非自我吹嘘、夸张之词，而确实在烹饮过程中贯彻了艺术思想和美学观点。因此，不能简单地把中国茶艺看作一种技艺，而应全面理解其中的技法、器物、韵味与精神。

## 茶会的组织

根据茶会的种类，确定茶会的主题、规模、参加的对象、时间、地点、茶会的性质、形式及经费预算。

（1）茶会的主题：要向邀请参加的对象说明为什么召开本次茶会，主题内容及茶会程序。让每位来宾做到心中有数，事先均有准备。

（2）茶会的规模：确定会议人数，一般小型茶会在6人以内；中型茶会为7～30人；大型茶会在30人以上。

（3）参加的对象：确定以哪些人为主体，邀请哪些方面的有关人员参加，考虑到部分邀请人员可能因其他事不来，人数不易掌握，可先发预备通知，附回执，根据回执情况，若人数不足，可以电话通知一些就近人员参加。

（4）时间：根据主题内容和程序预定茶会日期及具体时间，半日还是一日，还是连续数日。

（5）茶会性质：是单纯的茶会，还是结合用餐的茶宴，还是配属的茶会，即在全部学术活动中或研讨会中的一项活动。

（6）茶会形式：可分流水式、固定座席式、游园式、分组式和表演式，也可以选择几种相结合的形式。

（7）茶会地点：根据以上确定结果，具体落实茶会地点，包括报到地点、用餐地点、茶会地点。如连续开数日，还要安排住宿地点。有时虽只开一日，因有国外代表出席，仍要安排住宿。茶会地点可以选择室内、庭院、公园、游船、山野、郊外等。

（8）费用预算：这是保证茶会进行的重要一项，应有预算，主办单位才能考虑到有否能力。另外，也要通知每位来宾是否收费，收费多少，这也是来宾来参加与否所考虑的问题。

以上各方面问题做到心中有数之后，组委会要分工落实各项任务，可由组织联络组负责发通知、收回执、邀请领导及有关人员，落实会议议程中的各个项目，包括论文的提交形式和印刷等；可由会务组负责落实各种地点、布置会场、分发资料等；可由生活组负责报到接待、茶水供应和食宿安排；可由茶艺组负责茶艺表演和相关艺术表演。

## 茶会的准备

茶会地点确定之后，会场要作具体的布置，人员要事先进行培训，资料要提前准备。

### 1. 横幅的设计

悬挂在会场的横幅，是点出茶会主题的重要直观物，故要精心设计，不同场合用不同的词句，文字要简练，字体要美观大方。如：“’95 国际西湖茶会开幕式”、“’95 国际西湖茶会茶艺表演主会场”、“’95 国际西湖茶会学术报告会”、“’95 国际西湖茶会闭幕式” 等。

### 2. 场地布置

①座席布置：根据茶会形式而定。

流水席：适用于节日、纪念、喜庆、研讨、联谊等数种茶会，犹如自助餐的形式。在会场中可设名茶或新产品的展示台；分设几处泡茶台，根据所泡茶的种类作相应风格的环境布置，供应与茶性相配的茶食。由泡茶小姐、先生作泡茶表演，并由宾客自拿一次性杯子和碟子到各泡茶台观看表演和品尝茶汤，并自取相应的茶食。为增加情趣，可安排室内音乐现场演奏，或播放轻音乐或民乐。在沿墙可散放一些椅子，让一些年老体弱者小憩。这种形式，宾客有较大的自由度，可以随时与自己想与之交谈的对象问候、询问、讨论、聊天。茶会有较大的灵活性，譬如结婚仪式之后，新娘、新郎、伴娘、伴郎可泡茶招待亲友，敬公婆茶、敬长辈茶也可在这时进行。又如，可作为学术研讨会的休息场所，调节精神、增加知识、了解民族风情等。

固定席：适用于茶艺交流、名茶品尝和主题突出的节日、纪念、研讨、联谊等茶会。一般均为大型茶会，大家都坐下来，一起观看茶艺表演，仅少部分人能品尝表演者泡的茶，其他人均由专供茶水的服务员奉茶。这种座席设置，要根据邀请的宾客人数排放，要便于通行和观看。通常像一般戏院和会场的座席设置，即前端舞台上设置泡茶台和宾客代表席，由主宾客共同完成茶艺表演。另一种是没有舞台，在一室的一侧中心设立泡茶台，宾客席呈一字形，或呈 U 字形与泡茶台相对，宾客席中设一条通道或两条通道。

人人泡茶席：这种茶会每个人都是主人又都是客人，这种座席是依自然地形而设，事先用连续编号做好标记，与会者抽签后根据号码，自行设席（详见“无我茶会”一节）。

②时令装饰：用时令花卉、盆景布置会场，或悬挂衬托主题的名家书画，以营造茶会气氛。有的庆祝和纪念茶会，放飞气球、和平鸽以增加热烈气氛。

如果茶会采取多种形式相结合的方式进行，则会场可以作相应的布置，有流水席，有固定座席，有人人泡茶席，也有专进行学术讨论的围坐形式或报告会形式。布置具有很大的灵活性，全看茶会设计者的灵感和布置者的用心。

### 3. 用具物品准备

①一般准备：根据邀请的人数准备茶杯和茶叶、热水瓶和茶食、茶食盘等。

②特殊准备：根据各个参加茶会的茶道（艺）表演队的事先要求，准备桌、椅或各种茶道具，或者代用道具、座垫、屏风等。

③主办单位茶道表演的全部用具、物品的准备。

### 4. 休息准备室

各茶道表演队需预先准备放置好茶道具、化妆、换服装，放置各人随带衣包等，故要有相应的休息准备室，并要在表演场所就近设置，以利出场和退场。若不可能，则要在表演台处布置后台，按表演顺序依次进入后台准备好茶道具，休息、化妆和换衣服则设置在别处。

5. 告示

在茶会不分发程序册的情况下，为使与会者能明确茶会的程序安排，在会场入口处应有告示，张贴茶会程序。另外，在休息准备室也要有告示茶会程序，便于各表演队提早做好准备。

6. 指引牌

对公共设施，要有指引牌，使到会者易找到欲去场所，如餐厅、洗手间、小卖部、茶道表演主会场、分会场、学术报告厅等等。

7. 会议资料

可预先通知参加者自行准备，报到时交给主办单位，统一分发，亦可由主办单位根据与会者提供的资料，统一印刷分发。资料可包括：①各参加团人员的照片，下面注明姓名、年龄、单位、职业和通讯地址、电话、电传号码；②各表演团表演的内容简介，可用照片及简单文字说明；③茶会日程安排及每次茶会的公告。此外，还可编入主席讲话和有关领导致词，以及有关宣传资料等。

8. 人员培训

大型茶会常需很多工作人员，均为有关单位临时派人担当。由于对所从事的工作不熟悉，故在会议前要进行岗位培训，明确临时担当的任务以及如何做好，遇见突发问题该如何处理等，以保证会议有条不紊地进行。

## 无我茶会

无我茶会是一种茶会形式。其特点是参加者都自带茶叶、茶具、人人泡茶、人人敬茶、人人品茶，一味同心。在茶会中以茶传言，广为联谊，忘却自我，打成一片。这种茶会对于大陆的广大茶友来说，尚较陌生，但随着国际交往的发展，随着茶文化的普及，更宜提倡人人参与、亲自实践。为使大家能熟悉这种茶会形式，特列一节介绍。

1. **无我茶会的由来与发展**

由台湾陆羽茶艺中心蔡总经理荣章先生建议和构思，陆羽茶艺中心所属陆羽茶道教室的同学们进行实习，于1990年6月2日在台湾妙慧佛堂举行首次佛堂茶会。经数次改进与再实践，于1990年12月18日进行了首届国际无我茶会。茶会由陆羽茶艺中心主办，在台湾十方禅林举行，题名为“中日韩佛堂茶会”。由于佛堂茶会是设在清净的佛堂，茶会力求空灵、茶禅一味的精神，带有宗教色彩，因此，其发展受到一定的限制。为让更多的人能接受，佛堂茶会就演变成无我茶会。会场可设在雅净的室内，更多的是利用风景秀丽的露天空旷地；人数不限，不分肤色国籍，不分男女老幼，不分职业、职位；精神在于心灵沟通，一味同心。无我茶会是陆羽茶艺中心极力推广的一种茶会形式，于1991年3月1日用中、日、韩、英四种文字出版了《无我茶会》一书，更奠定了国际交流的基础。1991年10月14－20日由中、日、韩三国七个单位联合在福建和香港举办了幔亭无我茶会，除进行两次无我茶会外，还进行了三次茶艺观摩，并在武夷山立了纪念碑。纪念碑正面的碑文为“幔亭无我茶会记”，反面的碑文为“无我茶会之精神”。1992年11月9－16日在日本京都，由卖茶真流主办第三届国际无我茶会，共有中、日、韩三国200余人参加。会议进行了三次无我茶会、两次献茶礼和两次茶艺观摩，还参观了茶园、茶厂、京都茶叶试验场和茶的历史遗迹数处。1993年10月12－17日在韩国汉城由韩国国际茶文化协会主办了第四届国际无我茶会。出席茶会的有中、日、韩三国和香港地区代表共300余人，内容有各国茶文化发展情况介绍、各国茶道表演、无我茶会以及参观太平洋博物馆珍藏名品特别展览等。经各代表团团长会议讨论，决定从本届国际无我茶会起，每隔2年轮流在各处召开1次；决定1995年10月在福建武夷自然保护区召开第五届国际无我茶会。

2. **无我茶会的基本方法**

无我茶会在举行前，首先要书面写明公告事项，以便到会者事先阅读而作准备，使茶会能有条不紊地举行。公告事项应简明扼要，现以第二届国际无我茶会中的一次茶会为例（见表4－1—。

**表4－1　天桥立无我茶会公告事项**

| 时间 | 1992年11月14日(周六)10：00～11：30 | | |
|---|---|---|---|
| 地点 | 天桥立海浜公园 | | |
| 主题 | 观景同饮 | | |
| 人数 | 80名 | 座位方式 | 环形、席地 |

| 时间 | 1992年11月14日(周六)10：00～11：30 | | |
|---|---|---|---|
| 泡几杯 | 4杯 | 供茶规则 | 奉三杯给左边三位茶侣，自己留一杯 |
| 茶类 | 不拘 | 会后活动 | 无 |
| 泡几种茶 | 1种 | | |
| 泡几道 | 3道 | | |
| 供茶食否 | 否 | | |
| 时间安排 | | 工作分配 | |
| 9：30 | 会场准备 | 主办 | 正木义完 |
| 9：45 | 抽签入席 | 场地布置 | 前田本井 |
| 10：00 | 茶具观摩与联谊开始 | 会务 | 上坦智惠子、太田秀美 |
| 10：20 | 开始泡茶 | 接待 | 前田启子 |
| 11：20 | 泡茶结束收拾茶具 | 场务 | 有贺祖道 |

去参加无我茶会，每人携带的茶具可根据茶类而定，尽量要小巧简便。基本要求是每人需带冲泡器具，四只杯子、奉茶盘、茶巾、手表或计时器、热水瓶、茶叶（以每冲泡四杯茶所需的量分成小包或直接放在冲泡器中）、坐垫等。

到了无我茶会会场后，首先是报到抽签，依号码找到位置。号码为顺序排列，座位形式多用封闭式，即首尾相连成规则或不规则的环形或方形、长方形等等。数十人乃至数百人的大茶会往往是在露天举行，均无桌椅，故每人找到位置后，将自带座垫前沿中心点盖掉座位号码牌，在座垫前铺放一块泡茶巾（常用包壶巾代替），上置冲泡器，泡茶巾前方是奉茶盘，内置四只茶杯，热水瓶放在泡茶巾左侧，提袋放在坐垫左侧，脱下的鞋子放在坐垫左后方。

当茶具等安放完毕，根据公告中的时间安排，茶会的第一阶段是茶具观摩与联谊，这时，可在会场内走动，亦可互相拍照留念。

到了约定时间，各人开始泡茶，泡好后分茶于四只杯中，将留给自己饮用的一杯放在自己泡茶巾上的最右边，然后端奉茶盘奉茶给左侧三位茶侣，第一位奉茶人将杯子放在受茶人的最左边，第二位奉茶人将杯子放在受茶人的左边第二位，第三位奉茶人将杯子放在受茶人左边第三位。如果您要奉茶的人也去奉茶了，只要将茶放在他（她）座位的泡茶巾上就好；如您在座位上，有人来奉茶，应行礼接受。待四杯茶奉齐，就可以自行品饮，喝完后，即开始冲第二道，第二道奉茶时拿奉茶盘托了冲泡器具或茶盅依次给左侧三位茶侣斟茶，继之品饮后冲泡第三道，奉茶同第二道。进行完约定的冲泡数后，如安排演讲或音乐欣赏等活动，就要安坐原位，专心聆听，结束后方可端奉茶盘去收回自己的杯子，将茶具收拾停当，清理好自己座位的场地（所有废物全由自己收拾干净并倒入果壳箱中），与大家道别散会，或继续其他活动。

### 3. 无我茶会之精神

无我茶会是一种“大家参与”的茶会，其举办得成败与否，取决于是否体现了无我茶会的精神。第一，无尊卑之分。茶会不设贵宾席，参加茶会者的座位由抽签决定，在中心地还在边缘地，在干燥平坦处还是潮湿低洼处不能挑选，自己将奉茶给谁喝，自己可喝到谁奉的茶，事先并不知道，因此，不论职业职务、性别年龄、肤色国籍，人人都有平等的机遇。第二，无“求报偿”之心。参加茶会的每个人泡的茶都是奉给左边的茶侣，而自己所品之茶却来自右边茶侣，人人都为他人服务，而不求对方报偿。第三，无好恶之分。每人品尝四杯不同的茶，由于茶类和沏泡技艺的差别，品味是不一样的，但每位与会者都要以客观心情来欣赏每一杯茶，从中感受到别人的长处，不能只喝自己喜欢的茶，而厌恶别的茶。第四，时时保持精进之心。自己每泡一道茶，自己都品一杯，每杯泡得如何，与他人泡的相比有何差别，要时时检讨，使自己的茶艺精深。第五，遵守公告约定。茶会进行时并无司仪或指挥，大家都按事先公告项目进行，养成自觉遵守约定的美德。第六，培养集体的默契。茶会进行时，均不说话，大家用心于泡茶、奉茶、品茶，时时自觉调整，约束自己，配合他人，使整个茶会快慢节拍一致，并专心欣赏音乐或聆听演讲，人人心灵相通，即使几百人的茶会亦能保持会场宁静、安详的气氛。

## 茶室选址

经营型茶室由于本身的性质决定，在具备了明亮整洁、清静优雅等基本条件外，还要具有资金充足、交通便利、水电供应正常、客流量大等条件，以保证茶室的营运。选址一般有以下数类：

一是选在风景名胜区，山水俱佳，为品茗增色。自古以来，文人墨客特别喜爱在山涧、泉边、林间、石旁等处品茗赏景，从而留下了很多名句名画，成为千古流传的珍品。唐代诗人白居易《睡后茶兴忆杨同州》一诗云：“信脚绕池行，偶然得幽致。婆娑绿阴树，斑驳青苔地。此处置绳床，傍边洗茶器。”元代画家赵原作

《陆羽烹茶图》，其上题诗一首云：“山中茅房是谁家，兀坐闲吟到日斜。俗客不来山鸟散，呼童汲水煮新茶。”诗人与画家各具妙笔，道尽了对佳景、品香茗的闲情幽趣。在现代，几乎全国各个风景名胜区皆设有茶室，风格各异，游客在一路饱览大好风光之余，正是舟车劳顿之际，可于绿荫掩映中的茶室小坐片刻，泡一壶当地出产的名茶，慢慢品饮。凭窗而坐，远眺则湖光山色尽收眼底，近观则佳木扶疏、鸟语花香。杭州西湖以秀丽名扬天下，茶室成为点缀其间的小景，幽趣盎然。如在龙井、虎跑、云栖等茶室中，品饮虎跑水所泡的龙井茶，举目四望，林壑优美，令人俗念全消。

二是选在市井中心、河埠码头等交通集散之地。因为此地是人来客往之地，在此处设立茶室可以使人们在忙于生计之间得以休闲片刻，或为过往旅客在候车候船以及旅途中转之际提供歇脚小憩，同时由于市中心商业繁盛，交通便利，因此也适合从事洽谈生意、进行各种社交活动。在古时候，茶坊设在闹市的比风景区的要多。宋代画家张择端所作《清明上河图》中，描绘了汴京城里的繁华景致，但见人来人往，好不热闹，茶楼茶坊比比皆是，人们有的独坐喝茶，有的逗鸟闲聊，有的围聚听书，点评古事，茶博士点茶，老板立在房檐下招呼客人，无一不栩栩如生。明清时代流传下来的大量话本小说，写到市井茶坊的更是不计其数，插图中亦多茶坊的描绘。最有名的当属《水浒传》中王婆开的茶坊，后来从这一场景延伸开去，引出了一部著名的小说《金瓶梅》。近些年来，由于大规模的旧城改造，租金、水电、人工等费用看涨，大都市市区中心的茶室大多式微，广东、四川以及香港等地虽设茶楼，实际上具有饭店性质，以茶作为餐前开胃饮品而已。但是，随着人们物质生活水平的不断提高，精神上追求更高层次的享受，一批高水准、高品味的茶艺馆应运而生，本着推广茶艺的宗旨，专门向大众传送茶艺的廉美和静的意境，应属广大茶人的一大喜讯。

三是选在集墟小镇的生活中心。在每个中国人的乡土情结中，故乡总是与路口的那株歪脖老树、后院的井台、杨二嫂式的豆腐店和大街的小茶馆紧密相连。试想一个没有小茶馆的小镇是多么枯燥乏味，仿佛没有了生活重心。老汉们泡茶围坐，抽着水烟，下着棋，浓郁的乡土气息令人难以忘怀。

## 茶室设计

经营型茶室的建筑和装饰可根据周围环境，由建筑设计师和茶艺师共同讨论，可有各具风格的特色。但从茶室功能上要求而言，其建筑应包括主体建筑和附属设施两部分。主体建筑应包括品茶室、茶水房和茶点房；附属设施为小型仓库、管理人员及服务人员工作室（包括更衣、化妆）、卫生间等。

1. **茶室的设计**

主体建筑设计视茶室大小而异，一般的有如下设计方案：

（1）大型茶室

品茶室：可由大厅和小室构成。茶艺馆在大厅中必须设置茶艺表演台，小室中不设表演台而采用桌上服务表演。视房屋的结构，可分设散座、厅座、卡座及房座（包厢），或选设其中一二种，合理布局。

散座：在大堂内摆放圆桌或方桌，每张桌视其大小配 4 ~ 8 把椅子。桌子之间的间距为两张椅子的侧面宽度加上通道 60 厘米的宽度，使客人进出自由，无拥挤不堪的感觉。

厅座：在一间厅内摆放数张桌子，距离同上。厅四壁饰以书画条幅，四角放置四时鲜花或绿色植物，并赋以厅名。最好能布置出各个厅室的自我风格，配以相应的饮茶风俗，令人有身临其境之感。

卡座：类似西式的咖啡座。每个卡座设一张小型长方桌，两边各设长形高背椅，以椅背作为座与座之间的间隔。每一卡座可坐四人，两两相对，品茶聊天。墙面以壁灯、壁挂等作为装饰。

房座：用多种材料将较大的空间隔成一间间较小的房间，房内只设 1 ~ 2 套桌椅，四壁装饰精美，又相对封闭，可供洽谈生意或亲友相聚。一般需预先订座，由专职的服务人员帮助布置和服务，房门可悬挂提示牌，以免他人打扰。

茶水房：应分隔为内外两间，外间为供应间，墙上开一大窗，面对茶室，置放茶叶柜、茶具柜、电子消毒柜、冰箱等。里间安装煮水器（如小型锅炉、电热开水箱、电茶壶）、热水瓶柜、水槽、自来水龙头、净水器、贮水缸、洗涤工作台、晾具架及晾具盘。

茶点房：亦分隔成内外两间，外间为供应间，面向品茶室，放置干燥型及冷藏保鲜型两种食品柜和茶点盘、碗、筷、匙等用具柜。里间为特色茶点制作工场或热点制作处。如不供应此类茶点，可以简略，只需设立水槽、自来水龙头、洗涤工作台、晾具架及晾具盘即可。

（2）小型茶室

品茶室：可在一室中混设散座、卡座和茶艺表演台，注意适度、合理利用空间，不能毫无章法，乱摆一气，讲究错落有致，各有其长。

开水房及茶点房：在品茶室中设柜台替之，保持清洁整齐即可。

2. **茶室的布置**

茶室布置是业主文化修养的综合反映。为能充分显示茶室陶冶情操、令人修身养性的作用，在茶室布置上需下一番功夫，使之既合理实用，又有不同的审美情趣。纵观现代茶室的布置，一般的可以有以下几种类型供选择：

（1）中国古典式

室内家具均选用明式桌椅，材料为红木、花梨等高档木料，镶嵌大理石、螺钿者更佳（资金有限者可用仿红木）。壁架可以采用空心雕刻或立体浮雕。用中国书画为壁饰，并辅以插花、盆景等各种摆设。如杭州中国茶叶博物馆的仿明茶室，是传统居家的客堂形式。正对大门以板壁隔开内外两堂，壁正中悬画轴，两侧为一副对联。壁下摆长形茶几，上置大型花瓶等饰物。长茶几正中前设八仙桌（或四仙桌），桌两侧各安太师椅一把。整个结构古朴严谨，充满大家气派。又如上海汪怡记茶艺馆的大厅茶室，雕花槅扇内是茶艺表演台，大厅内设镶大理石桌面的红木桌椅。壁架上陈列了茶样罐和茶壶具，壁上悬挂各种字画。还如杭州墅园茶艺馆的大厅，正中用红木贝雕屏风装饰，一侧设古筝演奏台，大厅内散放桌椅；房厅正中放置红木圆桌和八把红木靠背椅，壁龛上摆置各种饰物。

（2）中国乡土式

这一款茶室的布置着重在渲染山野之趣，所以室内家具多用木、竹、藤制成，式样简朴而不粗俗，不施漆或只施以清漆。壁上一般不用多余饰物，为衬托气氛，墙上可以挂一些蓑衣、箬帽、渔具或玉米棒、红干辣椒串、宝葫芦等点缀，让人仿佛置身于山间野外、渔村水乡。如杭州太极茶艺馆内景，依次可见为茶艺表演台、木制桌椅、壁灯和吧台。又如四川成都的一些茶馆，馆内皆为竹制桌椅，梁上悬挂小钩，供茶客挂鸟笼，边逗鸟边喝茶。

另外，我国是一个多民族国家，各少数民族有着自己独特的民族文化与饮食习惯，饮茶也有自己的特色。可以借鉴其风俗习惯，运用到茶室布置上来，让客人们在品茶之余，享受强烈的民族风情。

（3）欧式与和式

这一款茶室的布置是仿国外茶室的装饰，营造一份异国情调。欧式茶室以卡座设置居多，是最普遍的一种。另外，广泛流行于都市中的音乐茶座，大体也属此种。和式茶室指日本的茶室布置，即室内铺榻榻米，客人脱鞋于门廊，换拖鞋入内，席地而坐，整体布置极其简洁明快，或悬一画，或插一花，如杭州中国茶叶博物馆中的和式茶室。

广大茶艺爱好者不必认为构建品茗环境是件很难办到的事情，其实在普通家庭中，只要略加布置，就可点茶品饮，会客、聚友、家人团圆、也能其乐融融的。

如果居室条件允许，可以在客厅专设一角作为饮茶之处，以矮柜或花架、屏风隔出一小块空间，墙壁装饰尽可能简洁明快，若能悬挂有关茶人茶事的书画条幅固然最佳，若无也无妨，试饰以一把王星记的描金扇子、一件木雕人像或者色泽淡雅的壁毯，同样可取得怡情说性的效果。下摆沙发或藤椅，茶几上置茶具茶点，人来客至，点茶倾谈。近年来西风东渐，年轻人在装修住房时喜欢追潮流，在客厅设吧台酒柜，其实与中国人的生活习惯不符，毕竟日常生活中以酒代茶者不多。我们提倡设置居家饮茶的布置，所费不多，却无形中将几千年的中国文化融入了现代生活之中，可以显示出主人的学识品位。

家居饮茶并无定所，住在底楼的有小院的，可于院中葡萄架下设竹几竹椅品茶，住高楼而又无更大空间者，或在书房，或于卧室，只要记得饮茶原是为生活更美好，一桌一椅，清茶相伴，已是一份难得的心境很好的追求了。

至于非经营型的大型茶会布置，由后面再作详细介绍。

## （四）泡茶技艺

泡茶，是用开水浸泡成品茶，使茶中可溶物质溶解于水，成为茶汤的过程。粗看起来，是人人皆会的，没有学问，其实不然。有的人天天泡茶，但未必领略泡茶真谛，对各种茶的沏泡特点也不一定能够掌握自如。因为泡茶是一门综合艺术，需要较高的文化修养，即不仅要有广博的茶文化知识及对茶道内涵的深刻理解，而且要具有高度的文明美德，同时深谙各民族的风土人情。正如鲁迅先生曾说过：“有好茶喝，会喝好茶是一种清福；不过要享这种清福，首先必须有工夫，其次是练习出来的特别感觉。”否则，纵然有佳茗在手，也无缘领略其真味。

当今时代，随着人民生活水平的提高，人们的精神风貌也需同步优化。“客来敬茶”是中国民间的传统美德，宾客来访、同窗小聚、亲人团圆，清茶一杯，畅叙胸怀。无论在办公室、会议厅、家庭宅院、风景名胜，人们都可于品茶的同时规划宏图，畅谈前程，洽谈合作，或叙述友情，共享天伦，真是其乐融融。日本女子在出嫁之前，必须学习“茶道”这一课，才不会在众目睽睽之下有失礼仪。如果中国的男女老少，都能在一定程度上了解、掌握泡茶这门艺术，那么，神州大地的精神文明之花，将会开得更加绚丽光彩。

## 泡茶要领

每一位初学泡茶者，最初只是单纯模仿他人的动作，只知其然不知其所以然；经过不断练习，不断思索，渐渐由形似到神似；再进一步成熟，就有了自己的风格和创造，甚至成为一个流派。

### 1. “神”是艺的生命

“神”指茶艺的精神内涵，是茶艺的生命，是贯穿于整个沏泡过程中的连结线 。从沏泡者的脸部所显露的神气、光彩、思维活动和心理状态等，可以表现出不同的境界，对他人的感应力也就不同，这反映了沏泡者对茶道精神的领悟程度。能否成为一名茶道家，“神”是最重要的衡量标准。作为一名初学者，不应只拘泥于沏泡动作的到位与否，更应平时多看文史哲类图书，欣赏艺术表演等，从各个方面努力提高自身的文化修养及领悟能力，才能在不断实践中体会到不可言传、只可意会的茶艺“神”之所在。

### 2. “美”是艺的核心

欣赏茶的沏泡技艺，应该给人以一种美的享受，包括境美、水美、器美、茶美和艺美，此处重点谈谈艺美。茶的沏泡艺术之美表现为仪表的美与心灵的美。仪表是沏泡者的外表，包括容貌、姿态、风度等；心灵是指沏泡者的内心、精神、思想等，通过沏泡者的设计、动作和眼神表达出来。例如，泡茶前由客人“选点茶”，可用数种花色样品由客人自选，“主从客意”，以表达主人对宾客的尊重，同时也让客人欣赏了茶的外形美；置茶时不用手抓取茶样，是讲文明卫生的表现；冲泡时用“凤凰三点头”的手法，犹如对客人行三鞠躬。另外，敬茶时的手势动作，茶具的放置位置和杯柄的方向，茶点的取食方便等均需处处为客人着想。在整个泡茶的过程中，沏泡者始终要有条不紊地进行各种操作，双手配合，忙闲均匀，动作优雅自如，使主客都全神贯注于茶的沏泡及品饮之中，忘却俗务缠身的烦恼，以茶修身养性，陶冶情操。

### 3. “质”是艺的根本

品茶的目的是为了欣赏茶的质量，一人静思独饮，数人围坐共饮，乃至大型茶会，人们对茶的色、香、味、形之要求甚高，总希望饮到一杯平时难得一品的好茶，沏泡者千万不可以为自己有青春容貌、华丽服饰、精巧茶具等优势就可以成功。特别是初到一地，由他人提供境、器、水、茶，自己全然陌生，稍一大意，就会有失水准，不一定能泡出好茶来。尤其是在懂茶知茶不多的情况下，更要谦虚谨慎，向他人求教，自己试泡，待掌握了茶性，就能充分发展茶的品质特征。

要泡好一杯茶，应努力以茶配境、以茶配具、以茶配水、以茶配艺，要把前面分述的内容融会贯通地运用。例如，绿茶的主要特点是其碧绿的色泽，有了“干茶绿、汤色绿、叶底绿”的名优茶，在贮存中还要控制多种条件，以保持其“三绿”的特点。沏泡时，能否使“三绿”完美显现，就是茶艺的根本。一般说来，在冲泡前要请客人欣赏干茶样，由于干茶较长时间暴露在空气中，茶样会吸湿还潮，加速了自动氧化，有的还经过鼻嗅、手摸等，使茶的色、香、味、形都起了变化，因此这些小样在观看之后切勿再倒回茶样罐内，应单独放置以作他用。其次，冲泡时尤要注意水温的调整，名茶宜用80℃开水冲泡，并不加盖，避免高温烫熟叶底，不使汤色、叶底泛黄。

#### 4. “匀”是艺的功夫

茶汤浓度均匀是沏泡技艺的功力所在。在港台地区常举行泡茶比赛，评分时除了仪表、动作之外，就看同一种茶谁泡得恰好，三道茶的汤色、香气、滋味最接近，实质上就是比“匀”的功夫：将茶的自然科学知识和人文科学知识全融合在茶汤之中。用同一种茶冲泡，要求每杯茶汤的浓度均匀一致，就必须练就凭肉眼能准确控制茶与水的比例，不至于过浓或过淡。一杯茶的茶汤，要求容器上下茶汤浓度均匀，如将一次冲泡改为两次冲泡就会有较好的效果。第一次先转动手腕冲入容器1/4—1/3的水量，勿使茶叶漂浮在水面，谓之浸润泡，当茶叶吸水舒展（约20～60秒）后，第二次用“凤凰三点头”的手法冲水入容器，使茶叶上下翻动，达到茶汤均匀的目的。又如，用壶泡茶，在分茶汤时要用巡回分茶法（美称为“关公巡城”），并以最后几滴茶汤点入茶杯中，调节各杯之间的浓度（美称为“韩信点兵”），有的将茶汤先倒入茶盅（亦称茶海、公道杯），待其均匀后再分注入杯。在调节三道茶的“匀”度时，则利用茶的各种物质溶出速度比例的差异，从冲泡时间上调整。

#### 5. “巧”是艺的水平

沏泡技艺能否巧妙运用是沏泡者的水平。初学者，常常是单纯模仿他人的动作，而不能真正领悟到沏泡精髓，就无法因季节、制作工艺、品质特征等的不同来改变茶与水的比例，调整水温和控制时间等。因此，要反复实践、不断总结才能提高，从单纯的模仿转为自我创新。例如，制作冰绿茶时，为了有良好的风味，要用高级绿茶，因条索紧结需较高水温才能泡出，这样就不利于冷却，解决这一矛盾的方法是将条茶切碎，巧用茶条粗细与物质溶出速率的差异这一原理，这样，60℃的开水就能溶出水浸出物，再经两道冷却，几分钟后就能喝到冰绿茶了。在各种茶艺表演中，更要具有随机应变、临场发挥的能力，都得从“巧”字上做文章。

## 艺美的基本功

艺美通过仪表美及内心美来表达。通过日常生活的锻炼和培养，甚至对着镜子揣摸自己的举止，观看自己的仪态，渐渐养成高雅文明的气质。

### 1. 容貌

每个人的容貌非自己可以选择，天生丽质是靠了父母的遗传之福，但并不一定能做到艺美。正如俗话说：聪明面孔笨肚肠，有的人由于动作的协调性及悟性水平很低，给人的感觉是紧张，并不觉得美。而有的人虽相貌平平，但因为有较高的文化修养、得体的行为举止，靠自己的勤奋，以神、情、技动人，显得非常自信，灵气逼人。茶艺更看重的是气质，所以表演者应适当修饰仪表。如果真正的天生丽质，则整洁大方即可。一般的女性可以淡妆，表示对客人的尊重，以恬静素雅为基调，切忌浓妆艳抹，有失分寸。来自内心世界的美才是最高境界的。

### 2. 姿态

姿态是身体呈现的样子。从中国传统的审美角度来看，人们推崇姿态的美高于容貌之美。古典诗词文献中形容一位绝代佳人，用“一顾倾人城，再顾倾人国”的句子，顾即顾盼，是她秋波一转的样子。或者说某一女子有林下之风，就是指她的风姿迷人，不带一丝烟火气。茶艺表演中的姿态也比容貌重要，需要从坐、立、跪、行等几种基本姿势练起。

(1) 坐姿

坐在椅子或凳子上，必须端坐中央，使身体重心居中，否则会因坐在边沿使椅（凳）子翻倒而失态；双腿膝盖至脚踝并拢，上身挺直，双肩放松；头上顶下颌微敛，舌抵上颚，鼻尖对肚脐；女性双手搭放在双腿中间，左手放在右手上，男性双手可分搭于左右两腿侧上方。全身放松，思想安定、集中，姿态自然、美观，切忌两腿分开或翘二郎腿还不停抖动、双手搓动或交叉放于胸前、弯腰弓背、低头等。如果是作为客人，也应采取上述坐姿。若被让坐在沙发上，由于沙发离地较低，端坐使人不适，则女性可正坐，两腿并拢偏向一侧斜伸（坐一段时间累了可换另一侧），双手仍搭在两腿中间；男性可将双手搭在扶手上，两腿可架成二郎腿但不能抖动，且双腿下垂，不能将一腿横搁在另一腿上。

（2）跪姿

在进行茶道表演的国际交流时，日本和韩国习惯采取席地而坐的方式，另外如举行无我茶会时也用此种座席。对于中国人来说，特别是南方人极不习惯，因此特别要进行针对性训练，以免动作失误，有伤大雅。

——跪坐：日本人称之为“正坐”。即双膝跪于座垫上，双脚背相搭着地，臀部坐在双脚上，腰挺直，双肩放松，向下微收，舌抵上颚，双手搭放于前，女性左手在下，男性反之。

——盘腿坐：男性除正坐外，可以盘腿坐，将双腿向内屈伸相盘，双手分搭于两膝，其他姿势同跪坐。

——单腿跪蹲：右膝与着地的脚呈直角相屈，右膝盖着地，脚尖点地，其余姿势同跪坐。客人坐的桌椅较矮或跪坐、盘腿坐时，主人奉茶则用此姿势。也可视桌椅的高度，采用单腿半蹲式，即左脚向前跨一步，膝微屈，右膝屈于左脚小腿肚上。

（3）站姿

在单人负责一种花色品种冲泡时，因要多次离席，让客人观看茶样、奉茶、奉点等，忽坐忽站不甚方便，或者桌子较高，下坐操作不便，均可采用站式表演。另外，无论用哪种姿态，出场后，都得先站立后再过渡到坐或跪等姿态，因此，站姿好比是舞台上的亮相，十分重要。站姿应该双脚并拢，身体挺直，头上顶下颌微收，眼平视，双肩放松。女性双手虎口交叉（右手在左手上），置于胸前。男性双脚呈外八字微分开，身体挺直，头上顶下颌微收，眼平视，双肩放松，双手交叉（左手在右手上），置于小腹部。

（4）行姿

女性为显得温文尔雅，可以将双手虎口相交叉，右手搭在左手上，提放于胸前，以站姿作为准备。行走时移动双腿，跨步脚印为一直线，上身不可扭动摇摆，保持平稳，双肩放松，头上顶下颌微收，两眼前平视。男性以站姿为准备，行走时双臂随腿的移动可在身体两侧自由摆动，余同女性姿势。转弯时，向右转则右脚先行，反之亦然。出脚不对时可原地多走一步，待调整好再直角转弯。如果到达客人面前为侧身状态，需转身，正面与客人相对，跨前两步进行各种茶道动作，当要回身走时，应面对客人先退后两步，再侧身转弯，以示对客人的尊敬。

3. **风度**

泛指美好的举止姿态。在茶道活动中，各种动作均要求有美好的举止，评判一位茶道表演者的风度良莠，主要看其动作的协调性。在“姿态”一节中所述的各种姿态，实际都是采用静气功和太极拳的准备姿势，目的是为人体吐纳自如，真气运行，经络贯通，气血内调，势动于外，心、眼、手、身相随，意气相合，泡茶才能进入“修身养性”的境地。茶道中的每一个动作都要圆活、柔和、连贯，而动作之间又要有起伏、虚实、节奏，使观者深深体会其中的韵味。养成自己美好的举止姿态，可参加各种形体训练、打太极拳、跳民族舞、做健美操、练静气功等等。

### 4. 礼仪

心灵美所包含的内心、精神、思想等均可从恭敬的言语和动作中体现出来。表示尊敬的形式（礼节）和仪式即为礼仪，应当始终贯穿于整个茶道活动中。宾主之间互敬互重，欢美和谐。

（1）鞠躬礼

茶道表演开始和结束，主客均要行鞠躬礼。有站式和跪式两种，且根据鞠躬的弯腰程度可分为真、行、草三种。“真礼”用于主客之间，“行礼”用于客人之间，“草礼”用于说话前后。

——站式鞠躬：“真礼”以站姿为预备，然后将相搭的两手渐渐分开，贴着两大腿下滑，手指尖触至膝盖上沿为止，同时上半身由腰部起倾斜，头、背与腿呈近90°的弓形（切忌只低头不弯腰，或只弯腰不低头），略作停顿，表示对对方真诚的敬意，然后，慢慢直起上身，表示对对方连绵不断的敬意，同时手沿脚上提，恢复原来的站姿。鞠躬要与呼吸相配合，弯腰下倾时作吐气，身直起时作吸气，使人体背中线的督脉和脑中线的任脉进行小周天的气循环。行礼时的速度要尽量与别人保持一致，以免尴尬。“行礼”要领与“真礼”同，仅双手至大腿中部即行，头、背与腿约呈120°的弓形。“草礼”只需将身体向前稍作倾斜，两手搭在大腿根部即可，头、背与腿约呈150°的弓形，余同“真礼”。

若主人是站立式，而客人是坐在椅（凳）上的，则客人用坐式答礼。“真礼”以坐姿为准备，行礼时，将两手沿大腿前移至膝盖，腰部顺势前倾，低头，但头、颈与背部呈平弧形，稍作停顿，慢慢将上身直起，恢复坐姿。“行礼”时将两手沿大腿移至中部，余同“真礼”。“草礼”只将两手搭在大腿根，略欠身即可。

——跪式鞠躬：“真礼”以跪坐姿为预备，背、颈部保持平直，上半身向前倾斜，同时双手从膝上渐渐滑下，全手掌着地，两手指尖斜相对，身体倾至胸部与膝间只剩一个拳头的空档（切忌只低头不弯腰或只弯腰不低头），身体约呈45°前倾，稍作停顿，慢慢直起上身。同样行礼时动作要与呼吸相配，弯腰时吐气，直身时吸气，速度与他人保持一致。“行礼”方法与“真礼”相似，但两手仅前半掌着地（第二手指关节以上着地即可），身体约呈55°前倾；行“草礼”时仅两手手指着地，身体约呈65°前倾。

（2）伸掌礼

这是茶道表演中用得最多的示意礼。当主泡与助泡之间协同配合时，主人向客人敬奉各种物品时都简用此礼，表示的意思为："请"和"谢谢"。当两人相对时，可均伸右手掌对答表示，若侧对时，右侧方伸右掌，左侧方伸左掌对答表示。伸掌姿势应是：四指并拢，虎口分开，手掌略向内凹，侧斜之掌伸于敬奉的物品旁，同时欠身点头，动作要一气呵成。

（3）寓意礼

茶道活动中，自古以来在民间逐步形成了不少带有寓意的礼节。如最常见的为冲泡时的"凤凰三点头"，即手提水壶高冲低斟反复三次，寓意是向客人三鞠躬以示欢迎。茶壶放置时壶嘴不能正对客人，否则表示请客人离开；回转斟水、斟茶、烫壶等动作，右手必须逆时针方向回转，左手则以顺时针方向回转，表示招手"来！来！来！"的意思。欢迎客人来观看，若相反方向操作，则表示挥手"去！去！去！"的意思，另外，有时请客人选点茶，有"主随客愿"之敬意；有杯柄的茶杯在奉茶时要将杯柄放置在客人的右手面，所敬茶点要考虑取食方便。总之，应处处从方便别人考虑，这一方面的礼仪有待于进一步地发掘和提高。

## 清饮茶冲泡法

清饮是指饮用单用茶泡成的茶水，是最通常的饮用方法。由于茶类不同，冲泡的方法亦有所区别，现分别介绍如下：

### 1. 名优绿茶——玻璃杯泡法

（1）准备：用大、中、小茶盘三只，大盘中放置100毫升容量的无花玻璃杯具（有托）六套，纵向搁置在最左边，中间放置中盘，内放茶样罐、赏茶盘、茶巾及茶巾盘、茶荷及茶匙，小盘中放置开水壶，横放在右侧。

（2）出场：随音乐节奏缓步行走，主泡和助泡一起行鞠躬礼，主泡坐下，助泡站于主泡右侧。

（3）备具：主泡双手将茶样罐捧出置于中盘前方，将茶巾盘放于盘后方靠右处，将茶荷及茶匙取出放于盘后方靠左处。

（4）赏茶：开启茶样罐，用茶匙拨出少许茶样于赏茶盘中，助泡行走到主泡左侧，接过赏茶盘，端给来宾欣赏，然后助泡退至后场。

（5）置茶：主泡将左侧纵放的玻璃杯盘端起，横放在自己胸前桌上，右手虎口朝下握住杯左侧，左手虎口侧向挡住玻璃杯右侧，同时转动手腕，将倒置的杯翻成杯口朝上。将茶罐打开，用茶匙将茶叶拨入茶荷中，按每杯2克的量计算总量，若一茶荷放不下，可以分次完成，最后将茶荷中的茶样拨入茶杯中。

（6）浸润泡：双手将茶巾盘中的茶巾拿起，搁放在左手手指部位，右手提开水壶（开水温度约80℃），左手指部垫毛巾处托住壶底，右手手腕回转使壶嘴的水沿杯壁冲入杯中，水量为杯容量的1/4－1/3，使茶叶吸水膨胀，便于内含物析出，约20～60秒。

（7）冲泡：拿壶的方法同上，用“凤凰三点头”法冲水入杯内至总容量的七成左右，意为“七分茶、三分情”。经过三次高冲低斟，使杯内茶叶上下翻动，杯中上下茶汤浓度均匀。

（8）奉茶：当主泡冲泡完毕，助泡上场，走到主泡左侧，主泡将茶盘交于助泡，助泡后退两步。主泡起身，领头走到客席，双手端杯托一一奉给客人，并行伸手礼；助泡要密切配合。

（9）品尝：待茶叶舒展后，宾客右手虎口张开拿杯，女性左手托茶杯底，男性可单手持杯，先闻香，再观色、啜饮。

（10）收具：奉茶完毕，主泡仍领头走回泡茶台，将桌上泡茶用具全收至大盘中，由助泡端盘，共行鞠躬礼，退至后场。

**2. 花茶、黄茶、白茶——盖碗泡法。**

（1）准备：用大、中、小茶盘三只，大盘中放置盖碗六套，纵向搁置在最左边；中间放中茶盘，内放花样罐、赏花盘、茶巾盘（内放茶巾）、茶匙；小盘中放开水壶，横放在右侧。

（2）出场、备具、赏茶：同名优绿茶泡法。

（3）置茶：主将将左侧纵放的盖碗盘端起，横放在自己胸前桌上，左手拇指及中指夹持盖钮侧，食指抵住钮面，将盖掀开，斜搁于碗托左侧，按顺时针方向将六只盖掀开放好，然后用匙置茶样于盖碗中，以盖碗容量决定茶样量，每50毫升容量用茶1克。

（4）冲泡：拿壶的方法同名优绿茶泡法。开水温度为90～95℃，先用回转冲泡法按逆时针顺序冲入每碗中水量的1/4—1/3，紧接着用“凤凰三点头”冲水至碗的敞口下限，右手放下水壶，左手按开盖的顺序将盖盖上，静置2～3分钟。

（5）盖碗品饮方法示范：趁静置冲泡的时间，主、助泡分别示范女性和男性的品饮动作。首先，右手拇指和中指夹住盖钮两侧，食指抵于钮面，持盖后转动手腕，使盖里呈垂直朝向自己鼻部，鼻子用力吸气，嗅闻盖面香，愈是优质的花茶则香气愈是鲜灵、浓纯。然后，持盖由碗沿里侧（靠自己身体的一侧）撇向碗外侧，共三次，目的是撇去碗面的浮叶，观看茶汤色泽。最后，将盖斜搁于碗面，使靠近身体的一侧碗里留出一条狭缝，女性应双手端起碗托，将碗托底置于左手掌上，右手用拇指和中指夹住碗沿，食指抵住盖钮，无名指和小指上翘成兰花指，小口从碗面狭缝中啜饮；男性可单手持碗，用拇指和中指夹住盖碗，食指抵住钮面，无名指和小指自然下垂，小口从碗面狭缝中啜饮。

（6）奉茶：同名优绿茶泡法。

（7）品尝：方法同5。

（8）收具：同名优绿茶泡法。

3. 普通绿茶、花茶、黄茶、白茶、工夫红茶——壶泡法。

（1）准备：用大、中、小茶盘三只，大盘中放置一壶（带茶船）、五杯（带托）和一只盖置，除工夫红茶用紫砂壶具外，其余均用瓷壶具，纵向搁置在最左边。中盘与小盘放置位置和内置物品同名优绿茶泡法。

（2）出场、备具、赏茶：同前。

（3）置茶：主泡将大盘端放于胸前桌上，左手将壶盖打开，平放于盖置上。用茶匙将茶样罐中的茶叶拨入茶荷中，每壶用茶样7克，将茶荷中的茶叶拨入茶壶中。

（4）冲泡：除绿茶用80℃的开水外，其余均可用90～95℃开水。提壶方法同前，先用回转冲泡法回旋三周冲入开水，再用直流冲水法冲至八成容量，最后用“凤凰三点头”冲至满壶。左手持壶盖由外向内撇去表面浮沫，加盖，静置2～3分钟。

（5）分茶：用茶巾吸干壶底水分，循环倒茶，使每杯茶汤浓度均匀，如第一杯倒入1/5容量，第二杯倒入2/5容量，第三杯倒入3/5容量，第四杯倒入4/5容量，第五杯倒至满（总容量的七成），再依四、三、二、一顺序逐杯倒至七成满。

（6）奉茶、品尝、收具：同名优绿茶泡法。

**4. 乌龙茶——壶泡法**

乌龙茶因地区差异和茶道具不同，同样用壶泡，方法略异，现分述如下：

（1）壶盅双杯泡法。

①准备：中置双层大茶盘，上置放茶壶、茶盅及闻香杯、品茗杯各四只；左侧放中茶盘一只，上置茶样罐、装茶匙、茶针、渣匙等的箸筒、赏茶盘、杯托四只、茶巾盘（内放茶巾）；右边置酒精炉及石英开水壶（热源可用煤气、电；壶可用铝质、陶质、不锈钢等）。

②出场：同名优绿茶泡法。

③备具：将左侧中盘中的茶样罐和箸筒一一端放在双层大茶盘的左上方，将茶巾盘端放至其右下方，将赏茶盘放在中盘的正中。

④赏茶：双手捧取茶样罐，左手拿罐，右手开盖，用茶匙取样放入赏茶盘中。助泡从主泡右侧走至左侧，端起茶盘，送给宾客赏茶，将空茶盘端回放在原处，然后退至后场。

⑤温壶：主泡左手开启壶盖，右手提开水壶直注开水于泡茶壶中，约为总容量的2/3，开水壶复位。左手盖上茶壶盖，双手拿茶巾，放于左手手指部位，右手拇指和中指握住茶壶把，食指抵住壶盖上的气孔或钮基部，左手拿茶巾托住壶底，两手手指部位相对，双手手腕作相反方向转动，开水在壶中晃动，使整把壶的温度一致。然后，右手提起茶壶，手腕上提使手与手臂呈90°，手心朝向自己，将壶中开水倒入品茗杯中（以后倒茶均用此手法）。

⑥置茶：左手打开茶壶盖，置于茶盘上，双手捧取茶样罐，摇动后用茶匙将茶样罐中粗大茶叶置于茶壶水孔的一边，细碎的放在壶把一侧，以防止细碎茶叶冲泡后堵住水孔和流。茶样量为茶壶容量的1/2左右（如果宾客无饮乌龙茶的习惯，以淡茶为宜，茶样量为壶容量的1/3左右），并且茶样量视茶的紧结程度而定，紧结程度高的可少放一些，反之则可略多一些，碎茶多应少放些。如果用茶荷置茶样，则把茶倒入茶荷中，用茶匙将茶的粗细分开，然后分别倒入茶壶中。

⑦温润泡：右手提开水壶沿茶壶口回转冲入100℃开水，左手加盖，右手立即提壶（动作同温壶）将温润泡的开水倒入茶盅中，目的使茶叶湿润并提高温度，使香、味能更好地发挥。

⑧第一泡：当上一步完成后，右手提开水壶回转冲入开水至壶口沿，左手盖上茶壶盖，静置1分钟。

⑨温盅及杯：茶盅中盛有温润泡的茶水，右手握盅，左手托盅，温盅手法同温壶，再将盅内开水倒入闻香杯中，逐个将闻香杯及品茗杯中的开水弃去。

⑩倒茶及分茶：冲泡1分钟后，将茶壶平提起，用茶巾吸干壶底废水，再将壶侧提起，方法同前，将茶汤倒入茶盅中，最后几滴要全滴入盅中。持盅将茶分倒入闻香杯中，至杯沿下2毫米左右。茶盅中留下少许余茶弃之（因有细茶渣）。

⑪奉茶：主泡将品茗杯复在闻香杯中，右手心朝上，用食指、中指夹住闻香杯两侧，拇指抵住品茗杯的杯底，向左侧转动手腕，使手掌朝下，将品茗杯的杯底放在茶托上，端茶托放入左侧中茶盘中。助泡从后场走到主泡左侧，主泡示意礼，助泡端起茶盘向后退数步，让主泡起身走在前面，随主泡走到宾客席，一一奉茶（动作同名优绿茶泡法），完毕后复回原座，助泡将中茶盘仍放在泡茶台左侧，退到后场。

⑫品尝：宾客用拇指、食指夹住闻香杯两侧，稍屈两指旋转闻香杯边向上提，使茶汤都流入品茗杯中，双手合掌捧住闻香杯搓动数下（用手掌保住杯温，并促使杯底香气挥发）。举手至鼻前，将拇指处分开一条缝，使杯口对鼻，用力吸嗅杯底香气，因手掌挡住了香气的散失，使香气集中嗅入鼻中。杯底留香时间越长，则茶的品质越好，可反复搓、嗅数次。闻香之后，用中指和拇指端起品茗杯，用无名指托于杯底，食指和小指自由伸展（女性左手指托住杯底），观汤色后即可啜饮，以持杯手的虎口对住嘴部，这样啜饮时嘴不外露，以示文雅，分三口喝完，意为“品”茶。

⑬第二泡：主泡将第二道开水冲入茶壶中，静置 1 分 15 秒。将茶倒入茶盅中，将茶盅移放到左侧中茶盘中，并放入茶巾盘，由助泡端盘至宾客处分第二道茶至闻香杯中，分毕后复回泡茶台，茶盘复原位。

⑭第二泡的品尝：宾客自行将品茗杯覆于闻香杯上，按前述动作将两杯倒个位，重复第一泡品尝的动作。

⑮第三泡及品尝：同第二泡，只是冲泡后静置时间加长到 1 分 40 秒。

⑯收具：主泡将中茶盘中的茶盅放于双层茶盘上，将茶样罐、箸筒、茶巾盘均放于中茶盘中，由主泡端双层茶盘，助泡端中茶盘，行鞠躬礼，退至后场，再由助泡收回茶炉和茶壶。主、助泡再次出场，鞠躬谢礼。

（2）壶盅单杯泡法。

壶盅单杯泡法，即只有品茗杯而无闻香杯，动作大多同上，只是温盅后的开水亦倒入品茗杯中，品茗杯要逐个侧向用拇指、食指、中指三指转动放入另一杯中清洗，也可用竹夹夹杯清洗。分茶时，茶盅将茶直接倒入品茗杯中。品尝时，先端杯闻表面香，观色，啜饮三口。饮毕，复用单手虎口握住品茗杯沿，使整个杯子握在手心，用虎口转动杯数下嗅香，反复数次。

（3）壶杯泡法。

①准备：中置双层大茶盘，上置放茶壶和四只品茗杯，左右侧置放物品同壶盅双杯泡法。

②出场：同壶盅双杯泡法。

③备具：同上。

④赏茶：同上。

⑤温壶：同上。

⑥置茶：同上。

⑦第一泡：右手提开水壶，沿壶口回转冲入开水至壶口沿，左手持盖由外至内撇去壶口泡沫，加盖；右手提开水壶从茶壶盖上洒水，专称为“淋壶”，目的是进

一步提高壶温（现有人认为无此作用），顷刻可见茶壶冒热气，壶外壁迅速干燥。“淋壶”后静置时间比温润泡过的要长约 12～20 秒，视茶紧结程度而定，愈紧结的茶延长时间愈长。

⑧温杯：品茗杯中盛有开水，要依次清洗，用右手的拇指和中指拿取第一只茶杯，拇指靠杯沿，中指扣入杯底圈内，将茶杯侧拿起，将水倒入第二只杯中，并用食指推此杯侧壁，中指向外向内旋转杯底圈，拇指挡住杯口沿，靠三只手指的不同用力方向，将杯子在第二只杯内滚动一周，清洗后倒干水放回原处，随后一一温杯。此法为传统工夫茶的温杯方法。

⑨分茶：右手拇指和中指握壶把，食指抵住盖上气孔或钮基侧部，端起茶壶在茶船上逆时针方向荡一圈，其目的是刮去壶底的水，俗称“游山玩水”；再端壶置茶巾上按一下，将壶底水分充分吸干，用巡回倒茶法分茶，目的使每杯茶汤浓度均匀，最后用滴入法以最浓的几滴茶汤调整各杯茶汤浓度。

⑩奉茶：主泡将茶杯端起，放茶巾上按一下，吸干杯底水分，置茶托上，端托放入左侧中茶盘中。助泡上场站在主泡左侧，主泡示意礼后，助泡端起茶盘倒退数步，主泡起立走到助泡前，领头走到宾客处一一奉茶（方法同名优绿茶泡法）。完毕，走回原位，助泡将中茶盘放在原位。

⑪品尝：方法同壶盅单杯泡法。

⑫第二泡：左手掀开壶盖置茶盘上，右手提开水壶回转冲入开水至壶沿，左手加盖，淋壶，静置时间同第一泡。

⑬分茶：主泡将茶壶沿茶船荡一圈后平提起，放茶巾上按一下吸干壶底水分，放在左侧中茶盘中，并将茶巾盘放入中茶盘，由助泡端茶盘至宾客处一一分茶。但因不用盅，各种茶汤的浓度不太均匀。

⑭品尝：同⑪。

⑮第三泡、分茶、品尝：冲泡时间为 1 分 40 秒，余同⑫—⑭。

（4）盖碗泡法。

盖碗、四只小杯及双层茶盘一般均为瓷质，用于冲泡高香、轻发酵、轻焙火的乌龙茶较佳。

①准备：泡茶台中置大茶盘，左边放双层茶盘，上面倒放四只小杯及盖碗一套，右边放碗形茶船一只，左侧放小茶盘一只，上置茶样罐、装茶匙和茶针的箸筒、赏茶盘、杯托四只、茶巾盘（内置茶巾），右置炉及开水壶。

②出场：同名优绿茶泡法。

③备具：同壶盅双杯泡法。

④赏茶：同壶盅双杯泡法。

⑤温盖碗：主泡双手将盖碗端放到碗形茶船之前方，右手拇指和食指夹住碗沿，食指抵住碗盖将碗提起放在碗形茶船中，将匍放的四只小杯用拇指、食指、中指三指翻身，杯口朝上，排成四方形。左手掀开盖碗盖，置于盖碗托上（代替盖置用），右手提开水壶，倒入盖碗八成开水（即在翻口碗沿下），左手加盖，右手持碗（方法同前），左手拿茶巾托碗底，两手作相反方向旋转，使盖碗各部分温热，左手复位，右手持碗将开水从碗盖与碗的缝隙中巡回倒入四只杯中，盖碗仍置于茶船中。

⑥置茶：左手打开碗盖至盖置上，双手捧取茶样罐，先摇动一下样罐，用茶匙将面上粗大茶叶拨向一边，先取些细碎的茶置盖碗下层，再取粗大的放上层，冲泡后细茶渣不易倒出。茶样量为盖碗容量的1/2左右。同样应视茶的紧结程度、整碎度和饮茶者的口味浓淡进行调整。

⑦温润泡：右手提开水壶用回转手法，沿碗沿冲入开水至满，左手持盖撇去碗面浮沫，迅速加盖，右手三指持碗将温润泡的水倒入茶船中，将盖碗浸入茶船。

⑧第一泡：同壶盅双杯泡法。

⑨温杯：同壶杯泡法。

⑩分茶：冲泡1分钟后，右手三指将盖碗提起放在茶巾上按一下，吸干碗壁水分，从盖与碗的缝中将茶汤用“关公巡城”法倒入四只杯中，最后用“韩信点兵”以最浓几滴茶汤来调整四杯茶的浓度，分好茶，盖碗放在双层茶船上。

⑪奉茶：同壶杯泡法。

⑫品尝：同壶盅单杯泡法。

⑬第二泡：将碗形茶船中已冷的开水倒入双层茶船中，右手提开水壶倒入适量开水，将盖碗放入船中，然后同第一泡，静置1分15秒。

⑭分茶：主泡持盖碗放在茶巾上吸干水分后置左侧中茶盘中，一并放入茶巾盘，由助泡端盘分茶给来宾。

⑮品尝：同⑫。

⑯第三泡、分茶、品尝：冲泡时间为1分40秒，余同⑬—⑮。

## 添加茶冲泡法

准备好茶水之后，再加入各种调味料，称为添加茶，如牛奶红茶、柠檬红茶、果汁（晶）茶、姜盐绿茶等等。

**1. 牛奶红茶及柠檬红茶制作法。**

①准备：泡茶台正中放置中茶盘一只，内置茶样罐、茶匙、茶巾盘、赏茶盘；

左侧大茶盘中放置有柄杯、托、匙四套、奶缸、糖缸（带夹）、柠檬切片盘（带夹）；右侧中茶盘中放置茶壶、有胆滤壶（杯）或冲泡器、盖置。

②出场：同名优绿茶泡法。

③备具：同上。

④赏茶：同上。

⑤置茶：主泡将右侧中茶盘端放到胸前桌上，左手打开滤壶盖，放在盖置上，右手拿出滤胆给宾客看一下，复放入。双手捧取茶样罐，开盖用茶匙将红碎茶拨入滤胆中，茶样量 8 克。这时助泡正好将开水壶端上，站在主泡右侧。

⑥冲泡：主泡右手提开水壶，左手用茶巾托住壶底，用巡回手法冲入 90～95℃开水 400 毫升，开水壶复位，助泡将开水壶端下。冲水后静置约 2 分钟。

⑦倒茶：右手提起滤壶，左手持茶巾托壶底，两手作相反方向旋转数次，使茶中内含物加速溶于开水中。然后将茶水倒入茶壶中，将中茶盘端放在泡茶台右侧。

⑧分茶：将左侧大茶盘端放到胸前桌上，右手拇指和食指握茶杯柄，左手搭在杯柄对侧，这时双手都是手背朝上，同时转动手腕，将扑放的杯子由内向外翻身，杯口朝上。右手握壶把，左手拿茶巾托住壶底，将茶水倒入杯内六七成。

⑨添加：牛奶红茶：右手提奶缸将牛奶倒入茶杯中一二成，加方糖 1～2 块。柠檬红茶：右手夹取方糖 1～2 块加入茶杯中，然后夹取柠檬片（预先在圆片半径处切一刀）骑放在杯沿上。添加后，将奶缸、糖缸和柠檬片盘移至大茶盘右侧面，将四杯茶匀放在茶盘中。

⑩奉茶：同名优绿茶泡法。但要注意杯柄的方向，主泡端起茶杯时，杯柄在自己的右侧，送给宾客时，端放到桌上的，要转 180°，使杯柄在客人的右侧，再行伸掌礼。主泡复原位，助泡将空盘放回桌上。

⑪品尝：宾客用右手取茶匙搅动茶水，逆时针方向搅动数下，使茶与添加物均匀，然后提起茶匙在杯内壁上停放一下，使匙中茶汤滴入杯中，取出茶匙仍放在杯柄一侧。右手拇指与食指端起茶杯，先闻香，观色，再啜饮。

⑫收具：主泡将桌上所有物品收于盘内，主、助泡各端一盘，行鞠躬礼，退至后场。

在进行过程中，亦可由客人自行添加，即分茶之后，将茶壶（内有余茶）、糖缸、奶缸、柠檬片盘全端放到宾客席上，由客人根据自己的偏好自行添加。

**2. 果汁（晶）茶制作。**

①准备：将上法中的奶缸、糖缸、柠檬片盘去掉，换上各种浓果汁缸或果晶缸即可。

②—⑧同前一制作法。

⑨添加：在茶杯中加入浓果汁或几匙果晶即可。

⑩—⑫同前一制作法。

**3. 姜盐绿茶制作。**

①准备：将牛奶红茶及柠檬红茶制作法中的奶缸、糖缸、柠檬片盘换成姜盐缸即可。姜盐可自制，将生姜洗净晾干表面水分，磨出汁液，用纱布滤出姜汁，加入精盐，用电吹风吹干，放在电磨机中磨成细粉。

②—④同牛奶红茶及柠檬红茶制作法。

⑤配茶：将前一制作法中红碎茶改成绿碎茶，开水温度为80℃，余者均同上。

⑥—⑧同前一制作法。

⑨添加：左手打开姜盐缸盖子，右手取匙舀少量姜盐加入茶中。勿过量，宁淡勿咸。

⑩—⑫同前一制作法。

## 配料茶制作法

配料茶种类很多，可用各种干果、果仁以及可食用中药，更增加茶的保健和滋补功能。

①准备：在泡茶台中间置放大茶盘，内放去盖的盖碗四套，配料缸两只（带匙）；左侧放小茶盘，内放茶样罐、插茶匙及箸的箸筒、茶巾盘、赏茶盘、箸架；右侧小茶盘上放开水壶。

②出场：同名优绿茶泡法。

③备具：将左侧小茶盘中的茶样罐和箸筒一一端放在小茶盘的上方，将箸架直放在大茶盘的左上方，右手拿出箸（手心向上），交放在左手（手心向上），拇指、食指、中指控住筷，右手反掌（手心朝上），用拇、食、中三指控住筷，筷尖搁于箸架上，再将赏茶盘移至小茶盘的正中。

④赏茶：同名优绿茶泡法。

⑤置茶及配料：双手捧取茶样罐，左手拿罐，右手开盖置茶巾上，取茶匙将茶放入无盖的盖碗中，每碗置茶样2克，从配料缸中取配料（如烘青豆、盐渍陈皮和炒紫苏子配绿茶；桂圆肉、葡萄干、红枣、冰糖或方糖配红茶；杭白菊和枸杞子配绿茶；金银花和陈皮配绿茶等等），一并加入茶中。

⑥冲泡：绿茶用80℃开水，红茶用90—95℃开水，先回转冲泡茶与配料至浸

没，即用“凤凰三点头”冲水至翻口沿下。

⑦搅拌：右手背朝上，用拇、食、中三指取箸，交放给左手（手心向上）拇、食、中三指控住筷，右手翻转（手心向上），再用手指拿箸（平常吃饭的拿法）沿碗壁逆时针搅动数下，依次进行。搅拌毕，复又如备具时一样将箸搁在箸架上，然后在碗中放入茶匙一只（杞菊茶及银桔茶不食，不需加匙）。

⑧奉茶：主泡将配料缸取出放在右侧，将茶碗放均匀，这时助泡上场走到主泡左侧，主泡示意礼后，助泡端起茶盘后退，余同名优绿茶泡法。

⑨品尝：宾客先闻香、观色，然后边喝茶边用匙吃可食用的配料。青豆茶也可不用匙，靠敲打碗边和碗口，使茶叶和配料移到碗边而食用，别有一番情趣。

⑩收具：主、助泡奉茶后返回原位，助泡将茶盘放桌上，主泡将桌上所有物品一一收入盘内，两人各端一盘，行鞠躬礼，退至后场。

## 冰茶制作法

①准备：泡茶台左侧纵放大茶盘，内放玻璃有柄杯、碟、匙四套，冰块缸（带夹）、糖缸（带夹）；中间放置大茶盘，内放茶样罐、冷却壶、有胆滤壶、开水壶、茶巾盘（内放茶巾）、茶匙等。

②出场：同名优绿茶泡法。

③备具：将茶样罐取出放在大茶盘左上方，茶匙及茶巾盘均放在大茶盘右下方。

④置茶：左手打开滤壶盖，放在盖置上，右手拿出滤胆给宾客看一下，复放入。双手捧取茶样罐，开盖，用茶匙将绿碎茶（或红碎茶）放入滤胆中，茶样量8克。

⑤冲泡：右手提开水壶，冲入60℃开水400毫升，开水壶复位，静置2～3分钟。

⑥倒茶：动作同牛奶红茶制作法。将滤壶中茶倒入冷却壶（内预先放入约100毫升水的冰块）。

⑦冷却：右手握壶把，左手托壶底，双手作相反方向旋转，使茶水和冰晃动，加速冰块的溶化，并使茶汤浓度均匀。完成后即将此大茶盘移至右侧，取出冷却壶置右侧桌上，其余物品连盘由助泡上场端至后台。

⑧分茶：将左侧大茶盘端至中间横放，将有柄茶杯翻至杯口朝上（动作同牛奶红茶制作法），夹取冰块放入杯中，每杯两块，约20毫升水量，右手提冷却壶将茶水倒入杯中至七成满。

⑨奉茶：同名优绿茶泡法。

⑩品尝：同牛奶红茶制作法。

⑪收具：同牛奶红茶制作法。

以上所介绍的几种主要泡茶方法是最基本的动作，可由一人表演，也可由数人合作，相互动作均可根据音乐节奏，快慢一致。可站立表演，亦可席地表演。总之，要经过自我风格的调节，才能各具特色，不流于俗套。另外，在每一种茶奉茶之后，均可奉上相配的茶食，也可预先在桌上放好各种茶食，由宾客随意食用。

## （五）茶艺之道

经千余年的探索、训练，茶事已成一门精湛技艺，进入文化系列，登上大雅之堂。茶学已成一门显学，出了专著，出了学问家。茶艺不精，茶道焉存，其重要性不言而喻。

茶艺指制茶、烹茶、饮茶的技术，技术达到炉火纯青便成一门艺术。如庄子写的《庖丁解牛》，那个庖丁为文惠君宰牛，“手之所触，肩之所倚，足之所履，膝之所踦，砉（huā）然向然，奏刀騞（huō）然，莫不中音：合于《桑林》之舞，乃中《经首》之会。”片刻之间，“謋（huò）然已解，如土委地”，文惠君又惊又喜，不由大叫“善哉！”庖丁杀牛已不是一般地屠宰，把牛撂倒完事，而由于多年的训练和研究，已成一门精湛的技艺，成为一门文化。

于茶事亦然。自神农氏尝百草日遇 72 毒得茶而解之之后，人们一直不断地在探索茶的技艺：如何种植，如何制作，如何烤煮，如何饮用。此非易事，陆羽《茶经·六之饮》中讲了“茶有九难”：“一曰造，二曰别，三曰器，四曰火，五曰水，六曰炙，七曰末，八曰煮，九曰饮。”茶艺的主要方面就是这些，即：制造、鉴别、器具、用火、择水、烤炙、碾末、烹煮、饮用。他又指出：“阴采夜焙，非造也；嚼味嗅香，非别也；膻鼎腥瓯，非器也；膏薪庖炭，非火也；飞湍壅潦，非水也；外熟内生，非炙也；碧粉缥尘，非末也；操艰搅遽，非煮也；夏兴冬废，非饮也。”他认为：制茶不能用阴天采摘的、也不能夜间烘焙，鉴别茶不能口嚼辨味、干嗅香气，茶具不能沾腥膻，燃料不能带油烟及腥味，用水不能取用急流和死潭里的水，碾末碾成青绿色或青白色便不佳，煮茶搅动时动作要熟练，不可太快，饮茶要长年饮用，不可夏饮冬废。不难看出，茶事是门大学问。由于茶人不断积累经验，提高煮饮水平，茶人中的大学问家加以总结，并上升成理论，千百年后茶学竟成一门显学，吸引不少佛门高僧、学问大家、墨人骚客习其事、写其事、咏其事，于是茶事不再是一门简单的劳作，而是一门进入文化系列、登大雅之堂的艺术。

古代通晓茶艺的首推茶学专家，杰出者100余人，一般档次不低，如著《述煮茶小品》的宋人叶清臣，天圣二年（1024），累官两浙转运副使、翰林学士、权王司使。著《本朝茶法》的宋人沈括，赵桢嘉祐（1056）进士，累官翰林学士、龙图阁待制、光禄寺少卿。著《茶谱》的明人朱权，系明太祖朱元璋第17子。著《茶寮记》的明人陆树声，嘉靖辛丑（1541）进士，官至礼部尚书。其他名人还有唐代的陆羽、温庭筠、蔡襄，宋代的唐庚，明代的顾元庆、李时珍、许次忬、陈继儒等。连宋代徽宗皇帝赵佶也来了雅兴，著了一本《大观茶论》。至于咏茶诗文，凡唐以后著名诗文大家几乎皆有此类作品，有的并成千古名篇。这些人中大半通晓茶艺。至于茶馆中的茶博士，寺里的茶头，以及善于煎茶待客的家庭主妇，他们经多年历练，自然是行家里手。还有一些嗜茶者，也颇晓茶艺，纵不会烹，也会饮用，且能说个子午卯酉。

以上那些人通过研究、制作、品饮，已训练出对茶精细的感觉。如一篇《茶趣》的文章谈茶之“形”与“色、香、味”时写道：

> ……好茶的形状也美。“龙井”纤细俊秀，泡出来一芽一叶，便是“一枪一旗”。“碧螺春”柔曼娇弱，沸水一冲，呈现白茸茸的嫩毫。“乌龙”茶苍老虬劲，舒腰展身之后，暗绿的边缘上边泛出一圈红晕。品茶须分色、香、味。“色”比较好辨，上等绿茶，汤如翡翠而略带嫩黄，清澈明净。“乌龙”汤若金橙而稍显棕黄，晶明琛透。红茶汤似琥珀而微泛金黄，鲜艳红亮。……

这没有细微的观察和精细的感觉能品出茶之品位高下？这便是练就的功夫。没有一条好舌头，你能分得出茶的味型是浓厚、浓鲜、醇和、醇厚、平和、鲜甜、苦、涩、粗老等等？没有一个好鼻子，你能嗅出香气类型是毫香、嫩香、花香、果香、清香、甜香型等等？

由《茶经》一文看，唐代陆羽茶艺非凡，难怪被誉为“茶神”，并在茶馆供奉他的塑像。如他对唐代八大茶区数十种茶排了座次，《茶经·八之出》开头就说：“山南，以峡州上，襄州、荆州次，衡州下，金州、梁州又下……”对水也颇有研究，唐张义新所著《煎茶水记》中讲了个故事：朝官李季卿到湖州，遇见陆羽，他早知此地扬子驿南零水有名，令军士划船去江心取水，请陆羽品尝，陆羽却说这是临岸之水。军士怕受罚，强词辨解。陆羽不吭声，将水倒去一半，再尝一尝，说“这才是南零水”。军士大骇伏罪，承认取水时因船摇晃荡掉了一半，在岸边汲水盛满而归。陆羽借此便说出一番品水的大道理，并排列所见22种水的名次。这故事自然有漏洞，江心水、岸边水焉有不混合之理？但陆羽品水的确有真功夫。

# 茶艺“四要”

茶艺是茶道的重要组成部分。茶艺精湛必须具备“四要”条件：精茶、真水、活火、妙器，四者缺一不可。茶品以形、色、香、味分高下，水品以清、活、轻、甘、冽别优劣，火以活火为上，器以宜兴紫陶为佳。名茶的形成、品水文学的出现、火候之掌握、茶具之发展历史无不以中国文化为背景，与茶道的发展历史息息相关。

## 精　茶

要靠感官鉴定茶的形、色、香、味，定出茶品优劣，不历练难得真功夫。品饮名茶是古今时尚。名茶的形成与贡茶、名山、名人、消费市场关系很大；它从一个侧面反映了中国文化的某些特征。

茶艺的第一真功夫是识茶，即能准确地品评茶叶的品质，说出其产地。

评定茶叶品质的优次和等级的高低叫评茶。要评的是茶的形、色、香、味。

茶人评茶不靠仪器，而靠感觉器官审评，不经历练难得真功夫。

形，指茶叶外表形状，大体有长圆条形、卷曲圆条形、扁条形、针形、花叶形、颗粒形、圆珠形、砖形、饼形、片形、粉末形等。如有名的龙井“雨前茶”，芽柄上生长小叶，形如彩旗；茶芽稍长，象一枝枪，故称“旗枪”。一斤干茶约三四万颗嫩芽，采摘不易，焙制亦难，加工技艺十分讲究，每锅一次只能炒2两，要求茶形“直、平、扁、光”。这是古代钦定贡茶。清代诗人宫鸿历《新茶行》就写的是这件事，原诗是：

进茶例限四月一，三月寒犹刺人骨。

旗枪未向雪中生，檄符已自州城出。

清代诗人袁枚在《谢南浦太守赠芙蓉汗衫雨前茶叶》一诗中写道：

四银瓶锁碧玉英，谷雨旗枪最有名。

嫩绿忍将茗碗试，清香先向齿牙生。

凡是名茶，都很注意茶叶之形，使之成为艺术品，供人观赏，这也很符合茶道宗旨。正如同舞蹈艺术，颇重体态语言和身体造型。古人饮末茶，任什么茶皆碾为齑粉，无形可观，要认出是什么茶，确要熟悉茶叶其他特性，方能定评。由饼茶、末茶转到饮毛茶，可品其味又可观其形，实是茶道一大进步。

色，指干茶的色泽、汤色和叶底色泽。因制法不同，茶叶可做出红、绿、黄、白、黑青等不同色泽的六大茶类，茶叶色度可分为翠绿色、灰绿色、深绿色、墨绿色、黄绿色、黑褐色、银灰色、铁青色、青褐色、褐红色、棕红色等，汤色色度分为红色、橙色、黄色、黄绿色、绿色等。如倍受英国人青睐的祁门红茶，茶叶呈红色，汤色红艳明亮，英人喜以牛奶佐茶，调入后茶汤呈粉红色。古人有不少茶诗写“色”以咏茶，如“绿嫩难盈笼，清和易晚天”（唐·齐己《谢中上人寄茶》）、“入座半瓯轻泛绿，开缄数片浅含黄”（唐·陆希声《茗坡》）等。有经验的茶人不仅会辨色，还能由色知茶叶鲜活与否。陈年茶叶底色不活，如同老妪饮酒后也会“面若桃花”，但终归当不得新娘；而少女的红晕自然天成，总能给人以美感。

香，指茶叶经开水冲泡后散发出来的香气，也包括干茶的香气。香气的产生与鲜叶含的芳香物质及制法有关。鲜叶中含芳香物质约50种，绿茶中含100多种，红茶中含300多种。按香气类型可分为毫香型、嫩香型、花香型、果香型、清香型、甜香型等。如古代与西湖龙井并称的武夷岩茶，生于多云雾的峰岩间，所受日照不烈，气候温和且多雨，有益于茶香有效物质的生成。古人评价武夷岩茶“臻山川精英秀气所钟，品具岩骨花香之胜”。成茶以香型命名的有“白瑞香”、“石乳香”等。其茶品饮时清洌幽香，余香绵水。茶诗中不少篇什描写茶香。如陆游的《北岩采新茶欣然忘病之未去也》：

细啜襟灵爽，微吟齿颊香。
归时更清绝，竹影踏斜阳。

细细品饮新茶，顿觉神清气爽；轻声吟哦诗作，竟然是茶香满口。中医讲，芳香开窍。品茶后归家，虽天色已晚，身隐竹丛，脚踏斜阳，但心志愉悦，竟忘自己是病魔缠身之人。诗人写茶着眼于茶香及品饮效果。茶之本身给人带来的享受主要是香气和味道，舍此则无资格充当高级饮品。香气与味道相比，香气为重。茶人对茶香孜孜以求，于是便有花茶问世。清代顺康年间，金陵（今南京）有个闵姓徽州人，首创茶叶中加入兰花烘焙，名兰花方片，后叫“闵茶”，开后世窨花茶之先河，于是茉莉、珠兰、玳玳花、玫瑰、桂花、柚花皆用来焙制花茶。慈禧太后深悟此道，以时令鲜花随泡随饮，一增茶品，二可养生。清人胡会恩《珠江杂咏》中“酒杂槟榔醉，茶匀茉莉香”就写的是茉莉花茶。在花茶族类中茉莉花茶最负盛名，今已风靡全国。茶之香融入花之香确令齿牙生香、余香隽永。

味，指茶叶冲泡后茶汤的滋味。茶叶与所含有味物质有关：多酚类化合物有苦涩味，氨基酸有鲜味，咖啡碱有苦味，糖类有甜味，果胶有厚味。按味型可分为浓厚、浓鲜、醇和、醇厚、平和、鲜甜、苦、涩、粗老味等。味型近似区分极难，全靠舌头的精细感觉。“味击睡魔乱，香搜睡思轻”（唐·齐己《尝茶》），说明“味”与“香”于茶品同等重要。

说出茶之形、色、香、味凭感官的真功夫，要道出茶之产地就必须熟悉全国各主要茶区及产茶情况，特别是对当时的名茶更应了如指掌，否则算不上高手。

中国茶道以中国文化为依托，中国名茶的形成也大多与民族文化相联系。

中国是个小农社会。士、农、工、商，以农为本。中国的小农经济如汪洋大海。农民的最高追求是“三十亩地一头牛，老婆娃子热炕头”。要实现这一小康理想又寄希望于圣明天子和铁面清官。所以，农民历来是“反贪官不反皇帝”，皇帝实在不中了就举旗造反，搞成功了便拥戴一个新皇帝。农民的“官本位思想”根深蒂固，在他们眼中，天下最大号“名人”莫过于皇帝。茶叶选为贡茶便觉十分荣耀，史官堂而皇之载入史策，后辈人也不大去追想进贡之苦，反对此津津乐道。凡皇帝首肯的茶便是钦定“名茶”，如贫儿中状元，转眼间身价百倍。

就如龙井茶而言，明人认为此茶平平，袁宏道评价说：“……龙井头茶虽香，尚作草气。”茶品逊于徽州松萝茶。但也该龙井走运，碰上乾隆下江南，在龙井村附近的狮子峰下胡公庙中歇脚，和尚端来一碗龙井茶，乾隆旅途劳顿本已渴茶，加之庙里环境优雅，品饮效果自然很佳。细一琢磨，茶名龙井，山名狮峰，庙前茶树有18棵，皆是吉兆，于是龙心大悦，当即金口吐玉言，封庙前18棵茶树为“御茶”。

上之所好，下必盛焉。关于龙井茶的诗文连篇累牍，龙井茶在市场走俏，茶农也不负国人厚望，努力改进种植与制作技术，使龙井茶名符其实，历数百年之努力，今之龙井非昔之龙井，称之为“状元茶”当之无愧。

洞庭东山在太湖之滨，洞庭西山屹立于太湖一小岛上，与东山遥遥相对，相传是吴王夫差与西施的避暑胜地，乃“王气”之所在，山自然名闻遐迩。洞庭二山气候温和，冬暖夏凉，宜于种茶，《茶经》有载，但质地太差，评价不高。到宋代，经该地水月院和尚的努力产出“水月茶”，总算创下了牌子，可算作地方名茶，顶多算个“举人”级别。后来发了迹，《清朝野史大观》（卷一）载：

> 洞庭东山碧螺峰石壁，岁产野茶数株，土人称曰：“吓杀人香”。康熙己卯车驾幸太湖，抚臣宋荦购此茶以进，圣祖以其名不雅驯，题之曰“碧螺春”。自是地方有司，岁必采办进奉矣。

此事发生在康熙三十八年（1699）。抚臣宋荦是当时著名诗人，工书画，善品茗。“吓杀人香”产于东山碧螺峰，系茶农朱元正制作，每斤价值3两白银。康熙因茶产于碧螺峰，茶叶又卷曲似螺，便以“碧螺”名之。自此碧螺茶荣登金榜，列为“不可多得”的贡茶。文人发挥想像力，竟称此茶是美人酥胸烘焙而成。山舟学士梁同书写了一首《谢人惠碧螺春茶》诗云：

此茶自昔知者稀，精气不关火焙足。

蛾眉十五来摘时，一抹酥胸蒸绿豆。

纤褂不惜春雨干，满盏真成乳花馥。

大凡在那个时代，茶如寒士，要有出头之日，就得争取成为贡茶，就如寒士谋功名“入仕”一般。一旦皇帝垂青，便点了“茶状元”。否则，茶品再好，终无识者，难免受委屈；寒士学问再高，若科考不顺就不能入仕，结局便是老死枥下。所以说，茶中有道！

此类例子尚多，不一一列举。中国茶道以1000余年的封建文化为背景，自然要打上时代的烙印。中国旧时代的国情是“皇帝说了算”，连茶也难超脱。而在美国，总统的名字不一定比一个恶棍的名字值钱，如闻名美国的盗匪杰西·詹姆斯的签名比华盛顿的签名价格高，暗杀肯尼迪总统的凶手签名的价格售价高出被害人签名价格两倍，杀害第二任总统麦金莱的凶手的签名，比被害人签名的售价高出50倍。起支配作用的不是道德和权威，而是市场规律。坏蛋签名少，价便高；总统签名多，易于得到，价便低廉。为了宣传商品，他们也拉总统、名人作广告，但商品的质量最终还要由专家和广大消费者认可。仅此一端，也可看出中西文化的差异。

名茶的确认一靠皇帝，第二便靠神仙。皇帝至尊至贵，他上管天庭诸神，下管黎民百姓，在外国厉害得不得了的神仙在中国屈居第二。许多名茶若与皇上无缘，便要与神仙搭上关系。如四川古老的蒙顶茶，传说是山顶甘露寺的普慧禅师（俗名吴理真）亲手种植，茶树“有云雾复其上，若有神物护之者”。茶树植于中顶上清峰，只有7颗，大概取北斗星座之数。春天采摘时，由县令择吉日，沐浴斋素，着朝服，率僚属，设案焚香，跪拜再三。然后选派12位僧人入园，每芽取1叶，共采365叶，再交僧人焙制，入瓶封装，入贡京都。这12位僧人暗示12月，365叶暗示一年365天，取岁岁平安之意。如此神秘兮兮，蒙顶茶便被传说渲染成“仙茶”。仙茶令人长生不老，焉能不名？

蒙顶茶以“仙”闻名，产于皖西的“六安瓜片”以“神”闻名。神奇在两件事上：一是茶农胡林在茶馆泡此茶，碗中竟腾起朵朵云雾，竟如金色莲花，异香袭人，皆叫“好茶！好茶！”胡林回山再寻采茶处，竟如误入桃花园的武陵渔人，重访美妙处不可复得；二是中唐著名宰相李德裕作了个试验，烹此茶浇到肉食上，放入银盒之中。次日开盒验试，肉已化为水。此茶尅化肉食的效能胜过三酸合成的王水，你说神奇不神奇？两件事皆有时间、有地点、有见证人，你是信或不信？中国古代的知识分子叫“士”，中国的士学问限于文史哲，不晓数理化。士对此谜解不开，广大农人更是昏昏然，似乎也无人去深究，于是“舆论定势”：六安瓜片是神茶，神茶焉能不名？若是近代，那就要对茶作理化分析，算出含有多少儿茶素、氨基酸、咖啡碱，算出含有多少有益人体健康的微量元素。

与神、与佛相关的名茶传说很多，如铁观音、普洱茶、大红袍、洞宾茶、桂平西山茶、惠明茶等，其传说之多足够编一本厚厚的书。

当然，名茶的产生不可忘记文人的功劳。茶事源于四川，早在西晋时代，诗人张载在成都写了第一首茶诗《登成都楼》，“芳茶冠六清，滋味播九区”便是诗中佳句。《周礼·天官·膳夫》中“六清”指水、浆、醴、醇、医、酏（yí）等六种饮料。早在1600年前茶就已列为饮料之首，“播九区”则说明饮茶不局限于四川，已普及到全国广大地区。”扬子江心水，蒙山顶上茶”这是脍炙人口的咏茶名句。又如明朝童汉臣《龙井试茶》诗：“水汲龙脑液，茶烹雀舌春。因之消酩酊，兼以玩嶙峋。”唐代诗人杜牧《题茶山》中盛赞阳羡茶：“山实东吴秀，茶称瑞草魁。”宋代范仲庵赞颂武夷茶：“年年春自东南来，建溪先暖冰微开。溪边奇茗冠天下，武夷仙人自古栽。”崔道融《谢朱韦侍寄饮蜀茶》：“瑟瑟香尘瑟瑟泉，惊风骤雨起炉烟。一瓯解却山中醉，便觉身轻欲上天。”明代黄宗羲《余姚瀑布茶》：“檐溜松风方扭尽，轻阻正是采茶天。相邀直上孤峰顶，出市都争谷雨前。两筥东西分梗叶，一灯儿女共团圆。妙春已到更阑后，犹试新分瀑布泉。”宋代诗人梅尧臣称颂鸦山茶道：“昔观唐人诗，茶韵鸦山嘉。江南虽盛产，处处无此茶。”革命领袖朱德同志《庐山云雾茶》：“庐山云雾茶，味浓性泼辣。若得长年饮，延年益寿法。”近代文化名人郭沫若《题高桥银峰茶》：“芙蓉国里产新茶，九嶷香风阜万家。肯让湖州夸紫笋，愿同双井斗红纱。脑如冰雪心如火，舌不饾饤眼不花。协力免教天下醉，三闾无用独醒嗟。”……这类咏茶诗文多得不胜枚举。这些茶正是靠“文艺搭桥”而走出故土，饮誉全国。

古今名茶榜变化较大，清代名茶主要有武夷岩茶、西湖龙井、黄山毛峰、徽州松萝、苏州洞庭碧螺、岳阳君上银针、南安石亭豆绿、宣城敬亭绿雪、绩汐金山时雨、泾县涌汐火青、太平猴魁、六安瓜片、信阳毛尖、紫阳毛尖、舒城兰花、老竹大方、安溪铁观音、苍梧六堡、泉岗辉白和外销“祁红”、“屯绿”等等。建国后名茶又有后起之秀，超过百余种，由于内销和外贸的刺激，全国数千种茶叶如莘莘学子，参加7月的高考，攒足劲在几年一次的评比会上登台亮相，一决雌雄。金榜变化较大，选手时有沉浮。在商品市场地位较稳定的多是老牌名茶，如西湖龙井茶、太湖碧螺春、信阳毛尖、宜兴阳羡茶、祁门红茶、普洱茶、屯溪绿茶、武夷岩茶、安溪铁观音、普陀佛茶、太平猴魁、庐山云雾茶、君山银针、都匀毛尖、黄山毛峰、桂平西山茶、蒙顶茶、惠明茶等。这些茶叶盛名不衰的原因一是有过“贡茶”历史，如同人才招聘讲究大专以上文凭；二是产于名山；三是得到过名人赞赏，有诗文以证其事；四是在消费市场走俏。当然，名茶决非徒具虚名，无论理化检验或感官审评，其形、色、香、味都可拿个高分，茶品堪称上乘。

虽然讲了这些，但不能苛求茶人得是茶学专家。对一般茶人要求不能太高，只要能靠感官认出茶之真假、优劣可也。茶艺的重点是操作，烹出好茶来。若茶烹得象沟渠中之弃水，难以入口，茶人有何雅兴品饮悟道呢

**真　水**

古人烹茶讲究精茶、真水。陆羽论择水以“山水上，江水中，井水下”，雨水、雪水是“天水”，烹茶亦佳。宜茶之水一般要清、活、轻、甘、冽。茶趣之一是择水，汲水自煎茗乃文人雅事。品水文学是茶道开出的奇花异卉。择水固然重要，但古人将此事复杂化了，为孰是“天下第一水”争论上千年也实在小题大作。但无论合理与不合理，皆从一个侧面反映了中国文化。

茶是灵魂之饮，水是生命之源。

茶中有道，水中也有道。

老子说：“上善若水，水善利万物而不净。”如此无私谦虚，善哉，水也！

庄子《天道》说：“水静则明烛须眉，平中准，大匠取法焉。水静犹明，而况精神。”如此公正客观，善哉，水也！

唐末刘贞亮提出茶有“十德”，日本明惠上人也提出茶有“十德，孔子则认为水具有“德、义、勇、法、正、察、善、志”诸种美好的品行，并说“是故君子见大水必观焉”（《荀子·宥坐》），如同顶礼膜拜圣者一般。

茶是什么？在植物学家眼中它是“原产于我国西南部的常绿灌木、乔木、半乔木。两性花。球形塑果。嫩叶可作药用、食用、饮用。含有100多种成分，主要有咖啡碱、茶碱、可可碱、氨基酸、鞣酸、儿茶素、挥发油等。属山茶科的山茶属，山茶属约250种，划为20组，其中茶组可饮用。”仅此而已，无什么“道”、无什么“德”之可言。但中国人会琢磨，竟赋予茶以性灵，生发出“道”来“德”来，以至我们得写专著加以阐明。

水是什么？在西方人眼中是$H_2O$，无色、无味、无嗅、液态。仅此而已！水是生命之源，但决非道德之本、修养之本、精神之本。但中国文化赋予水以性灵。

好茶需好水。所以明人许次纾在《茶疏》中说：“精茗蕴香，借水而发，无水不可与论茶也。”明人张大复在《梅花草堂笔谈》中说：“茶性必发于水，八分之茶，遇十分之水，茶亦十分矣；八分之水，试十分之茶，茶只八分耳。”他认为择

水重于择茶，二等茶用上等水可烹出上等茶，而上等茶用二等水就只能烹出二等茶。

所以，古人讲究精茶、真水，明人张源在《茶录》中说："茶者，水之神；水者，茶之体。非真水莫显其神，非精茶曷窥其体。"这就讲透了茶与水的关系。茶是水之灵魂，无茶便无茶事；水是茶的载体，没水烹不成茶。按化学书上的说法；茶是溶质，水是溶剂，茶汁是水的溶解液，——但这太枯燥，远没古代茶人富有想像力，这也不是中国人描述事物的习惯方式。

中国人擅长整体思维，无论宇宙与人世间有多复杂，不过是"太级生两仪，两仪生四象，四象生八卦"，不过是"金、木、水、火、土"……对茶道亦然，在择茶的同时就把择水的问题提了出来。还把茶事方方面面想了个周全。如择水，早在唐代，陆羽就已将其列为"茶有九难"之一，在《六羡歌》中说：

不羡黄金罍，不羡白玉杯。

不羡朝入省，不羡暮入台。

千羡万羡西江水，曾向竟陵城下来。

黄金、白玉的酒器，高官厚禄，皆不动心，而家乡竟陵（今湖北天门县）的西江水使陆羽羡慕不已。当然，不仅仅因为"美不美，家乡水"，发思乡之情，而出自功利目的，他认为：竟陵西江水最宜于烹茶。

《茶经·五之煮》写道：

其水，用山水上，江水中，井水下。其山水，拣乳泉、石池漫流者上；其瀑涌湍漱，勿食之，久食令人有颈疾。又水流于山谷者，澄浸不泄，自火灭至霜郊以前，或潜龙畜毒于其间，饮者可决之，以流其恶，使新泉涓涓流，酌之。其江水，取去人远者。井，取汲多者。

不必细作分析，读者就会估摸出陆羽"择水"之论有多少科学性；当然，掌握近代科学知识的茶人也不应苛求古人。

据化学分析，水中通常都含有处于电离子状态下的钙和镁的碳酸氢盐、硫酸盐和氯化物，含量多者叫硬水，少者叫软水。硬水泡茶，茶汤发暗，滋味发涩；软水泡茶，茶汤明亮，香味鲜爽。所以软水宜茶。用感官择水，现代饮用水的标准是无色、透明、无沉淀，不得含肉眼可见的微生物和有害物质，无异嗅和异味。按古人经验，水要"清"、"活"、"轻"、"甘"、"冽"。"清"就是无色、透明、无沉淀；"活"就是流动的水，"流水不腐，户枢不蠹"，活水比死水洁净；"轻"指比重，比重轻的一般是宜茶的软水；"甘"指水味淡甜；"冽"指水温冷、寒，冰水、雪水最佳。古人琢磨出的这五条是科学的。

照说择水不难，但古人把此事搞得十分复杂。光研究水的专著就有好几部，如唐代张又新的《煎茶水记》，宋代欧阳修的《大明水记》，叶清臣的《述煮茶小品》，明代徐献忠的《水品》，田艺蘅的《煮泉小品》，清代汤蠹仙的《泉谱》等等。更不可思议的是竟为水的等次自唐至清争论上千年还无结论。

事情的导因是唐人张又新在其《煎茶水记》中"披露"已作古的茶神陆羽将"天下之水"排了座次，"庐山康王谷水帘水"居榜首，昔人称誉的"蒙山顶上茶，扬子江心水"其中的"扬子江南零水"屈居第六，第二十名是"雪水"。张又新又兜出已故刑部侍郎刘伯刍的"排名录"，将"扬子江南零水"列为榜首。张本人又提出第一非"桐庐江严子滩水"莫属。此后有欧阳修、宋徽宗、朱权、张谦德、许次序等人加入争论。此事起因就很可疑，唐时交通不便，陆羽纵是品水天才，能走遍全国尝遍"天下之水"吗？将水分等且划分如此细，大可不必，但诸位茶学专家如此认真又非偶然，这是封建等级观念使然。人既分等，水有灵性，自然也该分等。中国的士一般不亲事劳作，生活节奏慢，有雄心悟大道做大学问，也有耐心小题大作。

不管此事值不值得争，反正争了上千年，最终还是靠"一把手"表态解决问题。精于茶道的乾隆皇帝亲自调查，钦定北京玉泉水为"天下第一泉"，并撰写《玉泉山天下第一泉记》文曰：

> 尝制银斗较之：京师玉泉之水，斗重一两；塞上伊逊之水，亦斗重一两；济南之珍珠泉，斗重一两二厘；扬子江金山泉，斗重一两三厘；则较之玉泉重二厘、三厘矣。至惠山、虎跑，则各重玉泉四厘；平山重六厘；清凉山、白沙、虎丘及西山碧云寺，各重玉泉一分。然则更无轻于玉泉者乎？曰有，乃雪水出。尝收集素而烹之，较玉泉斗轻三厘。雪水不可恒得，则凡出于山下而有冽者，诚无过京师之玉泉，故定为"天下第一泉"。
>
> （见清·梁章矩《归田琐记》）

乾隆皇帝聪明智商高，用"比重法"定高下，妙！这也有一定科学道理，比重轻的一般是宜茶的软水。

茶中有道。这反映了中国一个有趣的文化现象："官大表准"！——这个故事讲的是几个人对时间，在弄不清时间标准的情况下，人们的习惯心理是谁的官阶高，谁的手表便走时准确，便以此为准校正手表走时。皇帝是天子，举足为法，吐词为经，乾隆说玉泉是"天下第一泉"，谁还有胆量再说三道四！不服？忍着。自此不再为水的等次费唇舌了。

究竟什么水宜茶呢？一般人赞同陆羽的观点："山水上，江水中，井水下。"这是以水源分类，还要加上天上落下的雨水、雪水，还有今之自来水，蒸馏水。何种为佳？得具体分析。由于工业污染，“扬子江心水”大概无资格充当“水状元”了。

古人对烹茶用水并不教条，仍相信自己的经验或直觉，就地取材。事实上天下人不可共饮一泉，何况茶人更重的是品茗之趣。由此而生发的“品水文学”旨在写茶趣，写情怀。咏泉水的，如：

坐酌泠泠水，看煎瑟瑟尘。
无由持一碗，寄与爱茶人。

——唐·白居易《山泉煎茶有怀》

泻从千仞石，寄逐九江船。
迢递康王谷，尘埃陆羽仙。
何当结茅屋，长在水帘前。

——北宋·王禹称《谷帘泉》

飞泉天上来，一落散不收。
披岩日璀璨，喷壑风飚飀
采薪爨绝品，诧茗浇穷愁。
敬谢古陆子，何来复来游。

（注：爨，音 cuàn）

——南宋·朱熹《康王谷水帘》

其它如“文火香偏胜，寒泉味转嘉。”（唐·皎然《对陆迅饮天目山茶因寄元居士晟》）“银瓶贮泉水一掬，松雨声来乳花熟。”（唐·崔钰《美人尝茶行》）“自汲香泉带落花，漫烧石鼎试新茶。”（宋·戴昺《赏茶》）等。

咏江河水的，如：

江湖便是老生涯，佳处何妨且泊家。
自汲淞江桥下水，垂虹亭上试新茶。

——宋·杨万里《舟泊吴江》

蜀茶寄到但惊新，渭水蒸来始觉珍。
满瓯似乳堪持玩，况是春深酒渴人。

——宋·余靖《和伯恭自造新茶》

桃花未尽开菜花，夹岸黄金照落霞。
自昔关南春独早，清明已煮紫阳茶。

——清·叶世倬《春日兴安舟中杂咏》

这三首诗第一首歌咏吴淞江，此水源于太湖，至上海与黄浦江会合，由吴淞口入海。陆羽择水排名录上位列十五。第二首咏渭水，未入排名录。渭水系黄河支流，流经黄土地带，一般人认为水浊不宜泡茶，但明人许次纾认为“浊者，土色也。澄之既净，香味自发。”并说“饮而甘之，尤宜煮茶，不下惠泉。”看来他说的很有道理，诗人余靖用渭水烹蜀茶，觉其味“珍”。第三首咏汉江水，即陆羽排名录上的“汉江金州上游中零水”，排名十三。舟行江中，汲水烹茶，自然别有情趣。所烹紫阳茶系唐代贡茶，明清及民国时代畅销大西北，并经“丝茶之路”远销中东、北非。

咏井水的，如：

我有龙团古苍璧，九龙泉深一百尺。

凭君汲井试烹之，不是人间香味色。

——宋·欧阳修《送龙井与许道人》

咏井水的佳句还有“碾为玉色尘，远汲芦底井。”（宋·梅尧臣《答建州沈屯田寄新茶》）“莆中苦茶出土产，乡味自汲井水煎。”（元·洪希文《煮土茶歌》）“下山汲井得甘冷。”（宋·杨万里《谢木韫之舍人分送讲筵赐茶》）等。井水是浅层地下水，易污，易腐。宋人唐庚《斗茶记》云：“茶不问团夸，要之贵新；水不江井，要之贵活。”如何活？陆羽的经验是“井水，取汲多者”，“汲多则水活”。

雪水、雨水，古人誉为“天泉”，宜于煮茶。分析表明，雨水雪水是软水，硬度一般在0.1毫克当量/升左右，含盐量不超过50毫克/升，较纯洁。咏雪水佳句有“融雪煎香茗”（唐·白居易《晚起》）“细写茶经煮香雪”（宋·辛弃疾六么词令）“试将梁苑雪，煎动建溪春”（宋·李虚已《建茶呈学士》）“夜扫寒英煮绿尘”（元·谢宗可《雪煎茶》）等。

茶人如此重视水质，“真水”又不是随处可汲，于是一门特殊服务行业——运水业应运而生。此业始于明代，明人李日华书有“运泉约”，说明双方买卖宜茶泉水的交易情况，并以此为凭。这是专为饮茶者服务的行业。这一古老行业在大陆今不复存，但在台湾至今还有操此业者，多是茶艺馆购买，5加仑一桶的泉水时价50—70元（台币）。运泉人一要会找泉，二要会品水。他们的经验是远离人烟、水温冬暖夏凉、甘而不寒的泉水最佳，用这样的泉水烹茶，茶味发挥好，茶水口感好，不咬舌（涩感）。同一口泉，秋季最佳。而且据说全年以端午节11时45分到12时15分取的“午时水”最佳，可经年不坏，卖价亦高平时一倍。这一说法不大可信，或许为了渲染行业神秘色彩并哄抬水价故如此说。与之相类似的说法是端午节“百草皆可入药”。这不科学，但是一种值得研究的文化现象。其中有“道”。

买水烹茶于茶道是大煞风景的，因为择水亦是茶趣之一端。买水实出无可奈何。茶人亲自汲泉煎茶，是心灵的享受，颇有诗情画意。如诗人陆游居蜀效蜀人煎茶，并写下《夜汲井水煮茶》，原诗是：

病起罢观书，袖手清夜永。

四邻悄无语，灯火正凄冷。

山童亦睡熟，汲水自煎茗。

锵然辘轳声，百尺鸣古井。

肺骨漂寒清，毛骨亦苏省。

归来月满廊，惜踏疏梅影。

诗人病卧床榻，以书为友。大概病稍有转机，下床走走，此刻已夜深人静，寂寞、凄冷，如何打发这漫长的夜晚？于是诗人效蜀人亲自汲水煎茶。锵然之声在深深的古井里迴响，水甘洌，沁人心脾，周身毛孔为之通达，病似乎又减了几分。归来时心情更为舒畅，月满长廊，疏疏的梅影印在地上，如诗如画，真不忍践踏这如画的梅影。这首诗写诗人在汲水煎茗时心灵的感受。苏东坡也写有《汲江水煎茶》，一个汲的井水，一个汲的江水，水不同，茶趣却异曲同工。诗云：

活水还须活火烹，自临钓石汲深清。

大瓢贮月归春瓮，小杓分江入夜瓶。

雪乳已翻煎处脚，松风忽作泻时声。

枯肠未易茶三碗，卧听山城长短更。

这首诗写出了从汲水到饮茶的全过程，是一人表演的茶道，相当于“独脚戏”。对于烹茶苏东坡比陆游更内行，南宋的胡仔在《苕溪渔隐丛话》中评论道：“此诗奇甚！茶非活水，则不能发其鲜馥，东坡深知此理矣！”下钓之处水不湍急，亦非深潭，水质鲜活且较洁净。“活水还须活火烹”，仅此一句，足以说明苏子是茶道高手。“大瓢贮月”、“小杓分江”，汲水之乐溢于言表。后四句写煎写饮，写形写声，无不中规中矩。

总之，在茶艺中“水”与“茶”是最重要的两件事，是材料也是技巧，二者相辅相成，缺一不可。

## 活 火

茶有九难，火为之四。烹茶要“活火”，燃料选择上一要燃烧值高，二要无异味。如何看火候？“三大辨，十五小辨”是古人的经验。

饮食行业谚话曰：“三分技术七分火。”

烹茶用火不易，所以陆羽《茶经·六之饮》中提出“茶有九难”火为之四。并说“膏薪庖炭，非火也”，即有油烟的柴和沾有油腥气味的炭不宜作烤、煮茶的燃料。

就如烤饼茶而言，其火功就很难掌握。《茶经·五之煮》写道：

> 凡炙茶，慎勿于风烬间炙。熛焰如钻，使炎凉不均。持以逼火，屡其翻正。候炮出培塿（lǒu），状蛤蟆背，然后去火五寸。卷而舒，则本其始，又炙之。若火干者，以气熟止；日干者，以柔止。

唐代饮用的饼茶，属于不发酵的蒸压茶类。炙茶就是烤制饼茶，成功与否全在于对火功的掌握。不能在迎风的余火上烤，火焰飘忽，令受热不均。夹着茶饼近火烤之，勤翻转，等烤出象蛤蟆背一样的泡来时，然后离火五寸烤，待卷缩的茶饼舒展开再烧一次。若是焙干的饼茶要烤到水气蒸发完为止；若是晒干的，烤到柔软为止。

能否烤好饼茶，掌握火候是关键。古人说："物无不堪者，唯在火候，善均五味。"

火候包括火力、火度、火势、火时。火力包括急火（武火）、旺火、慢火（文火）。

如今之云南"烤茶"，似是古代烤茶的遗风。其法是先将砂罐烘热，再放入茶叶用文火烤，不能立刻焦黄，但要烤透，烤到茶叶焦香扑鼻再取出烹茶。若用开水直接冲泡烤茶，便会发出"嗞嗞"响声，又名"响雷茶"。

怎样看火候？看火焰燃烧情况无多大意义，主要依据是"看汤"，即观察煮水全过程。对此，明代的张源在《茶录》中讲的全面，原文是：

> 汤有三大辨、十五小辨。一曰形辨，二曰声辨，三曰气辨。形为内辨，声为外辨，气为捷辨。如虾眼、蟹眼、鱼眼、连珠，皆为萌汤；直至涌沸如腾波鼓浪，水气全消，方是纯熟。如初声、转声、振声、骤声，皆为萌汤，直至无声，方是纯熟。如气浮一缕、二缕、三四缕，及缕乱不分，氤氲难绕，皆为萌汤；直至气直冲贯，方是纯熟。

这是经验之谈，很精辟，叙述方式是地道的中国特点，擅长形象思维，绘声绘影，维妙维肖，不善于运用科学术语和逻辑推理。所谓"汤有三大辨，十五小辨"，实际上是观察水的沸腾，未及100℃，水中的汽泡由无到有，有小到大，由断续冒泡到连续冒泡。小大泡附于器壁，大概叫"虾眼"，一般水一受热便会出现。然后汽泡渐大，似"蟹眼"，似"鱼眼"，最后"连珠"涌出；汽化现象达到高潮，水温升至100℃，则如"鼓浪"，即沸腾是也。以沸点为界，未沸叫"萌汤"（又作"盲汤"），已沸叫"纯熟"。这是"形辨"。宋代黄庭坚《踏莎行》内有一句"银瓶雪滚翻成浪"就是描写水沸腾时情状。宋代以前烧水用"镀"，形似釜式大口锅，方耳，宽边，镀底中心突出似"脐"，因无盖故可形辨。宋以后改用有盖铜瓶烧水，是否沸腾只有靠“声辨”。所谓“初声”、“转声”、“振声”、“骤声”皆是未沸时水汽与器壁共振发出的声响；无声则沸。如俗语所说“开水不响，响水不开”，此话又用来比喻谦虚，所谓“满坛子不响，半坛子咣咍”。水沸腾时一般汽化现象基本中止，声波共振亦随之基本中止，所以“开水不响”。这是声辨。气辨是看汽化现象强弱，水温达100℃便蒸气升腾，直到烧干为止。当蒸气直冲，并掀开瓶盖时，水定已沸腾。

那年头没有温度计，古人只好靠眼、耳判断水是否沸腾。皮日休是唐代诗人，他的《煮茶》就写了“三辨”，诗曰：

香泉一合乳，煎作连珠沸。

时看蟹目溅，乍见鱼鳞起。

声疑松带雨，饽恐生烟翠。

清代名士李南金也写有一首咏煮茶火候的诗，诗曰：

砌虫唧唧万蝉催，忽有千车捆载来。

听得松风并涧水，急呼缥色绿瓷杯。

李南金和皮日休的观点相同：水临近沸点，火候恰到好处。但按张源的“三辨”之说此刻水未纯熟，仍是萌汤。何者为宜？古人云，“老与嫩，皆非也”，又说“水老不可食”。“老”指水烧过了头，有益矿物质全析出，有毒物质亚硝酸盐含量因蒸发而升高，水无刺激性，味滞纯，说“水老不可食”有一定道理。“嫩”指水未开，矿物质未析出，水不好喝，因温度不够，茶叶中有益物质未充分溶解，香气和滋味均不佳。还有人主张水煮至“蟹眼”恰到好处。如名士褚人获就认为“若声如松风涧水而遽瀹（yuè）之，岂不过于老而苦哉！”他说：

松风桧雨到来初，急引铜瓶离竹炉。

待得声闻俱寂后，一瓯春雪胜醍醐。

一般说来，煮茶多用武火与文火，没炒菜那么复杂，但在燃料的选择上要求比较特殊。《茶经·五之煮》云：

其火，用炭，次用劲薪。其炭，曾经燔（fán）炙，为膻腻所及，及膏木、败器，不用之。古人有劳薪之味，信哉！

陆羽认为煮茶最好用木炭，其次是硬柴，如桑、槐、桐、栎一类。沾染了油腥气味的曾烧过的炭，以及含油脂的木柴，如柏、桂、桧一类，还有腐朽的木器都不能用来煮茶，否则会有“劳薪之味”，此语典出《晋书·荀勖（xù）传》，说的是晋代荀勖与皇帝一块吃饭，荀勖说这饭是用“劳薪”烧的，皇帝惊奇，问厨子，果然是用陈旧的车脚做燃料烧的饭。

陆羽此论很有道理，燃料不洁则必串味，有损茶品。他强调烹茶要用“活火”，唐代李约说“茶须缓火炙，活火煎”，苏轼说“贵从活火发新泉”、“活水还须活火煮”。所谓“活火”，大概指燃料洁净，无异味，燃烧力强，有火焰。唐代苏廙（yì）著《十六汤品》概叙茶汤好坏，其中有五品都因为燃料不好而坏了茶汤，文中说：

……第十二，法律汤：凡木可以煮汤，不独炭也。惟沃茶之汤非炭不可。在茶家亦有法律，水忌停，薪忌薰。犯律逾法，汤乖，则茶殆矣。第十三，一面汤：或柴中之麸火，或焚余之虚炭，木体虽尽，而性且浮。性浮，则汤有终嫩之嫌。炭则不然，实汤之友。第十四，宵人汤：茶本灵草，触之则败。粪火虽热，恶性未尽，作汤泛茶，减耗香味。第十五，贼汤，一名贱汤：竹条树梢，风日干之，燃鼎附瓶，颇甚快意，然体性虚薄，无中和之气，为茶之残贼也。第十六，魔汤：调茶在汤之淑慝（tè），而汤最恶烟。燃柴一枝，浓烟蔽室，又安有汤耶；苟用此汤，又安有茶耶。所以为大魔。

苏廙认为燃料有烟不行，有异味不行，无火焰不行，火焰不持久亦不行，一句话关总：煮茶非炭莫属！用竹条树梢或烟柴必坏汤品。明人许次忬在《茶疏》中进一步发挥苏廙的论点，并主张炭先烧红，待异味余烟散尽火力正猛时煮水烹茶必得最佳汤品。他主张武火乃至急火煮水，猛水还以扇助之，愈速愈妙。这样煮出的水不会“鲜嫩风逸”，不会“老熟昏钝”。

明以后由煮茶发展到以开水冲泡，“火候”一说“燃料”一说自然也由繁到简。水开即冲茶，无须“三大辨、十五小辨”。燃料业已多样化，煤、煤气、液化气、电等等，城市里以木炭煮水并非易事，燃料难以买到。但“活火”一说，防止燃料异味串味损坏茶品一说，对现代茶人仍有指导作用。

## 妙器

茶艺四事，茶具乃其一端。中国茶具在唐代以前是与食器混用，作为品茗专用的茶具草创于唐代，陆羽功不可没；宋承唐制，为适应斗茶游戏有所损益；明清趋于完善，尤以宜兴紫砂壶以其艺术性、文人化而被誉为神品。茶具发展总趋势是由繁趋简、由粗趋精，历古朴、富丽、淡雅三个阶段。茶具的发展与文化同步、与茶道同步。

茶道作为一门艺术，审美是全方位的。作为一门文化艺能，讲究精茶、真水、活火，还讲究“妙器”，所谓名茶配妙器，珠连璧合，相得益彰。

茶具始于何时？

西汉末年，王褒的《僮约》有“烹茶尽具”之说，是否有专用茶具？不得其详。《广陵耆老传》内云：“晋元帝时，有老妪每旦独提一器茗，往市鬻（yù）之，市人竞买，自旦至夕，其器不减。”老妪所卖为茶粥，非饮料而是食品，那器大概是食器兼用作茶具。左思《娇女》诗有“止为茶荈据，吹嘘对鼎鬲（lì）”两句，虽以茶为饮品，然“鼎鬲”是当时的食器而非茶器。说得更明白的是晋代卢琳的《四王起事》记晋惠帝遇难逃亡，返回洛阳，有侍从“持瓦盂承茶，夜暮上之，至尊饮以为佳”。这段文字说明晋代已有饮茶时尚，但承茶之具是瓦盂，即盛饭菜的土碗。

显然，唐代以前是茶具与食器混用。

事实上，茶具专用始于唐代，陆羽应得此项发明专利。

《茶经》详述28种茶具，内生火用具有风炉、灰承、筥（jǔ）、炭挝和火夹5种，煮茶用具有鍑（即“釜之大口者也”）和交床2种，制茶用具包括夹、纸囊、碾、拂末、罗合和则6种，水具包括水方、漉水囊、瓢、竹夹和熟盂5种，盐具包括鹾（cuó）簋（guǐ）和揭2种，饮茶用具包括碗和札2种，清洁用具包括涤方、滓方和巾3种，藏陈用具包括畚、具列和都篮3种。

茶具28种中望文生义亦难晓其功用的有几种，如“筥”，是放炭的箱子，竹或藤编，高1尺2寸，底7寸。炭挝是捅火或敲炭用的铁捧，长1尺。鍑，即釜或锅，生铁制成。交床是放鍑的架子。罗合是罗筛与盒子。则是量茶用具。鹾簋是放盐器皿。揭是取盐器具。熟盂是盛开水的容器。畚是搁碗的。涤方是盛放洗涤后的水的容器。滓方是盛放茶滓的。具列是搁置全部茶具的，成床形或架形。都篮是盛放全部器物的竹篮。

这套茶具以其实用价值而备受茶人欢迎。《封氏闻见记》中“饮茶”一节载：

> 楚人陆鸿渐为《茶论》，说茶之功效并煎茶炙茶之法，造茶具二十四事以都统笼贮之。远近倾慕，好事者家藏一副。有常伯熊者，又因鸿渐之论广润色之，于是茶道大行，王公朝士无不饮者。

作者封演是唐玄宗天宝末进士，撰定此书在德宗贞以后。陆羽逝于贞元二十年（804）冬，享年72岁。封演和陆羽是同时代人，他的话自应看作信史。文中“事”是量词，“二十四事”即24种茶具，大概未将藏陈用具列在内，又漏了一件，故以24件计。“茶道”一词开始流通使用。这也说明，《茶经》虽无“茶道”一词，但陆羽推广茶道实已身体力行。“茶道大行，王公朝士无不饮者”，说明饮茶已成唐代上流社会的时尚。饮茶既已等同吃饭，茶具与食器混用时代也告结束，茶功不再以祭祀、药用、食用为主，成为正宗饮料。茶作为国饮后来并成为世界三大饮料之一的地位自唐代奠定。

陆羽在茶具的设计上有明显的推行“茶道”的意图。茶具的设计不仅有实用价值，还有观赏价值，式样古朴典雅，有情趣，给茶人以美的愉悦。更重要的是富有中国先秦文化的内涵，又具“当代”（指唐代）特征。如列为第一件的风炉，式样古雅，设计巧妙，反映了唐代的工艺水平，炉体铸的字传递了古代文化的信息。炉脚上铸有“坎上巽下离于中”、“体均五行去百疾”和“圣唐灭胡明年铸”21个古文字。在支架鍑的三个“格”上分别铸上“巽”、“离”、“坎”的卦的符号及其相对应的象征物风兽“彪”、火禽“翟”、水虫“鱼”。炉壁三个小洞口上方分别铸刻“伊公”、“羹陆”和“氏茶”各两个古文字，连读作：“伊公羹”、“陆氏茶”。

据《周易·鼎》说：“象曰：木上有火，鼎”。“鼎”有取新之意，成语“革故鼎新”便是“鼎革”之意。风炉是根据《周易》的卦义设计的。“坎”生水，“巽”生风，“离”生火，“坎上巽下离于中”的意思是：煮茶之水承于上，烧水之火燃于中，吹火之风鼓于下。“体均五行去百疾”是借五行学说颂茶之功。“圣唐灭胡明年铸”说明此风炉铸于唐代宗广德二年（764），也记载了唐代一个重大历史事件，饮茶存史，两事合一，足见茶道之大。“伊公羹”说的是商初贤相伊尹以烹饪技艺致仕的故事。《辞海》引《韩诗外传》载：“伊尹……负鼎操俎调五味而立为相。”伊尹相汤以功绩卓著入史。伊尹被后人誉为圣贤。陆羽与之并称，且称自己的著作为“经”，若一味苛求似乎陆羽有违圣人关于“谦虚”的教诲，这也说明陆羽很有个性，对自己所开创的事业充满自信。确也名符其实，陆羽于茶事是“举足为法，吐词为经”，祀为茶神就是后人对他的定论。

陆羽的茶具颇具文化特色，南宋审安老人还觉不雅，绘《茶具图》12幅，并以官称和职衔命名茶具，茶事掺入人事，形象高雅，妙趣横生。如称都篮为“韦鸿胪”，“鸿胪”一官在东汉以后主要职掌为朝祭礼仪之赞导，官署为鸿胪寺，唐代改为司宾寺，南宋不置。还有“金法曹”（金碾）、“石转运”（石碾）、“罗枢密”（罗合）、“胡员外”（葫芦瓢），还有叫“木待制”、“宗从事”、“漆雕秘阁”、“汤提点”、“竺副帅”、“司职方”的。

宋承唐制，变化不大，为适应“斗茶”，煎水用具由鍑改用铫（yáo）、瓶。铫，俗称吊子，有柄有嘴。饮茶用具改碗作盏，唐代茶碗尚青色，因当时饼茶汤色多为淡红，青瓷衬托，“半瓯青泛绿”，色泽自然明丽。宋代茶盏尚黑，以通体施黑釉的“建盏”为上品。宋代习饮末茶，茶汤泛白沫，黑色衬托便于看水痕，并区分茶质优劣。建盏在烧制过程中通过窑变形成美丽异形的花纹，以兔毫斑和鹧鸪斑最珍贵。此外，宋代茶具还多了茶筅，即竹帚，用于斗茶时搅茶汤用。

显然，宋代茶具的损益以“斗茶”为中心，这反映了市井文化的繁荣。宋代的经济较为发达，张择端的《清明上河图》是其写照。因其繁荣而文恬武嬉，世风日靡，达官贵人，文人雅士以“斗茶”为乐，茶道不再有严肃之主题。

明清世风渐变，特别是明中叶以后，整个社会审美情趣力避浮华，主张回归自然，重自然、重逸、重神，文艺界的最新创意是以“淡”为宗。正如明代文人陈继儒在《容台集叙》中所说：

凡诗文家，客气、市气、纵横气、草野气、锦衣玉食气，皆钼（chú）治抖擞，不令微细流注于胸次而发现于毫端……渐老渐熟，渐熟渐离，渐离渐近于平淡自然，而浮华刊落矣，姿态横生矣，堂堂大人相独露矣。

于是，茶从娱乐文化中解脱出来，重新成为灵魂之饮。茶具不再崇金贵银，以陶质瓷质为尚。为适应由饮末茶到散茶的变化，茶盏尚白。明人屠隆《考槃余事》说：“宣庙时有茶盏，料精式雅，质厚难冷，莹白如玉，可试茶色，最为要用。”许次忬在《茶疏》中说：“其在今日，纯白为佳。”

在我国茶具发展史上，明清登峰造极。明太祖朱元璋洪武二年（1369），在江西景德镇设立工场，专造皇室茶具。清乾隆时景德镇瓷工技巧已达高峰。景德镇瓷茶杯造型小巧，胎质细腻，色泽鲜艳，画意生动，驰名于世。《帝京景物略》有“成杯一双，值十万钱”之说。瓷茶具洁白光亮，泡茶叶片舒展，色泽悦目，其味甘醇，不失茶之真味，又助品饮雅兴。此后阳羡（宜兴）茗壶异军突起，尤其是以五色土烧成的紫砂壶与景德镇瓷器争名于天下，并有“景瓷宜陶”之说。明人周高起于崇祯十三年（1640）著《阳羡茗壶系》中说：

近百年中，壶黜于银锡及闽、豫瓷而尚宜兴陶。又近人远过前人处也。陶曷（hé）取诸其制以本山土砂，能发真茶的色香味。不但杜工部云，倾金注玉惊人眼，高流务以免俗也。至名手所作，一壶重不数两，价重每一、二十金，能使土与黄金争价。世日趋华，仰足惑矣。固考陶工陶土而为之系。

紫砂茶具工艺独特，是品茗妙器，艺术珍品。古人云，“茗注莫妙于砂，壶之精者又莫过于阳羡”，“壶必言宜兴陶，较茶必用宜壶也”。欧阳修曾写诗赞颂，“喜其紫瓯吟且酌，羡君潇洒有余清”。此壶造型曲雅古朴，泡茶汤色澄清，香味清醇，汤味醇正，隔夜不馊，享有“世界茶具之首”的美誉。

宜兴茗壶成为一门艺术，并形成派系，大体划分有创始、正始、大家、名家、雅流、神品、别派等。其艺创于金沙寺僧，成于龚春。龚春后有“四名家”，即董翰、赵梁（或作良）、袁（或作玄）锡、时朋。董翰工巧，其余三家古拙。四人都成名于明代万历年间。他们的贡献是使宜兴壶艺术化，此后的时大彬使之文人化，堪称空前绝后的制壶大师。名士陈维崧写诗赞美道：

宜兴作者推龚春，同时高手时大彬。

碧山银槎濮谦竹，世间一艺皆通神。

时大彬是时朋的儿子，从模仿“供春壶”入手，后创制小型陶壶，时人评价他的壶“不务妍媚而朴雅坚栗，妙不可思”。同时名家，或文巧，或精巧，或精妍，或坚致不俗，或坚瘦工整。陶壶式样有供春式、菱花式、汉方、扁觯（zhì）、小云香、提梁卣（yǒu）、蕉叶、莲芳、鹅蛋、索耳等；泥色有海棠红、硃砂紫、定窑白、冷金黄、澹墨、沉香、水碧、葵黄等。

宜兴陶壶的走俏有其文化背景。明中期以后文坛思潮标举性灵，主张回归自然，宜兴陶壶经时大彬等的革故鼎新，颇能迎合江南一带文人的审美情趣。宜兴陶壶的发展也大大促进了茶道的普及，不仅上层社会，就是一般平民百姓也可玩味“精茶配妙器”。

宜兴紫砂茶具不仅为国人宠爱，还远销世界50多个国家和地区，参加了70多次国际博览会，誉之为“陶中奇葩”、“茗陶神品”、“中国瑰宝”。送去的不仅是茶具，还有中国茶道，也让人类共同领悟茶之精神，享受“精茶配妙器”的乐趣。

古今茶具以陶瓷为正宗，还有用金、银、铜、玉器、玛瑙、玻璃、搪瓷、竹木、椰壳等材料制作。新材料中以玻璃茶具为佳，特别是品饮形与色俱佳的名茶如龙井、白毫银针、碧螺春等，既可品饮，又可观尝茶芽之奇姿美色，以助茶兴。武夷岩茶、铁观音等乌龙茶类的品饮，其茶具又别具一格，自成体系。一套茶具包括4件：玉书碨（wěi），乃烧水茶壶，扁形；汕头风炉；孟臣罐，乃紫砂茶壶；若琛瓯，白色瓷杯。

综上所述，中国茶具发展的总趋势是由粗趋精，由繁趋简，材料的使用和造型的变化反映了不同时代经济发展、科学技术和审美心理的差异。茶具的功用不仅仅是盛茶，还涵盖同时代的文化，提供审美对象，增进茶趣，以助茶兴。中国茶具草创于唐代，以古朴为审美趣向；损益于宋代，以富丽为审美趣向；完善于明清，以淡雅为审美趣向。这不仅和中国茶道的发展同步，也与中国文化的发展同步。

## 茶艺“三法”

制茶法、烹茶法、佐茶法是茶艺“三法”，也是文化艺能，茶道寓于其中。制茶之法草创于唐代，千百年来，其工艺由蒸青发展到炒青；制茶法又左右了烹茶法的流变，由煮饮到煎饮到清饮；佐茶法通融古今，各法并存，或茶与食混合，煮

（或炒）而食之；或茶与食混合，煮（或掺入）而饮之；或清饮配茶点，佐而饮之。

**制茶法**

制茶是门艺术，自然也是文化。唐代之前不懂制茶法，茶叶“煮茶汤式”烹而食之。陆羽总结前人经验，草创蒸草制茶法，形制以饼茶为主。宋代茶道屈从王道，贡茶花样翻新，龙、凤团饼价昂贵得令人咋舌。明代茶道力追盛唐，务实，富有创意，在制茶法上普及了炒青法，并由此形成今之六大茶类。

制茶是门艺术，左右其发展进程有两个因素：一是科技水平，二是人们对美的不断追求。

茶叶内在的优良品质为自己开拓了发展的前景。

唐代以前尚无成熟的制茶工艺，如唐代诗人皮日休在《茶中杂咏诗序》中所说：

自周以降，及于国朝，茶事竟陵子陆季疵（陆羽号与字）言之详矣。然季疵之前称茗饮者，必浑以烹之，与夫瀹（以汤煮饮）蔬而啜者无异也。

“吃茶”一说大概源于唐代之前，那时人们不懂茶叶加工技术，采摘回来便用“煮茶汤法”烹而食之。到秦汉以后稍有改进：

荆巴间采叶作饼，叶老者，饼成以米膏出之。欲煮茗饮。先炙令赤色，捣末置瓷器中，以汤浇，复之，用葱、姜、桔子芼（mào）之。

以上引文出自三国魏时张揖著《广雅》一书。三国时已开唐代饼茶之先河。但茶中浇汤，混入佐料，陆羽对此不感冒，称之为“沟渠间弃水”。

陆羽总结前人制茶经验，将新鲜茶叶“蒸之，捣之，拍之，焙之，穿之，封之，茶之干矣”。其工艺流程是：①蒸茶；②解块；③捣茶；④装模，模型有方形、圆形、鸟形、掌形、薄片形等，大的重50两，小的重1斤；⑤拍压；⑥出模；⑦列茶，即晾干；⑧穿孔，在茶饼上钻眼；⑨解茶，将茶饼分开；⑩贯茶，用贯把饼串起来；⑪烘焙；⑫成穿；⑬封茶。

简而言之，只有三个步骤：蒸茶；制饼穿孔；烘焙封装。此法归属“蒸青制茶法”。

饼茶的研制是制茶史的一次革命。使茶真正成为饮品，饼茶能有效地保存茶叶的色、香、味，也便于运输，使茶事能普及到不产茶地区。

陆羽创制的饼茶图实惠，于茶事外不下功夫，贯彻“精行俭德”的原则，符合唐代茶道之精神。

宋承唐制，仍以蒸青法制作的饼茶为主。北宋由分裂、动乱走向统一、承平，社会安定，经济发展，南宋时代渐趋浮华，所谓“山外青山楼外楼，西湖歌舞几时休”，于是有《清明上河图》，有宋词，有程朱理学。出现“斗茶”游戏，并成为后世茶道仪式之滥觞。这是追求世俗享乐的时代，也是学者们内省之时代。如此时尚，别指望宋人在制茶上有什么划时代的创造。他们的心思用在继承和发挥前人的技巧上。仍是唐人饼茶，但制作更精巧，如当时的北苑茶，其制作之精细令后人惊叹；蒸茶前“茶芽再四洗涤”，榨茶前“淋洗数过”，烘焙中还要沸水浸三次。如此罗嗦是为了让茶叶“出膏”，就是榨出汁液，经此番处理，茶味淡薄，茶品下降。茶中有“道”乎？有道。宋人生活得从容安定（大部分年代是这样），忒多闲功夫，有的是时间折腾。

于是唐人挺气派的饼茶在宋人手中变成小巧玲珑的龙，凤团饼。赵宋王朝治国以“虚外实内”为指导思想，创造了前所未有的“官职分离”的官制，官依旧制叙品秩，但实际上的主事者是钦派大员，这些人直接向皇帝负责。军事的兵制也很独特，“兵不知将，将不知兵”。这套政治制度加强了至高无尚的皇权。为了攀权结贵，一批人便在贡茶上大作文章，就连大书法家、《茶录》作者蔡襄也为之折腰，为皇上精心监制小龙团。苏东坡在《荔枝叹》中讥刺道：

君不见：
武夷溪边粟米芽，前丁后蔡相笼加。
争新买宠各出意，今年斗品充官茶。

丁，指丁渭；蔡，则是蔡襄。欧阳修在《归田录》（卷二）中说：

茶之品，莫贵于龙凤，谓之团茶，凡八饼重一斤。庆历中，蔡君谟（襄）为福建路转运使，始造小片茶以进，其品绝精，谓之小团，凡二十饼重一斤，其价值金二两。然金可有而茶不可得，每因南郊致斋，中书、枢密院各赐一饼，四人分之。宫人往往缕金花于其上，盖其贵重如此。

这是微型团饼，每饼只有市秤 6 钱，比今之市面盒装茶份量最轻的还轻一半。1 斤龙团值金 2 两，宋代 1 两合 37.3 克，2 两合 74.6 克，若按今之行情，每克金子按 100 元计，则每斤茶合 7460 元，这价值之昂贵叹为观止。然而这还上不了“吉尼斯纪录”，神宗熙宁年间，福州转运使贾青创制“密云龙”茶，蔡绦《铁围山丛谈》说“其云纹细密，更精细于小龙团也。”二、三十年后，哲宗朝又刷新纪录，福建转运使呈送的“瑞云龙”更见精巧，因难于生产，一年上贡只有 12 饼。又过了四、五十年，徽宗宣和年间，在建和当官的郑可简别出心裁，挑极嫩的茶芽芽尖，“只取其心一缕，用珍器贮清泉渍之，光明莹洁，若银线然，以制方寸新銙（kuà，茶模子）”，此茶名“银丝水芽”，茶饼 1 寸见方，印有蜿蜒曲折的游龙，称为“龙团胜雪”，“每片计工值4万”，这大概要算世界上最贵的茶叶了吧！然而还未就此打住，有人于中杂以龙脑等名贵香料，使之身价倍增。

作为一件艺术品，龙、凤团饼博得不少诗人的赞扬。如：“莆阳学士蓬莱仙，制成月团飞上天”，“携将天上小团月，来访人间第二泉”。

宋朝贡茶一味求贵，而该朝文人一味求雅。斗茶游戏风靡上流社会，就连茶名也十分文人化。今之论茶讲几等几级，而彼时茶名追求形象生动、寓意吉祥。如《宣和北苑贡茶录》内所载品名就有龙团胜雪、御苑玉芽、万寿龙芽、乙夜清供、承平雅玩、龙凤英华、启沃承恩、雪英、玉华、寸金、万春银叶、玉清庆云、瑞云祥龙、长寿玉圭、太平嘉瑞、龙苑报春、琼林毓粹、浴雪呈祥、暘谷先春等等。读这些茶名便惊佩宋代文人对此是“匠心独运”。茶道既向王道倾斜，便失去茶道之质朴真诚。可以说，宋人发展了茶道，但也背离了陆羽开创的茶道之精神。

迨至明朝，洪武二十四年（1391）明太宗朱元璋下诏，罢造龙凤团茶，“惟令采芽茶以进”。中国封建时代政治风气的特点是以皇权为核心，“上之所好，下必盛焉”。皇帝打一个喷嚏，全国准定感冒。朱元璋的话导致饼茶衰微、散茶崛起，伴随而来的是制茶法的革新，炒青法取代了蒸青法。当然，不能夸大朱元璋的作用，准确地说是他的“旨意”反映了客观实际，因为在元代就处于饼茶和散茶共存、蒸青和炒青共存的状态。

如何炒青？明人许次忬在《茶疏》中讲的十分清楚：

> 生茶初摘，香气未透，必借火力以发其香。然性不耐劳，炒不宜久。多取入铛，则手力不匀；久于铛中，过熟而香散矣，甚且枯焦，不堪烹点。炒茶之器，最嫌新铁，铁腥一入，不复有香；尤忌脂腻，害甚于铁，须预取一铛，专供炊饮，无得别作他用。炒茶之薪，仅可树枝，不用干叶，干则火力猛积，叶则易焰易灭。铛必磨莹，旋摘旋炒。一铛之内，仅容四两，先用文火焙软，次加武火催之，手加木指，急急抄转，以半熟为度。微俟香发，是其候矣，急用小扇抄置被笼。纯绵大纸衬底燥焙，积多候冷，入瓶收藏。人力若多，数铛数笼；人力即少，仅一铛二铛，亦须四、五竹笼，盖炒速而焙迟。燥湿不可相混，混则大减香力。一叶稍焦，全铛无用。然火虽忌猛，尤嫌铛冷，则枝叶不柔。

炒青法是制茶工艺的创新，易操作，成本低，能更好地保存茶的形、色、香、味。

诗人与茶早已结下不解之缘。于是炒青制法也散见于诗歌。

早在唐代，就已有诗咏炒茶。如刘禹锡《西山兰若试茶歌》中有“自傍芳丛摘鹰嘴，斯须炒成满室香”之句，这说明唐代已有炒青法，但多是现采现制以尝新为快，并非普遍情况。

明末黄宗羲《咏余姚瀑布岭茶》云："一灯儿女共团圆，炒茶已到更阑后。"

因炒法不同及炒后处理方法的不同，而形成六大茶类：

绿茶：品质特点是绿色绿汤，以杀青为制作特点，一般经过杀青、揉捻、干燥3道工序，包括炒青、蒸青、窨花、蒸压4种茶；

黄茶：品质特点是黄色黄汤，制法与绿茶类似，但要经过闷堆或久摊工序，促进变黄；

黑茶：品质特点是叶色油黑或褐绿色，汤褐黄或褐红，一般经过炒青、揉捻、渥堆做色几道工序；

白茶：品质特点是白色茸毛多，汤色浅淡，一般经过萎凋和干燥两道工序；

青茶：品质特点是叶色青绿或边红中青，茶汤澄红色，一般经过萎凋、做青、炒青、揉捻、干燥等工序；

红茶：品质特点是红色红汤，一般经萎凋、揉擒、渥红、干燥4道工序，制茶特点是室温自然变化或热化。

至此，我国六大茶类齐全。明人普及了炒青制茶法，并进而形成六大茶类，这是明人的贡献。

当然，明人对茶的贡献不止此一端，还有前面提到的景德镇瓷器和宜兴陶器，后面还将叙及明人对烹茶法的革命。明人茶道体现一种务实的创造精神和追求回归自然的美意识。

### 烹茶法

烹茶指茶叶饮用时的制作方式。其变化受制于茶叶制作方法，并与文化形态有关。唐代饮饼茶，采用煮茶法；宋代饮团茶和散茶，以煎茶法为主，即煎水不煎茶；明代以后饮炒青散茶，以冲茶法为主。当今世界烹茶之法大体仍是这三类，各国各民族根据本国本民族习惯略加变化。

"烹"一字的含义是烧煮，《左传·昭公二十年》中有"以烹鱼肉"，又可引申为"杀，或消灭"之意。本书"烹茶"指茶叶饮用时操作方式，古今其法不同，或煮、或煎、或冲。

唐代饮用饼茶，烹茶手续很繁琐，大体说来，要将一杯茶送入腹内得经过三个步骤，每个步骤都有一定技术难度和艺术性：

第一步是加工饼茶，历经炙、碾、罗三道工序。炙就是烤茶，讲究火功恰到好处。待茶饼水气蒸发完毕，就碾茶，工具是碾和拂末，碾与今之药碾相似，南宗审安老人命名为"金法曹"。茶碾一般木制，规格也小。但宋代的蔡襄主张茶碾应用银和铁来制造。宋徽宗《大观茶论》提出茶碾“以银为上，熟铁次之”。也有用黄金和石料制作。范仲淹《斗茶歌》中有“黄金碾畔绿云飞，碧玉瓯中翠涛起”，梅尧臣《寄风茶》中有“石碾破微绿，山泉贮寒洞”，丁渭《咏茶》中有“碾细香尘起，烹新玉乳凝”，林逋《烹北苑茶有怀》中有“石碾轻飞瑟瑟尘，乳花烹出建溪春”，唐代诗人李群玉《答友寄新茗》有“满火芳香碾曲尘，吴瓯湘水绿花新”，等等，这些佳句都是描写碾茶这道工序的。碾罢就罗，未落入“合”内，“则”用铜、铁、贝壳、竹木制造，是舀茶用具。罗、合、则配套使用。唐代的末茶要求米粒状，不是粉，《茶经》说“碧粉缥尘，非末也”。

第二步是煮茶，包括烧水和煮茶两道工序。《茶经》说：

> 其沸，如鱼目，微有声，为一沸；绿边如涌泉连珠，为二沸；腾波鼓浪，为三沸。已上水老不可食也。
>
> 初沸，则水合量，调之以盐味，谓弃其啜余，无乃䣇（吴注：古暂反）鿅（吴注：吐滥反）而钟其一味乎？第二沸出水一瓢，以竹夹环激汤心，则量末当中心而下。有顷，势若奔涛溅沫，以所出水止之，而育其华也。

水烧热有鱼目般气泡出现时，调入适量的盐，尝尝咸淡，尝过的水倒掉，以免浓度加大，太咸就会“䣇鿅”，即没有味道。盐水烹茶对于后代清饮者实在费解，唐人习俗如此。水汽化如“连珠”涌出时，舀出一瓢，暂且搁置，并用竹夹搅水，用则舀茶末投入漩涡。待水煮茶如鼓浪一般，将刚舀的水倒入止沸，以培育茶汤沫饽。《茶经》说：沫饽是茶汤精华，薄的叫沫，厚的叫饽，细轻的叫花。

陆羽用诗一般的语言描述沫饽：

> 如枣花漂漂然于环池之上，又如回潭曲渚青萍之始生，又如晴天爽朗有浮云鳞然。其沫者，若绿线浮于水湄，又如菊英堕于尊俎之中。饽者，以滓煮之，及沸，则重华累沫，皤皤然如积雪耳。《荈赋》所谓：“焕如积雪，煜若春敷(fú)”有之。

诗人眼中的“花”如枣花、青萍、鳞状云，“沫”如绿苔、菊瓣，“饽”象积雪。煮茶如此富有诗意。连“花”、“沫”、“饽”都已成为欣赏对象，茶艺也就是诗艺。中国其所以有“茶道”，与千余年来文人雅士的参与有直接关系。茶给诗人以灵感，诗人将茶事诗化。茶与酒一样成为永恒题材，讴歌不已。

第三步是酌茶，就是斟茶，《茶经》要求的工序是：先将汤面如黑云母状的水膜舀出倒掉；再舀一瓢茶汤存入“熟盂”内，作培育沫饽、抑止沸腾用，这一瓢味浓，称之为“隽永”；然后一瓢一瓢把茶汤舀入碗内，1升水斟5碗，乘热喝完，斟茶时要使沫饽均匀，否则其味浓的浓、淡的淡。

唐代描写酌茶的诗有曹邺的《故人寄茶》，诗曰：

碧澄霞脚碎，香泛羽花轻。

六腑睡神去，数朝诗思清。

宋人烹茶法与唐人不同之处是只煎水而不煎茶，其法是先在茶盏中放入茶末，注入开水调成糊状，谓之“调膏”。茶盏先用热水冲冲，然后注入沸水煎茶，此后逐渐演变成泡茶。茶汤也不调盐，开清饮风气之先。直到明代，团茶进到散茶，烹茶之法亦由冲饮取代煮饮，摆脱了延续千余年之久的繁琐程序，使茶道能为一般平民百姓接受。从简行事并非取消茶道，而是茶道的大众化、生活化，成为家居茶事，列为“柴米油盐酱醋茶”开门七件事。时代变了，明清文人大概也没有宋代文人那种在繁琐程序中回味无穷的雅兴，但仍能以具有时代特色的方式享受饮茶的乐趣。

当然，一些守旧的文人雅士是不大欢迎这一变革的，认为有损老式烹茶法内在的雅兴，少此一端，则减煞一半风景。陈师在1593年写的《茶考》载：“杭俗烹茶，用细茗置茶瓯，以沸汤点之，名为撮泡。北客多哂之，予亦不满。一则味不尽出，一则泡一次而不用，亦费而可惜，殊失古人蟹眼鹧鸪斑之意。”古文人雅士在茶事方面寻找精神享受是全方位的，从择茶、择水到煮水、煮茶，处处有诗意，由煮饮改为冲饮，这一简化自然不大对文人雅士的心思。但宋代社会，特别是南宋，赵宋王朝偏安江南，商贸繁荣，城市人口增加，茶事更为普及，达官显贵、佛门僧人、文人雅士这些有闲阶级主宰茶道的局面多少有些改变，城市生活的节奏加快，茶事从简已是平民社会的迫切需要，冲饮法便在这种背景下形成和发展，到明清渐渐取代了煮饮法。

唐代煮饮法至今仍在青藏地区采用，因他们饮的是砖茶，加之因海拔高水烧不开，只有熬煮才能使茶汁浸出，发挥茶之功用。今之日本茶道，用的是末茶，煎水不煎茶，其法类似宋代煎茶法。日本是经济怪物，生产发展居世界领先地位，人们生活节奏特快，一方面是拼命工作加快餐冷饮，一方面却保留慢条斯理的茶道仪式和费时间的煎茶法，这大概是日本国民心态的反映，他们的箴言是：拼命地工作，尽情地享乐。

中国烹茶法传遍世界各国，各国烹茶方法不完全相同，大体说来有四种方式：一是日本式，用煎茶法；二是英国式，冲泡法，荷兰、美国、法国等国都用此法；三是蒙古式，煮茶法；四是俄国式，有煎有冲，综合使用。

据今人研究，单从茶之色、香、味的保存和人体必需微量元素的浸出率上考虑，传统的煎茶法比冲泡法好。

仅就冲泡而言，若要求茶汤多些维生素C，应以40℃～50℃的水浸泡12分钟为宜；若要求多些氨基酸、多酚等，则以95℃的水浸泡12分钟为宜；若要获取维生素A，则要象我国湖南某些地区，饮了茶水还将叶子嚼下去，因为维生素A不溶于水。为了多摄取营养又好喝，水烧至“鼓浪”然后冲泡5分钟还是较为合适。冲泡几次较合适呢？据研究，沸水冲泡绿茶，一般第一次即可浸出可溶物总量的50%以上，第二次约为30%左右，第三次为10%左右。茶冲2~3次营养成份基本已浸出，多泡等于喝白开水，且有害物质浸出反而有损健康。

中国茶道发展到现在，少了些自然主义，多了些实用主义。为了搞好精神文明建设，茶道作为民族传统文化遗产亦应继承并发扬光大。

## 佐茶法

> 佐茶法乃茶之食用功能的延续，自古有之。习俗不同，但不外乎两种方式：清饮配茶点叫单纯式；茶食掺和煮饮，叫混合式。

30年代林语堂先后在《我的祖国和人民》一书中说：

> 中国人最爱品茶，在家中喝茶，上茶馆也是喝茶；开会时喝茶，打架讲理也要喝茶；早饭前喝茶，午饭后也要喝茶。有清茶一壶，便可随遇而安。

中国人爱饮茶，且已风靡世界。人们乐此不疲，不仅仅由于品饮之趣，还由于茶道的生活化，有了佐茶之法，茶之功用得到全面发挥，既可愉悦精神、止渴生津，还可疗病饱腹，成为一日三餐的补充形式。

茶最早的用途是煮而食之。《诗疏》云：“椒树、茱萸，蜀人作茶，吴人作茗，皆合煮其叶以为食。”

但此处的茶是作食物论，尚非茗饮之事。佐茶法指茶已从食品中分离出来，成为专门饮料后，以食品拌而饮之。

最早的记载有周公《尔雅》，内云：

> 荆、巴间采叶作饼，叶老者，饼成以米膏出之。欲煮茗茶，先炙令赤色，捣末置瓷器中，以汤浇，覆之，用葱、姜、桔子芼之。其饮醒酒，令人不眠。

此处说的是饮饼茶，且收到解醒和兴奋神经的作用，是地道的茗饮，而非煮而食之。但非单纯的清饮，而以葱、姜、桔子佐之。陆羽的《茶经》总结了这种烹茶法，并指责这有损茶汤滋味，但他又肯定了煮水一沸时调盐的作法，并为此设计了放盐器具“鹾簋”和“揭”。

古代还有另一种佐茶法。《晋书》载：

> 桓温为扬州牧，性俭，每宴饮，唯下七奠柈茶果而已。

桓温开以果品佐茶风气之先。

相传至今，佐茶法不外以上两类。当然，千里不同风，百里不同俗，佐茶法亦是同中有异。有代表性的有以下几种：

藏族糌粑茶和酥油茶：先熬煮茶叶，滤出茶汁，倒入放有酥油和盐的桶内，搅拌成白色浆汁，即可饮用。或茶叶、酥油、盐加水熬煮，搅拌，油茶混合均匀后即可饮用。

蒙族奶茶：茶叶熬煮后掺入奶子，加上咸盐，即成咸甜可口的奶茶，可配以炒米、酪蛋子，边吃边喝。

盐腌菜：又称“水茶”，云南崩龙族吃茶法。方法是将茶树鲜叶采摘后晒萎，然后入篓用盐腌，不日可取出嚼吃，嚼后吐渣。

打擂茶：又叫擂茶，是川黔湘一带少数民族，特别是苗族的吃茶法。其法是将茶叶和佐料，如黄豆、玉米、绿豆、花生、白糖等，一块放入擂钵内擂成糊状，加入冷开水调成茶汁入罐封藏。饮用时舀出茶汁用沸水冲饮，喝时还可加入炒米花、炒花生仁、炒芝麻等，其味香、脆、甜、爽，口感极好。

打油茶：桂北一带少数民族吃茶法。其法是将茶和佐料（常用食品，如糯米、花生、芝麻、豆类、瓜菜等）用油炒至黄脆，然后加水煮熬，也可加葱花、生姜以增滋味。煮好后可舀一些放入茶碗，冲入茶汤即可连喝带吃，一止渴二饱肚。

竹筒茶：云南少数民族吃茶法。将鲜茶叶经日晒、搓揉、蒸煮、再揉搓几道工序后，装入竹筒，筑实，密封，放置二、三个月后茶叶变黄，有香味，便成自制压茶。可煮而饮其汁，可用盐腌后和蔬菜同炒当风味佳肴食之。

盐巴茶：此俗流行在云南西北部。先将紧压茶捣碎放入小瓦罐内，置火塘上炙烤，至“噼啪”作响时注入开水煨注，再浸入盐巴袋。饮时可按各自口味加入开水稀释，一边喝茶一边吃玉米粑粑。

广东早茶：广东人称早茶为“一盅两件”，即一盅茶，加两道点心。茶为清饮，佐料另备，既可饱腹又不失品茗之趣。

国外佐茶法也大体如以上两种方式：一是清饮加茶点，可称之为“单纯式”，如英国、苏联、荷兰、法国以及大部分亚洲国家，皆如此法；另一种方式是混合式，如泰国北部掸族，将茶制成球形茶团，然后和盐、油、大蒜、猪油及干鱼同食，缅甸饮盐腌茶，斯里兰卡农村居民饮茶加入棕榈汁制成的粗糖，克什米尔人饮茶加入炭酸钾、大茴香和少许盐，中亚地区饮用乳酪红茶，茶叶中加入乳酪，并以碎面包浸入茶中食之，加拿大饮茶习惯加入乳酪、糖或柠檬，摩洛哥人饮茶掺大量的糖及少量的薄荷。

## 饮茶方式

中国人创造了多样的品茗方式，以人数分，有独饮、对饮、品饮、聚饮，古人云：一人得神，二人得趣，三人得味，七八人则为施茶。其实聚饮亦很有趣，主要有茶宴、茶会、茶话会等方式。在宋代有点送茶和斗茶、分茶游戏。公众茶事设施主要有茶摊、茶室、茶馆。

**独饮·对饮·品饮·聚饮**

独饮、对饮、品饮、聚饮是饮茶的4种方式。杯茶独酌，慰孤独，益神思，得茶之神韵。寒夜与友对饮，促膝相谈，可得茶之趣。“茶三酒四”，品茶以三人同桌为佳，可领略茶之美味。多人聚饮，办茶会、茶宴，以茶会友，亦可止渴、小憩、开展社交、获取信息，茶在此处又成为人见人爱的“公关饮料”。

饮茶方式若以人数多寡论，有独饮、对饮、品饮和聚饮几种。

独饮是何滋味？李白《月下独酌》写道：

花间一壶酒，独酌无相亲。
举杯邀明月，对影成三人。
月既不解饮，影徒随我身。
暂伴月将影，行乐须及春。
我歌月徘徊，我舞影零乱。
醒时同交欢，醉后各分散。
永结无情游，相期邈云汉。

酒未能使有“醉仙”之称的李白宁静淡泊，反刺激得发狂，竟为幻觉所驱使，与月与影对饮，且歌且舞。这便是酒道，酒是躁狂之物，能使人迷幻，失去常态。李白若是以茶代酒，月下独饮，会如此么？这决不会的。

中唐诗人卢仝写了一道《走笔谢孟谏议寄新茶》诗云：

日高丈五睡正浓，军将打门惊周公。
口云谏议送书信，白绢斜封三道印。
开缄宛见谏议面，手阅月团三百片。
闻道新年入山里，蛰虫惊动春风起。
天子须尝阳羡茶，百草不敢先开花。
仁风暗结珠蓓蕾，先春抽出黄金芽。

摘鲜焙芳旋封裹，至精至好且不奢。

至尊之余合王公，何事便到山人家。

柴门反关无俗客，纱帽笼头自煎吃。

碧云引风吹不断，白花浮光凝碗面。

一碗喉吻润，两碗破孤闷；

三碗搜枯肠，惟有文字五千卷。

四碗发轻汗，平生不平事，尽向毛孔散；

五碗肌骨轻，六碗通仙灵；

七碗吃不得，惟觉两腋习习清风生。

唐代茶饼用模子做成方形、圆形、鸟形、掌形，还有薄片形，诗中所写就是贡贡茶之一种，月芽薄片形。阳羡茶是唐代名茶，赞颂阳羡茶的诗歌很多。阳羡即今之宜兴，宜兴以茶与紫瓯名闻古今中外。

《走笔》是写得最好的一首茶诗，若要办茶诗大奖赛，金牌得主非此诗莫属。全诗31句，行文自然洒脱，一气呵成，将饮茶之快感写得透透彻彻。诗人睡梦正酣，见茶至而兴奋不已，感激不已。茶中自有一份真情，见茶如见朋友面。茶非平常物事，乃是感情的载体。茶中有王道："天子须尝阳羡茶，百草不敢先开花"，这王道又很霸道。但罪不在茶，茶是雅物。诗人反关上门，煎茶独饮，以喜悦的心情欣赏煮茶时蒸腾的水气，欣赏茶碗白色的汤面，并以高度灵敏的神经去感知饮茶的效果：一碗润了喉，二碗提了神，三碗来了文思，四碗宽了心胸，五碗轻了肌骨，六碗只觉手眼神通，七碗竟飘飘欲仙……。饮茶之功用不仅仅是止渴生津，还是高级的精神享受：提神醒脑、启迪心智、致清导和……其快感竟如登仙境。这便是茶中之道。茶使卢仝宁静淡泊、超凡脱俗，神游仙境；酒却使李白颠颠狂狂，罗曼谛克，醉入幻境。茶道与酒道对立而不统一，"以茶代酒"、"饮茶解醒"是茶道的胜利，终是茶道征服了酒道。

张源于1595年前后著的《茶录》叙饮茶体会和心得，顾大曲序说：

其隐于山谷间，无所事事，日习诵诸子百家言。每博览之暇，汲泉煮茗，以自愉快，无间寒暑，历三十年，疲精殚思，不究茶之指归不已。

这位"隐士"无所事事，深山苦读，若不是以"独饮自娱"，他能坚持30年么？恐怕不能。古代文人常常是以书为友、以茶为伴，"琴棋书画"后应添一字："茶"。正因为文人的广泛参与，历千余年之久，使茶事具浓厚文化色彩。

陆游的《夜汲井水煮茶》、杨万里《舟泊吴江》，都是写汲水自然茶的情趣，同时表现各自的情怀。

月下窗前，独自品茗，慰孤独，益神思，可得茶之神韵，但毕竟没有对饮富茶趣。心有所得，总想说道说道，说给月听？说给影听？那要饮酒，饮得酩酊大醉，以便恍兮惚兮，进入虚幻，生发狂想。茶却是“现实主义”饮料，越喝越清醒，虚与实，阴与阳，一清二楚，决然不会将界限模糊。

若是严寒的冬夜，拥炉独饮，虽可领悟茶之神韵，但终究有些冷清。此刻，有故人不期而至，不由喜出望外，然后促膝而坐，共同煮水煎茗，室外大雪纷飞，屋内炉火跳跃，釜中茶汤鼓浪，白气袅袅，香味四溢，此情可入诗，此景可入画。宋代诗人杜耒的《寒夜》就表现了雪夜对饮的茶趣。原诗是：

寒夜客来茶当酒，竹炉汤沸火初红。

寻常一样窗前月，才有梅花便不同。

作者把“寒夜茶”和“窗前月”、“雪中梅”视为同等的雅事。寒夜与友共饮佳茗，正符合明人冯可宾在《岕茶笺》中提出的“茶宜”之“无事”、“佳客”、“幽坐”、“吟诗”、“精舍”、“会心”、“赏鉴”等项。若仅为止渴而饮，便没了情趣。文人正是借品茗薰陶自己，怡养从容雅致、彬彬有礼的君子风度。

三人为众，三人一块饮茶正合“品”字之义。“品”字字形是三个“口”字组成的，正说明三人聚饮是最佳组合。独饮太清冷，对饮虽有情趣，二人促膝相谈，如同唱二人转，不是你说就是我唱，没个喘息时刻，但三 人共饮就添了许多热烈气氛，摆开龙门阵话题如小溪流淌，不会戛然中断，相对而言，也多了些闲适和轻松，那茶自然就更有味！

多人聚饮（指三人以上）又是另一番景象，如茶宴、茶会、茶馆、茶摊。特别是茶馆，南来的，北往的，达官贵人，贩夫走卒，张王李赵，五方杂处，茶人为解渴而来，又解渴而去，似无茶道之可言！但较之闹市通衢，较之商店市场，较之餐馆酒家，这里乃是清静之所在。物以类聚，人以群分，三五知己共一茶桌，仍可闹中取静啜饮佳茗，获得轻松闲适的精神享受。特别是现代生活节奏紧张，八小时之外寻一可心茶馆，约一二良友，叫上一壶好茶，边饮边聊，躺在竹椅上跷脚架码，神经顿时轻松，觉得十分惬意。人虽多，但各人头上一方天，谁不妨碍谁。若是饮酒，划拳行令，噪声聒耳，一旦醉酒失态，发难斗殴，不仅妨碍公共秩序，也有损个人健康。要建设一个文明城市，聚众饮酒不可，聚众饮茶该大力提倡。聚饮就品茶言虽不如独饮、对饮、品饮，但因茶德高尚，是文明饮料，其益处又非聚众饮酒所可比拟。

聚饮规模最壮观的大概是清末西藏喇嘛教的一次茶会。在喀温巴穆大喇嘛庙举办了一次茶会，聚集四方僧众 4000 余人，巡礼和尚用茶款待全体僧众。行茶仪式是：喇嘛排列成行，披法衣静坐，神态庄严，年轻僧人抬出茶釜煮茶，待水滚沸时投入优质砖茶，此茶已碾碎，价值是5块砖茶值1两银子；待茶熬煮得香浓时，由年轻僧人酌茶，并分施给众僧；施主拜伏在地，大唱赞美歌；巡礼和尚的茶中加添点心或牛酪，并一同用茶。礼成。

这次茶会据说每人饮了两杯茶，共8000杯，费银50两。此事见于咸丰二年（1852）葡萄牙教士忽克所著《中国西藏旅行记》。类似记载还见于英国军人查理·鲍尔写的《西藏人民》一书。

清末西藏喇嘛教大型茶会至少创造了两项世界纪录：一是4000人一同饮茶，二是茶釜巨大。

古人认为饮茶是一人得神、二人得趣、三人得味、七八人是施茶。前三句正确，最后一句有失公允，应改为“多人得利”，得些啥利呢？一利止渴，二利小憩，三利社交，四利获取信息。当今政界、商界、实业界乃至平民百姓都喜欢聚饮，茶是当今社会的“公关饮料”。就是今之文人生活在今之信息时代，要作文就必须进入公众社会，聚饮是了解当今社会芸芸众生现状的好场所，若一味效古人“月下独饮”，纵饮得飘飘欲仙，亦将会成为时代的落伍者，与时代隔膜便干涸了创作源泉，便无文可作了。

## 点送茶·分茶·斗茶

宋代城市经济繁荣，茶道向民间性、娱乐性发展。点送茶是民间茶俗，分茶、斗茶是茶艺游戏。较之唐代，宋代茶事更多文化内涵。

就古代茶事而言，唐代讲俭朴，明代务实，惟宋代花哨。宋人吴自牧著《梦梁录》卷十六《茶肆》中说：

> 巷陌街坊，自有提茶瓶沿门点茶，或朔望日，如遇吉凶二事，点送邻里茶水，请其往来传语。又有一等街司衙兵百司人，以茶水点送门面铺席，乞觅钱物，谓之“龊茶”。僧道头陀欲行题注，先以茶水沿门点送，以为进身之阶。

这段文字记叙了南宋时代都城临安（杭州）的民间茶俗。文中讲了三种情况：一种是提茶瓶者。茶瓶是宋代盛茶用具，蔡襄《茶录》云：

> 瓶，要小者，易候汤；又点茶、注汤有准，黄金为上，人间以银、铁或瓷、石为之。

茶瓶有嘴有柄，较之唐代的镘和碗进了一步。点茶就是往茶汤里冲入开水，同时用“茶筅”“击拂”，即用竹刷子搅动浓稠的茶汤，要求汤面泛花而茶盏边壁不留水痕。提着茶瓶穿梭在巷陌街坊大概送的是点好了的茶，而不是开水，因为宋人是煎水不煎茶，水烧至“连珠”便要投入茶末，再烧一会儿，至“鼓浪”时即成“茶膏”，然后注入开水，即可饮用。提茶瓶者沿门施茶，让街坊邻里无须自己操劳，便可马上享受品茗之趣。在宋代烹茶并不那么容易，有茶有水还得有闲，才可能耐着性操作茶事。沿门送茶这风俗很美，丰富了社区文化，定会受到市民们的欢迎，就如同今之市民欢迎快餐食品一般。提茶瓶是七十二行中之一行，职业侍茶人，是否无偿服务？无从考证。

提茶瓶者沿门点送茶在“朔望日”显得最为重要，朔日是农历每月初一，望日是农历每月十五，是早晚三炷香祭祀家神的日子，茶在西周时代曾作祭祀品，南宋临安的百姓们或许以茶代酒，是否古风犹存？待考。提茶瓶者点送茶遇上本街婚丧之事还起着“往来传语”作用，北宋孟元老撰写的《东京梦华录》卷五《民俗》载：

> 更有提茶瓶之人，每日邻里，互相支茶，相问动静，凡百吉凶之家，人皆盈门。

邓之诚的注解云：

> 提茶瓶即是趁赴充茶酒人。寻常月旦望，每日与人传语往还，或许集人情分子。

看来提茶瓶者利用点送茶之机，在本社区内传递信息，如某家老人去世，某家少壮夭折，某家嫁女，某家娶媳，某家做寿，某家乔迁……这些社区大事全靠提茶瓶人“传语往还”，有时还当“分子头”，敛钱集体送礼。提茶瓶者点送茶不仅给千家万户送了茶，还送去茶之精神：致清导和。于联络感情、和衷共济大有裨益。

上面所提到的东京，即今之开封，时为北宋都城。说明提茶瓶点送茶早在北宋就已有之。

点送茶另一方式是“龊茶”，送茶人是“街司衙兵百司人”，身份不高贵，但比寻常百姓是楼上铺晒席——高出一篾片。就因为有那么小小一点权势，他们便可借点送茶之机，敲街市商贾的竹杠。和尚道士也点送茶，以广结善缘，沽名钓誉，并借机张罗“生意”（为人办法事），以此作进身之阶。

在南宋大酒楼还有另一种点送茶。食客登楼就座，便有跑堂的“提瓶献茗”，待以上礼，别具一格的是盏中加入时令鲜花，以增茶香，称之为“点花茶”。

点送茶是茶道与民俗的结合，颇富民间色彩。宋代文人雅士、达官贵人、浮浪子弟一方面继承唐代的品饮艺术，但另一方面却抛弃了唐代茶道基本精神，将饮茶变成了玩茶，分茶、斗茶便是他们百无聊赖的创造。

分茶游戏始于北宋末年，蔡京著《延福宫曲宴记》记述了一件事：北宋宣和二年（1120）十二月癸巳，徽宗皇帝召宰执亲王等曲宴于延福宫，宴会之上徽宗露了一手：令近侍取茶具，亲自煮水煎茶，注汤击拂，其手法妙在不同于一般点茶，盏面乳白色，幻化出“疏星朗月”图象。

这便是古怪刁钻的分茶游戏。要求击拂后盏面的汤纹水脉的线条、多彩的茶汤色调、富变化的袅袅热气，经茶人臆想，组合成一幅幅朦胧画面，状若山水云雾，状若花鸟虫鱼，状若林荫草舍……称之为“水丹青”。据说僧人福全最擅此道，他甚至能将茶汤幻成一句诗，若同时点四盏，便得四句诗，并连贯成一首绝句。这位分茶能手颇有名气，常有施主请求他表演，以一饱眼福。福全骄矜自咏道：

生成盏里水丹青，巧尽工夫学不成。
却笑当时陆鸿渐，煎茶赢得好名声。

这位僧人自视甚高，竟不把茶神陆羽往眼里瞧。社会风气如此，也难怪这位和尚自吹自擂。

宋代诗人咏分茶游戏的诗句有陆游的《临安春雨初霁》：“矮低斜行闲作草，晴窗细乳戏分茶”，杨万里的《澹庵座上观显上人分茶》写的最生动传神，诗曰：

分茶何似煎茶好，煎茶不似分茶巧。
蒸水老禅弄泉声，隆兴元春新玉爪。
二者相遭兔瓯面，怪怪奇奇真善幻。
纷如擘絮行太空，影落寒江能万变。
银瓶首下仍尻高，注汤作字势嫖姚。

宋人不满足于实实在在的煮水、击拂，而将茶事升华为一种奇特的不可思议的艺术创作和艺术欣赏，从茶事中“分”出一个未载入艺术史册的艺术门类。显上人就是当时颇有造诣的“分茶艺术家”，巧手击拂，竟在盏面形成这样的画面：高天行云，飘飘浮浮，游离不定；万木萧索，江影幻变，不可捉摸。倾瓶点茶，线条潇洒，盏面又如现狂草，字体雄健遒劲。我们姑且称之为“分茶画”，有如今之抽象画，却昙花一现；有如今之朦胧诗，却无法印成铅字。宋人游戏人生并不足取，但他们对艺术的灵性令人佩服。或许他们缺乏唐代艺术家的大气派，但丰富的想象力及细腻的艺术感觉并不逊于前人。

分茶或许过于雅奥，在宋代并不普及。蔚为全社会风尚的是斗茶。

斗茶又叫“茗战”、“点茶”、“点试”，是茶事中的“兢技项目”。主要比赛煎茶、点茶和击拂之后的效果：一比茶汤表面的色泽与均匀程度。汤花面以鲜白为上，象白米粥冷凝成块后表面的形态和色泽为佳，称之为“冷粥面”。茶末在茶汤面分布均匀，形成“粥面粟纹”；二比汤花与盏内壁相接处有无水痕。汤花紧贴盏壁而散退叫“咬盏”，不佳；汤在散退后在盏壁留下水痕的叫“云脚涣乱”，亦不佳。两条标准以第二条为最重要。比赛规则一般是三局二胜，谁水痕先出现便叫输了“一水”。苏东坡有诗云：“沙溪北苑强分别，水脚一线谁争先。”另有附加标准，是比较茶汤的色、香、味。色尚纯白、青白、灰白、黄白次之。为了便于较色，茶盏流行色以黑为佳，普遍使用的是黑色兔毫建盏。

描写斗茶的诗作如北宋晁冲之的“争新斗试夸击拂，风俗移人可深痛”，一方面慨叹世风日下，一方面又欲罢不能而随波逐流，在《陆元钧宰寄日注茶》写道：“老夫病渴手自煎，嗜好悠悠亦从众。”大文豪苏东坡倒乐此不疲，《西江月》一词吟道：

龙焙今年绝品，谷帘自古珍泉。
雪芽双井散神仙，苗裔来从北苑。
汤发云腴酽白，盏浮花乳轻圆。
人间谁敢更争妍，斗取红窗粉面。

经苏东坡这么一美化，斗茶倒成颇有诗意的雅事。

斗茶源于前朝，兴于宋代，究其原因：一由于宋代城市经济发达，丰裕的物质生活刺激了人们对茶艺的进一步探索，于是茶道社会化、大众化，并成为一门娱乐艺术。斗茶传入日本，日本僧人去其游戏人生的一面，赋予庄重严肃的主题。重新设计近乎罗嗦的程序，从而改造成今之日本茶道。在本书前面已论及。再者，宋代政治不重开放，而重“内修”，治国的重心着眼于国门内之事。虽有外患内乱，大部分时间是“太平年月”。经济繁荣、社会安定，安而忘危，连皇帝宋徽宗也有闲心著《大观茶论》，以品茶为乐，何况一般庶民百姓？所以，当时上至帝王将相、达官显贵、文人雅士，下至浮浪歌儿、市井小民，无不以斗茶为能事。

点送茶、分茶、斗茶在宋代兴盛，风光了二、三百年。宋亡于元，蒙古族入主中原，游牧民族的草原文化虽未能取代中原的农业文化，但已如洪水猛兽在中原大地冲击扫荡一番。蒙古人也要饮茶，但那因为吃了牛羊肉片，要用熬煮得发苦的茶汁化食去腥膻，并不解茶道，对斗茶之类的游戏更不感冒。皇帝忽必烈不欣赏，茶道自然遭到冷落。到明朝烹茶由煎茶变成冲茶，斗茶之类游戏随之消逝。

**茶宴·茶话·茶会**

以上三者皆由“煎茶待客”演化而成的聚饮方式。茶宴源于魏晋，兴于唐代，重在宴请；茶话是品茗清谈，重在一个“谈”字，或叫“闲聊”；茶会是以茶聚会，重在社交；茶话会是后二者的结合，今已风行全国，并为世界各国所接受。

茶之一德是可联络感情，表达敬意，久而久之，这一品质演化为煎茶待客的习俗。

据传，宋神宗初年苏东坡出任杭州通判，光临某寺，老和尚不认识，冷淡地说声“坐”，吩咐小和尚一句“茶”；寒暄几句，见来人气度不凡，热情起来，招待升格，改口说声“请坐”，吩咐小和尚“敬茶”；苏东坡道明身份，老和尚热情加倍，招待再升格，忙说“请上坐”，吩咐小和尚“敬香茶”。临别时老和尚索取墨宝，苏东坡借汤下面挥联讥之，联曰：

坐，请坐，请上坐；

茶，敬茶，敬香茶。

苏东坡将老和尚大大奚落一番，并留下这千古名联。说句公道话，老和尚于礼节上并无大错。佛门实乃清静之地，你来我往，对所有人一概待为上宾，敬奉香茶，大概谁也无此耐心，寺里也不会有那么多香茶。只是老和尚倒楣，撞在苏东坡手里，落下千古笑柄。

这副楹联也说明，在中国，待客以茶为上，若不想一视同仁，可在茶品上别亲疏贵贱。陌路之人，讨得一杯粗茶水，也算对方尽了地主之谊。

若约佳宾聚饮，茶宴是最好形式。

茶宴起于何时？有人认为，当上推至三国，吴主孙皓宴请满朝文武，对大臣韦曜“开后门”：“密赐茶荈以当酒”，以免迫于形势醉个半死。但这只是大型酒宴的小插曲，不算茶宴。

应当说，茶宴源于魏晋南北朝，兴于唐宋，《晋中兴书》载：

陆纳为吴兴太守时，卫将军谢安常欲诣纳。纳兄子俶，怪纳无所备，不敢问之，乃私蓄十数人馔。安既至，所设唯茶果而已。俶遂陈盛馔，珍馐必具。乃安去，纳杖俶四十，云：“汝既不能光益叔父，奈何秽吾素业。”

陆纳的侄儿俶因将“茶宴”擅自改为“酒宴”而挨了40大板，这说明陆纳以茶果待客已非一日，称之为“素业”必已坚持多年。《晋书》也有类似记载：

桓温为扬州牧，性俭，每宴饮，唯下七尊柈茶果而已。

桓温是古代名臣，“宴饮”只备七盘茶果。陆羽主张茶道“精行俭德”，与桓温设茶宴的宗旨是一致的。

茶宴的正式记载见于中唐，《茶事拾遗》曾记载大历十才子之一的钱起，字仲义，吴兴人，天宝十年（751）进士，曾与赵莒一块办茶宴，地点选在竹林，但不象“竹林七贤”那般狂饮，而是以茶代酒，所以能聚首畅谈，洗净尘心，在蝉鸣声中谈到夕阳西下。为记此盛事，写下一首《与赵莒茶宴》诗。

中唐时，湖州的紫笋和常州的阳羡茶同列为贡品，特别是顾渚的紫笋被陆羽评为仅次于蒙顶的天下第二名茶。每年早春采茶季节，湖、常二州太守在顾渚相聚，联合举办茶宴，邀集名流专家品茗，对新茶作出鉴定。有一年，白居易被邀请，因病未能躬逢盛会，最后写诗感叹其事，诗的题目是《夜闻贾常州崔湖州茶山境会亭欢宴》，道是：

遥闻境会茶山夜，珠翠歌钟俱绕身。
盘下中分两州界，灯前合作一家春。
青娥递舞应争妙，紫笋齐尝各斗新。
自叹花时北窗下，蒲黄酒对病眠人。

这次茶宴不仅为互通友好，还有经济合作性质。两州太守既都来自名茶之乡，为确保名茶声誉，提高贡茶品质，让龙心大悦，自有必要在一块切磋切磋。茶原产滇黔，名茶却多在江南，这与江南茶农及地方官的努力创名牌有关。茶宴虽为谋求友谊与合作而办，但并不枯燥乏味，可茶话——边品茗边闲聊，可歌舞助茶兴。如此盛况，难怪白居易以病卧北窗自叹。

还应提及的是中唐诗人吕温，山东泰安人，贞元十四年（798）进士，与柳宗元、刘禹锡是好友。他写过一篇《三月三日茶宴序》，文曰：

三月三日，上巳禊饮之日也。诸子议以茶酌而代焉。乃拨花砌，爱庭阴，清风逐人，日色留兴。卧借青霭，坐攀花枝，闻莺近席而未飞，红蕊拂衣而不散。乃命酌香沫，浮素杯，殷凝琥珀之色；不令人醉，微觉清思；虽玉露仙浆，无复加也。座右才子南阳邹子、高阳许侯，与二三子顷为尘外之赏，而曷不言诗矣。

文人宴会上以茶代酒，标志着生活习俗的大改变。不用说，茶宴是中国文人的创造，创造者包括入仕的士和未入仕的士。这次茶宴选择的时间好，三月三日，春光明媚，百花盛开。环境好，“卧借青霭”、“坐攀花枝”、“闻莺近席”、“红蕊拂衣”，人已回归大自然。客亦佳，什么“南阳邹子”、“高阳许侯”，皆是鸿儒而非白丁。茶煎的好，茶具好，茶也喝出了神韵，“不令人醉，微觉清思”，正好“言诗”。这篇序比陆羽的《茶经》更生动形象地表现了中国茶道。

众人聚饮最好的佐茶法是闲谈，写《茶疏》的明人许次纾说：

宾朋杂沓，止堪交错觥筹；乍会泛交，仅须常品酬酢；惟素心同调，彼此畅适，清言雄辩，脱略形骸，始可呼童篝火，酌水点汤。

只有品茗才配“清言雄辩”。若是饮酒，那只能说“酒话”，酒乱神思，必然会走火入魔，失去理智，不合逻辑，乱说乱道。而茶益神思，边饮边谈颇相宜，严肃可也，轻松可也。在中国有“茶余饭后”一说，即指说些无关宏旨的轶闻趣事让人轻松轻松。英国饮午后茶就喜欢闲聊，所以小说家费尔丁说：“爱情与流言是调茶最好的糖”。朋友相交，有事相商，或想一块聊聊，便以“到我家喝茶”相邀。

茶宴重在宴请，茶话重在清谈，茶会则是一种社交性集会。

诗人钱起《过长孙宅与郎上人茶会》诗曰：

偶与息心侣，忘归才子家。
玄谈兼藻思，绿茗代榴花。
岸帻看云卷，含毫任景斜。
松乔若逢此，不复醉流霞。

诗人尝到了茶会的甜头，一边品茗，一边畅谈文学。茶好景亦好，景助茶兴。从此往后，文人雅集以茶代酒，“不复醉流霞”。

宋代亦有茶会。朱祐（yù）《萍洲可谈》卷一云：

太学生每路有茶会，轮日于讲堂集茶，无不毕至者，因以询问乡里消息。

此类茶会具同乡会性质，以茶结同乡之缘，叙同乡之谊，互通家乡消息。

宋人吴自牧《梦粱录》卷十九《社会》一节中说：

更有城东城北善友道者，建茶汤会，遇诸山寺院建会设斋，又神圣诞日，取缘设茶汤供众。

寺院作斋会，富户以茶汤助缘，名叫茶汤会，实则相当今之“基金会”，寺院以助茶汤为由募集资金，以供宗教活动的日常用度。要几个“茶汤钱”比地方青皮恶少无端勒索“讨几个酒钱”不知文明多少倍，因之茶有十德，茶的形象美好，所以宋代给官吏的兼职工资叫“茶汤钱”，给侍者的小费也叫“茶汤钱”。

此后，中国茶会走出国门，并被西化。本书第二章里曾列举古巴茶会，再看看英人茶会的实际情形。张德彝《使英杂记》载：

茶会、跳舞会之盛，每年由三月至六月中旬止。此俗由来最古，欧罗巴、亚美里加二洲各国率皆为之。凡人家店肆，平时大厅敞房以备盛会，若以为公事之不可无也。西人性好奢华，凡富贵喜交结者，皆乐为之。一人子女，待其长成，虽无力，亦必勉强支应，设会结交，以便子女得友相与往来。则男可访女，女可觅男，嫁聚咸赖于此。因男女细心访察，各得所愿，则意洽情投，鲜有作秋扇之歌者。每会所费，少者百余镑，多者至六、七百镑，合银二千四、五百两。

此俗“最古”也不会早于16世纪。1607年荷兰船队从爪哇来澳门运去绿茶，此时是明万历三十五年。1610年转运欧洲，1650年饮茶风气传到英国咖啡馆。1657年英国一家咖啡馆进口绿茶售价为每镑 6－10 英镑。当时在英国办茶会不会比酒会省钱。茶会在中国是文人雅事，以清谈和吟诗为主要内容，英国人接过去则变成了跳舞和婚姻，这由于文化背景不同。不过在中国，茶与婚姻一直有联系，至今还有把婚姻聘礼称为“茶礼”或“下茶”。茶会虽已英国化，但茶道基本宗旨并没变化，以茶结友本是茶之一德。

茶会最壮观的大概还是清末西藏喀温巴穆大喇嘛庙的僧人茶会，4000 人出席，喝了 8000 杯。

由茶会、茶话演变而成茶话会，其释义是：用茶点招待宾客的社交性聚会。就是饮茶清谈。茶话会以其简朴无华而风行全国。佳节来临，中共中央领导人备清茶一杯，请各民主党派领导人和无党派人士座谈，共祝良辰，互表心愿，促成党内外大团结的新局面，共创四化大业。中共中央和国务院将中国茶道引入政治生活，倡廉反腐，带了个好头。于是茶话会取代了酒会，用于方方面面：共商国是，招待外宾，庆贺佳节，学术讨论，开业庆典，签约奠基，表彰先进，送旧迎新……诸如此类，纯洁了社会风气，节约了巨额开支。此风传入国外，受到广泛的欢迎，被誉为“茶杯和茶壶精神”。这足以说明，纵使人类进入电子时代、信息时代、宇宙时代，中国茶道仍是人类最可宝贵的文化遗产，是人类共同的精神财富。